模具 CAD

主　编　李　雅　胡兆东

副主编　周培祥

参　编　姜云峰　蒋瑞娟

北京理工大学出版社

BEIJING INSTITUTE OF TECHNOLOGY PRESS

内 容 简 介

本书系统地介绍了 SIEMENS 公司研制与开发的三维 CAD 软件——UG NX 10.0 的基本功能、使用方法及使用技巧，内容涵盖了 UG NX 软件在模具 CAD/CAM 中应用的各个环节。

本书共 9 个项目，分别介绍了 UG NX 10.0 基础知识、绘制草图、实体特征建模、曲面建模、钣金建模、装配、工程图、注塑模具设计和数控加工。

本书可作为高等院校材料成型及控制工程专业、机械工程专业的 CAD 课程教材，也可作为相关工程技术人员的自学用书和参考书。

图书在版编目（CIP）数据

模具 CAD / 李雅，胡兆东主编. --北京：北京理工大学出版社，2024. 11.

ISBN 978-7-5763-4588-9

Ⅰ. TG76-39

中国国家版本馆 CIP 数据核字第 2024SJ2661 号

责任编辑：高　芳　　**文案编辑**：李　硕

责任校对：刘亚男　　**责任印制**：李志强

出版发行 / 北京理工大学出版社有限责任公司

社　　址 / 北京市丰台区四合庄路 6 号

邮　　编 / 100070

电　　话 / (010) 68914026（教材售后服务热线）

(010) 63726648（课件资源服务热线）

网　　址 / http://www.bitpress.com.cn

版 印 次 / 2024 年 11 月第 1 版第 1 次印刷

印　　刷 / 涿州市京南印刷厂

开　　本 / 787 mm×1092 mm　1/16

印　　张 / 18.5

字　　数 / 434 千字

定　　价 / 88.00 元

前　言

UG NX 10.0 是 SIEMENS 公司推出的集设计、制造、分析于一体的三维 CAD 软件，它提供了完整的产品工程解决方案，包括概念设计、工业设计、工程分析、产品验证和加工制造等，是目前应用最为广泛的模具 CAD/CAM 软件。

本书以 UG NX 10.0 为平台，以典型零件为载体，以任务驱动、工作过程为导向，将各模块的基本功能和使用方法的讲解贯穿于完成工作任务的过程中。本书选取的实例，注重与模具设计实际工作岗位的工作内容和能力要求相结合，从而提高读者对软件的操作能力和对模具知识的综合运用能力。

本书共分 9 个项目，分别介绍了 UG NX 10.0 基础知识、绘制草图、实体特征建模、曲面建模、钣金建模、装配、工程图、注塑模具设计和数控加工。

本书由常熟理工学院李雅担任第一主编，苏州科技大学天平学院胡兆东担任第二主编，苏州科技大学天平学院周培祥担任副主编，苏州科技大学天平学院姜云峰、蒋瑞娟参编。其中，蒋瑞娟编写项目 1，周培祥编写项目 2，胡兆东编写项目 3~5，李雅编写项目 6~8，姜云峰编写项目 9。全书由南京航空航天大学靳广虎教授主审。

由于编者水平所限，不可避免地会存在缺点甚至谬误，诚请广大读者提出宝贵意见。

编　者

2024 年 7 月

素材资源包

目 录

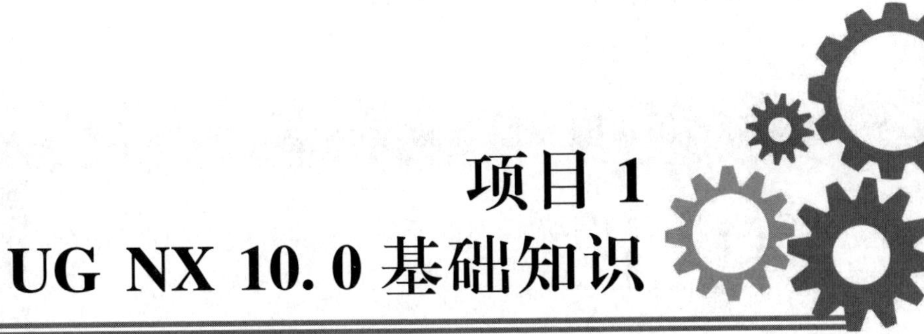

项目 1 UG NX 10.0 基础知识

知识目标

(1)了解 UG NX 10.0 的功能与特点，并熟悉其操作界面。
(2)熟悉 UG NX 10.0 中鼠标的操作。
(3)掌握新建、打开、保存、关闭、导入、导出 UG NX 10.0 文件的方法。
(4)掌握工具条的定制方法。

能力目标

(1)能应用 UG NX 10.0 软件常用功能。
(2)能调用工具条和设置常用参数。

德育目标

树立正确的学习观、价值观，自觉践行行业道德规范。

项目描述

本项目将介绍 UG NX 10.0 的启动、操作界面、文件管理、鼠标使用，以及基本工作环境的设置等内容。通过本项目的学习可以掌握对象操作的方法、文件管理的操作和基本环境的设置方法。

相关知识

UG NX 软件作为西门子(SIEMENS)公司旗下 UGS 公司的旗舰产品，是当今最流行的 CAD(Computer Aided Design，计算机辅助设计)/CAE(Computer Aided Engineering，计算机辅助工程)/CAM(Computer Aided Manufacturing，计算机辅助制造)一体化软件，在航空、汽车、通用机械、工业设备、医疗器械以及其他高科技应用领域的机械设计和模具加工自动化的市场上得到了广泛的应用。UG NX 软件由多个应用模块组成，使用这些模块，可以实现工程设计、绘图、装配、辅助制造和分析一体化等工作。

1.1 UG NX 10.0 的启动与退出

1.1.1 UG NX 10.0 的启动

1.1 微课视频

启动 UG NX 10.0 有两种方式。

1. 正常启动

单击桌面上的 UG NX 10.0 快捷启动图标，或者执行“开始”/“所有程序”/“Siemens NX 10.0”/“NX 10.0” 命令来启动 UG NX 10.0。系统加载 UG NX 10.0 启动程序，显示器中出现启动界面，如图 1-1 所示。该启动界面显示片刻后消失，接着系统弹出图 1-2 所示的 UG NX 10.0 初始操作界面。

图 1-1 UG NX 10.0 启动界面

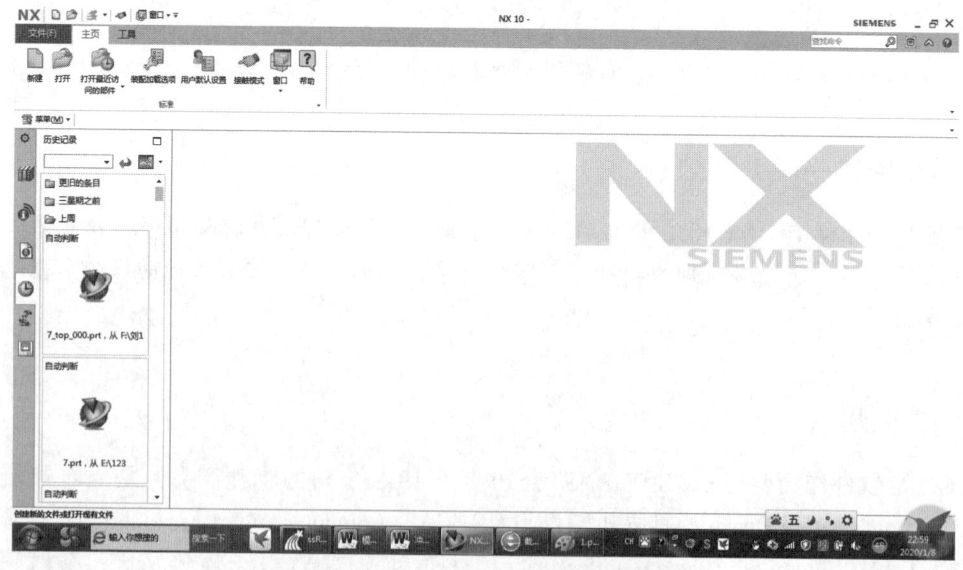

图 1-2 UG NX 10.0 初始操作界面

2. 通过已有文件启动

双击一个 UG NX 文件(*.prt)也可启动 UG NX 10.0。

1.1.2 UG NX 10.0 的退出

当完成建模工作后，就可以退出 UG NX 10.0 了，具体的操作方法也有两种。

(1)单击功能区“文件”/“退出”命令。

(2)直接单击用户界面右上角的“关闭”按钮☒。

不管采用哪种退出方式，在修改或进行新的操作后退出 UG NX 10.0 时，若没有将所做的工作保存，系统将弹出“退出”对话框提示是否真的要退出软件，单击“是-保存并关闭”按钮，系统将弹出“保存”对话框，单击“是(Y)”按钮，退出软件，文件被保存。

若将所做的工作保存后再选择退出软件，则不会出现上述对话框。

1.2 UG NX 10.0 的用户界面

新建一个文件或者打开一个文件后，进入建模状态后的 UG NX 10.0 用户界面如图 1-3 所示，各部分的功能如下。

1.2 微课视频

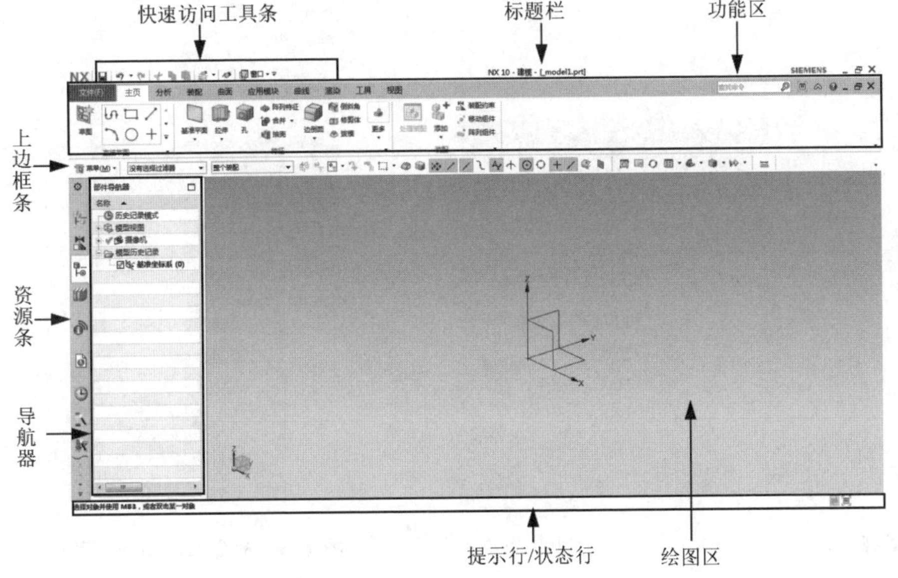

图 1-3 进入建模状态后的 UG NX 10.0 用户界面

1. 快速访问工具条

快速访问工具条用于放置一些使用频率较高的工具。用户可根据需要自定义快速访问工具条中包含的工具按钮，方法是：单击该工具条右侧的下拉箭头▼，在展开的下拉菜单中选择添加或删除的工具按钮。

2. 标题栏

标题栏主要用于显示软件版本、当前模块、文件名和当前部件修改状态等信息。如图

1-3 中的标题栏表示：所使用的是 UG NX 10 版本，文件名为“model1”，当前属于建模模块。

3. 功能区

功能区用选项卡的方式分类存放各种工具按钮。单击功能区中的选项卡标签，可切换功能区中显示的工具条。工具条是放置命令组的区域，这些命令组是为了便于操作放置于用户界面中的，每个命令组又由多个命令项组成。命令组在工具条中可以打开或关闭；命令组中的命令项也可以打开或关闭。打开的命令组和命令项都可以根据用户习惯放置于需要的位置。

将光标放置于工具条空白处右击，系统会弹出工具条定制快捷菜单，如图 1-4 所示。其中，列举了命令组类的名称，勾选则表示该类命令组处于打开状态，未勾选则表示该类命令组处于关闭状态，单击即可按类打开或关闭命令组。

将光标放置于某一命令组的空白处，如“主页”的“特征”命令组，右击，系统会弹出命令组定制快捷菜单，如图 1-5 所示。单击“从主页选项卡中移除”可以关闭该命令组，也可以将该命令组添加到上边框条、下边框条、左边框条或右边框条中。

将光标放置于某一单项命令上，如“特征”命令组中的“基准平面”，右击，系统会弹出命令项定制快捷菜单，如图 1-6 所示。单击“从特征组中移除”可以关闭该命令，也可以将该命令添加到上边框条、下边框条、左边框条或右边框条中。

图 1-4 工具条定制快捷菜单

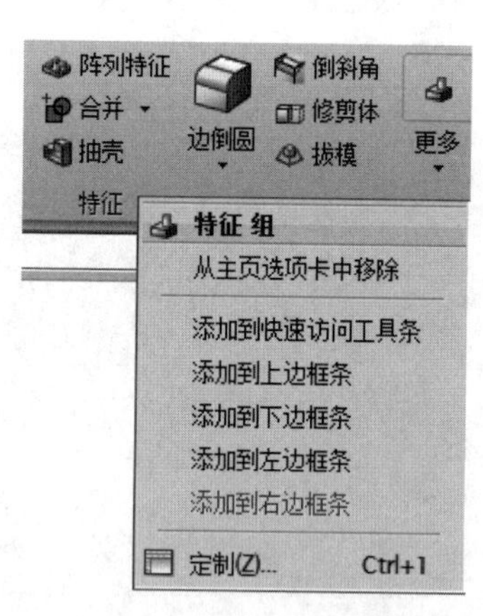

图 1-5 命令组定制快捷菜单

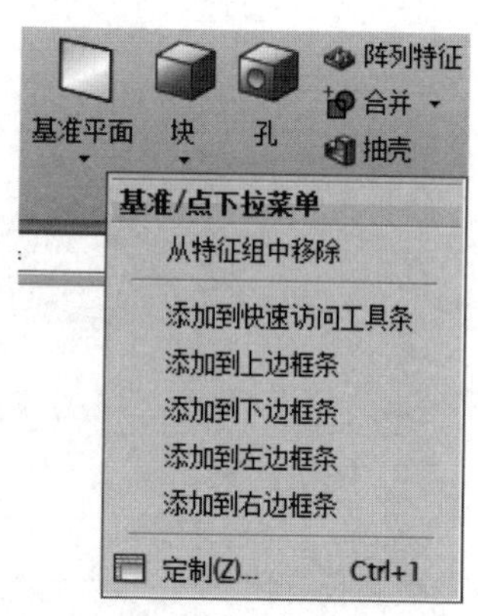

图 1-6 命令项定制快捷菜单

光标放在工具条的任意位置时右击，系统会弹出的快捷菜单都含有“定制”命令，单击即可弹出“定制”对话框，如图 1-7 所示。在“命令”选项卡中可以选中某一项命令并按住鼠标左键将其拖动添加到任何一个命令组中。这样，一个命令组中的命令项可以增加，也可以删除，并且可以添加不同命令组中的命令项。如此设置可以让用户将最常用的命令全部集中于一个命令组中，显示在工具条上，其余的命令组尽可能地关闭。这一方面使用户界面整洁明了，另一方面节省了更多的用户界面空间，便于绘图。在“选项卡/条”选项卡中可以直接按类打开或关闭一些命令组。在“快捷方式”选项卡中可以设置命令的快捷键。在“图标/工具提示”选项卡中可以调整工具条的显示式样。

下面介绍在“命令”选项卡中打开或关闭指定工具条中所包含的命令的操作。因为每个工具条可能包括多个命令，对于那些在建模过程中不常用的命令没有必要将它显示出来。单击“命令”选项卡，如图 1-7 中①所示。选中一个工具条名称，如图 1-7 中②所示，就可以看到这个工具条中所包含的命令都列在右面的列表框内。选中一个命令，如图 1-7 中③所示，将该命令拖动到工具条中，如图 1-7 中④所示。这时工具条中将显示此项命令，如图 1-7 中⑤所示。若将某命令从工具条中拖回“定制”对话框中，此命令将从工具条中消失。

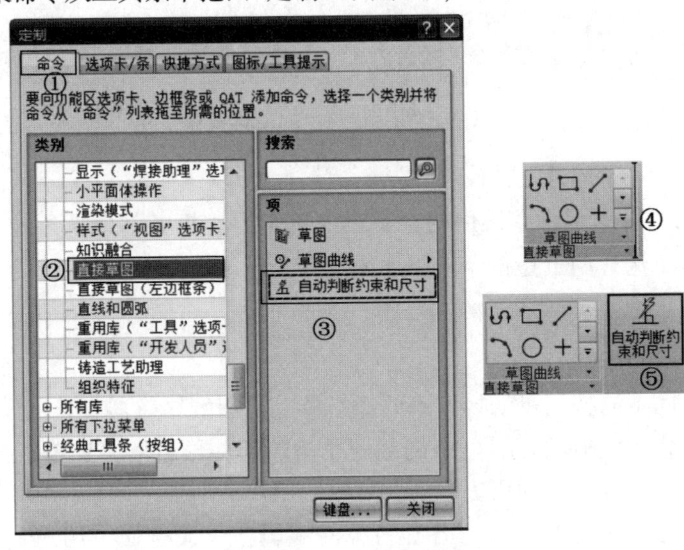

图 1-7 “定制”操作

4. 上边框条

上边框条由“菜单”按钮、“选择”组、“视图”组和“实用工具”组组成。

1)“菜单”按钮

单击“菜单”按钮 菜单(M) 后可从系统弹出的下拉菜单中选择所需的命令。菜单栏存放着当前模块下几乎所有 UG NX 10.0 命令，包括绘图命令、操作命令、设置命令、编辑命令等。不同的模块环境，菜单栏内的命令项是不同的：建模模块有相应的绘图设计、编辑等命令，制图模块有相应的图纸、视图创建等命令，加工制造模块有刀具、机床、工艺设计等命令。

UG NX 10.0 采用灵活多样的命令方式，如一个绘图命令、编辑命令，既可以从菜单栏中选择，也可以从工具条中选择，其操作各有利弊。工具条的命令放置于用户界面上，绘图使用时拾取方便、快捷，但用户界面上有过多的命令会显得凌乱、不整洁，同时也占用绘图区的空间。而且，假如过多地依赖工具条，换一台计算机绘图时会比较被动，因为其用户界面不一定放置原来习惯使用的命令组，即使有其位置也可能不一样，需要重新调整定制这些命令，从而降低绘图效率。使用菜单栏命令，由于有些命令包含在若干子菜单中，所以在绘图过程中需要单击多次才能调用到这些命令，会损失效率。但是，菜单栏的命令位置是固定不变的，熟悉之后选取也比较方便，不受人为设置的影响；同时，工具条也可以尽可能地关闭，节省绘图区的空间，使用户界面干净整洁。

2)“选择”组中的工具按钮

利用“选择”组中的工具按钮(图 1-8)，可进行选择对象的相关操作。例如，选择对象类型、选择范围、选择图层、设置捕捉点等。

图 1-8 “选择”组中的工具按钮

3)“视图”组中的工具按钮

利用“视图”组中的工具按钮(图 1-9)，可进行视图的相关操作。例如，视图的缩放、平移、旋转，适合窗口，视图的定向，视图的渲染方式等。

图 1-9 “视图”组中的工具按钮

4)“实用工具”组中的工具按钮

“实用工具”组中存入了一些实用的小工具。单击上边框条右侧的下拉箭头▼，在系统弹出的下拉菜单中可选择向上边框条中添加或删除工具组，以及向各工具组中添加或删除工具按钮。

5. 导航器和资源条

单击资源条上的不同按钮可切换到不同导航器，常用的导航器有装配导航器、部件导航器等。装配导航器显示“顶层显示部件”的装配结构。部件导航器是建模中最常用的导航器，主要用来显示用户建模过程中的历史记录，可以使用户清晰地了解建模的顺序和特征之间的关系，并且可以在特征树上直接进行各种特征的编辑，大大方便了用户查找、修改和编辑参数。

单击资源条的“角色”按钮，系统弹出“角色”资源栏，如图 1-10 所示。这是西门子公司针对不同的用户群体制定的不同 UG NX 软件使用体验，分为基本功能角色和高级功能角色。前者用户界面工具条中的命令组少，菜单栏的命令也仅有基本的设计与编辑命令；后者用户界面则具有完整的菜单，涵盖所有命令，功能强大，针对的目标用户群体是使用该软件的经验丰富的设计工程师与专家。初期使用 UG NX 软件时，假如发现用户界面简略，菜单栏命令缺失不全，则是系统默认为基本功能角色，若有需要可单击资源条的“角色”按钮，选择“角色高级”，调整为具备完整菜单功能的高级角色。

单击“部件导航器”图标，如图 1-11 中①所示。系统弹出“部件导航器”，可以清楚地看到建模过程。如果要对某一步进行修改，可先选中该步骤，如图 1-11 中②所示，然后右击，系统将弹出快捷菜单，如图 1-11 中③所示，可以对此步骤进行多种操作。

6. 绘图区

绘图区是进行模型构造的区域，模型的创建、装配及修改工作都在该区域内完成。

7. 提示行/状态行

提示行/状态行位于用户界面的最下方，用于提示当前执行操作的结果、光标的位置、图形的类型或名称等特性，可以帮助用户了解当前的工作状态，提示用户如何操作。执行每一步命令时，系统都会在提示行/状态行中显示如何进行下一步操作。对于初学者，提示行/状态行有着重要的提示作用。

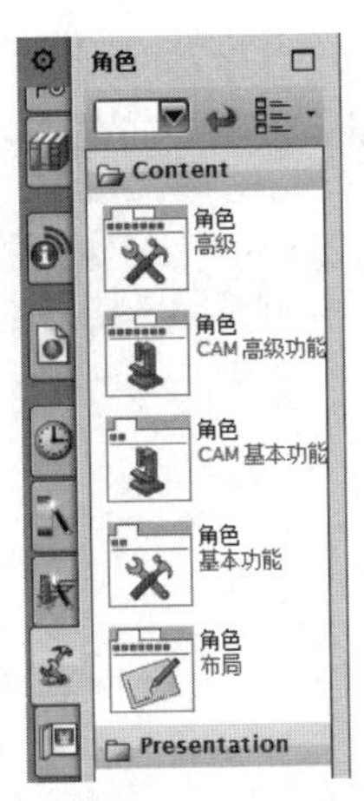

图 1-10 “角色”资源栏

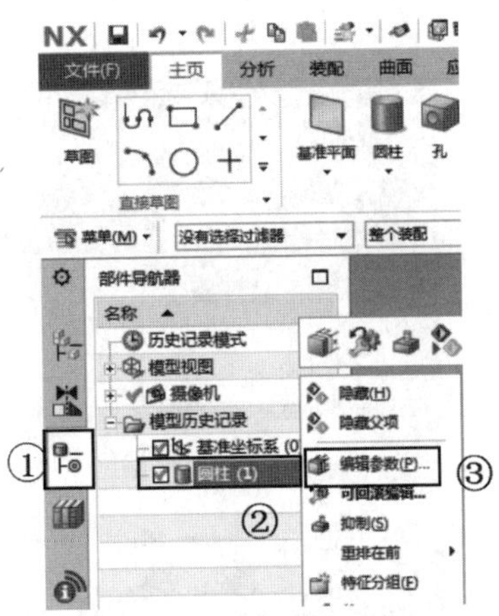

图 1-11 “部件导航器”快捷菜单

1.3 设置用户界面主题

1.3 微课视频

经典工具条用户界面是 UG NX 9.0 以前版本主要采用的用户界面，在 UG NX 10.0 中为了兼顾老用户的使用习惯也保留了这种用户界面模式。

由“功能区”用户界面向“经典工具条”用户界面转换，可以按照以下方法进行操作。

(1) 单击软件菜单栏上的“首选项”按钮。

(2) 单击“用户界面”按钮，系统弹出“用户界面首选项”对话框。

(3) 在“用户界面首选项”对话框中选择“布局”菜单，选中右侧“用户界面环境”区域中的“经典工具条”单选按钮，最后选中“选择条位置”选项组中的“顶部”单选按钮，如图 1-12(a)所示。

(4) 选择“主题”菜单，然后在“NX 主题”选项组的“类型”下拉列表框中选择“经典”选项，如图 1-12(b)所示。

(5) 单击“确定”按钮，完成用户界面设置，如图 1-13 所示。

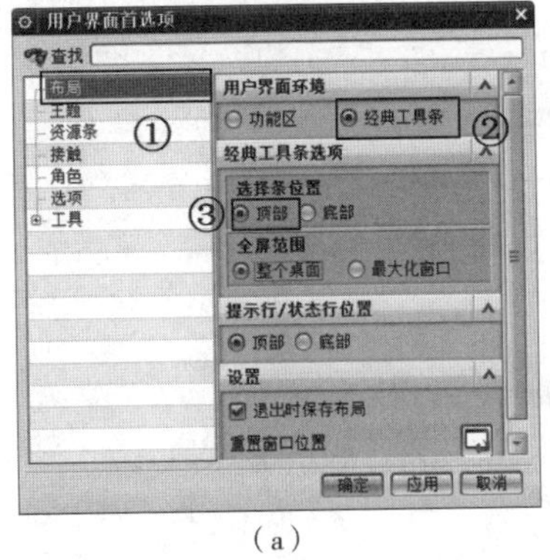

(a)

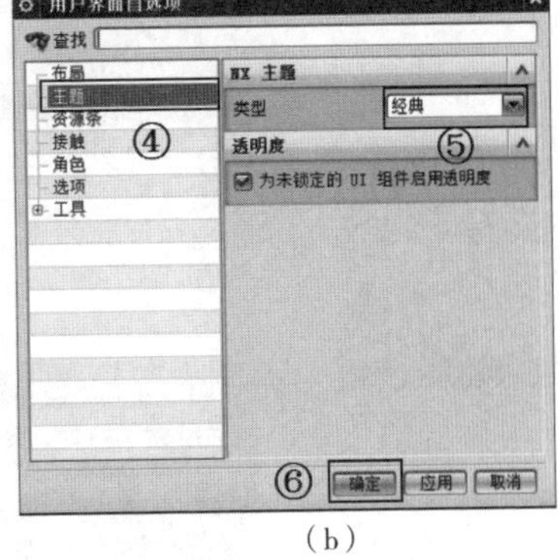

(b)

图 1-12 “用户界面首选项”对话框

(a)“布局”菜单；(b)“主题”菜单

图 1-13 “经典工具条”用户界面

1.4 文件管理

文件管理包括新建、打开和保存部件文件，以及导入、导出文件。

1.4.1 新建部件文件

当以正常启动方式进入 UG NX 10.0 后，系统仅显示标准工具条，如图 1-2 所示，这时的用户界面并非工作界面。直接单击“新建”按钮，或者单击功能区“文件”/“新建”命令或者使用快捷键，系统将弹出“新建”对话框，如图 1-14 所示。在“名称”文本框中输入文件名，在“文件夹”文本框中指定文件的存放位置，在“单位”下拉列表框中选择单位是“毫米”或“英寸”，然后单击“确定”按钮，系统就进入了“基本环境”模块。

1.4.1 微课视频

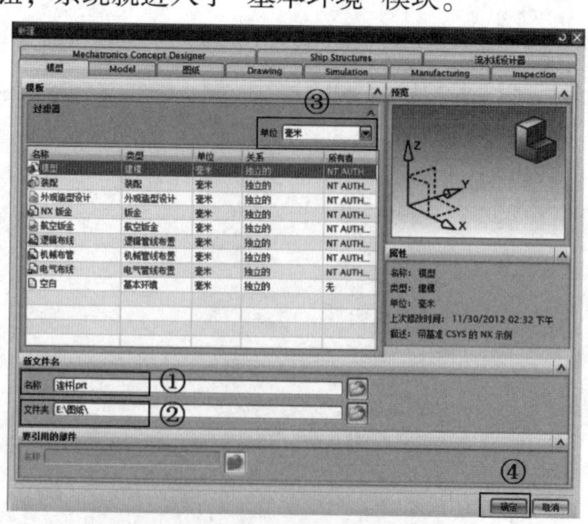

图 1-14 “新建”对话框

若想进入其他模块，可以单击“应用模块”标签，在对应的工具条中选择相应的功能按钮。例如，单击“钣金”按钮，系统进入钣金工作界面，这时就可以创建钣金模型了。

1.4.2　打开部件文件

直接单击“打开”按钮，或者单击功能区“文件”/“打开”命令，系统将弹出“打开”对话框，如图 1-15 所示。在“查找范围”下拉列表框中选择正确的文件存放路径，在“文件名”文本框内输入所要打开的文件名称，然后单击“OK”按钮，或者在列表中直接双击该文件，或者右击文件，在系统弹出的快捷菜单中选择“打开”命令，可以看到对话框右侧的预览窗口。若取消勾选预览窗口下的“预览”复选按钮，则将不显示预览图像。

注意：

(1)“打开”对话框内没有用于选择单位的下拉列表框，因为部件的单位是在部件建立时决定的，此后不可以改变。

(2)载入的部件文件仅仅是硬盘内所存在的文件的复制，在再次保存到硬盘之前，用户所做的工作都不是永久的。

(3)UG NX 10.0 可以同时打开多个文件，但用户界面一次只能显示一个文件，不同的文件不支持多窗口显示。不同文件的切换显示需要单击用户界面最上方快速访问工具条中的工具条的“窗口”命令，在其下拉菜单中进行切换。

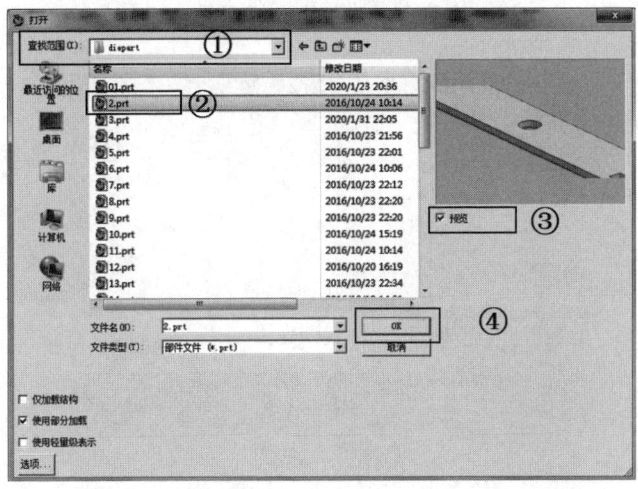

1.4.2　微课视频

图 1-15　“打开”对话框

1.4.3　保存部件文件

UG NX 10.0 中常用的保存部件文件的方式有“直接保存”“仅保存工作部件”“另存为”和“全部保存”。以“另存为”为例，单击功能区“文件”/“另存为”命令或者使用〈Ctrl+Shift+S〉组合键将当前部件文件保存到另外指定的路径下，此时系统弹出“另存为”对话框，如图 1-16 所示。用户可以输入新的文件名称后单击“OK”按钮加以保存。单击功能区“文件”/“全部保存”命令可将当前所载入的所有部件文件保存到各自的路径下。

1.4.3　微课视频

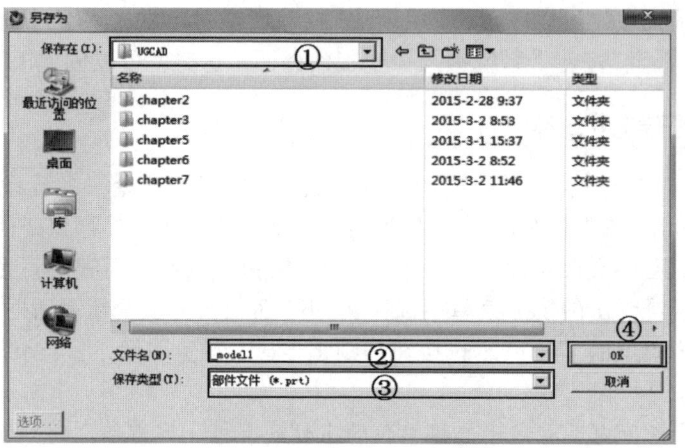

图 1-16 “另存为”对话框

1.4.4 导入文件

导入文件是指把系统外的文件导入到 UG NX 软件。UG NX 10.0 提供了多种格式的导入形式，包括 DXF/DWG、CGM、VRML、IGES、STEP203、STEP214、CATIA V4、CATIA V5、Pro/E 等，限于篇幅，此处以导入 DWG 格式为例介绍导入文件的操作方法，如图 1-17 所示。

1.4.4 微课视频

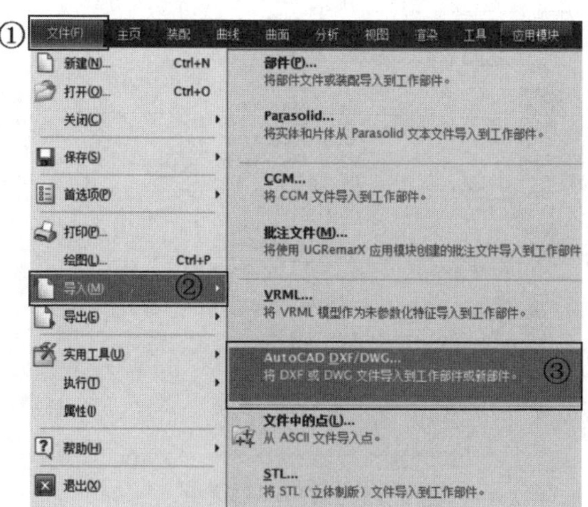

图 1-17 导入文件的操作方法

1.4.5 导出文件

1.4.5 微课视频

导出文件与导入文件类似，可将现有模型导出为支持其他类型的文件。在 UG NX 10.0 中，提供了二十余种导出文件格式，此处以导出 STL 文件格式为例介绍导出文件的操作方法，如图 1-18 所示。

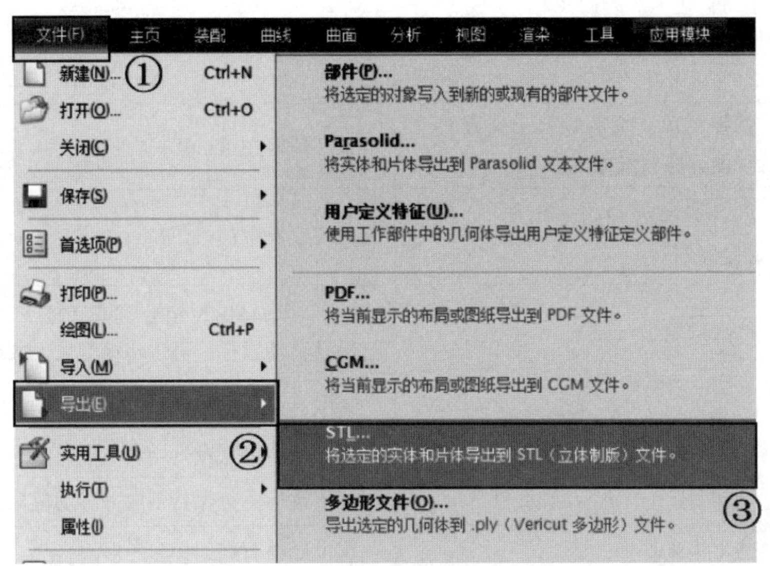

图 1-18　导出文件的操作方法

1.5　UG NX 10.0 的基本操作

利用 UG NX 10.0 进行特征建模操作时，只有熟练掌握基本建模操作方法，才能在最短时间内创建出满足要求的特征模型。下面简要介绍 UG NX 10.0 的基本操作方法，包括键盘和鼠标操作、首选项参数设置、视图操作等。熟练掌握其基本操作方法，对今后运用特征建模将有很大的帮助。

1.5.1　键盘和鼠标操作

1.5.1　微课视频

键盘主要用于输入参数，鼠标则用来选择命令和对象。有时，对于同一功能可分别用键盘或鼠标完成，有时则需要两者结合使用。

常用的键盘操作：〈Enter〉键用于确定操作，相当于按下鼠标中键，也相当于一个命令对话框的“确定”按钮；〈Tab〉键用于切换不同文本框的参数选择或输入；〈Esc〉键用于取消操作；〈Shift〉键用于取消某一个或几个对象的选择，按住〈Shift〉键再单击已经选择的某一个或几个对象可以取消其选择；〈Delete〉键用于删除图形对象；〈Ctrl〉键用于快捷键组合，如〈Ctrl+O〉组合键是打开现有的文件。快捷键组合需要在软件的使用过程中逐步积累掌握，快捷键组合是可以自定义设置的。UG NX 10.0 还具有各种功能键，如〈F4〉键为打开信息窗口、〈F5〉键为刷新、〈F6〉键为缩放、〈F7〉键为旋转等。

鼠标在 UG NX 10.0 中的使用频率非常高，其应用功能较多，可以实现平移、旋转、缩放及打开快捷菜单等操作。最好使用最常见的三键滚轮鼠标，鼠标的左、中、右键分别对应软件中的 MB1、MB2、MB3，其功能如表 1-1 所示。

表 1-1　三键滚轮鼠标在软件中的功能

鼠标按键	功能	操作说明
左键(MB1)	选择菜单、选取物体、选择相应的功能、拖动鼠标	按下鼠标左键(MB1)
中键(MB2)	在对话框内相当于“OK”按钮或“确定”按钮	按下鼠标中键(MB2)
	放大或缩小	按下〈Ctrl+MB2〉组合键或者按下〈MB1+MB2〉组合键并移动鼠标，可以将模型放大或缩小
	平移	按下〈Shift+MB2〉组合键或者按下〈MB2+MB3〉组合键并移动鼠标，可以将模型随鼠标平移
	旋转	按下鼠标中键保持不放并移动鼠标，可旋转模型
右键(MB3)	弹出快捷菜单	按下鼠标右键(MB3)
	弹出推断菜单	选中一个特征后按下鼠标右键(MB3)并保持
	弹出悬浮菜单	在绘图区空白处按下鼠标右键(MB3)并保持

1.5.2　首选项参数设置

1.5.2　微课视频

在日常的特征建模过程中，不同的用户会有不同的建模习惯。在 UG NX 10.0 中，用户可以通过首选项参数设置来设置熟悉的工作环境，包括：利用“首选项”来定义新对象、名称、布局和视图的显示参数；设置生成对象的图层、颜色、字体和宽度；控制对象、视图和边界的显示；更改选择球的大小；指定选择框方式；设置成链公差和方式；以及设计和激活栅格等。

例如，如果用户对视窗背景颜色不满意，可执行“菜单”/“首选项”/“背景”命令，系统弹出“编辑背景”对话框，如图 1-19 所示。首先在“着色视图”选项组中单击“纯色”，然后在“普通颜色”处单击，系统弹出“颜色”对话框，如图 1-20 所示。单击“基本颜色”右下角的白色框，再在两个对话框里均单击“确定”按钮，即完成白色视窗背景的设置。

图 1-19　“编辑背景”对话框

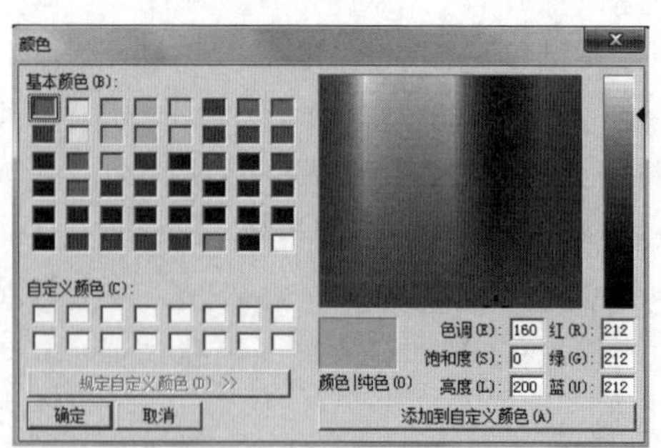

图 1-20　“颜色”对话框

1.5.3　视图操作

在设计过程中，需要不断地改变视角来观察模型、调整模型，或以线框视图、着色视图来显示模型，有时也需要将多幅视图结合起来分析，因此观察模型不仅与视图有关，还和模型的位置、大小有关。观察模型常用的方法有平移、放大、缩小、旋转、适合窗口等。多幅视图的显示是通过“布局”选项来实现的。

1.5.3　微课视频

1. 模型观察方式

UG NX 10.0 提供了“视图”选项卡，用户利用其中的命令可以方便地观察模型。上边框条“视图”组中常用命令的功能如表 1-2 所示。

表 1-2　“视图”组中常用命令的功能

图标	名称	功能
	适合窗口	调整工作视图的中心和比例以显示绘图区的所有对象
	缩放	按下鼠标左键，画一个矩形后松开，放大视图中的选择区域
	放大/缩小	按下鼠标左键，拖动鼠标放大/缩小视图
	旋转	按下鼠标左键，拖动鼠标旋转视图
	平移	按下鼠标左键，拖动鼠标平移视图
	透视	将工作视图由平行投影改为透视投影

2. 模型显示方式

单击“视图”组中“渲染样式”按钮右侧的下拉箭头，系统会弹出如图 1-21 所示的“渲染样式”下拉菜单。

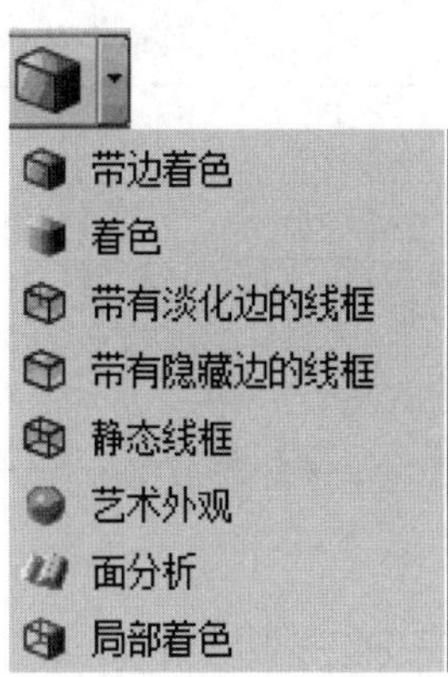

图 1-21　“渲染样式”下拉菜单

“渲染样式”下拉菜单中各命令的功能如表 1-3 所示。

表 1-3　“渲染样式”下拉菜单中各命令的功能

图标	名称	功能
	带边着色	用光顺着色和打光渲染工作视图中的模型，并显示模型边线

续表

图标	名称	功能
	着色	用光顺着色和打光渲染工作视图中的模型，不显示模型边线
	带有淡化边的线框	旋转视图时，用边缘几何体渲染十字光标指向的视图中的面，使隐藏边变暗并动态更新面
	带有隐藏边的线框	旋转视图时，用边缘几何体、不可见隐藏边渲染十字光标指向的视图中的面，并动态更新面
	静态线框	用边缘几何体渲染十字光标指向的视图中的面
	艺术外观	根据指派的基本材料、纹理和光源，实际渲染十字光标指向的视图中的面
	面分析	用曲面分析数据渲染选中的面并分析
	局部着色	用顺光着色和打光渲染十字光标指向的视图中的局部着色面

3. 模型观察方向

单击“视图”组中“定向视图”按钮右侧的下拉箭头，系统会弹出如图 1-22 所示的“定向视图”下拉菜单。“定向视图”下拉菜单中各命令的功能如表 1-4 所示。

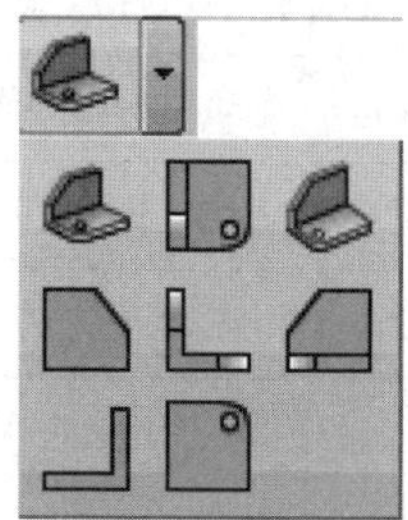

图 1-22 “定向视图”下拉菜单

表 1-4 “定向视图”下拉菜单中各命令的功能

图标	名称	功能	图示
	正三测视图	定位工作视图与正三测视图对齐	
	俯视图	定位工作视图与俯视图对齐	
	正等测视图	定位工作视图与正等测视图对齐	
	左视图	定位工作视图与左视图对齐	
	前视图	定位工作视图与前视图对齐	

续表

图标	名称	功能	图示
	右视图	定位工作视图与右视图对齐	
	后视图	定位工作视图与后视图对齐	
	仰视图	定位工作视图与仰视图对齐	

4. 对象的显示和隐藏

当绘图区中显示的对象太多时，那些不必要的对象可以暂时隐藏起来，当需要时再显示出来，这样既提高了计算机的显示速度，又使绘图区中显示的对象不过于杂乱。

单击“视图”组中“显示/隐藏”按钮右侧的下拉箭头，系统会弹出如图 1-23 所示的“显示/隐藏”下拉菜单。

单击“显示和隐藏”命令，系统会弹出“显示和隐藏”对话框，如图 1-24 所示。这是分类显示和隐藏，可以按实体、片体(曲面)、曲线、基准等类型显示或隐藏对象，单击其后面的加号“+”，该类对象全部显示；单击减号“-”，该类对象全部隐藏。

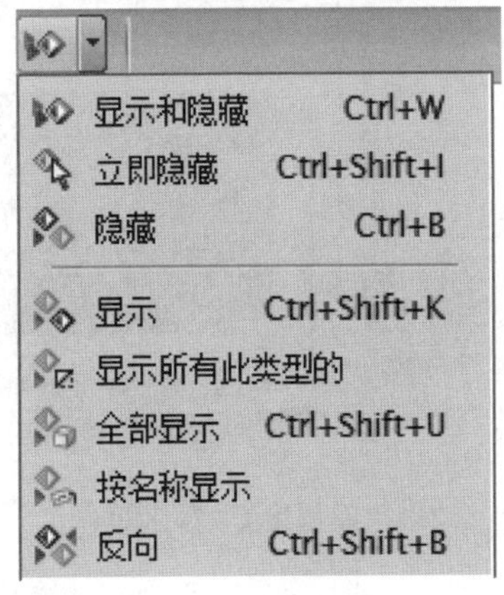

图 1-23　“显示/隐藏”下拉菜单

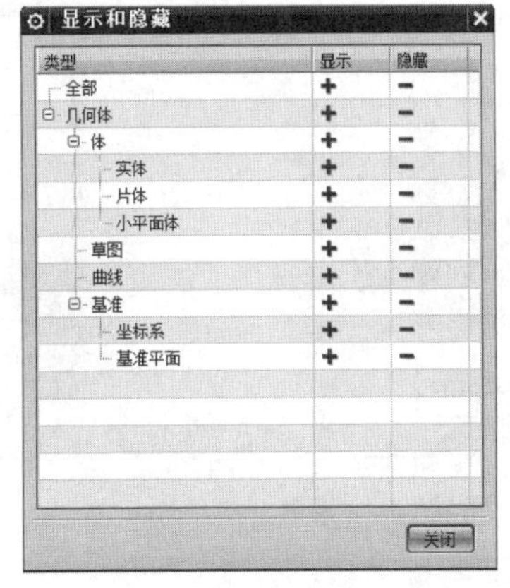

图 1-24　“显示和隐藏”对话框

也可以通过快捷键方式来实现。隐藏对象可以使用〈Ctrl+B〉组合键，显示对象则使用〈Ctrl+Shift+K〉组合键。选取对象可以在对象处单击，选取整个对象可以用框选或者按〈Ctrl+A〉组合键。若要取消所选对象，按住〈Shift〉键不放，再次选择该对象即可。

5. 图层操作

图层是指放置模型对象的不同层次。在多数图形软件中，为了方便对模型对象的管理，都设置了不同的图层，每个图层可以放置不同的属性。各个图层不存在实质上的差异，原则上任何对象都可以根据不同需要放置到任何一个图层中。图层的主要作用就是在进行复杂特征建模时可以让用户方便地进行模型对象的管理。

UG NX 软件中最多可以设置 256 个图层，每个图层上可以放置任意数量的模型对象。

在每个组件的所有图层中，只能设置一个图层为工作图层，所有的工作只能在工作图层上进行。可以对其他图层的可见性、可选择性等进行设置来辅助建模工作。

单击“视图”组中“图层”按钮右侧的下拉箭头，系统会弹出如图 1-25 所示的“图层”下拉菜单。“图层”下拉菜单中各命令的功能如下。

1) 图层设置

该命令是在创建模型前，根据实际需要、用户使用习惯和创建对象类型的不同对图层进行设置。

在“图层”下拉菜单中，单击“图层设置”命令，系统弹出“图层设置”对话框，如图 1-26 所示。

利用该对话框，可以对部件中所有图层或任意一个图层进行“设为可选”“设为工作图层”“设为仅可见”和“设为不可见”等设置，还可以进行图层信息查询，也可以对图层所属的种类进行编辑操作。

图层设置 Ctrl+L
视图中可见图层
图层类别
移动至图层
复制至图层

图 1-25 “图层”下拉菜单

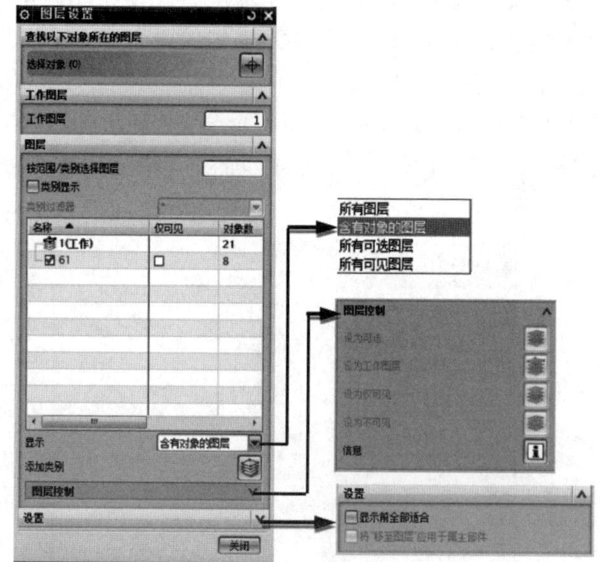

图 1-26 “图层设置”对话框

2) 视图中可见图层

该命令用于控制工作视图中的某一图层是否可见。通常在创建比较复杂的模型时，为方便观察和操作，需要隐藏某些图层，或者显示隐藏的图层。

在“图层设置”对话框中选取用户欲设置的图层，然后单击“可见”或“不可见”按钮，从而完成对图层的可见或不可见设置。

3) 图层类别

该命令用于创建命名的图层组。

4) 移动至图层

该命令是指将选定的对象从一个图层移动到指定的一个图层，原图层中不再包含选定的对象。

在“图层”下拉菜单中，单击“移动至图层”命令，系统弹出“类选择”对话框，如图 1-27

所示。在绘图区选择对象后，单击“确定”按钮，系统弹出“图层移动”对话框，如图 1-28 所示。在“目标图层或类别”文本框中输入“目标图层”，单击“确定”按钮，完成操作。

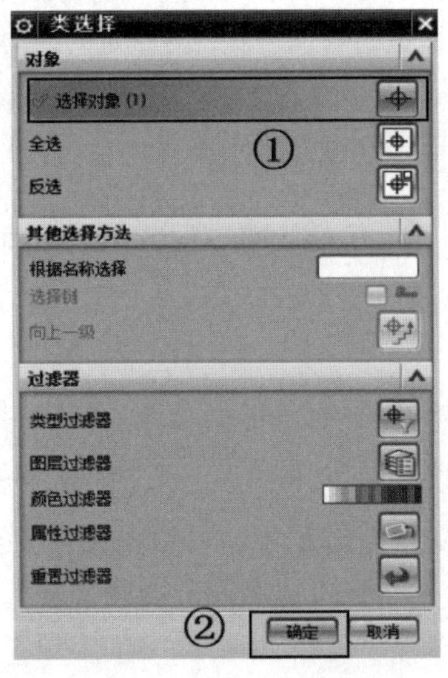

图 1-27 “类选择”对话框

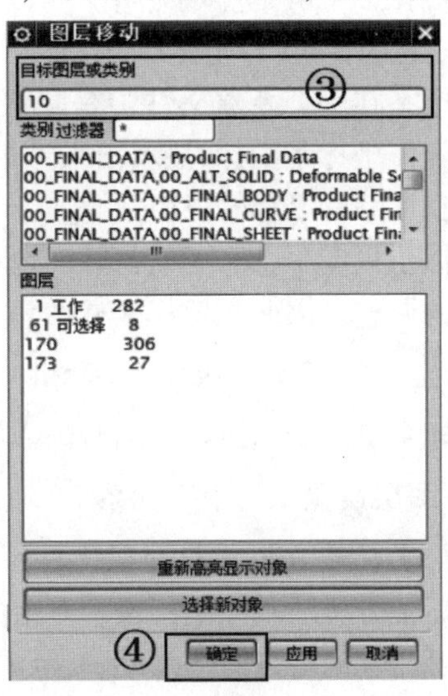

图 1-28 “图层移动”对话框

5)复制至图层

该命令是将选取的对象从一个图层复制一个备份到指定的图层。其操作方法与“移动至图层”类似，二者的不同点在于执行“复制至图层”操作后，选取的对象同时存在于原图层和指定的图层。

1.6 UG NX 10.0 坐标系

在绘图过程中，如果要精确定位某个对象的位置，则应以某个坐标系作为参照。

1.6 微课视频

1.6.1 坐标系的分类

UG NX 中主要有 3 种坐标系：绝对坐标系、工作坐标系和基准坐标系。这 3 种坐标系在不同的模块中充当着设计坐标系、加工坐标系和运动坐标系的角色。

1. 绝对坐标系(Absolute Coordinate System，ACS)

绝对坐标系是 UG NX 内部固有的坐标系，是工作坐标系和基准坐标系的参考点，是为所有图形对象提供参考的坐标系。

在绘图区的左下方有个小坐标系图标，其标识的是绝对坐标系的方位。小图标的 x、y、z 分别代表绝对坐标系的 x 轴、y 轴、z 轴方位。绝对坐标系的原点处于视窗的正中央位置。

绝对坐标系既然是所有图形对象和其余坐标系的参考，那么其位置是确定的，方位也是确定的，因此它具有唯一性和不可变性的特点。

2. 工作坐标系(Working Coordinate System，WCS)

工作坐标系也叫用户坐标系，用户可以根据需要选择已经存在的坐标系作为工作坐标系，也可以创建新的坐标系为工作坐标系，可以对工作坐标系进行移动、旋转等重定向以便于建模。

工作坐标系在一个新建文件中是默认关闭状态。执行“菜单”/“格式”/“WCS”/“显示”命令，这时工作坐标系图标显示出来。工作坐标系初始默认在视窗的中央位置，且坐标轴方位与绝对坐标系的坐标轴方位重合。

工作坐标系只有一个，可以打开，也可以关闭，但不能删除，可以根据绘图的需要进行位置与方位的调整。因此，工作坐标系具有唯一性和可变性的特点。

3. 基准坐标系(Coordinate System，CSYS)

基准坐标系是在绘图过程中临时插入的基准，为图形对象提供参考。新建一个文件，系统默认在 61 图层设置了一个坐标系，该坐标系便是基准坐标系。最初默认的基准坐标系的原点位置与坐标轴方位均与绝对坐标系重合，在绘图过程中，可以根据需要建立不同位置、不同坐标轴方位的基准坐标系，多余的基准坐标系也可以删除。因此，基准坐标系具有不唯一性和可变性的特点。

1.6.2　工作坐标系调整

工作坐标系具有唯一性和可变性，可以根据需要改变原点位置和坐标轴的方位，这种改变实际上是工作坐标系的一种调整。

首先打开工作坐标系，执行“菜单”/“格式”/“WCS”命令，系统弹出工作坐标系调整子菜单，如图 1-29 所示。共有 7 种调整方法。

(1)动态：动态移动和重定向工作坐标系。

执行“菜单”/“格式”/“WCS”/“动态”命令，工作坐标系变成激活状态，如图 1-30 所示。在原点处有一个小圆球，绕各坐标轴旋转的圆弧上也各有一个小球，各坐标轴都带有箭头。单击原点处的小球，按住鼠标左键拖动，可移动坐标系至新位置。单击各坐标轴的箭头，按住鼠标左键拖动，可将工作坐标系沿该坐标轴的方向移动，移动的距离可以用鼠标动态控制，也可以在系统弹出的文本框中输入，再按〈Enter〉键确定。单击绕各坐标轴旋转的小球，按住鼠标左键拖动，可将工作坐标系绕该坐标轴方向旋转，转动的角度可以用鼠标动态控制，也可以在系统弹出的文本框中输入，再按〈Enter〉键确定。坐标轴的转动遵循右手旋转法则，伸出右手，大拇指方向指向坐标轴的正向，四指弯曲的方向表示绕该坐标轴旋转的正向。

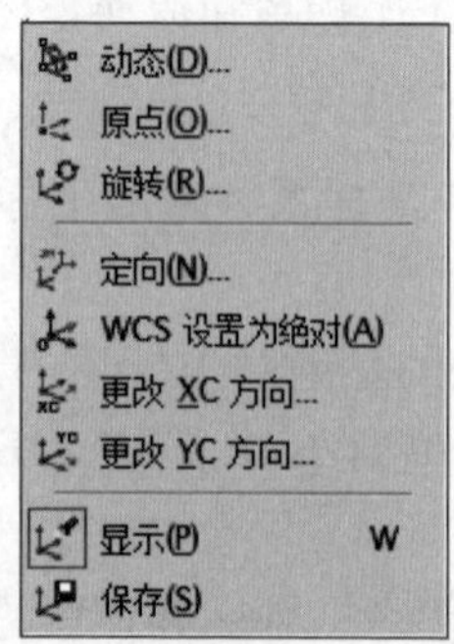

图 1-29　工作坐标系调整子菜单

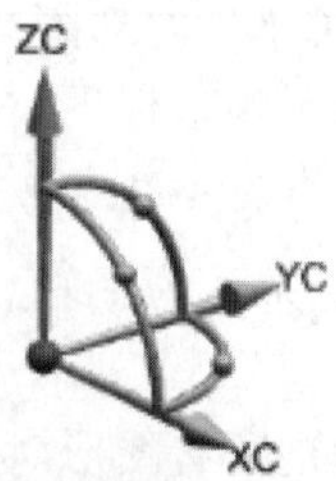

图 1-30　激活状态的工作坐标系

(2)原点：在原来工作坐标系的基础上，只改变原点位置，三坐标轴的方位不变，生成新的工作坐标系。

执行“菜单”/“格式”/“WCS”/“原点”命令，系统弹出“点”对话框，也就是所谓的点构造器，如图1-31所示。通过绘制空间上的一个点，使工作坐标系的原点移动到此位置。在“点”对话框的“类型”选项组中选择不同的构造类型选项，可以很方便地捕捉或定义不同类型的点。点的构造类型的功能如表1-5所示。

图1-31　“点”对话框

表1-5　点的构造类型的功能

图标	名称	功能
	自动判断的点	根据单击的位置，系统自动推断出选取点
	光标位置	通过定位十字光标在绘图区任意指定一个点，该点位于工作平面上
	现有点	选定已存在的一个点
	端点(终点)	在现有直线、圆弧及其他曲线的端点处定义一个位置点
	控制点	在几何对象的控制点处定义一个点，控制点与几何对象类型有关
	交点	在两段曲线的交点处，或在一条曲线和一个曲面/平面的交点处定义一点；如果两者交点多于一个，那么系统默认在最靠近第二对象处选取一个点；若两段非平行曲线未实际相交但两者延长线将相交于某一点，则系统选取两者延长线上的相交点
	圆弧中心/椭圆中心/球心	在圆弧、椭圆、球的中心指定一个点
	圆弧/椭圆上的角度	与坐标系轴XC正向成一定角度且沿逆时针方向测量，在圆弧或椭圆弧上指定一个点
	象限点	在一个圆弧、椭圆弧的四等分点处指定一个点
	点在曲线/边上	在曲线或实体边缘上指定点
	点在面上	在曲面上放置点

续表

图标	名称	功能
	两点之间	在选定两点之间定义一个点，该新点可由点之间位置百分比设定
	样条极点	选择样条，获取其极点来定义所需点
	按表达式	通过选择表达式或创建表达式来定义一个点

(3)旋转：原来的工作坐标系绕 XC、YC、ZC 轴旋转一定角度，生成新的工作坐标系。

执行“菜单”/“格式”/“WCS”/“旋转”命令，系统弹出“旋转 WCS 绕…”对话框，如图 1-32 所示。按右手旋转法则，通过选择旋转轴并输入旋转角度绘制空间上的一个点，使工作坐标系转动一定角度。

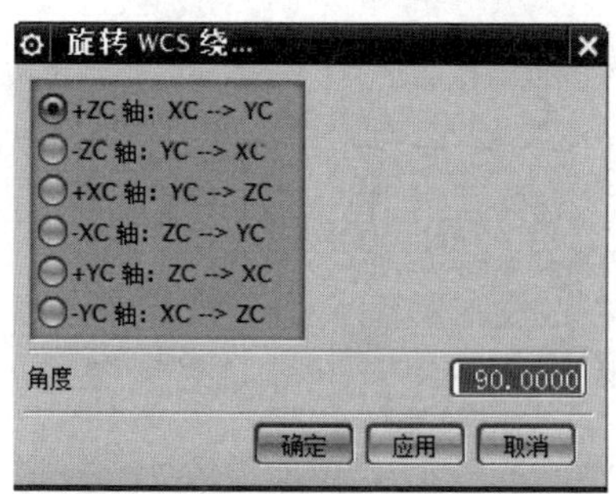

图 1-32 “旋转 WCS 绕…”对话框

(4)定向：通过创建一个新的基准坐标系的方法完成工作坐标系的调整。

执行“菜单”/“格式”/“WCS”/“定向”命令，系统弹出“CSYS”对话框，如图 1-33 所示。该方法可以理解为新创建一个基准坐标系，使工作坐标系与之重合，从而实现工作坐标系的调整。

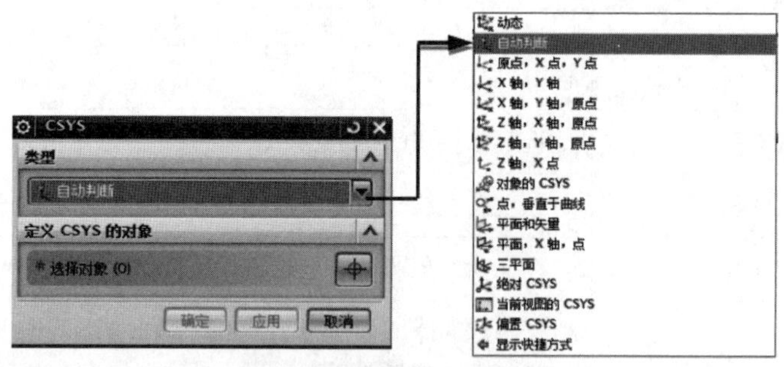

图 1-33 “CSYS”对话框

在“CSYS”对话框“类型”选项组中有不同的构造类型选项。新坐标系的构造类型的功能如表 1-6 所示。

表 1-6 新坐标系的构造类型的功能

图标	名称	功能
	动态	用于对现有的坐标系进行任意的移动和旋转，选择此类型选项时，当前坐标系处于活动状态，可在“CSYS”对话框中指定参考 CSYS 选项(如“WCS”“绝对-显示部件”“选定 CSYS”)，并根据要求通过操控器指定方位

续表

图标	名称	功能
	自动判断	根据选择对象构造属性以及自动判断 CSYS，系统会智能地筛选可能的构造方式，当达到坐标系构造的唯一性要求时，系统将自动产生一个新的工作坐标系
	原点，X 点，Y 点	通过在绘图区中选定 3 个点来重定向工作坐标系，第 1 点为原点，第 2 点为 X 轴点，第 3 点为 Y 轴点，其中第 1 点指向第 2 点的方向为 X 轴的正向，从第 2 点到第 3 点则按右手定则确定 Y 轴方向
	X 轴，Y 轴	通过指定 X 轴矢量和 Y 轴矢量来重定向工作坐标系
	X 轴，Y 轴，原点	通过指定原点、X 轴矢量和 Y 轴矢量来重定向工作坐标系
	Z 轴，X 轴，原点	通过指定原点、Z 轴矢量和 X 轴矢量来重定向工作坐标系
	Z 轴，Y 轴，原点	通过指定原点、Z 轴矢量和 Y 轴矢量来重定向工作坐标系
	Z 轴，X 点	通过指定 Z 轴矢量和 X 点位置来重定向工作坐标系
	对象的 CSYS	通过在图形窗口中选择一个参考对象(如一个平面、平面曲线或制图对象)，将该参考对象自身的坐标系定义为当前的工作坐标系
	点，垂直于曲线	直接在图形窗口中选择现有参考曲线，并选择或新建点进行坐标系定义
	平面和矢量	通过选择一个平面作为 X 向平面和构建一个要在平面上投影为 Y 的矢量来定义一个新坐标系，然后将工作坐标系重定向到该新坐标系
	平面，X 轴，点	通过定义 Z 轴的平面、平面上的 X 轴和平面上的原点来重定向工作坐标系
	三平面	通过指定 3 个平面(X 向平面、Y 向平面和 Z 向平面)来定义一个坐标系作为工作坐标系
	绝对 CSYS	在绝对坐标(0，0，0)处定义一个新的工作坐标系。选择此类型选项后，单击“应用”按钮或“确定”按钮即可创建坐标系
	当前视图的 CSYS	利用当前视图的方位定义一个新的工作坐标系
	偏置 CSYS	需要指定参考 CSYS 类型，并设置 CSYS 偏置参数来定义一个新坐标系，以此重定向工作坐标系

(5) WCS 设置为绝对：使新的工作坐标系调整为与绝对坐标系重合。

执行“菜单”/“格式”/“WCS”/“WCS 设置为绝对”命令，工作坐标系便调整到与绝对坐标系重合的位置，原点在视窗中央位置，坐标轴的方位也与视窗左下角的绝对坐标系的坐标轴方位重合。该命令经常被用到，因为当工作坐标系多次调整后方位会变乱，这时可通过该命令回到绝对坐标系的位置上。

(6) 更改 XC 方向：在原点和 ZC 轴方向不变的情况下指定一点，使原点与指定点的连线为 XC 轴，那么垂直于 XC 轴的方向便为 YC 轴，这样就生成了新的工作坐标系。

执行“菜单”/“格式”/“WCS”/“更改 XC 方向”命令，系统弹出图 1-31 所示的“点”对话框。通过基准点的绘制方法确定一个点，然后该点与原点连线方向为 XC 轴，在过原点垂直于 ZC 轴的平面内，垂直于 XC 轴的便是 YC 轴。

注意： 通过“点”命令绘制的点只识别在原来 XC-YC 面内的点，如果确定的点不在原 XC-YC 平面内，则识别的点为该点向 XC-YC 平面内的垂直投影点。

(7) 更改 YC 方向：在原点和 ZC 轴方向不变的情况下指定一点，使原点与指定点的连线为 YC 轴，那么垂直于 YC 轴的方向便为 XC 轴，这样就生成了新的工作坐标系。

操作方法同于“更改 XC 方向”，这里不再赘述。

任务实施

任务 1.1　定制 UG NX 10.0 工作环境

任务 1.1　微课视频

1. 任务描述

打开“素材文件\ch1\阀座 . prt”文件，完成以下定制。

(1) 修改绘图区的背景色为“白色”。

(2) 定制功能区。

①取消功能区“曲面”选项卡的显示。

②取消“标准化工具”“齿轮建模”“弹簧工具”“加工准备”“建模工具”“尺寸快速格式化工具”和“Part File Security”工具条的显示，将“编辑特征组”工具条显示出来。

③将“螺纹”命令添加到“特征”工具条中。

(3) 定制上边框条。将“适合窗口”命令添加到上边框条的“视图”组中。

(4) 定制建模首选项。

2. 任务分析

本任务涉及首选项、功能区、上边框条定制等内容，是后续建模操作的基础。

3. 操作步骤

1) 打开文件

启动 UG NX 10.0，单击“打开”按钮，在“打开”对话框中选择“素材文件\ch1\阀座 . prt”文件，单击“OK”按钮，打开文件并进入建模环境。

或者直接双击“素材文件\ch1\阀座 . prt”文件，也可打开文件并进入建模环境。

2) 定制绘图区背景

参照图 1-34，并按下述步骤操作。

(1) 执行“菜单”/“首选项”/“背景”命令，系统弹出“编辑背景”对话框。

(2) 在“编辑背景”对话框的“着色视图”选项组中选择“纯色”按钮，单击“普通颜色”按钮，系统弹出“颜色”对话框。单击“基本颜色”右下角的白色框，再在两个对话框里均单击“确定”按钮，即完成白色视窗背景的设置。

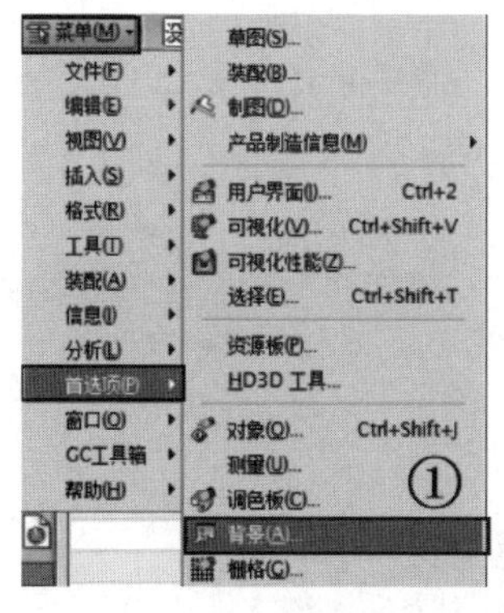

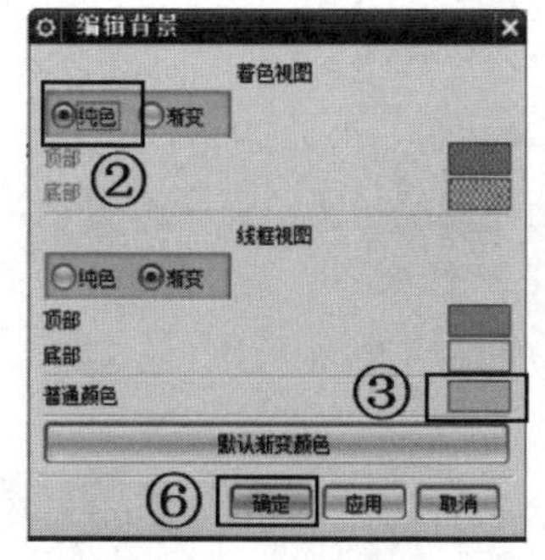

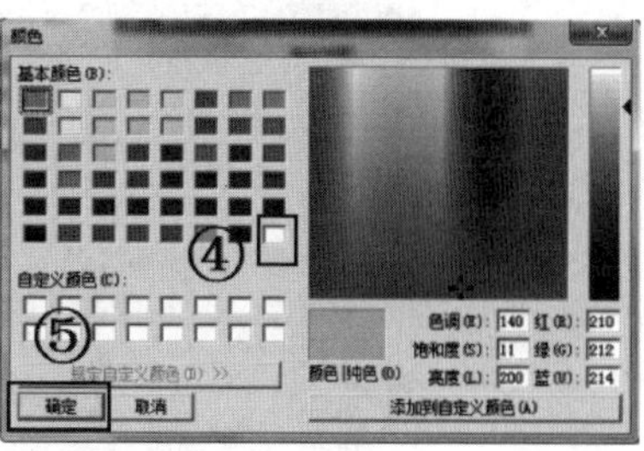

图 1-34 定制绘图区背景

3)定制功能区

(1)在工具条的最右侧空白处右击，在系统弹出的快捷菜单中取消勾选“曲面”，则“曲面”选项卡不再显示，如图 1-35 所示。

(2)单击工具条最右侧的下拉箭头▼，在系统弹出的快捷菜单中取消勾选“标准化工具”“齿轮建模”“弹簧工具”“加工准备”“建模工具”“尺寸快速格式化工具”和“Part File Security”，如图 1-35 所示，则这些工具条不再显示。

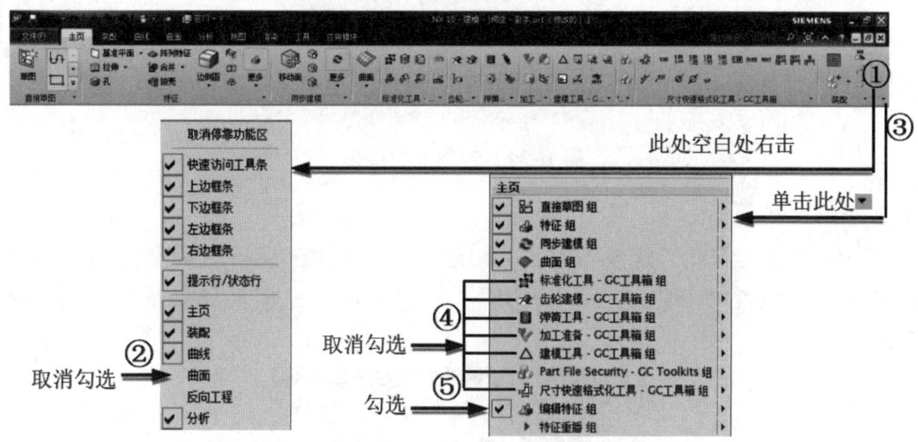

图 1-35 定制功能区

勾选“编辑特征组”工具条，则该工具条显示在功能区。

(3)在工具条的最右侧空白处右击，在系统弹出的快捷菜单中选择“定制”命令，系统弹出“定制”对话框，切换至“命令”选项卡，“类别”选择“所有命令”，在“搜索”文本框中输入“螺纹”，则在下拉列表框中列出“螺纹”命令，选中“螺纹”命令，则鼠标会变成形状，拖动命令至“特征”工具条中适当位置，松开鼠标左键，这时“特征”工具条中将显示此项命令。操作如图 1-36 所示。

4)定制上边框条

单击上边框条最右侧的下拉箭头▼，在系统弹出的快捷菜单中勾选“视图组”/“适合窗口”，如图 1-37 所示。

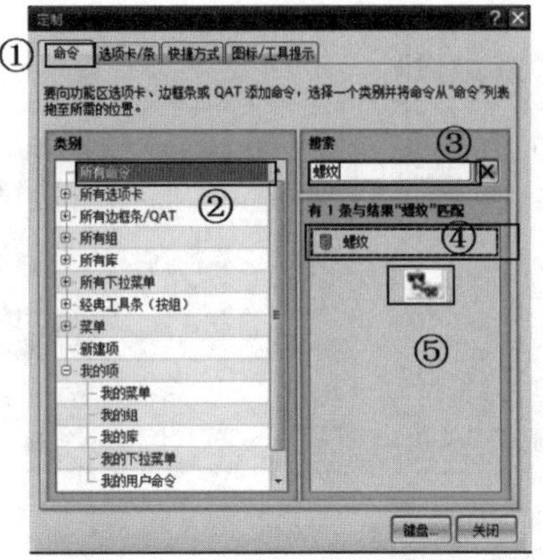

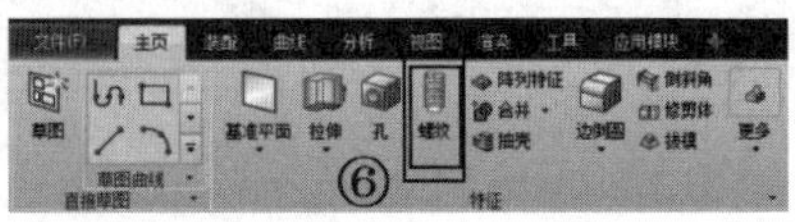

图 1-36　定制"特征"工具条中的命令

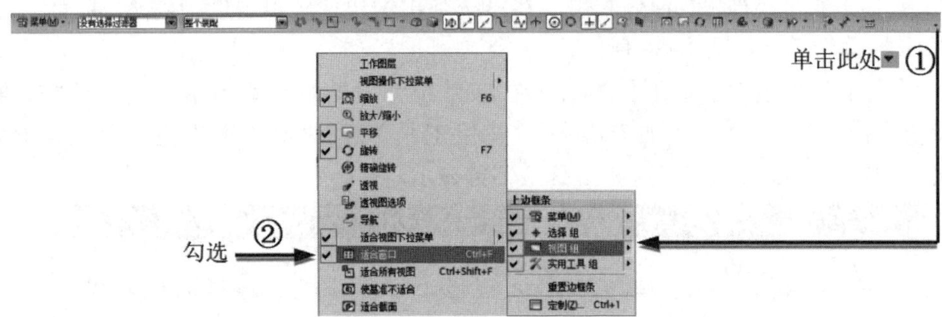

图 1-37　定制上边框条

5)定制建模首选项

执行"菜单"/"首选项"/"建模"命令，系统弹出"建模首选项"对话框，如图 1-38 所示，在"常规"选项卡中设置"距离公差"为"0.01"。用户还可以根据自身需要定制其他选项，这里不再详述。

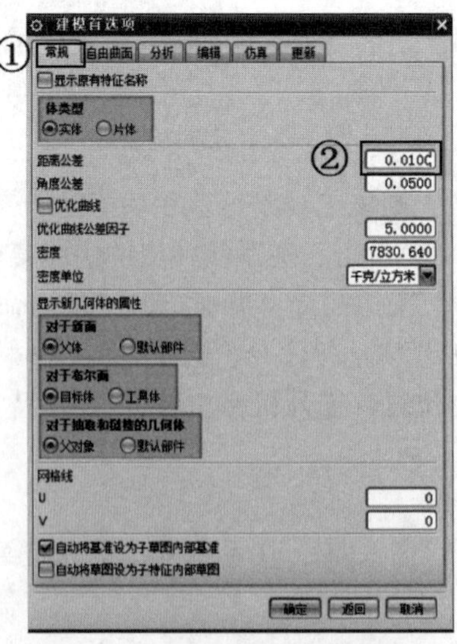

图 1-38　"建模首选项"对话框

4. 任务总结

本任务介绍了定制 UG NX 10.0 工作环境的方法及操作，用户可根据绘图需要和个人习惯设置工作环境。

任务 1.2　调整鼠标模型

1. 任务描述

(1)隐藏模型中的曲线、草图、基准平面、坐标系。

(2)将鼠标上表面白色区域改为灰色显示。

(3)利用剖切截面观察模型内部结构。

(4)将鼠标电线移至图层 2 上，并隐藏。

任务 1.2　微课视频

2. 任务分析

本任务涉及隐藏对象、修改对象显示、剖切截面观察内部结构、图层操作等内容，熟练掌握这些操作可提高建模效率。

3. 操作步骤

1)打开文件

启动 UG NX 10.0，单击“打开”按钮，在“打开”对话框中选择“素材文件\ch1\鼠标 . prt”文件，单击“OK”按钮，打开文件并进入建模环境。鼠标模型如图 1-39 所示。

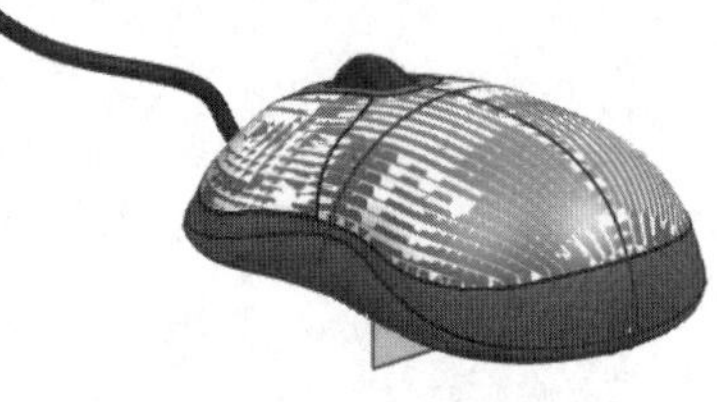

图 1-39　鼠标模型

或者直接双击“素材文件\ch1\鼠标 . prt”文件，也可打开文件并进入建模环境。

2)隐藏模型中的曲线、草图、基准平面、坐标系

参照图 1-40，按下述步骤操作：单击上边框条“视图”组中的“显示和隐藏”按钮，系统弹出“显示和隐藏”对话框；在“显示和隐藏”对话框中依次选择“片体”“草图”“曲线”“坐标系”和“基准平面”后面的“隐藏”按钮，然后单击“关闭”按钮。隐藏结果如图 1-41 所示。

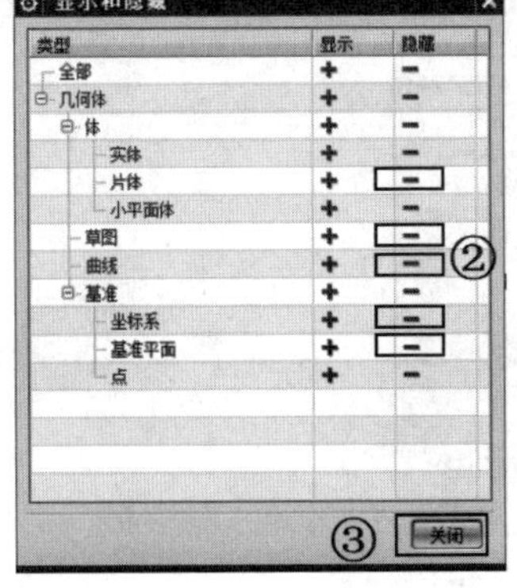

图 1-40　隐藏操作

图 1-41　隐藏结果

3)将鼠标上表面白色区域改为灰色显示

更改显示颜色操作如图 1-42 所示。单击上边框条“实用工具”组中的“编辑对象显示”按钮，系统弹出“类选择”对话框，选择如图 1-42 中②所示的鼠标上表面的白色区域，单击“确定”按钮，在“编辑对象显示”对话框中选择“颜色”右侧的方框，系统在弹出的“颜色”对话框中选择“灰色”，单击“确定”按钮，再次单击“确定”按钮。更改显示颜色结果如图 1-43 所示。

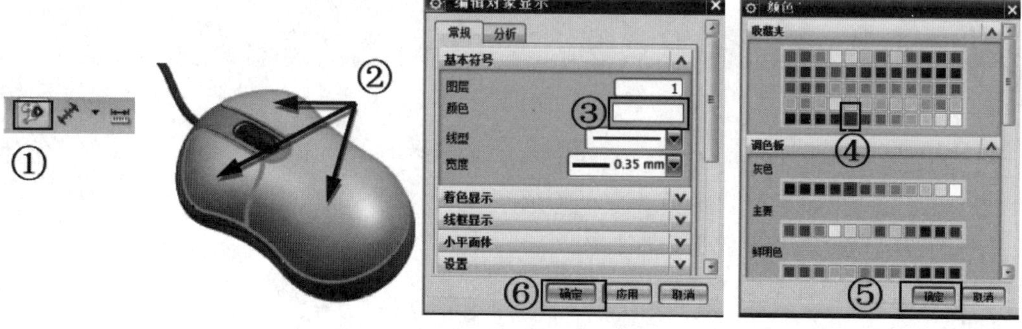

图 1-42　更改显示颜色操作

图 1-43　更改显示颜色结果

4)利用剖切截面观察模型内部结构

参考图 1-44，按下述步骤操作：单击功能区的“视图”标签，切换到“视图”选项卡，在选项卡的“可见性”工具条中单击“编辑截面”按钮，系统弹出“视图截面”对话框，可以在对话框中设置“剖切方位”“保留方向”以及调整剖切面位置等。

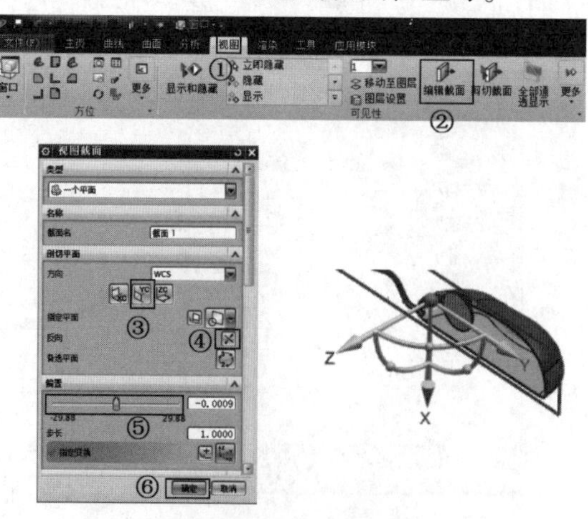

图 1-44　剖切截面操作

注意：单击“可见性”工具条中的“剪切截面”按钮，可以取消剖切视图的状态。

5) 将鼠标电线移至图层 2 上，并隐藏

参考图 1-45，按下述步骤操作：将“视图组”/“图层下拉菜单”定制到上边框条中。单击“图层设置”的下拉箭头，选择“移动至图层”命令，系统弹出“类选择”对话框。在绘图区选中电线，单击“确定”按钮，系统弹出“图层移动”对话框。在“目标图层或类别”文本框中输入“2”，单击“确定”按钮。单击“图层设置”的下拉箭头，选择“图层设置”命令，系统弹出“图层设置”对话框。在图层列表中单击“ALL”前面的，展开“ALL”节点，取消勾选图层 2 复选框，则电线被隐藏。

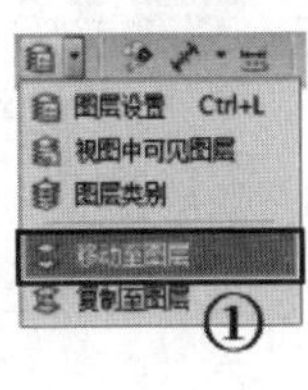

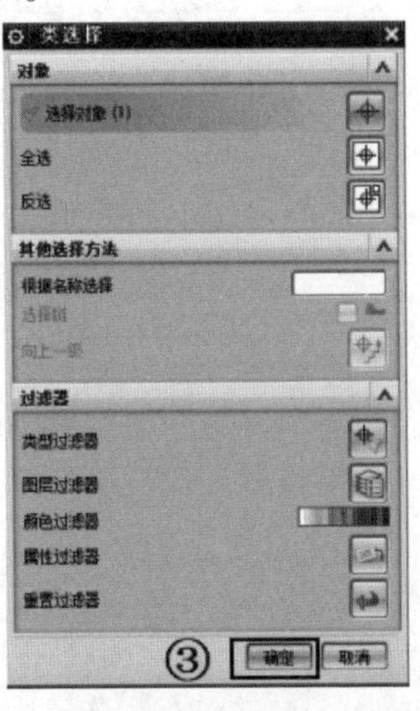

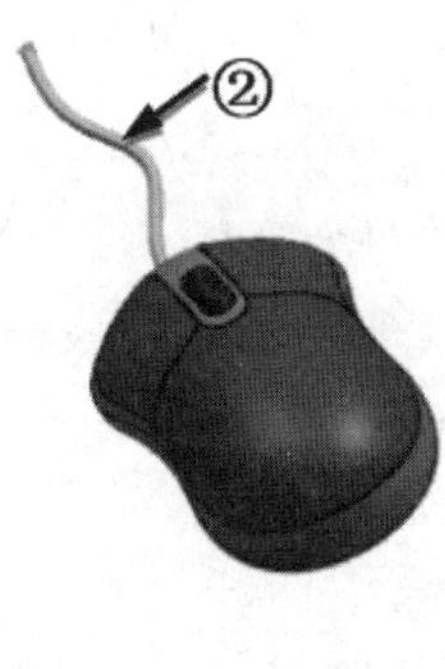

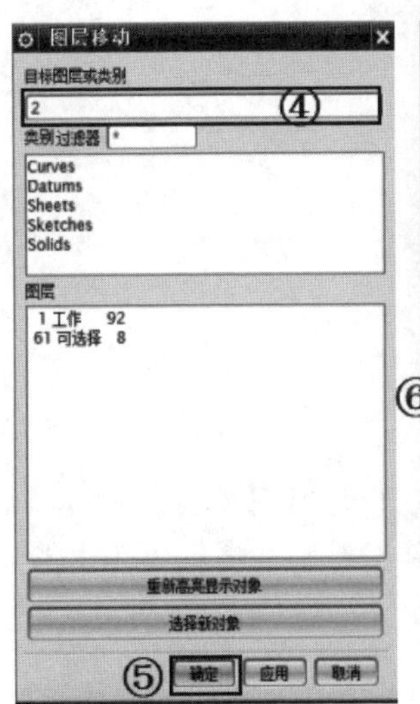

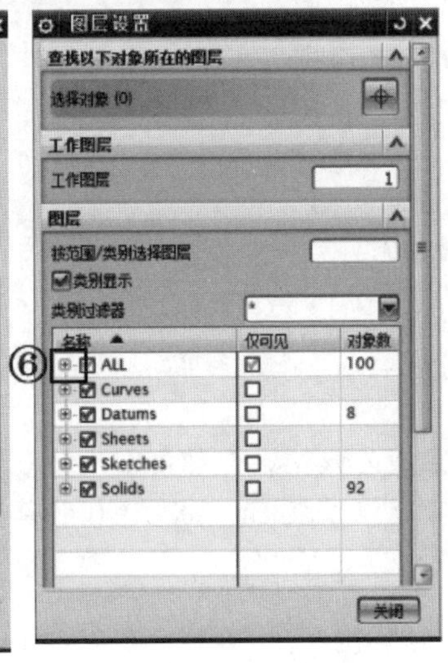

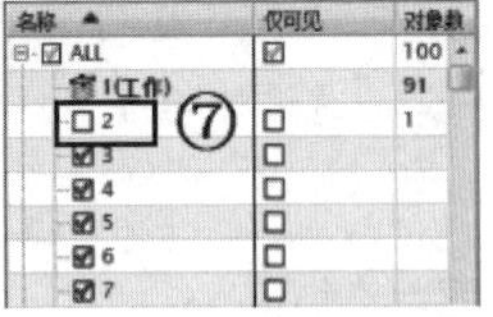

图 1-45 移至图层并隐藏

4. 任务总结

本任务介绍了定制 UG NX 10.0 中视图的操作，为后续建模工作打下基础。

项目 2 绘制草图

知识目标

(1)掌握常用绘图命令的基本操作方法。

(2)掌握为草图添加几何约束和尺寸约束的方法。

(3)掌握草图编辑、修改方法。

能力目标

(1)能够正确使用绘图命令绘制草图。

(2)能够为所绘制的草图添加合理的几何约束和尺寸约束。

(3)能够正确使用绘图命令对草图进行编辑和修改。

德育目标

培养责任意识、养成工匠精神。

项目描述

本项目将以两个典型草绘案例为载体，介绍 UG NX 10.0 的草图绘制、编辑和约束二维草图等内容。通过本项目的学习可以掌握 UG NX 10.0 的草图绘制及编辑的具体操作方法。

相关知识

2.1 认识草图

草图是与实体模型相关联的二维轮廓线的集合，创建草图是指在用户指定的平面上创建点、线等二维图形的过程。草图是 UG NX 特征建模的一个重要方法，比较适用于创建截面较复杂的特征建模。一般情况下，用户的三维建模都是从创建草图开始，即先创建出特征的大致形状，再利用草图的几何和尺寸约束功能，精确设置草图的形状和尺寸。绘制草图完成后即可利用拉伸、回转或扫掠等功能，创建与草图关联的实体特征。用户可以对草图的几何约束和尺寸约束进行修改，从而快速更新模型。

当需要参数化地控制曲线或通过建立几个标准特征无法满足设计需要时，通常需创建草图。草图创建过程因人而异，下面介绍其一般的操作步骤。

(1)进入草图界面。系统会自动命名该草图，用户也可以将其修改为其他名称。

(2)选定草绘平面。

(3)创建草图对象。

(4)添加约束条件，包括尺寸约束和几何约束。

(5)单击“完成草图”按钮，退出草绘环境。

2.2 草图基本环境

在创建草图前，通常需对草图基本参数进行重新设置。下面介绍草图基本参数设置方法及草图工作界面情况。

2.2.1 基本参数预设置

为了更准确有效地创建草图，需要对草图文本高度、原点、尺寸和默认前缀等基本参数进行设置。

执行“文件”或“菜单”/“首选项”/“草图”命令，打开“草图首选项”对话框，该对话框包括“草图设置”“会话设置”和“部件设置”3 个选项卡，如图 2-1 所示。用户可根据自身需要修改相关参数。

2.2.1 微课视频

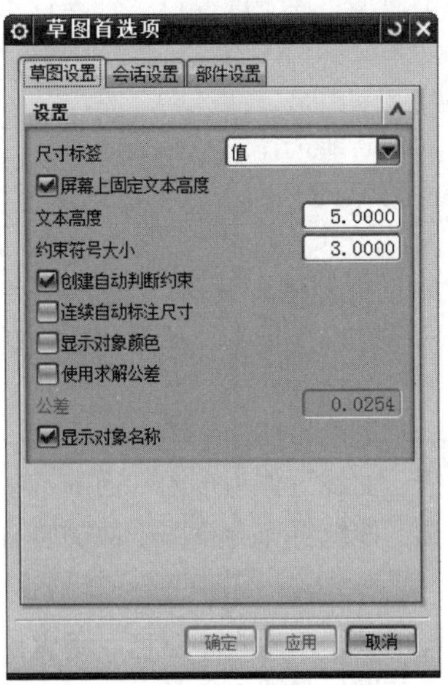

图 2-1 “草图首选项”对话框

2.2.2 草图工作平面

草图工作平面是用于草图创建、约束和定位、编辑等操作的平面，是创建草图的基础。

单击“草图”按钮，进入 UG NX 10.0 草图绘制界面，同时系统弹出“创建草图”对话框，如图 2-2 所示。

2.2.2 微课视频

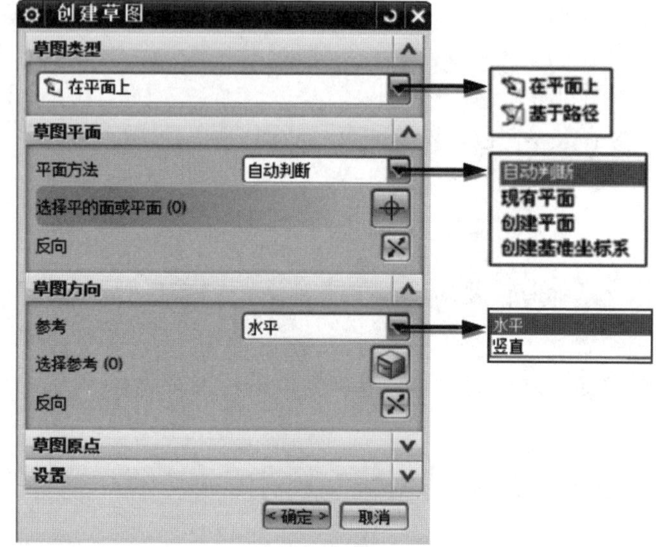

图 2-2 “创建草图”对话框

用户可根据“草图类型”选项组中的各种方式，创建草图工作平面。

1. “在平面上”方式

这种方式是在选定的基准平面、实体平面或以坐标系设定的平面上创建草图，如图 2-2 所示。

(1)平面方法。

①自动判断：根据需要自动判断要选择的平面。

②现有平面：选取基准平面为草图平面，也可以选取实体或者片体的平表面作为草图平面。

③创建平面：利用“平面”对话框创建新平面，作为草图平面。

④创建基准坐标系：首先构造基准坐标系，然后根据构造的基准坐标系创建基准平面作为草图平面。

(2)参考：将草图的参考方向设置为水平或竖直。

①水平：选择矢量、实体边、曲线等作为草图平面的水平轴(相当于 x 轴)。

②竖直：选择矢量、实体边、曲线等作为草图平面的竖直轴(相当于 y 轴)。

2. “基于路径”方式

这种方式是在曲线轨迹路径上创建出垂直于路径、垂直于矢量、平行于矢量和通过轴的草图平面，并在草图平面上创建草图，如图 2-3 所示。

(1)路径：即在其上要创建草图平面的曲线轨迹。

(2)平面位置：指定如何定义草图平面在轨迹中的位置。

①弧长：用距离轨迹起点的单位数量指定平面位置。

②弧长百分比：用距离轨迹起点的百分比指定平面位置。

③通过点：用光标或通过指定 x 轴和 y 轴坐标的方法来选择平面位置。

图 2-3　“基于路径”方式

(3) 平面方位：指定草图平面的方向。

①垂直于路径：将草图平面设置为与要在其上绘制草图的路径垂直。

②垂直于矢量：将草图平面设置为与指定的矢量垂直。

③平行于矢量：将草图平面设置为与指定的矢量平行。

④通过轴：使草图平面通过指定的矢量轴。

(4) 草图方向：确定草图平面中工作坐标系的 x 轴与 y 轴方向。

①自动：程序默认的方位。

②相对于面：以选择面来确定坐标系的方位。一般情况下，此面必须与草图平面呈平行或垂直关系。

③使用曲线参数：使用轨迹与曲线的参数关系来确定坐标系的方位。

注意：选择“基于路径”选项时，绘图区中必须要存在可供选取的曲线作为草图平面创建的路径。

2.3　创建草图对象

草图对象是指草图中的曲线和点。建立草图工作平面后，可以在草图工作平面上建立草图对象。建立草图对象的方法有以下两种。

(1) 在草图平面内直接利用各种绘图命令绘制草图。

(2) 将绘图区已经存在的曲线或点添加到草图中。

2.3.1 绘制直线

单击"直线"按钮，系统弹出如图 2-4 所示的"直线"对话框。绘制直线需要确定两个端点。端点的输入模式有两种：坐标模式XY和参数模式。坐标模式下，在动态坐标框内输入直线起点的"XC"值和"YC"值，按〈Enter〉键确定点的输入。参数模式下，在动态坐标框内输入"长度"和"角度"，按〈Enter〉键确定点的输入。

(a)　　(b)

图 2-4 "直线"对话框

(a)坐标模式；(b)参数模式

2.3.2 绘制圆

单击"圆"按钮，系统弹出如图 2-5 所示的"圆"对话框。

绘制圆的方法有以下两种。

(1)通过圆心和直径定圆。

(2)通过圆上的三点定圆。

圆心和点的输入模式与直线端点的输入方式相同，即坐标模式XY和参数模式。

图 2-5 "圆"对话框

2.3.2 微课视频

2.3.3 绘制圆弧

单击"圆弧"按钮，系统弹出如图 2-6 所示的"圆弧"对话框。

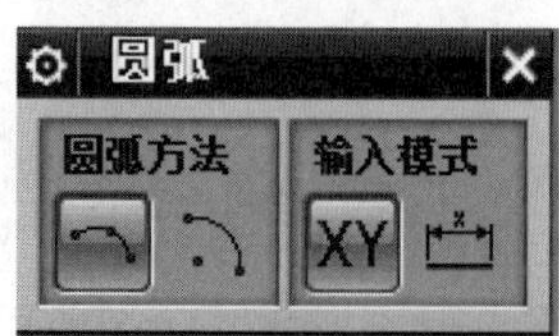

2.3.3 微课视频

图 2-6 "圆弧"对话框

绘制圆弧的方法有以下两种。

(1)三点定圆弧。

(2)中心和端点定圆弧。

圆心和点的输入模式有两种，即坐标模式XY和参数模式。

2.3.4　绘制轮廓

“轮廓”是指以线串模式创建一系列的连接的直线和(或)圆弧。也就是说，上一条线的终点变成下一条线的起点。单击“轮廓”按钮，系统弹出如图2-7所示的“轮廓”对话框，可进行轮廓绘制。

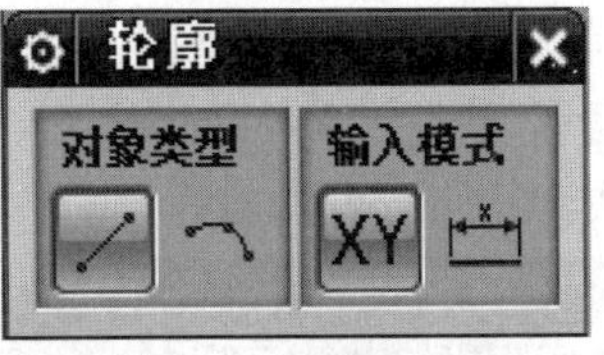

图2-7　“轮廓”对话框

2.3.4　微课视频

注意：利用轮廓线绘制的草图各线段是首尾相接的，这样有利于提高绘图的效率和质量，同时通过按下、拖动鼠标可变换绘制直线和圆弧。

2.3.5　绘制点

点是草图中最小的图形元素，可以以现有的点为参考绘制点，也可以新创建一个或多个点。单击“点”按钮，系统弹出如图2-8所示的“草图点”对话框。单击“草图点”对话框“点”选项组中的按钮，系统弹出如图2-9所示的“点”对话框。可以在“输出坐标”选项组中输入点的X、Y值，单击“确定”按钮创建一个新的点。或者在“类型”选项组中选择其他方式完成点的绘制，如图2-10所示，其中各类型的功能如表1-5所示。

图2-8　“草图点”对话框

2.3.5　微课视频

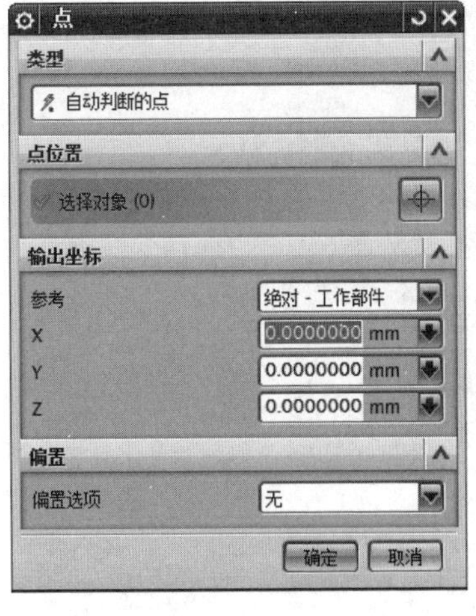

图2-9　“点”对话框

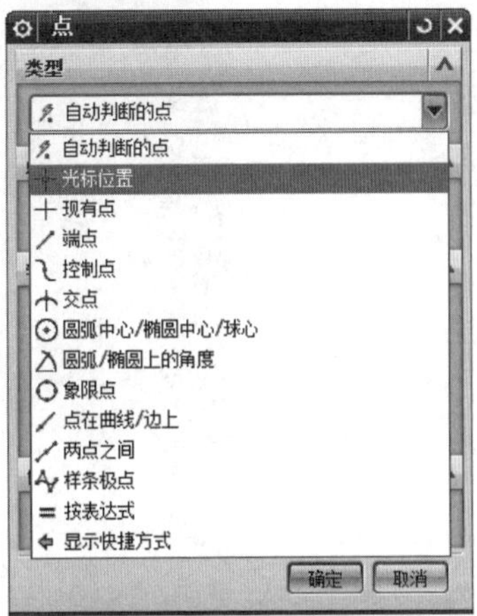

图2-10　点的构造类型

2.3.6 绘制矩形

单击“矩形”按钮，系统弹出如图 2-11 所示的“矩形”对话框。

绘制矩形的方法有以下 3 种。

(1)通过矩形的两个对角点绘制矩形，即单击“按 2 点”按钮。采用此方法绘制的矩形中心线始终平行于 x 轴或 y 轴。

(2)通过矩形的 3 个顶点绘制矩形，即单击“按 3 点”按钮。

(3)通过矩形的中心点以及矩形的一个顶点和边中分点绘制矩形，即单击“从中心”按钮。点可以通过坐标模式输入，矩形的宽度、高度和倾斜角度可以通过参数模式输入。

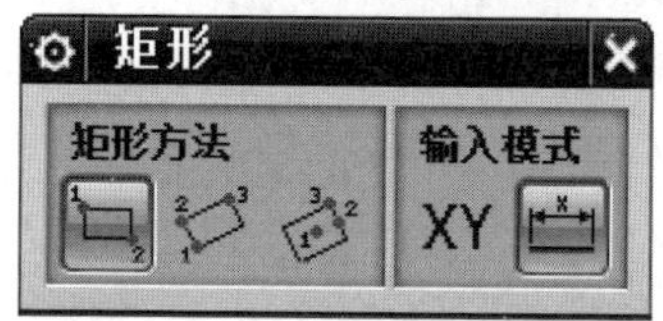

图 2-11 “矩形”对话框

2.3.6 微课视频

2.3.7 绘制艺术样条

单击“艺术样条”按钮，系统弹出如图 2-12 所示的“艺术样条”对话框。

绘制艺术样条的方法有以下两种。

(1)“通过点”：在绘图区单击，选取几个点，即可生成一条通过所有点的样条曲线，如图 2-13(a)所示。

(2)“根据极点”：在绘图区单击，选取几个点，即可生成一条通过两个端点，而不通过中间点的样条曲线，如图 2-13(b)所示。

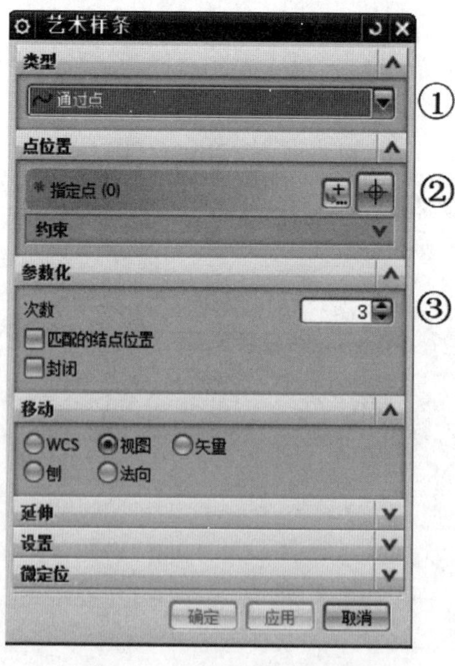

图 2-12 “艺术样条”对话框

2.3.7 微课视频

(a)　　　　(b)

图 2-13　艺术样条的绘制

(a)“通过点”方式绘制的艺术样条；(b)“根据极点”方式绘制的艺术样条

注意：

(1) 选取极点的最少个数，与参数化中的“次数”大小有关，次数为 3 时，最少 4 个点。次数越大，所需最少极点数越多。

(2) 绘制好后，若不满意形状也可以双击艺术样条，拖动其上的控制点，调整形状。

(3) 绘制好后，可以对艺术样条上的点标注尺寸或添加约束，来进行固定。

2.3.8　绘制多边形

单击“多边形”按钮，系统弹出如图 2-14 所示的“多边形”对话框。利用该对话框可以绘制具有指定边数的多边形。在“中心点”选项组中单击按钮，创建一个点作为多边形的中心位置放置点。在“边”选项组中，输入多边形的边数。在“大小”选项组中可以通过指定多边形边上的一个点，输入内切圆半径、外接圆半径以及边长等方法来确定多边形的大小，如图 2-15 所示。选择“内切圆半径”，输入的旋转值指的是中心点到多边形指定边的垂线与 X 轴的夹角；选择“外接圆半径”，输入的旋转值指的是中心点与多边形指定顶点的连线与 X 轴的夹角。

2.3.8　微课视频

图 2-14　“多边形”对话框

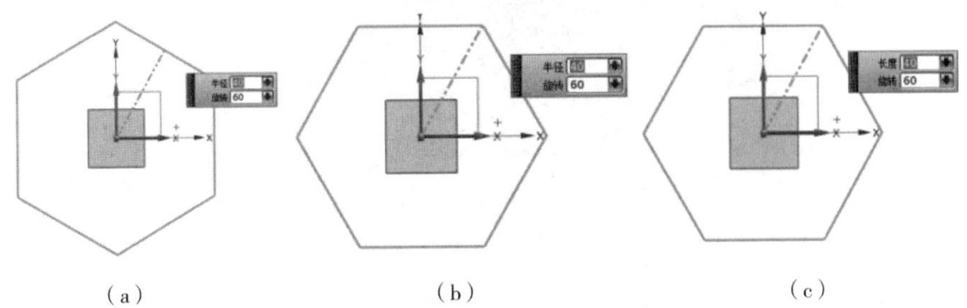

(a)　　　　(b)　　　　(c)

图 2-15　多边形的绘制

(a)通过输入内切圆半径绘制多边形；(b)通过输入外接圆半径绘制多边形；(c)通过输入边长绘制多边形

2.3.9 偏置曲线

偏置曲线是指对草图平面内的曲线或曲线链进行偏置，并对偏置生成的曲线与原曲线进行约束。偏置曲线与原曲线具有关联性，即对原曲线进行编辑，所偏置的曲线也会自动更新。

单击“偏置曲线”按钮，系统弹出如图 2-16 所示的“偏置曲线”对话框。用户可以在“距离”文本框设置偏置的距离。然后单击需偏置的曲线，系统会自动预览偏置结果，如图 2-17 所示。若有必要，单击“反向”按钮，则可以使偏置方向反向。

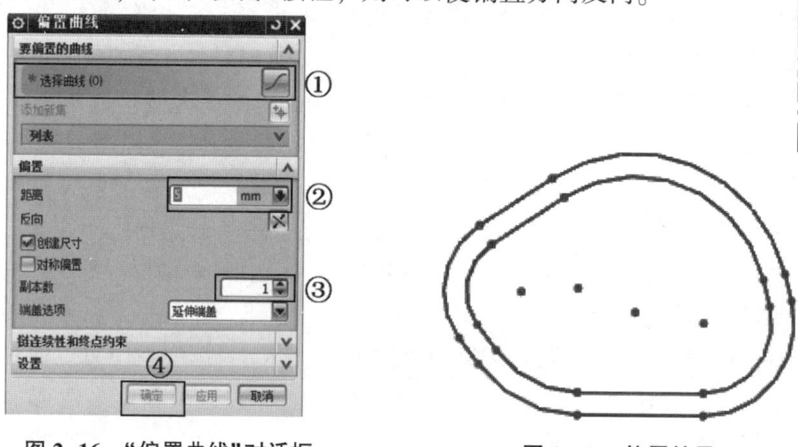

图 2-16 “偏置曲线”对话框

图 2-17 偏置结果

2.3.9 微课视频

2.3.10 阵列曲线

阵列曲线是指对草图曲线进行有规律的多重复制，如矩形阵列或圆周阵列。单击“阵列曲线”按钮，系统弹出如图 2-18 所示的“阵列曲线”对话框。

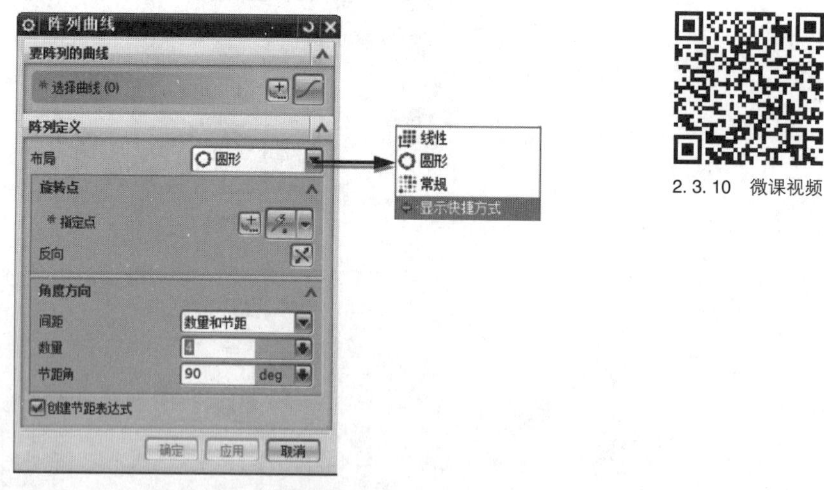

2.3.10 微课视频

图 2-18 “阵列曲线”对话框

在“要阵列的曲线”选项组中单击“选择曲线”，在绘图区选择需要阵列复制的曲线。

在“阵列定义”选项组中确定阵列的方式和阵列的具体参数，单击“布局”下拉列表框，可选择“线性”“圆形”和“常规”等阵列方式。

(1)线性：使用一个或两个线性方向定义布局，如图 2-19 所示。

单击“选择线性对象”按钮，确定方向1和方向2，如不勾选“使用方向2”复选框，则只沿单一方向进行阵列复制。方向1和方向2可以是X轴方向和Y轴方向，也可以是指定的任何两个方向(可以不垂直)。

“间距”下拉列表框中有3种选项可供选择。

① 数量和节距：表示复制的个数与节距。

② 数量和跨距：表示在一定的跨距内复制多少个。

③ 节距和跨距：表示在一定的跨距内按一定的节距来复制曲线。

选择以上3种方式之一确定要复制曲线的数量和尺寸。

(2)圆形：使用旋转轴和可选的径向间距参数定义布局，如图2-20所示。

单击“指定点”右侧的按钮创建或选择圆形阵列的中心点。方向按钮用于控制圆形阵列是按顺时针还是按逆时针方向复制。在“角度方向”选项组中可确定复制的数量和尺寸。

(3)常规：使用一个或多个目标点或者坐标系定义的位置定义布局，如图2-21所示。

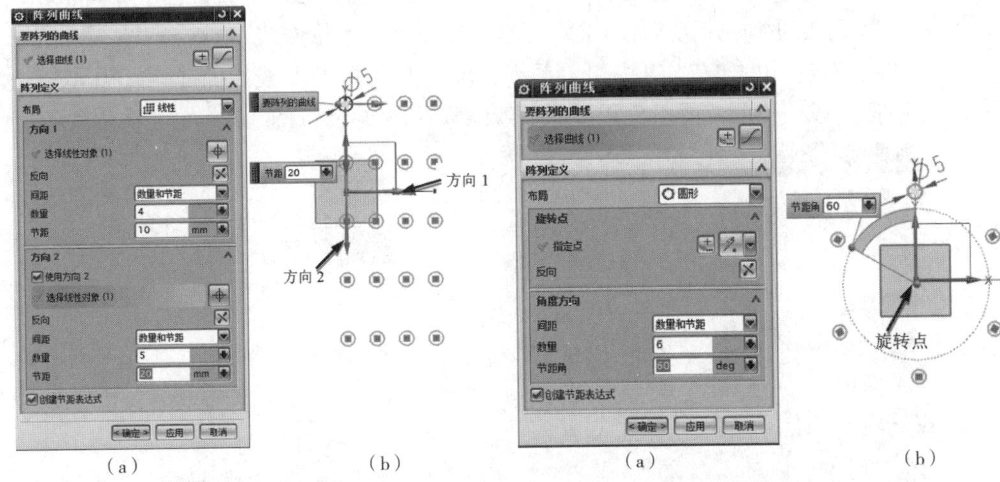

图2-19 线性阵列

(a)“线性阵列”对话框；(b)线性阵列结果

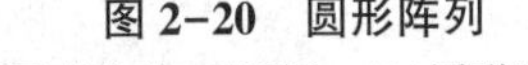

图2-20 圆形阵列

(a)“圆形阵列”对话框；(b)圆形阵列结果

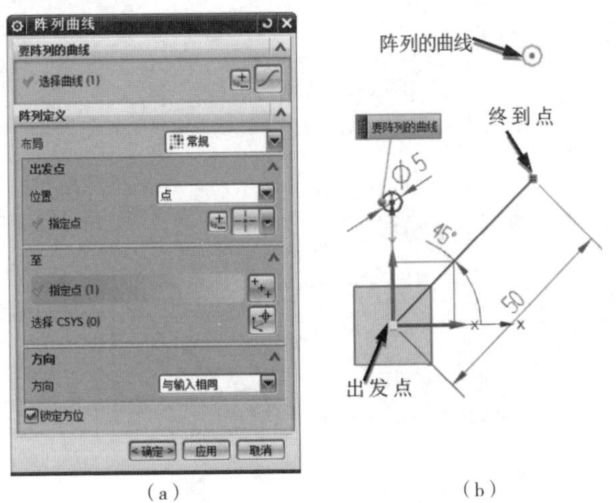

图2-21 常规阵列

(a)“常规阵列”对话框；(b)常规阵列结果

2.3.11 镜像曲线

2.3.11 微课视频

镜像曲线是指对曲线按镜像中心线对称复制。单击“镜像曲线”按钮，系统弹出如图 2-22(a)所示的“镜像曲线”对话框。单击“选择曲线”按钮，选择需要镜像的曲线，或在绘图区选择要镜像的点，然后单击“选择中心线”按钮，选择某一直线或坐标轴作为镜像中心线，最后单击“确定”按钮完成镜像曲线复制并退出命令。镜像曲线结果如图 2-22(b)所示。若在“设置”选项组中勾选“中心线转换为参考”复选框，则选择的镜像中心线将由实线转换为双点画线的参考线。

2.3.12 投影曲线

2.3.12 微课视频

投影曲线是指将能够抽取的对象(关联和非关联曲线及点或捕捉点，包括直线的端点以及圆弧和圆的中心)沿垂直于草图平面的方向投影到草图平面上。

单击“投影曲线”按钮，系统弹出如图 2-23(a)所示的“投影曲线”对话框。选择要投影的曲线或点，单击“确定”按钮，系统将曲线从选定的曲线、面或边上投影到草图平面，成为当前草图对象。投影曲线结果如图 2-23(b)所示。

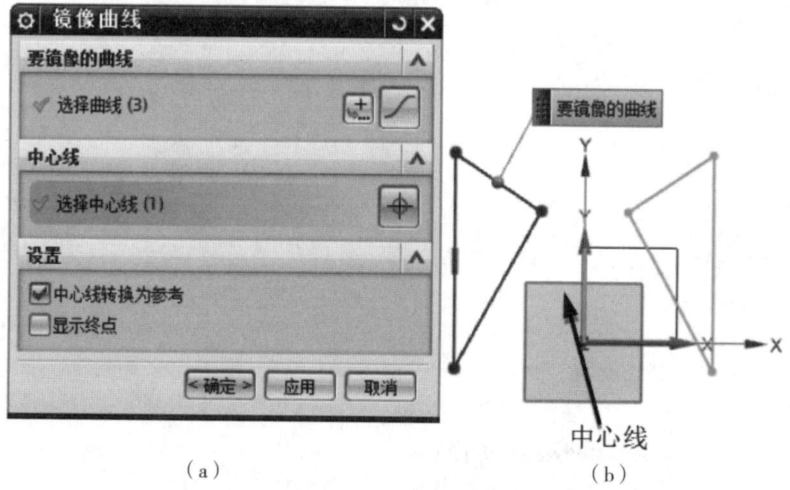

图 2-22 镜像曲线
(a)“镜像曲线”对话框；(b)镜像曲线结果

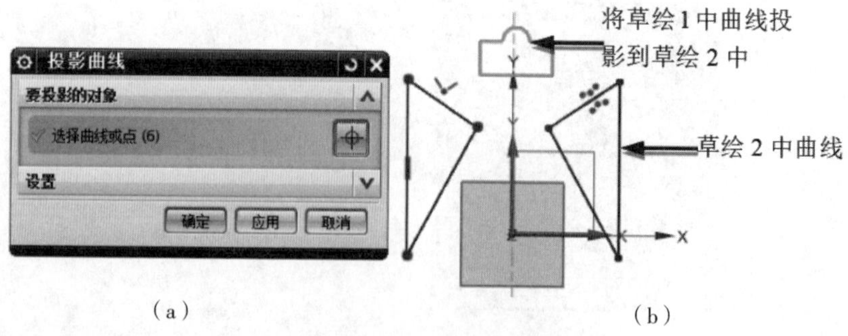

图 2-23 投影曲线
(a)“投影曲线”对话框；(b)投影曲线结果

2.3.13　派生直线

2.3.13　微课视频

派生直线是指由选定的一条或多条直线派生出其他直线。利用此命令可以在两平行直线中间生成一条与两条平行直线平行的直线，也可以创建两不平行直线的角平分线。单击“派生曲线”按钮，操作结果分别如图 2-24、图 2-25 所示。

图 2-24　创建两平行直线间的平行直线

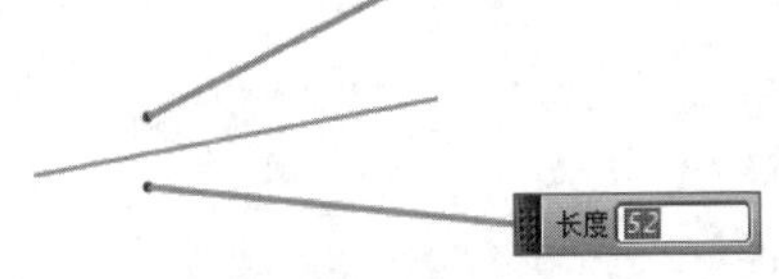

图 2-25　创建两不平行直线间的角平分线

2.3.14　添加现有的曲线

添加现有的曲线是指将已有的不属于草图对象的点或曲线添加到当前的草图平面中。单击“添加现有曲线”按钮，系统弹出如图 2-26 所示的“添加曲线”对话框，可根据需要进行添加现有曲线的操作。

注意：添加的现有曲线，不是草图中的曲线，而是已有的，在三维建模环境中用基本曲线绘制的曲线。

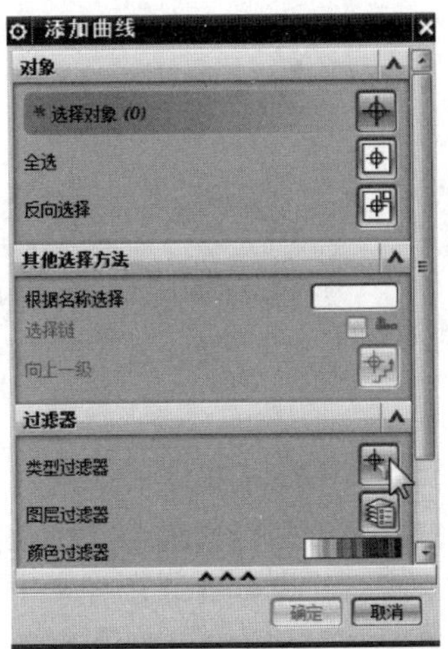

图 2-26　“添加曲线”对话框

2.4　编辑草图对象

2.4.1　倒斜角

倒斜角是对相交的曲线拐角生成一定角度的斜角。单击“倒斜角”按钮，系统弹出如图 2-27(a)所示的“倒斜角”对话框。单击“要倒斜角的曲线”选项组中的“选择直线”，在绘

图区选择要倒斜角的两条直线，如果勾选“修剪输入曲线”复选框，则倒完斜角后，原直线将被修剪；如果不勾选“修剪输入曲线”复选框，则倒完斜角后，原直线将会保留。倒斜角结果如图 2-27(b)所示。

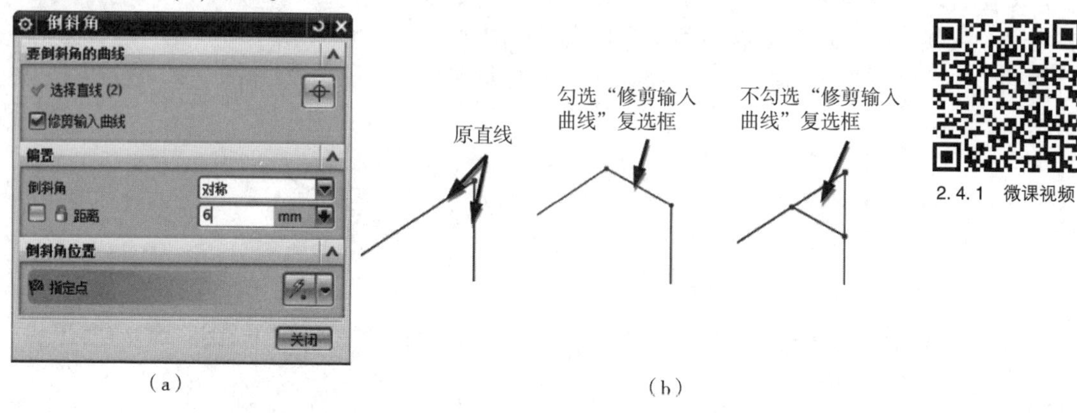

2.4.1 微课视频

图 2-27 倒斜角

(a)“倒斜角”对话框；(b)倒斜角结果

2.4.2 圆角

圆角是指在草图中的两条或三条曲线之间创建圆角。单击“圆角”按钮，系统弹出如图 2-28 所示的“圆角”对话框。不同选项结果如图 2-29 所示。

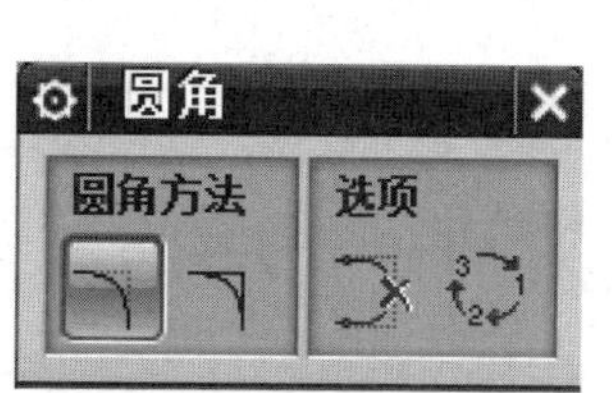

图 2-28 “圆角”对话框

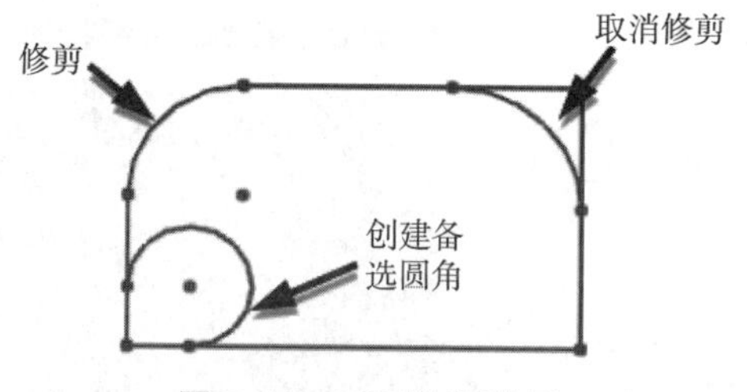

图 2-29 不同选项结果

2.4.2 微课视频

2.4.3 快速修剪

快速修剪是指修剪草图对象中由交点确定的最小单位的曲线。可以通过按住鼠标左键并进行拖动来修剪多条曲线，也可以通过将十字光标移到要修剪的曲线上来预览将要修剪的曲线部分。

单击“快速修剪”按钮，系统弹出如图 2-30 所示的“快速修剪”对话框。如果想同时修剪多条曲线，则一直按住鼠标左键，滑过要修剪的部分，就可将其全部修剪掉。

2.4.3 微课视频

2.4.4 快速延伸

快速延伸选项可以将曲线延伸到它与另一条曲线的实际交点或虚拟交点处。要延伸多条曲线，只需将光标拖到目标曲线上。

单击“快速延伸”按钮，系统弹出如图 2-31 所示的“快速延伸”对话框。快速延伸结果如图 2-32 所示。

2.4.4 微课视频

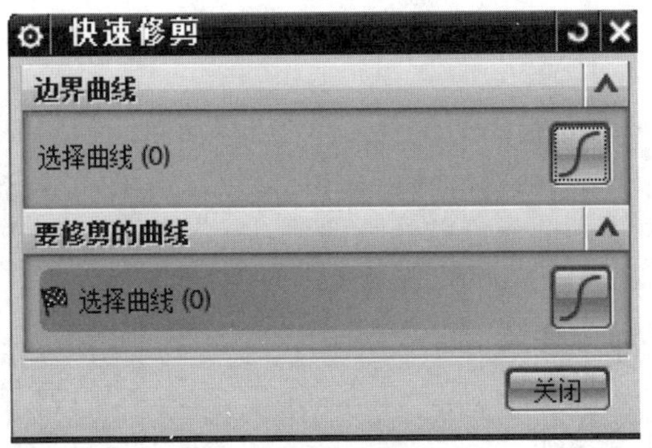

图 2-30　“快速修剪”对话框

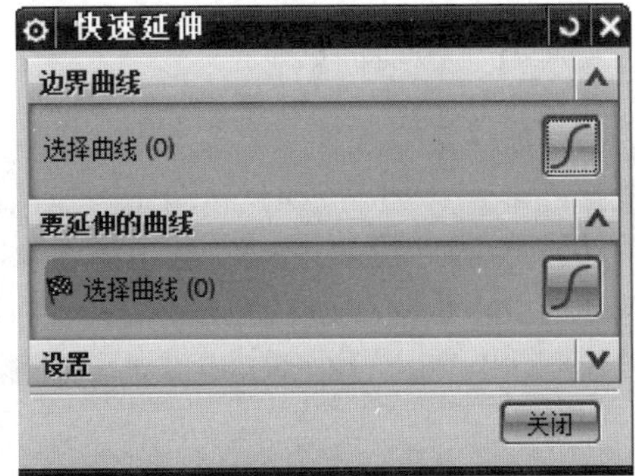

图 2-31　“快速延伸”对话框

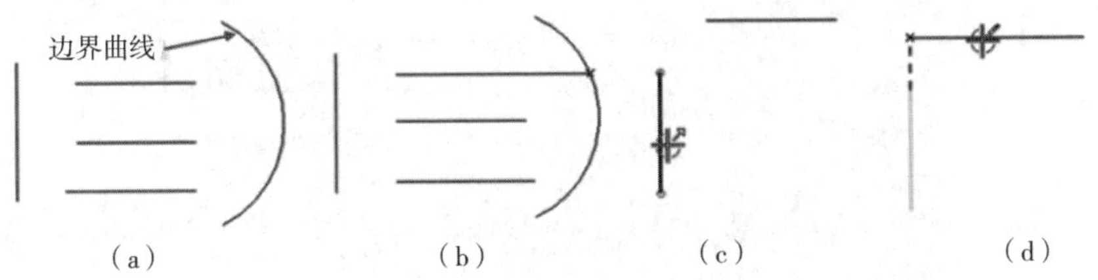

图 2-32　快速延伸结果

(a)选择边界曲线；(b)延伸单一直线；(c)选择边界曲线；(d)延伸到虚拟交点

2.4.5　制作拐角

制作拐角是指通过将两条输入曲线延伸或修剪到一个交点处来制作拐角。

单击“制作拐角”按钮，系统弹出如图 2-33 所示的“制作拐角”对话框。按照对话框提示选择两条曲线制作拐角，结果如图 2-34 所示。

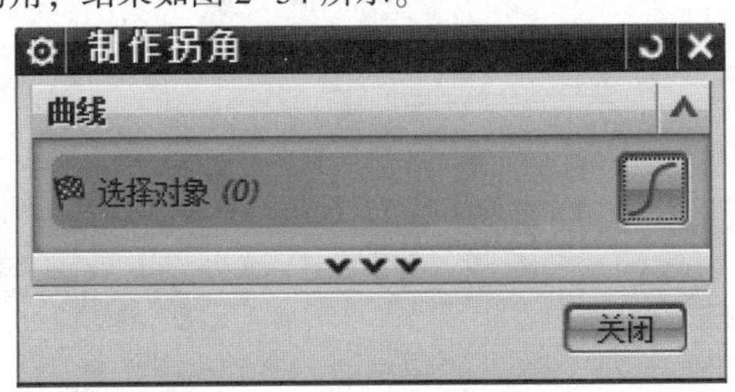

2.4.5　微课视频

图 2-33　“制作拐角”对话框

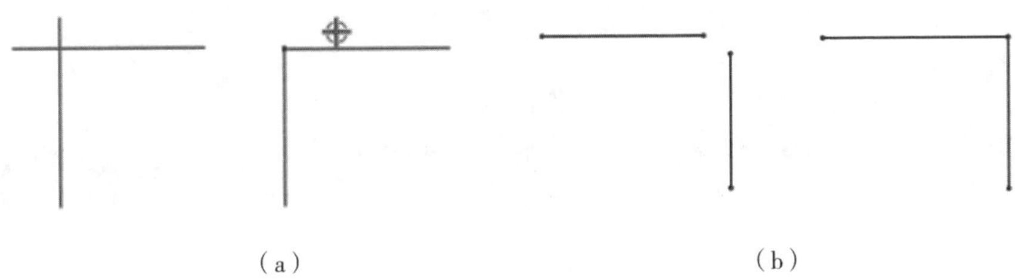

图 2-34　制作拐角

(a)有交点的两条线制作拐角；(b)无交点的两条线制作拐角

2.4.6 移动曲线

移动曲线是指按某一方式移动一组曲线来改变它们的位置。单击“移动曲线”按钮，系统弹出如图 2-35 所示的“移动曲线”对话框。单击“选择曲线”按钮，然后在绘图区选择想要移动的曲线，接着在“变换”选项组中确定所选中曲线的移动方式。在“运动”下拉列表框中选择适当的方法完成移动曲线操作。移动曲线结果如图 2-36 所示。

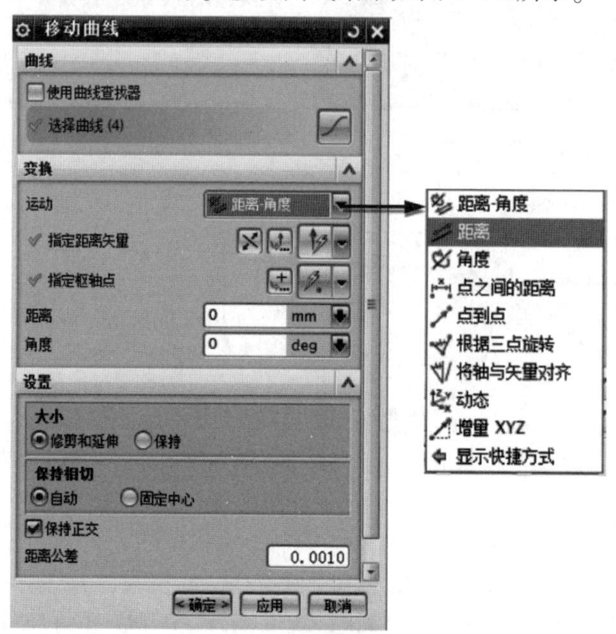

2.4.6 微课视频

图 2-35 “移动曲线”对话框

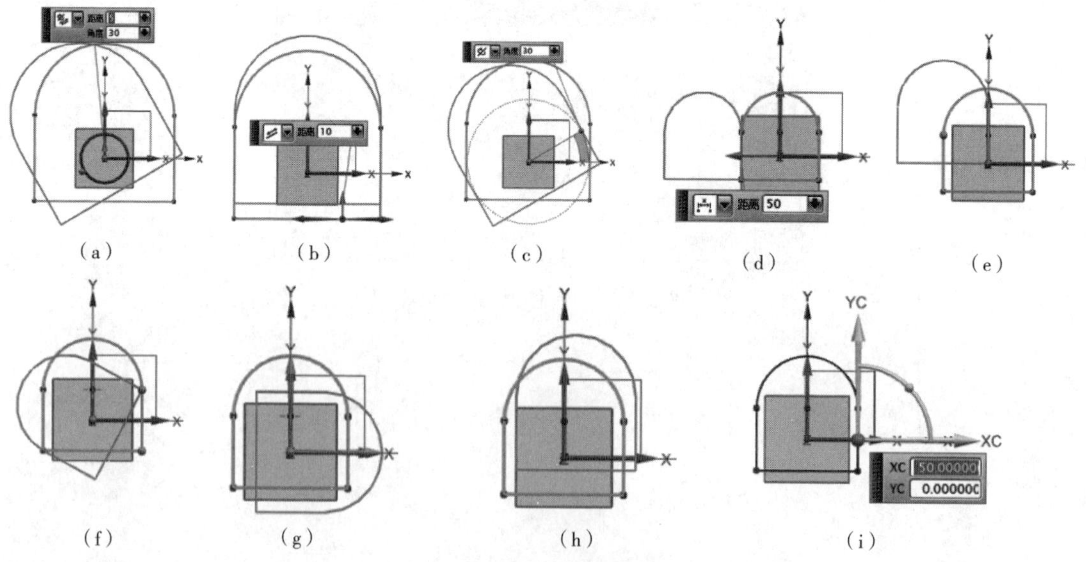

(a) (b) (c) (d) (e)

(f) (g) (h) (i)

图 2-36 移动曲线结果

(a)距离-角度；(b)距离；(c)角度；(d)点之间的距离；(e)点到点；(f)根据三点旋转；(g)将轴与矢量对齐；(h)动态；(i)增量 XYZ

2.4.7　偏置移动曲线

偏置移动曲线是指按指定的偏移距离移动一组曲线，若该曲线周围有相关曲线，则相邻曲线会随之调整以适应其变化。偏置移动曲线结合了“偏置”和“移动”两个命令。单击“偏置移动曲线”按钮，系统弹出如图 2-37(a)所示的“偏置移动曲线”对话框。单击“曲线”选项组中的“选择曲线”按钮，在绘图区选择想要偏置移动的曲线，在“偏置”选项组中的“距离”文本框中输入偏置距离，若偏置方向与默认偏置方向相反，可以单击方向按钮改变偏置方向。偏置移动曲线结果如图 2-37(b)所示。

2.4.7　微课视频

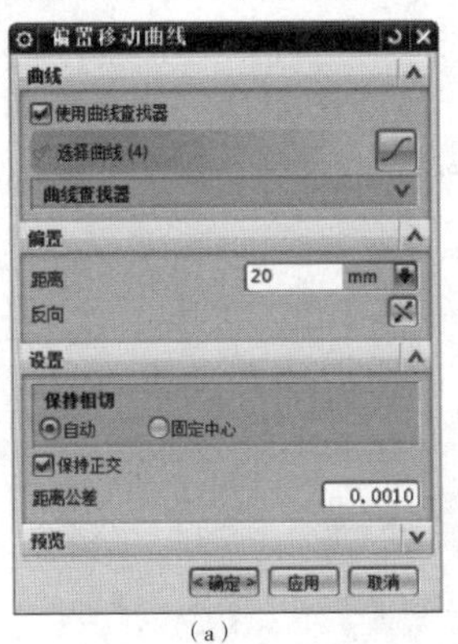

(a)

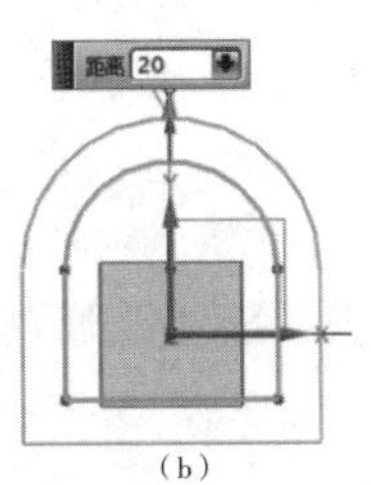

(b)

图 2-37　偏置移动曲线

(a)“偏置移动曲线”对话框；(b)偏置移动曲线结果

注意：“偏置移动曲线”和“偏置曲线”命令的区别在于，采用“偏置移动曲线”命令后，原曲线消失。而采用“偏置曲线”命令后原曲线保存。

2.4.8　调整曲线大小

调整曲线大小是指通过更改半径或直径调整一组曲线的大小，并调整相邻曲线以适应其变化。单击“调整曲线大小”按钮，系统弹出如图 2-38(a)所示的“调整曲线大小”对话框。单击“曲线”选项组中的“选择曲线”按钮，在绘图区选择想要调整大小的曲线，在“大小”选项组中的“直径”文本框中输入调整后直径。调整曲线大小结果如图 2-38(b)所示。

2.4.8　微课视频

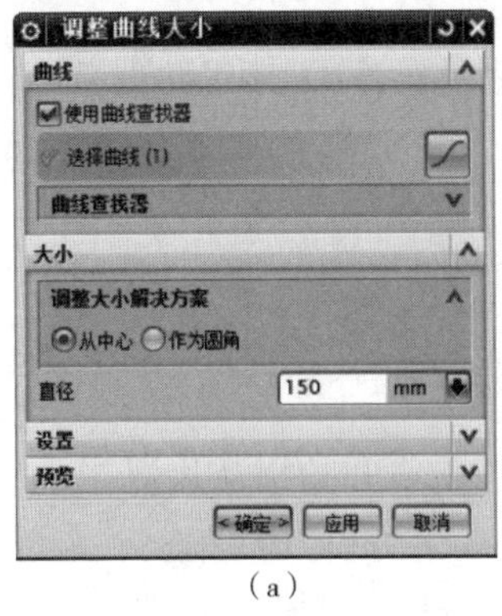

(a)

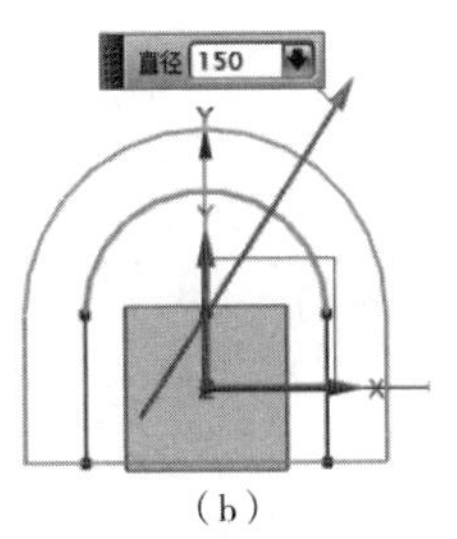

(b)

图 2-38　调整曲线大小

(a)“调整曲线大小”对话框；(b)调整曲线大小结果

2.5 草图定位和约束

创建完草图几何对象后，需要对其进行精确约束和定位。通过草图约束可以控制草图对象的形状和大小，通过草图定位可以确定草图与实体边、参考面、基准轴等对象之间的位置关系。草图约束包括尺寸约束和几何约束。

2.5.1 尺寸约束

尺寸约束用于控制一个草图对象的尺寸或两个对象间的关系，相当于是对草图对象的尺寸标注。与尺寸标注的不同之处在于尺寸约束可以驱动草图对象的尺寸，即根据给定尺寸驱动、限制和约束草图对象的形状和大小。

在草图绘制环境中单击“直接草图”工具条中的“快速尺寸”按钮，系统弹出“快速尺寸”对话框，如图 2-39(a)所示。在绘图区选择需约束尺寸的曲线，完成尺寸约束操作，如图 2-39(b)所示。

2.5.1 微课视频

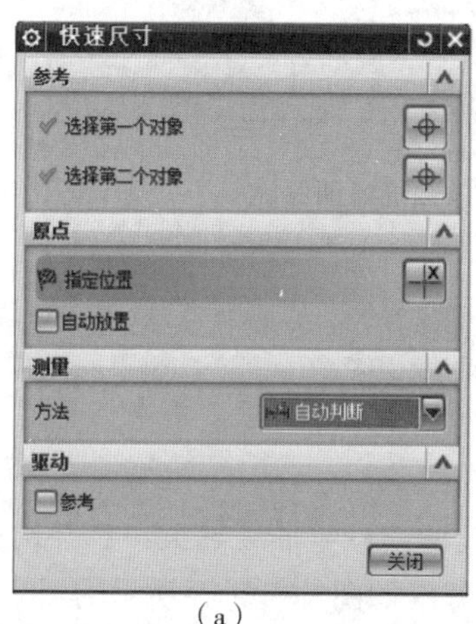

(a)

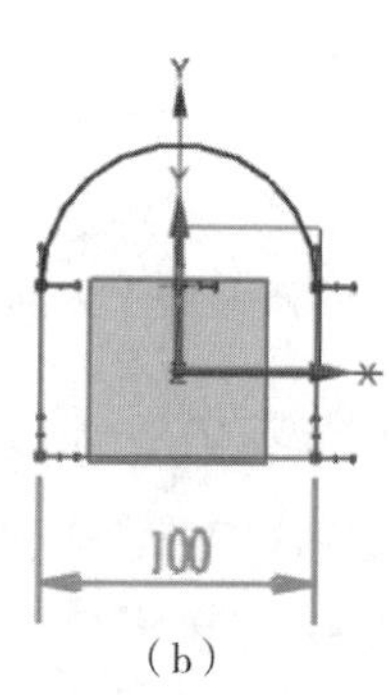

(b)

图 2-39 快速尺寸约束

(a)“快速尺寸”对话框；(b)快速尺寸约束结果

注意：在 UG NX 10.0 中绘制草图曲线时，如果在“草图首选项”对话框中的“草图设置”选项卡下勾选了“连续自动标注草图尺寸”复选框，则系统会自动进行尺寸约束，即每作一段线，系统自动标出尺寸。这样会对草图的修改带来不便，建议取消勾选“连续自动标注草图尺寸”复选框。

2.5.2 几何约束

几何约束用于定位草图对象和确定草图对象之间的相互几何关系，分为手动约束和自动约束两种方法。单击“直接草图”工具条中的“几何约束”按钮，系统弹出“几何约束”对话框，如图 2-40 所示。“约束”选项组中显示了常用的几种约束类型，此时选取绘图区需创建几何约束的对象后，即可进行有关的几何约束。

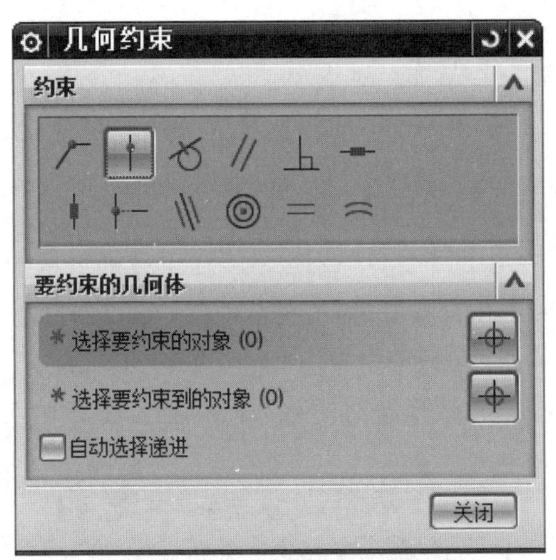

2.5.2 微课视频

图 2-40 “几何约束”对话框

注意：在进行 UG NX 的约束时，一般根据具体情况，先对关键图素进行几何与尺寸约束，如圆心约束在坐标中心或某给定位置，然后再约束其他相关部位。约束时，图形可能会产生大的变形，可以通过对曲线进行拖动、对圆心进行拖动等操作来调整，直到形状基本满意为止。只要进行了全约束，最终形状将是一致的。

2.5.3 显示/移除约束

显示/移除约束用于查看草图几何对象的约束类型和约束信息，也可以完全删除对草图对象的几何约束限制。

单击“直接草图”工具条中的“更多”按钮，在下拉列表框中选择“显示/移除约束”按钮，系统弹出“显示/移除约束”对话框，如图 2-41 所示。在“显示约束”选项组中列出了激活草图中存在的所有约束，可以删除其中的过约束。

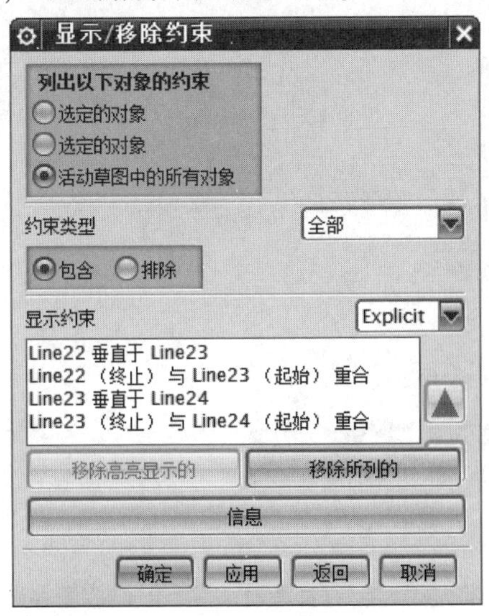

2.5.3 微课视频

图 2-41 “显示/移除约束”对话框

2.5.4 转换至/自参考对象

转换至/自参考对象是指将草图中的曲线或尺寸转换为参考对象，也可以将参考对象转换为正常的曲线或尺寸。在为草图对象添加几何约束和尺寸约束的过程中，有些草图对象和尺寸可能引起约束冲突，此时可以使用该命令来解决这个问题。

单击“直接草图”工具条中的“更多”按钮，在下拉列表框中选择“转换至/自参考对象”按钮，系统弹出“转换至/自参考对象”对话框，如图 2-42 所示。如果“转换至/自参考对象”按钮不在下拉列表框中，可以通过单击“直接草图”工具条右下角的按钮，选择“更多库”/“草图工具库”，并勾选“转换至/自参考对象”项，将其加入到“更多”选项卡中，如图 2-43 所示。

2.5.4 微课视频

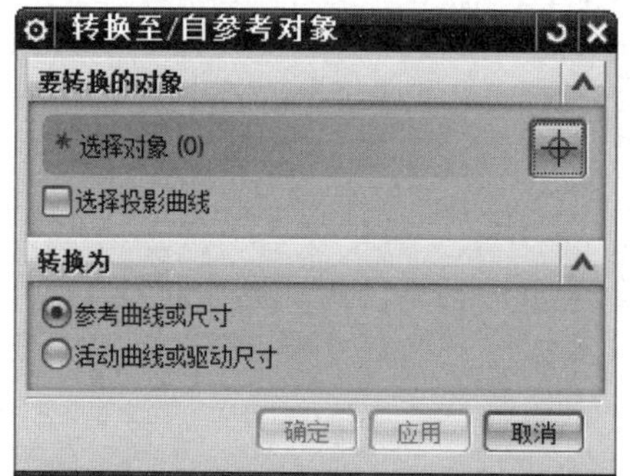

图 2-42 “转换至/自参考对象”对话框

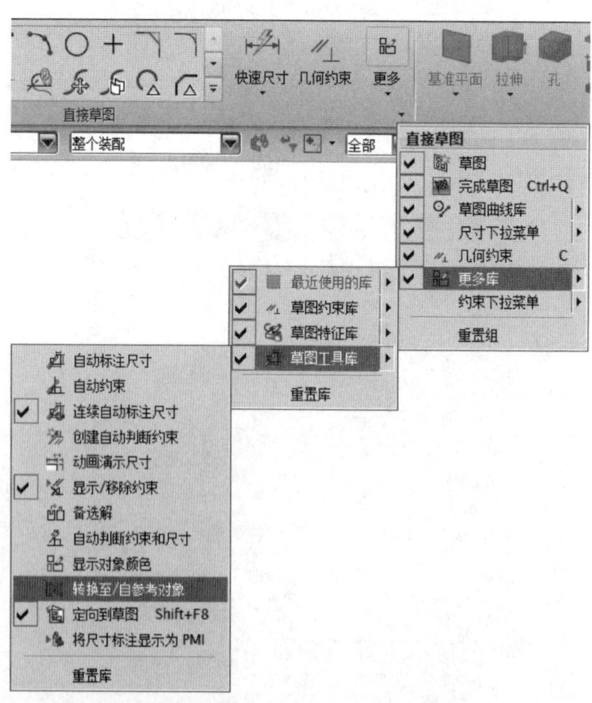

图 2-43 将“转换至/自参考对象”项添加到“更多”选项卡中

注意：参考线不参与实体的建立。

任务实施

任务 2.1　绘制止动片轮廓草图

1. 任务描述

绘制如图 2-44 所示的止动片轮廓草图，要求草图完全约束，尺寸标注正确，几何约束合理。

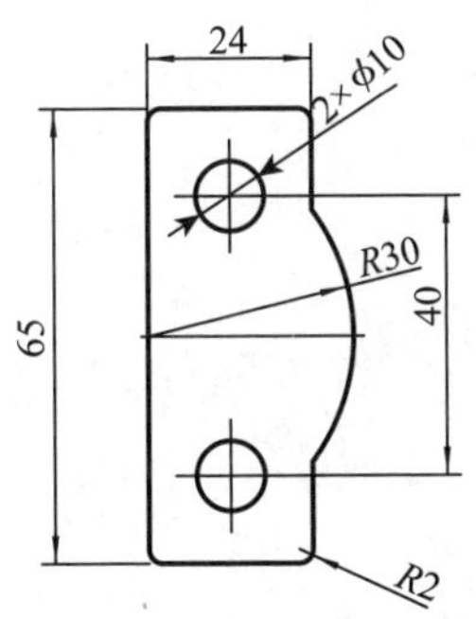

任务 2.1　微课视频

图 2-44　止动片轮廓草图

2. 任务分析

该轮廓曲线关于 x 轴对称，外部由 1 个半径为 30 的圆弧、若干条直线及 4 处 $R2$ 的圆角构成，内部有 2 个 $\phi 10$ 的孔，可先大致画出内外轮廓线，再添加尺寸约束和几何约束。

3. 操作步骤

1) 进入草图绘制环境

(1) 启动 UG NX 10.0，单击“新建”按钮，在“新建”对话框中输入名称“止动片”和存储路径，“单位”设置为“毫米”，选取“模型”所在行，单击“确定”按钮，进入建模环境。

(2) 单击“草图”按钮，在系统弹出的“创建草图”对话框中选择“XY 平面”为草绘平面，单击“确定”按钮，进入草图绘制环境。

2) 草绘外轮廓曲线

单击“主页”选项卡中“直接草图”工具条中的“轮廓”按钮，在绘图区适当位置草绘止动片外轮廓曲线，如图 2-45 所示。

3) 利用几何约束和尺寸约束编辑外轮廓草图

(1) 单击“直接草图”工具条中的“几何约束”按钮，在系统弹出的“几何约束”对话框中选择“点在曲线上”按钮，将圆弧中心约束在 X 轴及最左侧竖直线上，结果如图 2-46 所示。

(2) 单击“直接草图”工具条中的“快速尺寸”按钮，在系统弹出的“快速尺寸”对话框中选择合适“测量”方法，完成外轮廓线的尺寸约束，结果如图 2-47 所示。

(3) 单击“直接草图”工具条中的“几何约束”按钮，在系统弹出的“几何约束”对话框中选择“等长”按钮▤，将上、下两条长 24 的水平线约束为“等长”。至此，外轮廓曲线已全部约束完成。完成约束后的外轮廓线如图 2-48 所示。

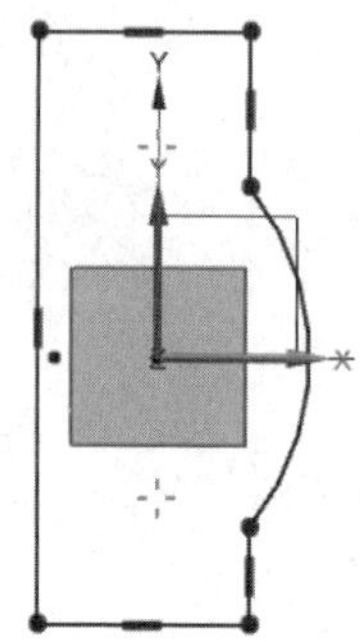

图 2-45　草绘外轮廓曲线

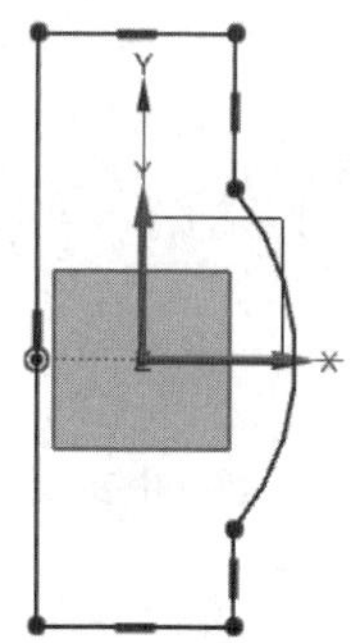

图 2-46　利用“点在曲线上”约束草绘外轮廓

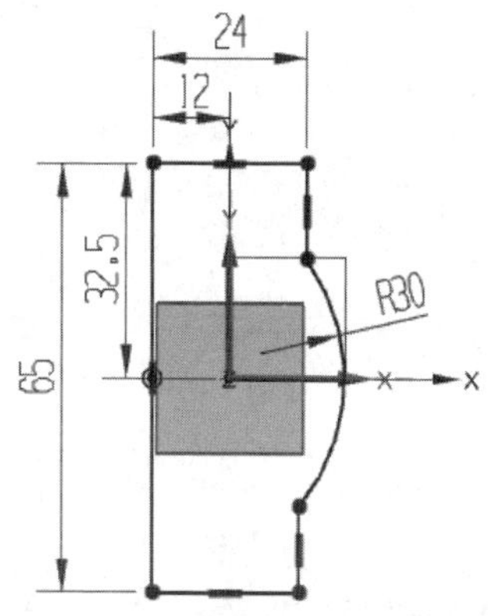

图 2-47　利用“快速尺寸”约束草绘外轮廓

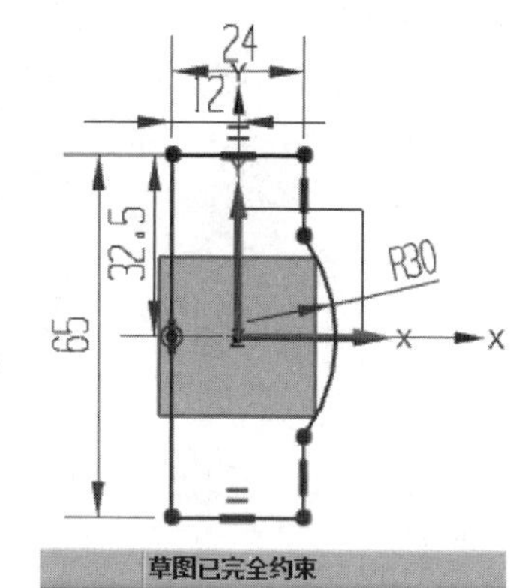

图 2-48　完全约束的外轮廓曲线

4）草绘内轮廓曲线并完成约束

（1）单击“主页”选项卡中“直接草图”工具条中的“圆”按钮◎，在绘图区适当位置画内轮廓的两个直径为 $\phi 10$ 的圆，如图 2-49 所示。

（2）参照步骤 3）完成内轮廓曲线的尺寸约束和几何约束。完成效果如图 2-50 所示。

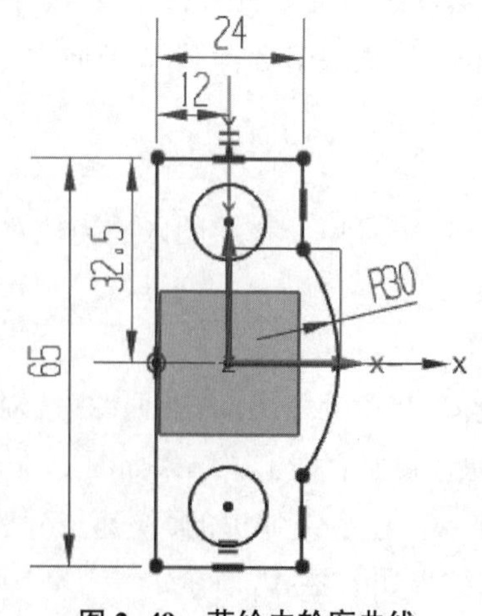

图 2-49　草绘内轮廓曲线

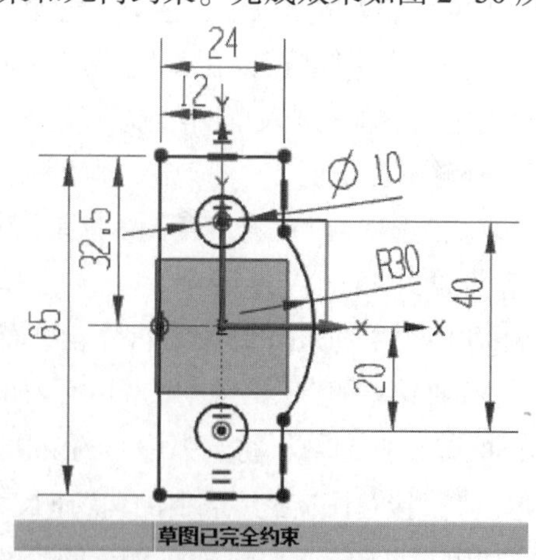

图 2-50　完全约束的内轮廓曲线

5)外轮廓倒圆角

单击“主页”选项卡中“直接草图”工具条中的“圆角”按钮，分别选择外轮廓4个角点上的直线，完成倒$R2$圆角操作，结果如图2-51所示。

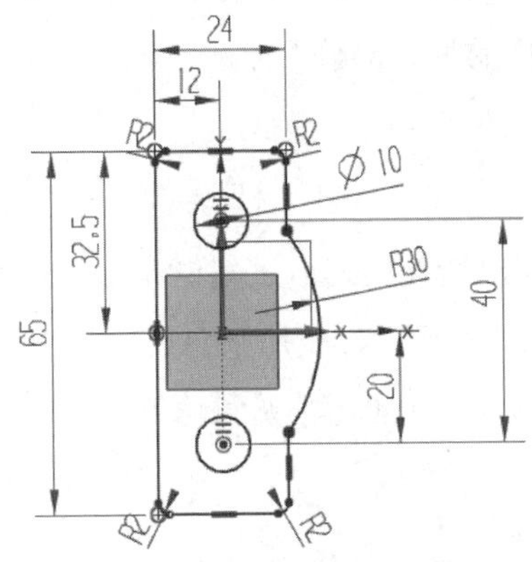

图2-51　最终绘制的止动片轮廓曲线

技巧：如果在后续的尺寸约束中图形有较大的移动，可先用“固定”约束草绘中的一个几何图素。

注意：约束圆弧圆心位置时，应选择圆心，而不是选择圆弧。

4. 任务总结

本任务通过绘制草图曲线、草图约束等基本操作，完成止动片零件轮廓曲线的绘制。这里要特别注意对圆弧圆心位置的约束。

任务2.2　绘制定子片轮廓草图

1. 任务描述

绘制如图2-52所示的定子片轮廓草图，要求草图完全约束，尺寸标注正确，几何约束合理。

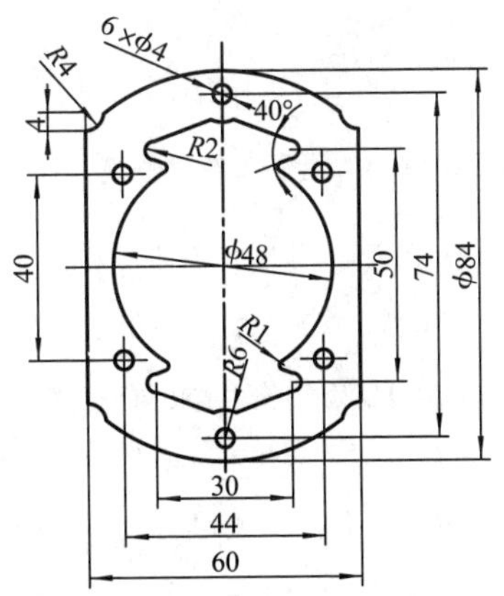

图2-52　定子片轮廓草图

任务2.2　微课视频

2. 任务分析

该轮廓曲线为轴对称图形，外部由 1 个 $\phi84$ 的圆、2 条竖直线及 4 处 $R4$ 的圆角构成，内部由 6 个 $\phi4$ 的孔及中间不规则孔构成。因为该图形为轴对称图形，可先绘制一部分曲线，再利用镜像曲线的方法绘制对称的另一部分。

3. 操作步骤

1)进入草图绘制环境

(1)启动 UG NX 10.0，单击“新建”按钮，在“新建”对话框中输入名称“定子片”和存储路径，“单位”设置为“毫米”，选取“模型”所在行，单击“确定”按钮，进入建模环境。

(2)单击“草图”按钮，在系统弹出的“创建草图”对话框中选择“XY 平面”为草绘平面，单击“确定”按钮，进入草图环境。

2)绘制内、外轮廓主要曲线

(1)单击“圆”按钮，在绘图区以坐标原点为中心，绘制 $\phi48$、$\phi84$ 的两个圆，如图 2-53 所示。

(2)单击“直线”按钮，在 Y 轴左侧绘制一条竖直线，利用“快速尺寸”命令确定与 Y 轴的距离为 30，通过“快速修剪”命令，去除多余曲线，结果如图 2-54 所示。

(3)单击“镜像曲线”按钮，将 Y 轴左侧绘制完成的镜像到右侧，通过“快速修剪”命令，去除多余曲线，结果如图 2-55 所示。

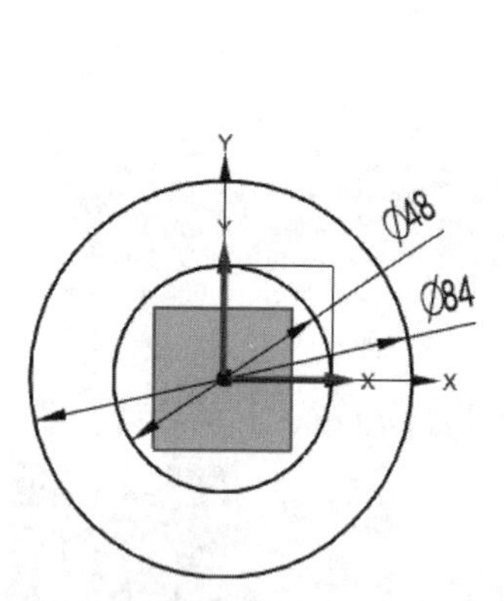

图 2-53　绘制 $\phi48$、$\phi84$ 两个圆

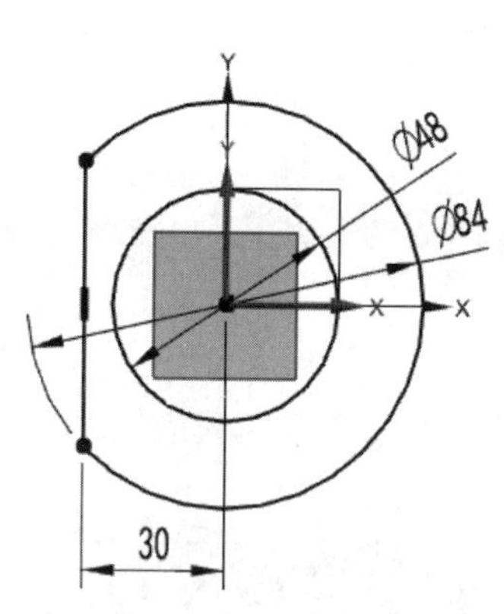

图 2-54　绘制直线并修剪

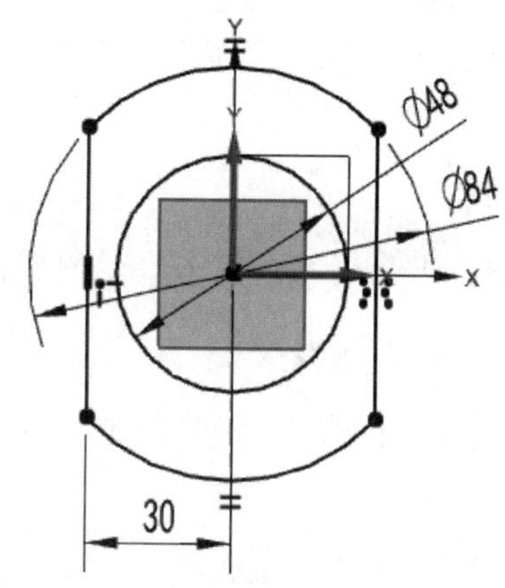

图 2-55　镜像直线并修剪

(4)单击“圆”按钮，绘制 $\phi4$ 的圆，利用“几何约束”命令使其圆心落在 Y 轴上，利用“快速尺寸”命令约束其圆心到 X 轴的距离为 37，结果如图 2-56 所示。

(5)用相同方法绘制另外两个 $\phi4$ 的圆，并约束其位置，结果如图 2-57 所示。

(6)单击“直线”按钮，以 $\phi4$ 的圆心为起点绘制一条水平直线，选中直线并右击，在系统弹出的对话框中选择“转换成参考”命令，将其转换为参考线，结果如图 2-58 所示。

(7)单击“直线”按钮，绘制 $\phi4$ 圆的切线，约束切线与参考线的角度为 20°，结果如图 2-59 所示。

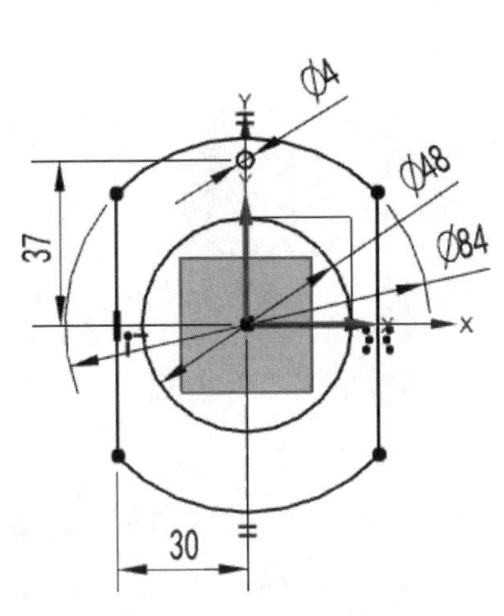

图 2-56　绘制 $\phi4$ 的圆

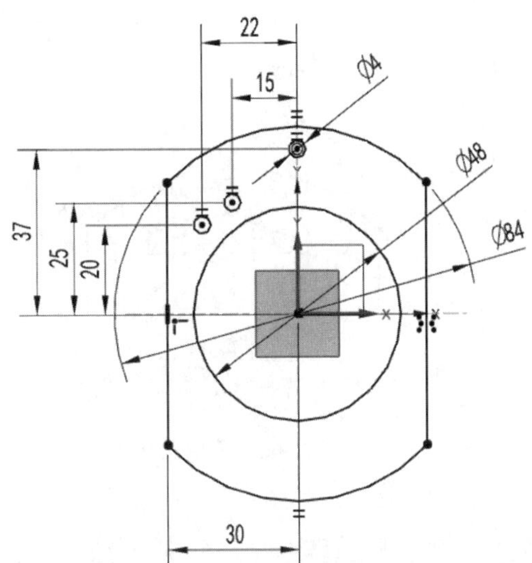

图 2-57　绘制另外两个 $\phi4$ 的圆

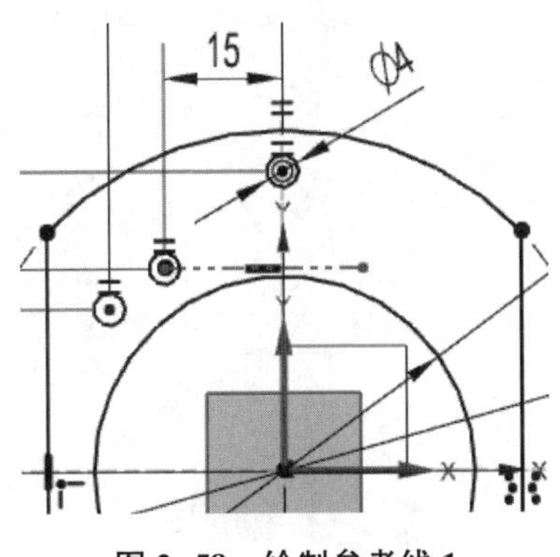

图 2-58　绘制参考线 1

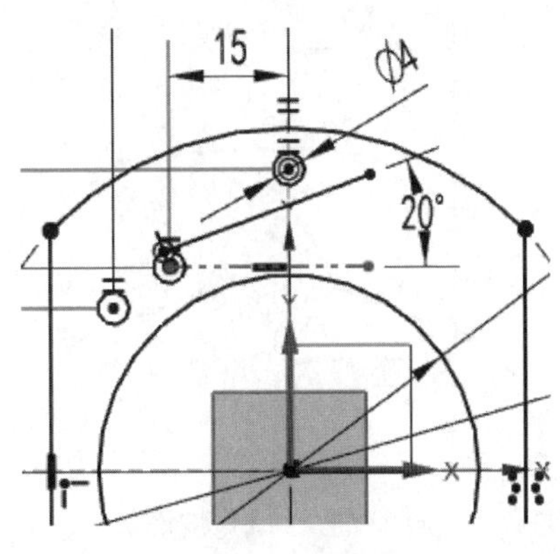

图 2-59　绘制切线

(8)单击“镜像曲线”按钮，选取切线为“要镜像的曲线”，选取参考线为“中心线”，镜像另一侧切线，结果如图 2-60 所示。

(9)单击“快速修剪”按钮，修剪多余曲线，结果如图 2-61 所示。

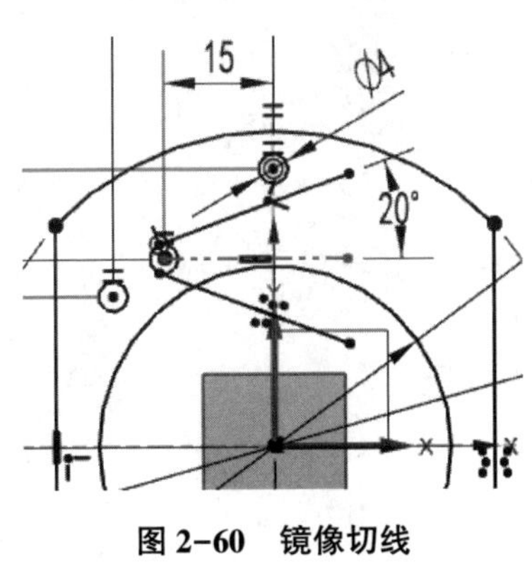

图 2-60　镜像切线

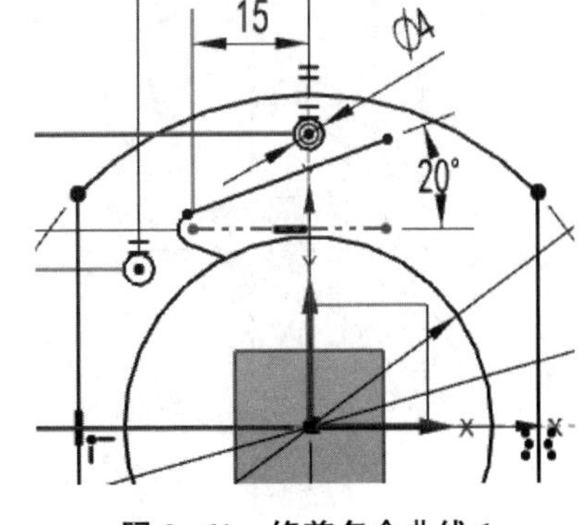

图 2-61　修剪多余曲线 1

(10)单击“镜像曲线”按钮，选取 Y 轴左侧 $\phi4$ 圆、$R2$ 圆弧及圆弧上两条切线为“要镜像的曲线”，选取 Y 轴为“中心线”，镜像另一侧曲线，结果如图 2-62 所示。

(11) 单击“快速修剪”按钮，修剪多余曲线，结果如图 2-63 所示。

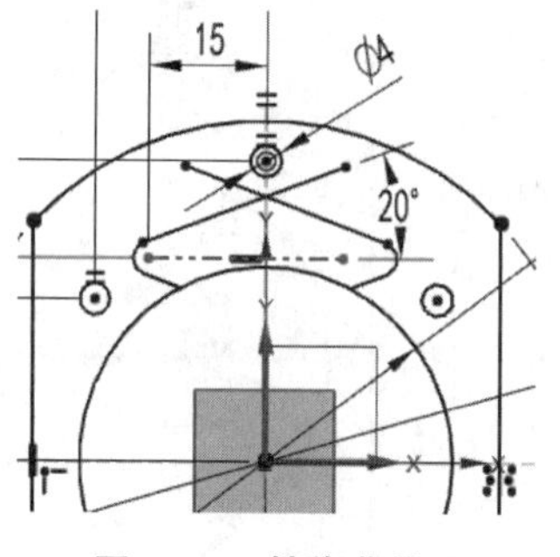

图 2-62　镜像曲线 1

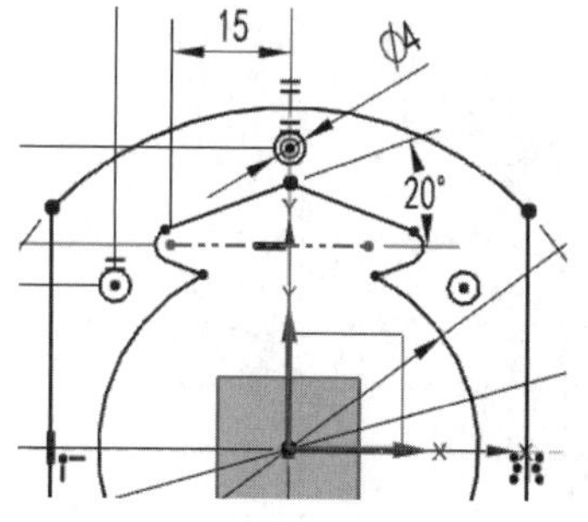

图 2-63　修剪多余曲线 2

(12) 单击“圆弧”按钮，采用“中心和端点定圆弧”方式，以上方 $\phi4$ 圆的圆心为圆心，绘制 $R6$ 圆弧，圆弧两个端点分别落在两条切线上，结果如图 2-64 所示。

(13) 单击“快速修剪”按钮，修剪多余曲线，结果如图 2-65 所示。

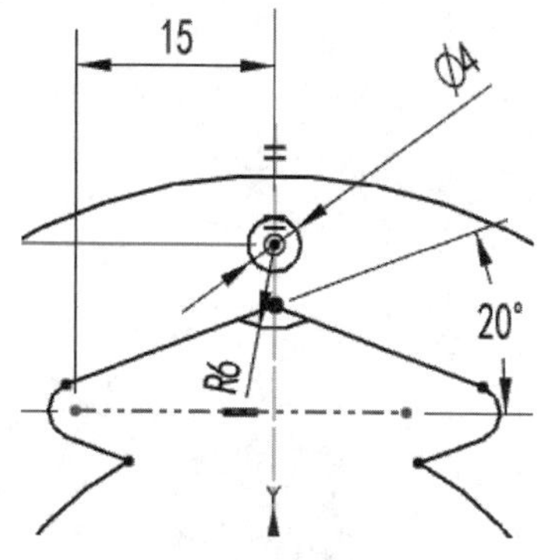

图 2-64　绘制 $R6$ 圆弧

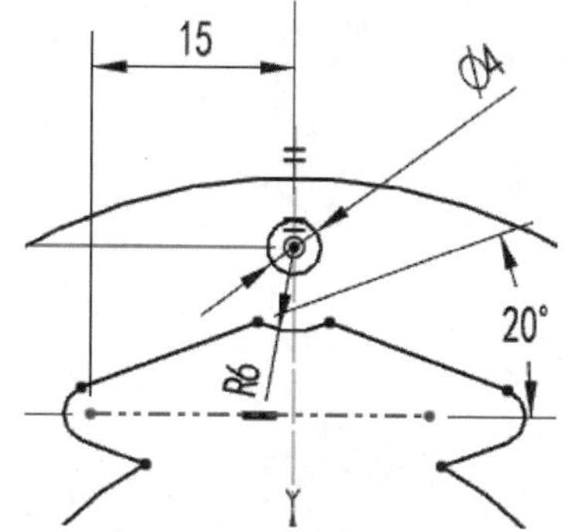

图 2-65　修剪多余曲线 3

(14) 单击“镜像曲线”按钮，选取 3 个 $\phi4$ 圆、2 个 $R2$ 圆弧和圆弧上 4 条切线及 $R6$ 圆弧为“要镜像的曲线”，选取 X 轴为“中心线”，镜像另一侧曲线，结果如图 2-66 所示。

(15) 单击“快速修剪”按钮，修剪多余曲线，结果如图 2-67 所示。

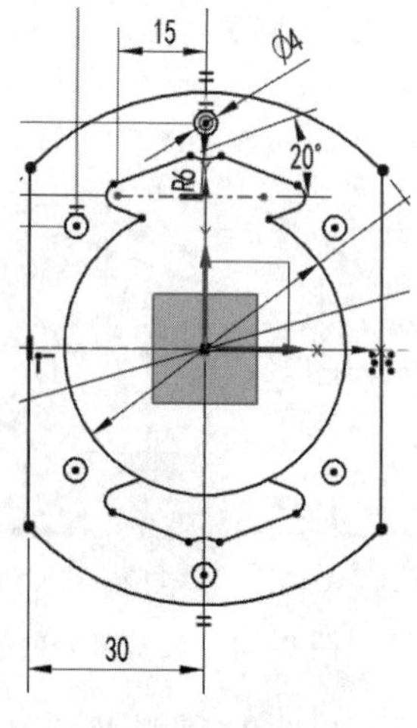

图 2-66　镜像曲线 2

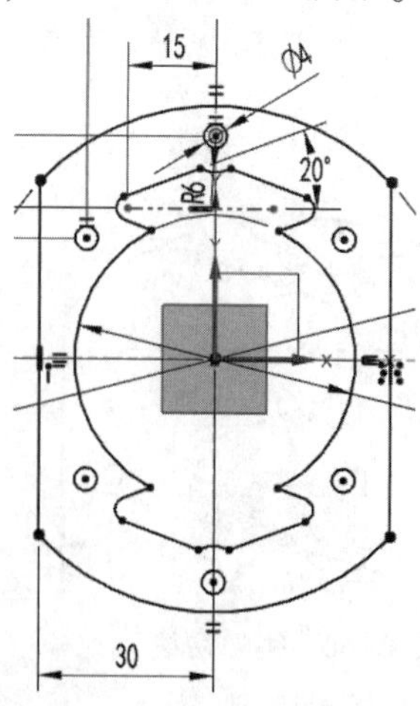

图 2-67　修剪多余曲线 4

3）完善曲线细节

（1）单击“圆角”按钮，“半径”为1，绘制不规则内轮廓曲线上的4处R1圆角，结果如图2-68所示。

（2）单击“直线”按钮，以外轮廓线上左侧竖线与上端圆弧的交点为起点，绘制长为4的竖直线，并利用“转换成参考”命令，将其转换为参考线，结果如图2-69所示。

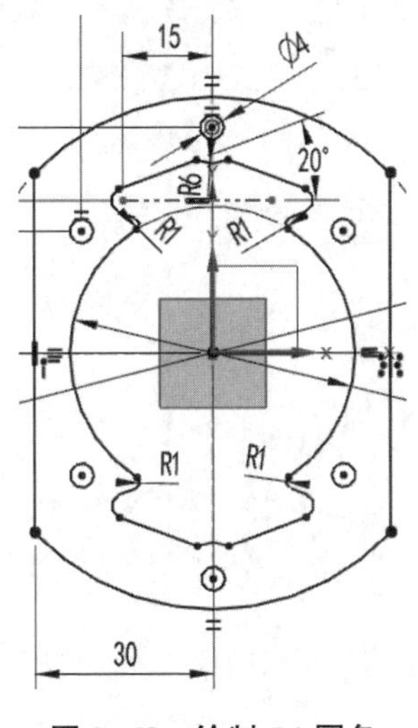

图2-68 绘制R1圆角

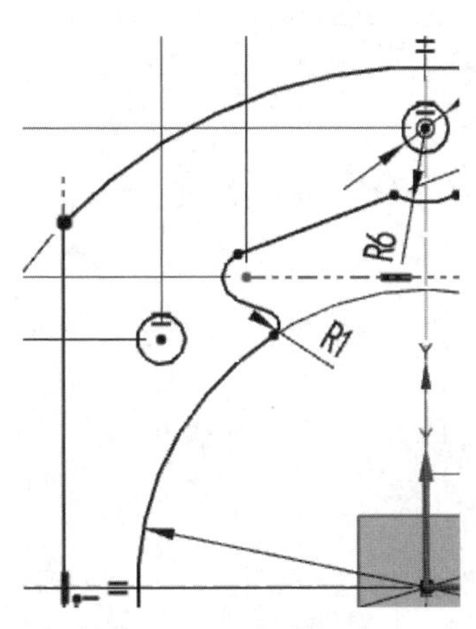

图2-69 绘制参考线2

（3）单击“圆弧”按钮，采用“中心和端点定圆弧”方式，以参考线上端点为圆心，绘制R4的圆弧，圆弧两个端点分别落在左侧竖线与上端圆弧，结果如图2-70所示。

（4）单击“快速修剪”按钮，修剪多余曲线，结果如图2-71所示。

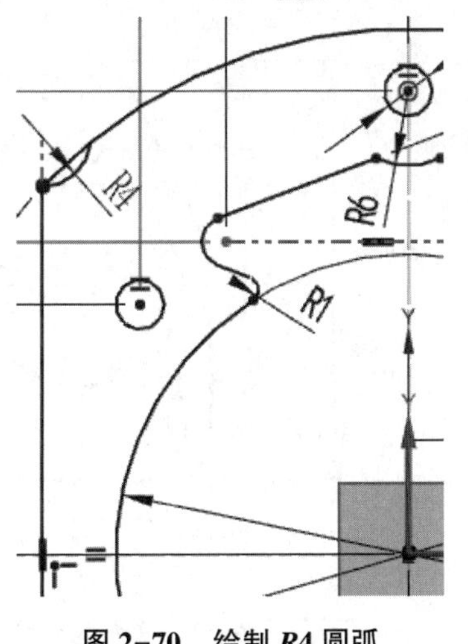

图2-70 绘制R4圆弧

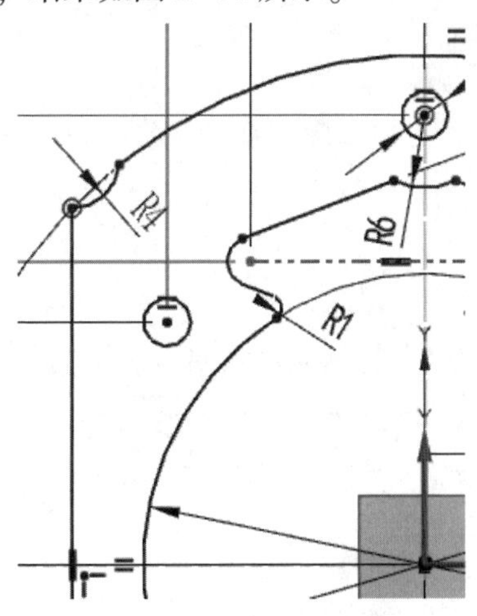

图2-71 修剪多余曲线5

（5）单击“镜像曲线”按钮，选取R4圆弧为“要镜像的曲线”后，先选取X轴为“中心线”，单击“应用”按钮，镜像曲线；再选取Y轴为“中心线”重复上述操作，单击“确定”按钮，完成镜像曲线操作，结果如图2-72所示。

（6）单击“快速修剪”按钮，修剪多余曲线，结果如图2-73所示。

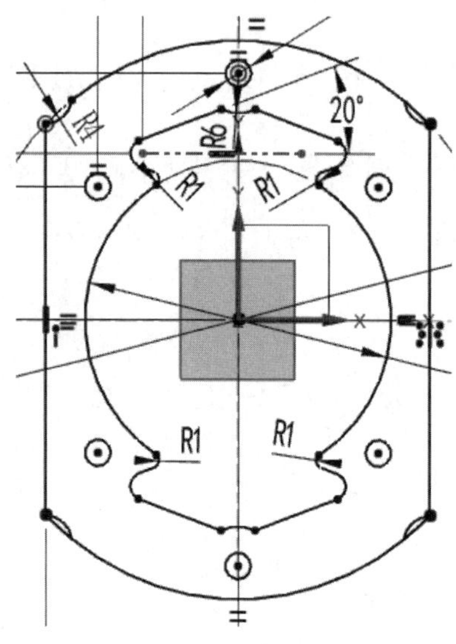

图 2-72　镜像曲线 3

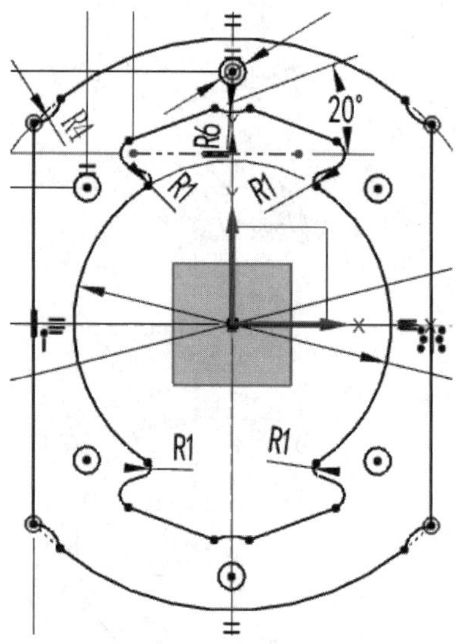

图 2-73　修剪多余曲线 6

4. 任务总结

对于轴对称和中心对称图形，可先绘制一部分曲线，再利用“镜像曲线”“阵列曲线”等命令生成另外的曲线，可大大提高作图效率。

习 题

完成图 2-74~图 2-86 所示的草图。

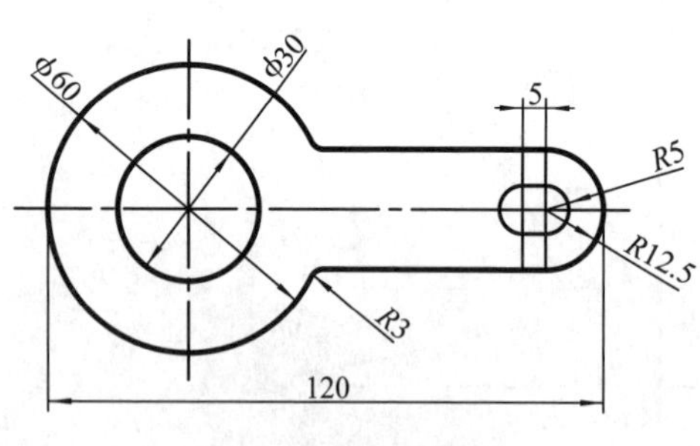

图 2-74　焊片草图

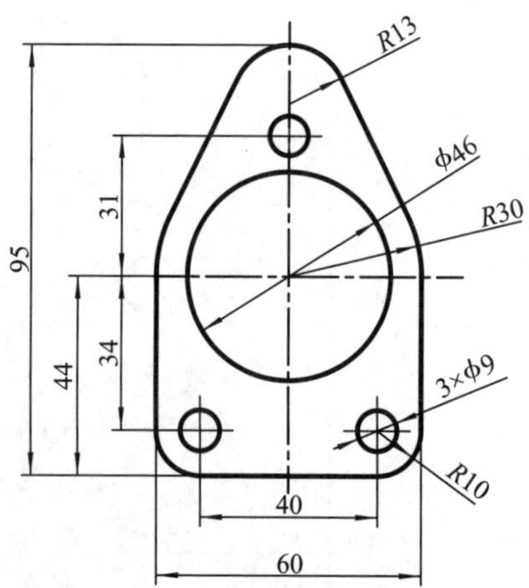

图 2-75　油泵调节垫片草图

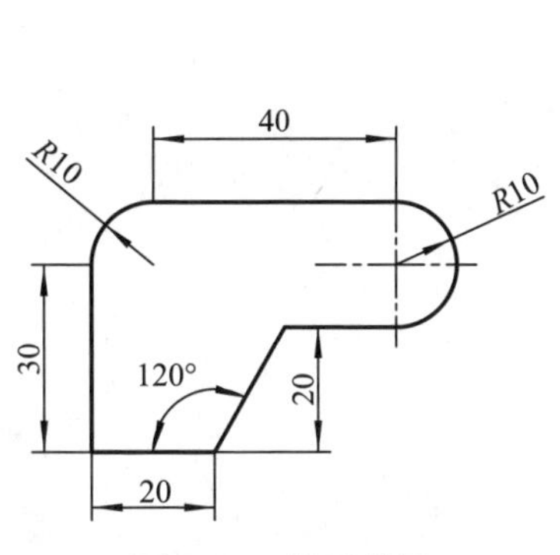

图 2-76　挡板草图

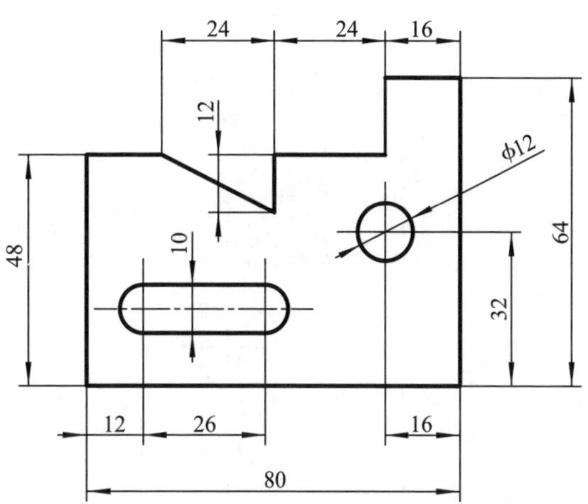

图 2-77　支承片草图

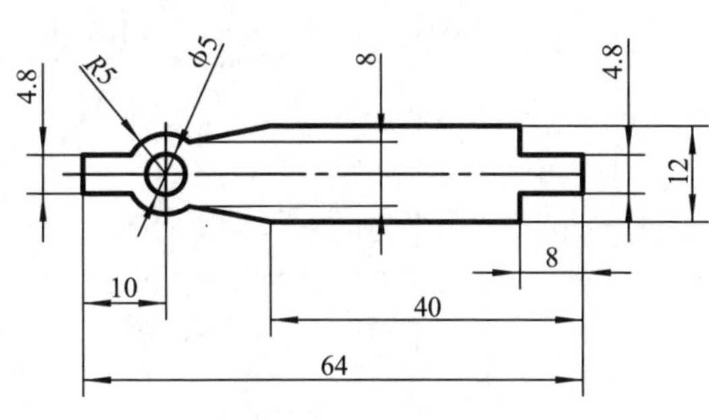

图 2-78　簧片草图

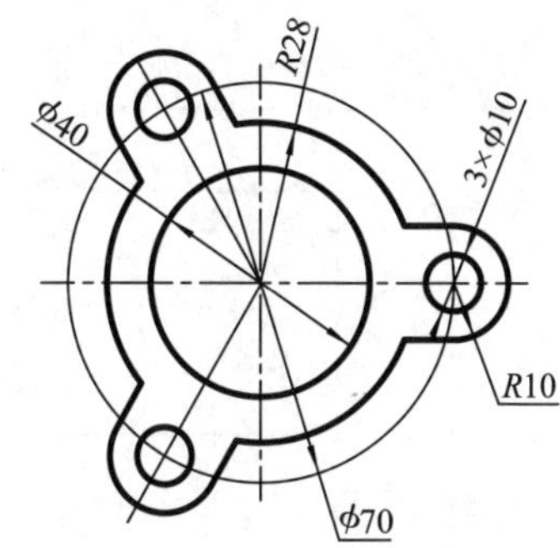

图 2-79　调整片草图

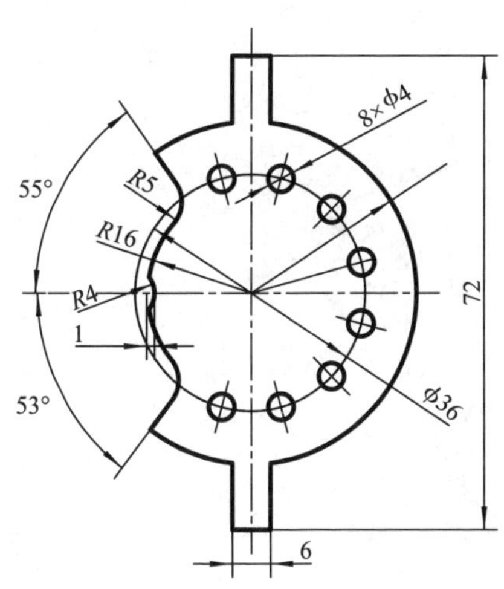

图 2-80　限位盖板草图

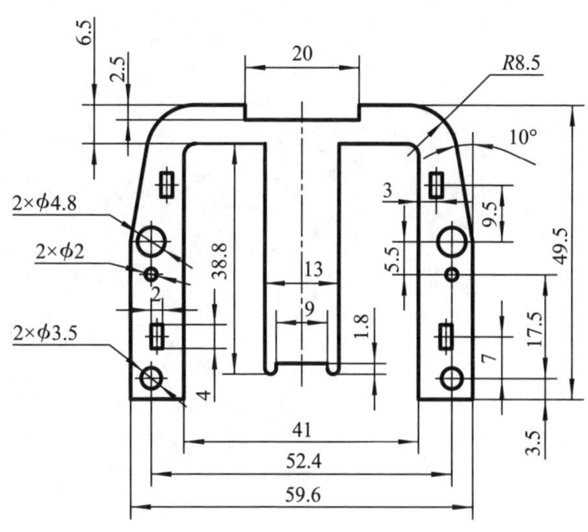

图 2-81　电压冲片草图

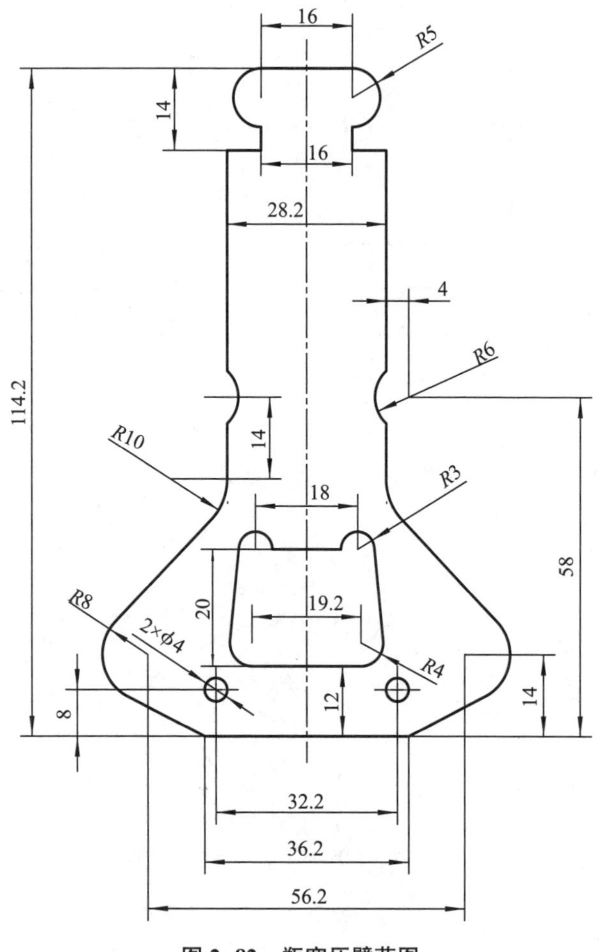

图 2-82　瓶塞压臂草图

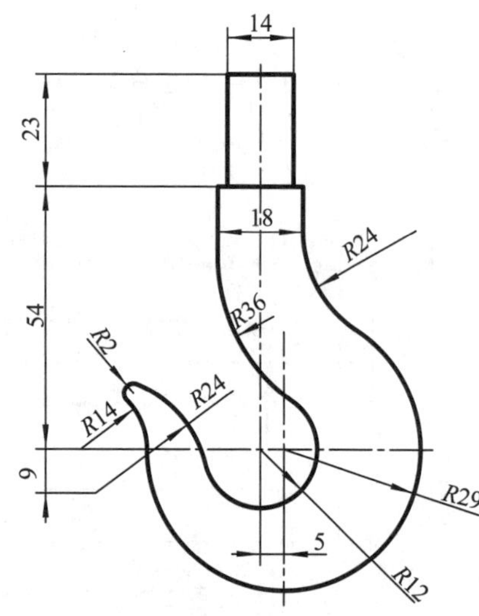

图 2-83　挂钩草图

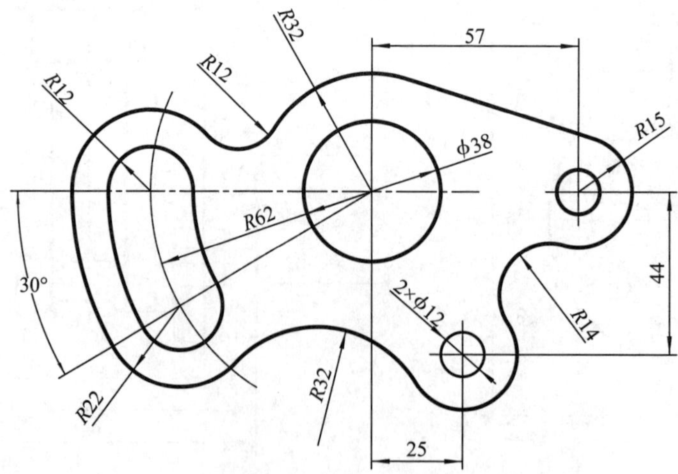

图 2-84　接触板草图

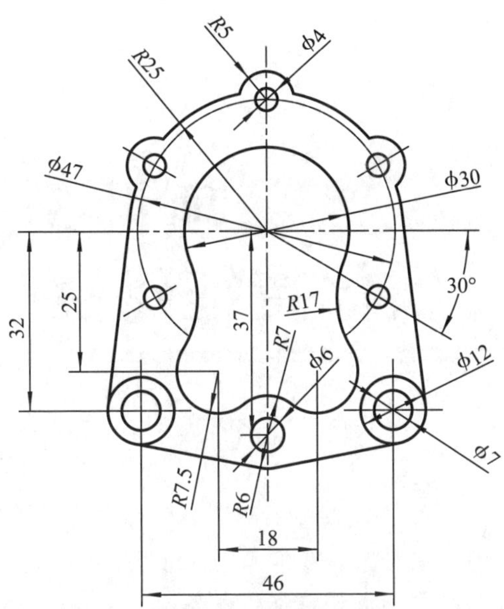

图 2-85 隔离片草图

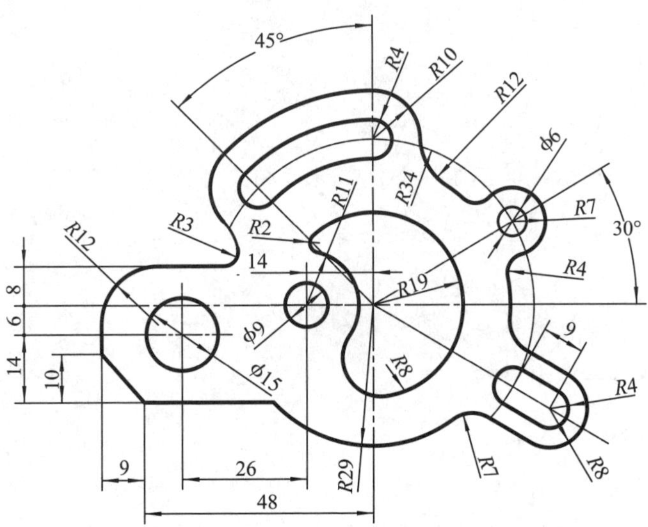

图 2-86 限位板草图

项目 3 实体特征建模

知识目标

(1)掌握创建基准轴、基准坐标系和基准平面的方法。
(2)掌握建模需要的设计特征和成型特征的命令。
(3)掌握特征编辑的方法。

能力目标

(1)熟悉产品建模的一般思路。
(2)能够根据零件图创建其三维模型，并进行相关编辑。

德育目标

(1)培养乐学、善学及劳动意识。
(2)具有审美情趣和创新精神。

项目描述

本项目将以 3 个典型零件建模案例为载体，介绍 UG NX 10.0 实体建模各种命令的操作方法。通过本项目的学习可以掌握 UG NX 10.0 的实体建模及特征编辑的具体操作方法和技巧。

3.1 实体建模概述

实体模型可以将用户的设计概念以三维模型在计算机上呈现出来，因此更符合用户的思维方式，同时也弥补了传统的面结构、线结构的不足。采用实体模型，可以方便地计算出产品的体积、面积、质心、质量、惯性矩等，便于用户真实地了解产品。实体模型还可用于装配间隙分析、有限元分析和运动分析等，从而让用户在设计阶段就能发现产品可能存在的问题。因此，实体模型在设计过程中越来越重要。

UG NX 10.0 提供了特征建模模块、特征操作模块和特征编辑模块，具有强大的实体建模功能，并且在原有版本的基础上进行了一定的改进，提高了用户表达设计意图的能力，使造型操作更简便、更直观、更实用；用户在建模和编辑的过程中能够获得更大的、更自由的创作空间，而且花费的精力和时间大大减少。

特征建模是 UG NX 软件的核心技术，其初始的建模思想是通过曲线扫描运动轨迹创建实体模型。任何形状的实体都可以通过或者分解后通过拉伸、回转或扫掠的方法创建完成。为满足快速建模的需要，在此基础上衍生出许多特征建模方法，如基本体素特征、细节特征等，实现了基于特征的参数化实体建模。一个实体模型或分解的实体模型可以以基本体素特征(如长方体、圆柱体、球体)为基材，通过去除材料(如孔、键槽、螺纹、圆角等特征)或添加材料(如凸台、垫块、加强筋等特征)进行布尔运算(合并、相减、相交)，以及实体与特征移动、旋转、复制、修剪、延伸等操作完成。UG NX 10.0 的特征建模方法分类如图 3-1 所示。

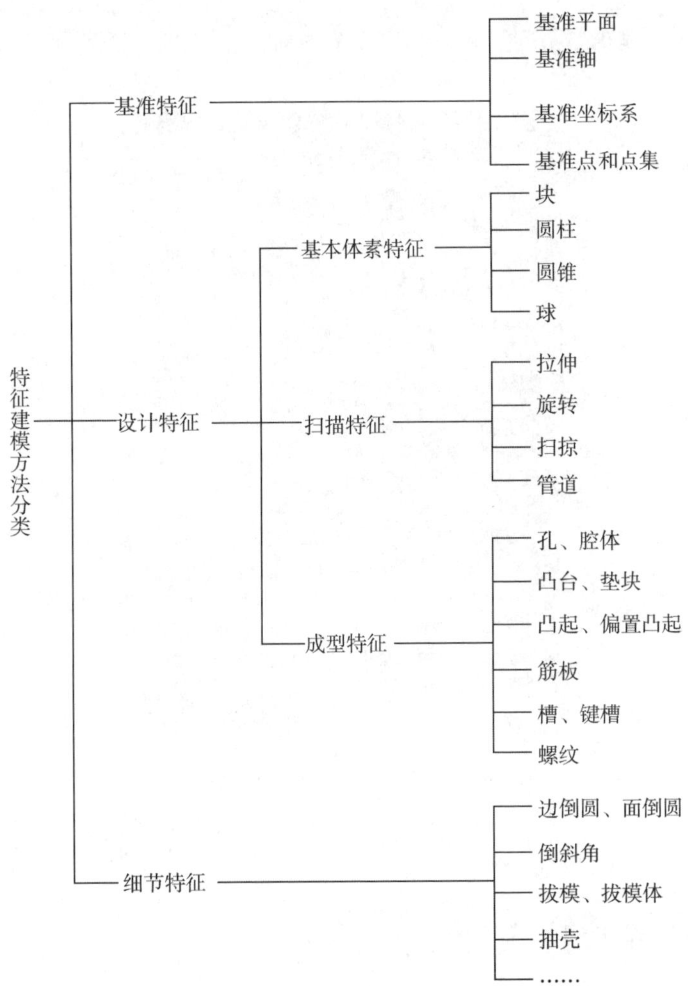

图 3-1　UG NX 10.0 的特征建模方法分类

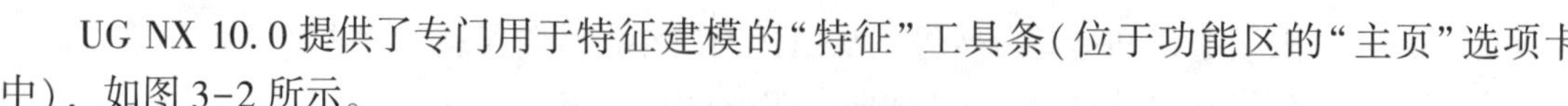

UG NX 10.0 提供了专门用于特征建模的“特征”工具条(位于功能区的“主页”选项卡中)，如图 3-2 所示。

图 3-2 “特征”工具条

3.2 建模基本参数设置

在创建实体模型前，通常需对建模基本参数进行重新设置。下面介绍建模基本参数设置方法。

执行“菜单”/“首选项”/“建模”命令，打开“建模首选项”对话框，该对话框包括“常规”“自由曲面”“分析”“编辑”“仿真”和“更新”6 个选项卡，如图 3-3 所示，用户可根据自身需要修改相关参数。

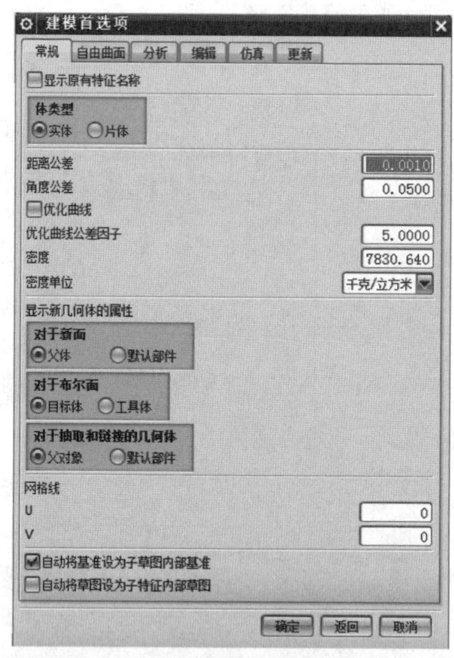

图 3-3 “建模首选项”对话框

3.3 创建基准特征

基准特征主要用来为其他特征提供放置和定位参考。基准特征主要包括基准平面、基准轴、基准坐标系和基准点等。

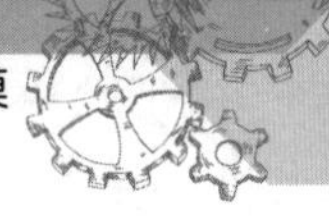

3.3.1 基准平面

3.3.1 微课视频

在设计过程中，时常需要创建一个新的基准平面，用于构造其他特征。

在“特征”工具条中单击“基准平面”按钮□，系统弹出如图 3-4 所示的“基准平面”对话框。用户根据设计需要，指定类型选项、参考对象、平面方位和关联设置，即可创建一个新的基准平面。在“基准平面”对话框的“类型”选项组中提供了 15 种类型选项，其功能如表 3-1 所示。

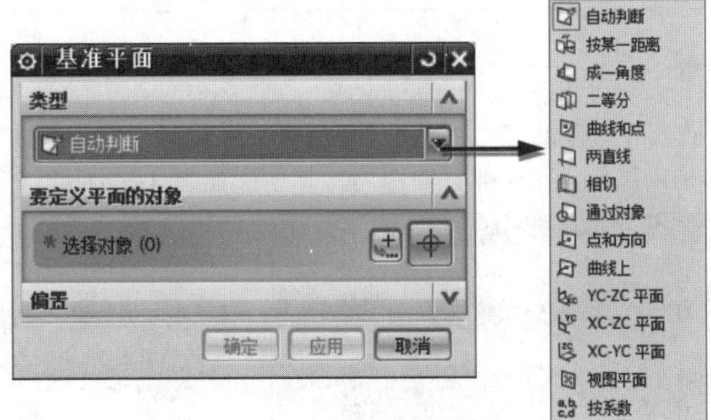

图 3-4 “基准平面”对话框

表 3-1 基准平面构造类型的功能

图标	名称	功能
	自动判断	根据所选的对象确定要使用的最佳平面类型
	按某一距离	通过输入偏置值创建与选定的平面平行的平面
	成一角度	通过输入角度创建与选定的平面成一定角度的平面
	二等分	以选定的两个平面的中分平面创建平面
	曲线和点	先指定一个点，然后指定第二个点或一条直线、线性边缘、基准轴或面来创建平面
	两直线	创建通过一条直线，平行或垂直于另一条直线的平面，通常是创建两相交直线确定的平面
	相切	创建与一个非平面的曲面以及另一选定对象相切的平面
	通过对象	基于选定对象的平面创建平面
	点和方向	经过一点创建与选定方向垂直的平面
	曲线上	创建与曲线或边上的一点相切、垂直或双向垂直的平面
	YC-ZC 平面	按一定距离平行于工作坐标系或绝对坐标系的 YC-ZC 平面创建平面
	XC-ZC 平面	按一定距离平行于工作坐标系或绝对坐标系的 XC-ZC 平面创建平面

续表

图标	名称	功能
	XC-YC 平面	按一定距离平行于工作坐标系或绝对坐标系的 XC-YC 平面创建平面
	视图平面	创建平行于视图平面并穿过绝对坐标系原点的平面
a,b,c,d	按系数	通过使用系数 a、b、c 和 d 指定方程来创建平面，该平面由方程 $ax+by+cz=d$ 确定

3.3.2 基准轴

执行“菜单”/“插入”/“基准/点”/“基准轴”命令，系统弹出“基准轴”对话框，如图 3-5 所示，在“类型”选项组中提供了 9 种类型选项，其功能如表 3-2 所示。

3.3.2 微课视频

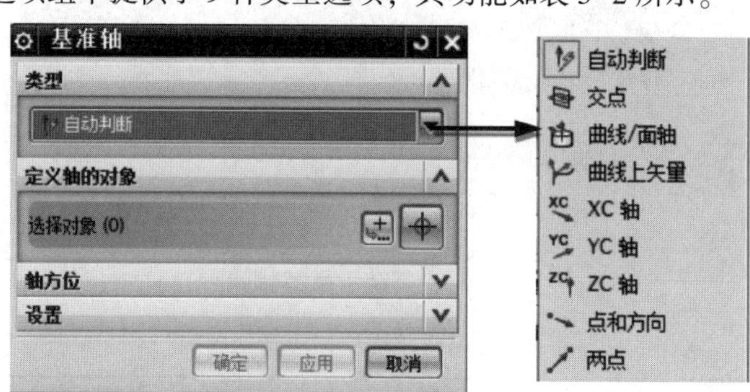

图 3-5 “基准轴”对话框

表 3-2 基准轴构造类型的功能

图标	名称	功能
	自动判断	根据所选的对象确定要使用的最佳轴类型
	交点	通过两个相交平面确定基准轴
	曲线/面轴	创建一个起点在选择曲线上的基准轴
	曲线上矢量	创建与曲线的某点相切、垂直，或者与另一对象垂直或平行的基准轴
XC	XC 轴	沿 XC 方向创建基准轴
YC	YC 轴	沿 YC 方向创建基准轴
ZC	ZC 轴	沿 ZC 方向创建基准轴
	点和方向	通过定义一个点和一个矢量方向来创建基准轴。通过曲线、边或曲面上的一点，可以创建一条平行于线性几何体的基准轴、面轴，或垂直于一个曲面的基准轴
	两点	通过定义轴上的两点来创建基准轴。第一点为基点，第二点定义了从第一点到第二点的方向

3.3.3　基准坐标系和基准点

3.3.3　微课视频

这部分内容的介绍详见项目1，此处不再赘述。

3.4　创建基本体素特征

基本体素特征都具有比较简单的特征形状，可作为模型的第一个特征出现。使用基本体素特征工具可以直接生成实体，基本体素特征包括块、圆柱、圆锥和球，通过输入参数可以直接创建实体模型。

3.4.1　块

块是指长方体或正方体等一些具有规则形状特征的三维实体。

执行“菜单”/“插入”/“设计特征”/“长方体”命令，打开“块”对话框，如图3-6所示。此对话框中提供了3种创建块的方式。

3.4.1　微课视频

图3-6　“块”对话框

(1)原点和边长：使用原点和三边长(长度、宽度、高度)来创建块，如图3-6所示。选择此类型选项创建块时，需指定一点作为块的原点，该点可利用“点”对话框生成，再分别设置其长度、宽度和高度即可。

(2)两点和高度：两点是指定块的底面两对角点，再在文本框中输入高度值，便可创建块，如图3-7所示。对话框中的“原点”为后立面左下角点，“从原点出发的点”为前立面右下角点。

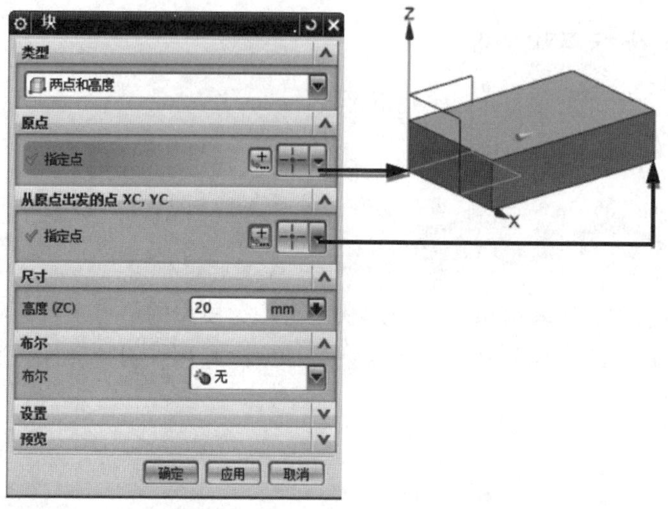

图 3-7　通过“两点和高度”创建块

(3)两个对角点：通过指定块的两个对角点创建块，如图 3-8 所示。对话框中的“原点”为后立面左下角点，“从原点出发的点”为前立面右上角点。选择此类型选项创建块时要注意，指定两点的 Z 坐标值不能相同，否则，块的高度方向上没有高度差，无法绘制。

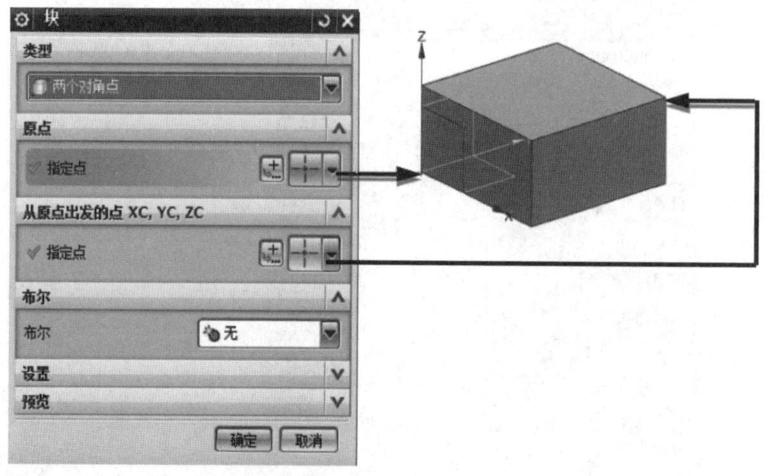

图 3-8　通过“两个对角点”创建块

3.4.2　圆柱

圆柱可以看作以长方形的一条边为旋转中心线，并绕其旋转 360°所形成的三维实体。此类实体比较常见，如机械传动中常用的轴类、销钉类等零件。

3.4.2　微课视频

执行“菜单”/“插入”/“设计特征”/“圆柱”命令，系统弹出“圆柱”对话框，如图 3-9 所示。此对话框中提供了 2 种创建圆柱体的方式。

(1)轴、直径和高度：先指定圆柱体的矢量方向和底面中点的位置，再分别设置其直径和高度。创建的圆柱如图 3-10 所示。圆柱的中心轴和底面圆心点的确定分别同基准轴和基准点的绘制操作。

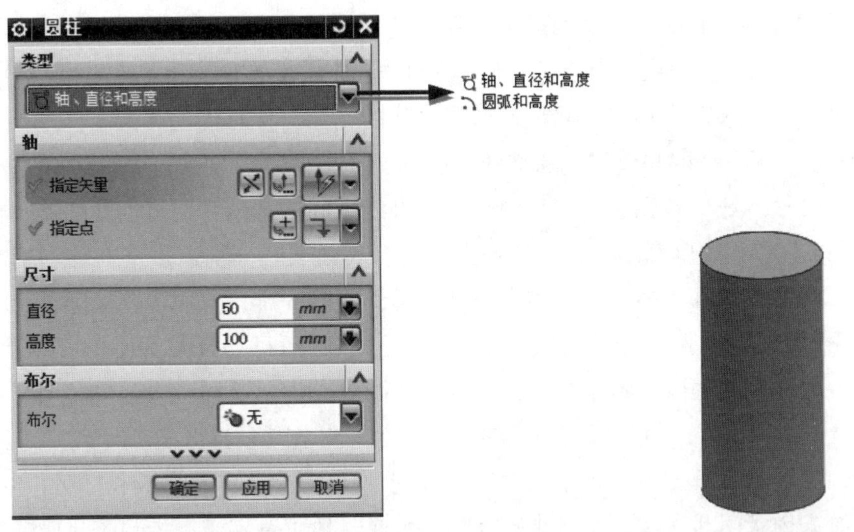

图 3-9　“圆柱”对话框　　图 3-10　创建的圆柱

(2)圆弧和高度：选择现有的圆弧，以其直径为圆柱体的直径、圆弧的圆心为圆柱体的底面圆心，再输入圆柱体的高度，便可创建圆柱体。

3.4.3　圆锥

圆锥是以一条直线为中心轴线，一条与其成一定角度的线段为母线，并绕该轴线旋转360°形成的实体。在 UG NX 10.0 中，使用“圆锥”命令可以创建出圆锥和圆台两种实体模型。

执行“菜单”/“插入”/“设计特征”/“圆锥”命令，系统弹出“圆锥”对话框，如图 3-11 所示。此对话框中提供了 5 种创建圆锥的方式。

(1)直径和高度：先指定圆锥的中心轴、底面圆心，再设置底部直径，顶部直径和高度参数。当输入的顶部直径是零时，创建的是圆锥，不为零时创建的是圆台。创建的圆锥如图 3-12 所示。

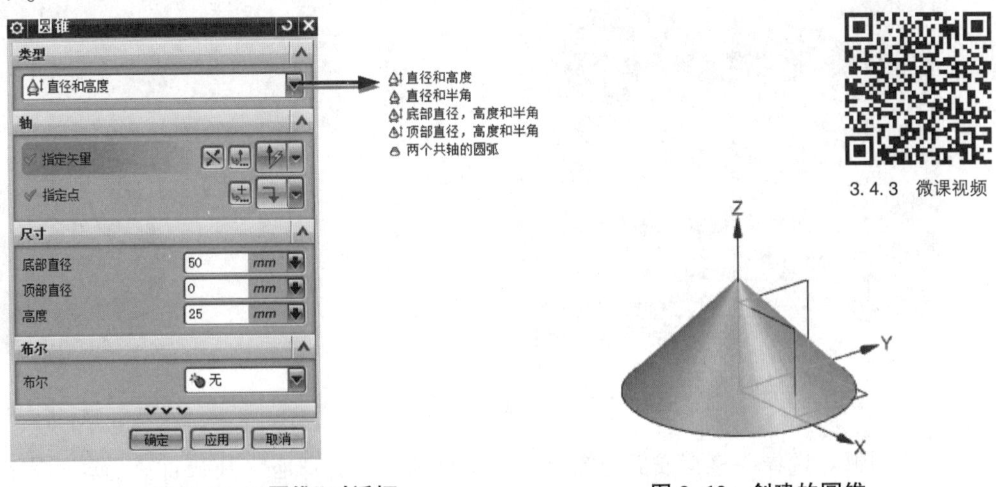

图 3-11　“圆锥”对话框　　图 3-12　创建的圆锥

圆锥的中心轴和底面圆心点的确定分别同基准轴和基准点的绘制操作。

(2)直径和半角：圆锥的中心轴、底面圆心分别通过基准轴和基准点的方法确定之后，再输入底部直径、顶部直径和中心轴与母线之间的半角，便可创建圆锥。

(3)底部直径、高度和半角：圆锥的中心轴、底面圆心分别通过基准轴和基准点的方法确定之后，再输入底部直径、高度和中心轴与母线之间的半角，便可创建圆锥。

(4)顶部直径、高度和半角：圆锥的中心轴、底面圆心分别通过基准轴和基准点的方法确定之后，再输入顶部直径、高度和中心轴与母线之间的半角，便可创建圆锥。

(5)两个共轴的圆弧：选择共轴的两个圆弧，该圆弧可以是整圆，也可以是部分圆弧，分别作圆台的顶圆和底圆，圆弧之间的距离作为圆台高度，这样可以创建一个圆台。

注意：创建圆锥(台)的方式基本上分为设置参数方式和指定圆弧方式，以上前 4 种方式都属于设置参数方式，利用此方式创建圆锥时需分别设置有关参数；“两个共轴的圆弧”属于指定圆弧方式，利用该方式创建圆台时，需在视图中指定两个不相等的圆弧且圆弧不必平行。

3.4.4 球

球是三维空间中，到一个点的距离相同的所有点的集合所形成的实体，它广泛应用于机械、家具等结构设计中，如球轴承的滚子、球头螺栓、家具拉手等。

执行“菜单”/“插入”/“设计特征”/“球”命令，打开“球”对话框，如图 3-13 所示。此对话框中提供了两种创建球的方式。

(1)中心点和直径：先设置球体的直径，再使用“点”对话框确定球心，即可创建球，如图 3-14 所示。

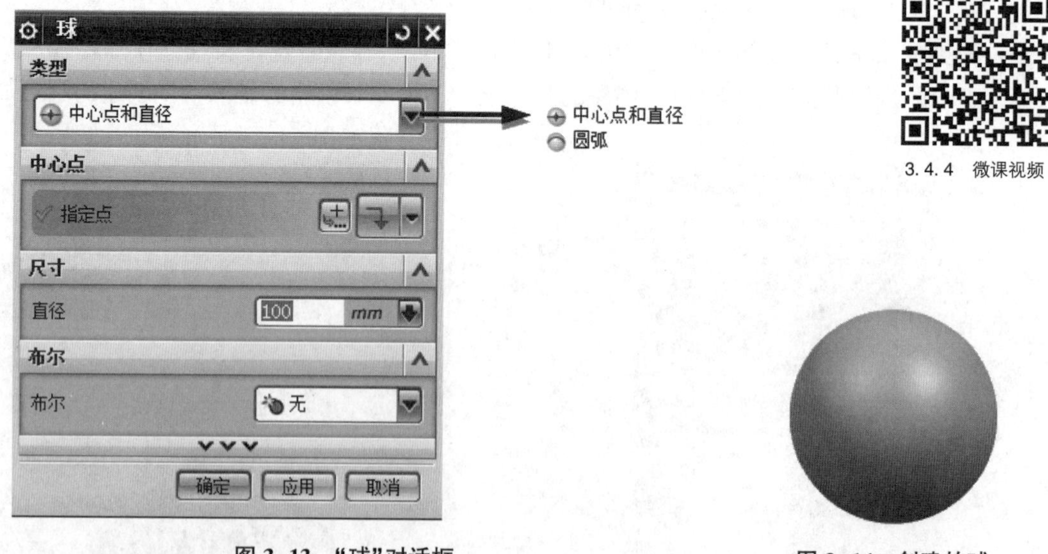

图 3-13 “球”对话框

图 3-14 创建的球

(2)圆弧：选择一整圆或部分圆弧，以圆弧圆心作为球心、圆弧直径为球体直径，即可创建球。

3.5 创建扫描特征

扫描特征是指将二维图形轮廓线作为截面轮廓，并沿所指定的引导路径曲线运动扫掠，从而得到所需的三维实体。它是利用草图特征创建实体，或利用建模环境中的曲线特征创建实体的主要命令，可分为拉伸、旋转、扫掠和管道 4 种。

3.5.1 拉伸

拉伸是将曲线沿某一矢量方向拉伸生成实体模型。

执行“菜单”/“插入”/“设计特征”/“拉伸”命令，打开“拉伸”对话框，如图 3-15 所示。利用“拉伸”对话框创建实体特征，其方法和步骤如下。

3.5.1 微课视频

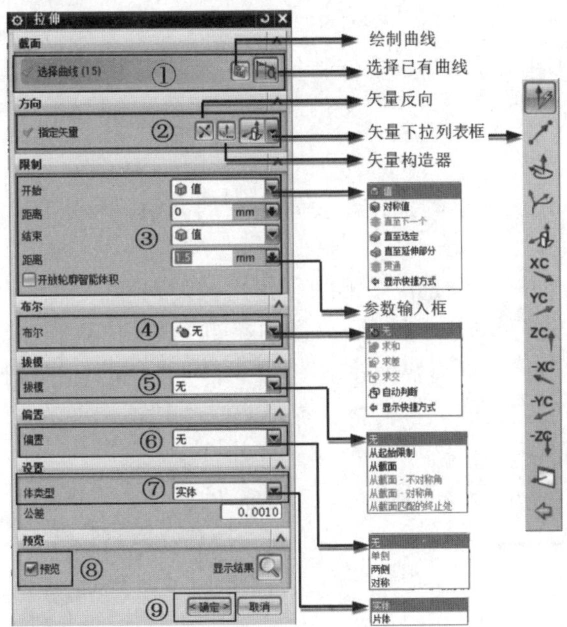

图 3-15 “拉伸”对话框

1. 定义截面

用户可以选择已有的草图或几何体边缘作为拉伸特征的截面，也可以创建一个新草图作为拉伸特征的截面。完成草图并退出草图环境后，系统自动选择该草图作为拉伸特征的截面。

2. 定义方向

可以通过“矢量”下拉列表框来定义方向矢量，也可以单击“矢量构造器”按钮，从系统弹出的下拉列表框中选取相应的方式，指定拉伸的矢量方向。若单击“反向”按钮，则更改拉伸矢量方向。

3. 设置拉伸限制的参考值

在“限制”选项组中设定拉伸特征的整体构造方法和拉伸范围。

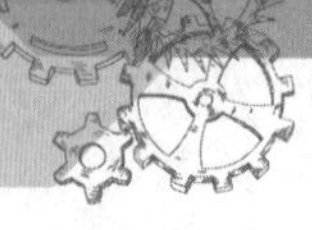

4. 定义布尔运算

在“布尔”选项组中指定要拉伸的特征与创建该特征时所接触的其他体之间的布尔运算，包括“无”“求合”“求差”“求交”和“自动判断”。

5. 定义拔模

在“拔模”选项组中设置在拉伸时进行拔模处理，可将斜率添加到拉伸特征的一侧或多侧。拔模只能应用于基于平面截面的拉伸特征。拔模的角度参数可以为正，也可以为负。

6. 定义偏置

无论拉伸截面为非封闭还是封闭曲线，拉伸所得都为具有一定截面厚度的实体。允许用户指定最多两个偏置来添加到拉伸特征。可以为这两个偏置指定唯一的值，在起始框和终止框中或在它们的屏显输入框中输入偏置值。还可以拖动偏置手柄，只要起始偏置和终止偏置为相等值，偏置就在截面中对称。

7. 定义体类型

在“设置”选项组中用户可以指定拉伸特征为一个或多个片体或实体。允许在创建或编辑过程中更改距离公差。

8. 使用预览

“预览”复选框默认情况下会勾选，在设置参数的同时，绘图区中拉伸体的形状会相应变动。

利用“曲线”进行拉伸时，需先在图形中创建出拉伸对象，并且所生成的实体不是参数化的数字模型，即对其进行修改时无法修改截面参数。利用“草图截面”进行拉伸时，系统工程将进入草图工作界面，根据需要创建草图后，即可进行相应的拉伸操作，利用这种拉伸方法创建的实体模型是参数化的数字模型，不仅能修改其拉伸参数，还可修改其截面参数。图 3-16 为创建的拉伸特征。

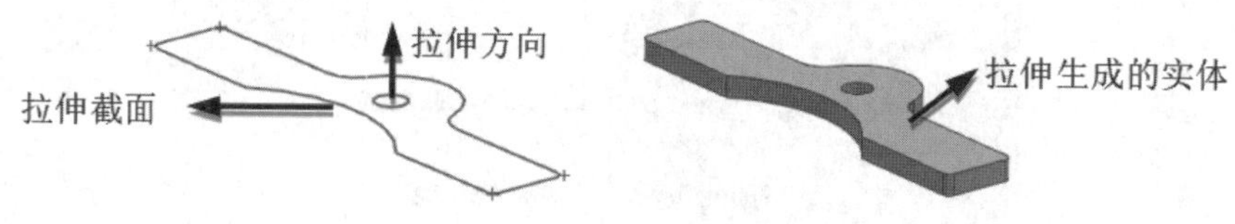

图 3-16 创建的拉伸特征

注意：如果选择的拉伸对象不封闭，拉伸操作时不设置“偏置”，将生成片体；如果拉伸对象为封闭曲线，将生成实体。

3.5.2 旋转

旋转是将草图截面或曲线等二维对象绕所指定的旋转轴线旋转一定的角度而形成实体模型，如带轮、法兰盘和轴类等。

3.5.2 微课视频

执行“菜单”/“插入”/“设计特征”/“旋转”命令，系统弹出“旋转”对话框，如图 3-17 所示。“旋转”对话框与“拉伸”对话框很相似，操作方法也基本相同，故这里不再详细介绍其相关功能。“旋转”命令与“拉伸”命令的区别在于：当利用“旋转”命令进行实体操作时，所指定的矢量是该对象的旋转中心，所设置的旋转参数是旋转的起点和终点角度。图 3-18 为创建的旋转特征。

图 3-17　“旋转”对话框

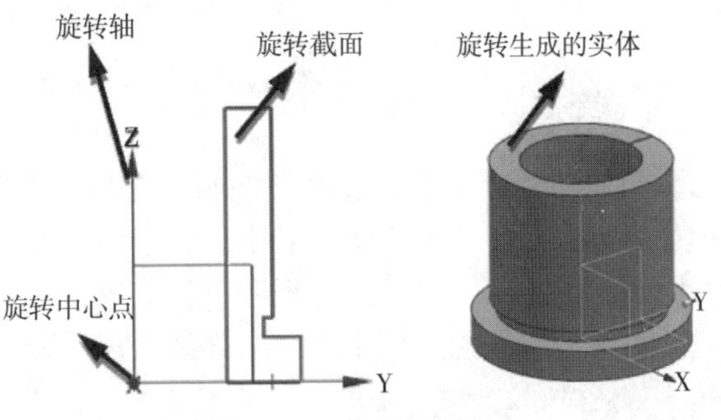

图 3-18　创建的旋转特征

3.5.3　扫掠

扫掠是将一个截面沿指定的引导线运动，从而创建出实体或片体模型，包括“扫掠”和“沿引导线扫掠”两种。

1. 扫掠

使用此方式进行扫掠操作时，只能创建出具有所选取截面图形形状特征的三维实体或片体，其引导线可以是直线、圆弧、样条等曲线。

执行“菜单”/“插入”/“设计特征”/“扫掠”命令，系统弹出“扫掠”对话框，如图 3-19 所示。通过此对话框在绘图区中选取扫掠的截面曲线后，单击“引导线”选项组中的“选择曲线”按钮，再选取绘图区中的引导线，即可完成特征操作，如图 3-20 所示。

3.5.3　微课视频

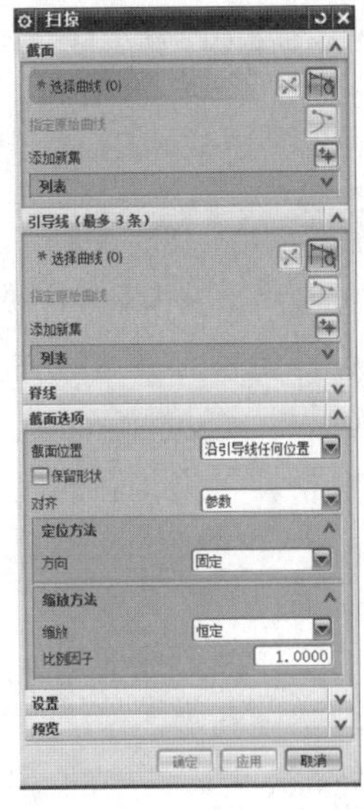

图 3-19　“扫掠”对话框

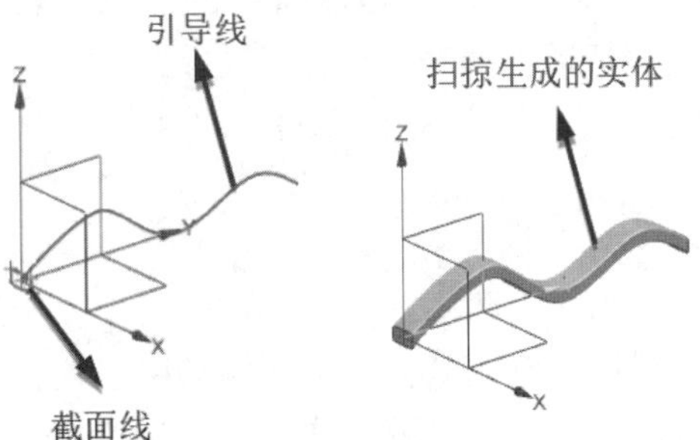

图 3-20　创建的扫掠特征

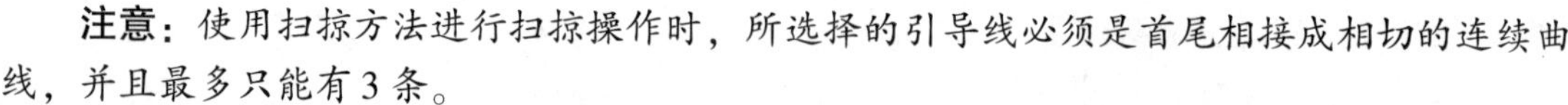
注意：使用扫掠方法进行扫掠操作时，所选择的引导线必须是首尾相接成相切的连续曲线，并且最多只能有3条。

2. 沿引导线扫掠

此方法与上面介绍的“扫掠”相似，区别在于使用此方法进行图形扫掠时，可以设置截面图形的偏置参数，并且扫掠生成的实体截面形状与引导线相应位置的法向平面的截面曲线形状相同。

3.5.4 管道

管道是扫掠的特殊情况，它的截面只能是圆。创建管道时，需要输入管道的外径和内径，若内径为零，所生成的为实心管道。

执行“菜单”/“插入”/“设计特征”/“管道”命令，系统弹出“管道”对话框，如图 3-21 所示。通过此对话框，在绘图区中选取引导线，再设置好管道的内径和外径，即可完成管道特征的创建，如图 3-22 所示。

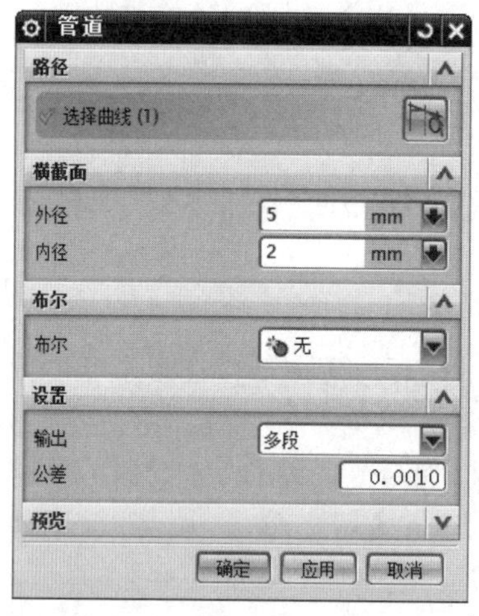

图 3-21 “管道”对话框

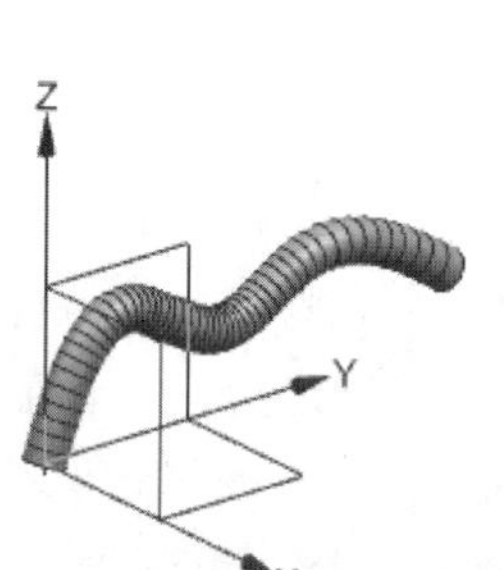

图 3-22 创建的管道特征

3.5.4 微课视频

3.6 创建成型特征

成型特征是以现有模型为基础而创建的实体特征。利用设计特征工具可以方便地创建出较为细致的实体特征，如在实体上创建孔、凸台、腔体和沟槽等。成型特征与现有模型关联，并且其生成方式都是参数化的，修改特征参数或者刷新模型即可得到新的模型。

3.6.1 孔

孔是指在模型中去除圆柱、圆锥或同时去除这两种特征的实体面形成的实体特征。孔的创建在实体建模时经常用到，如创建轴端中心孔、螺纹底孔、螺栓孔等。

执行“菜单”/“插入”/“设计特征”/“孔”命令，或单击“特征”工具条中的“孔”按钮，系统弹出“孔”对话框，如图 3-23 所示。利用“孔”对话框创建孔，其方法和步骤如下。

3.6.1 微课视频

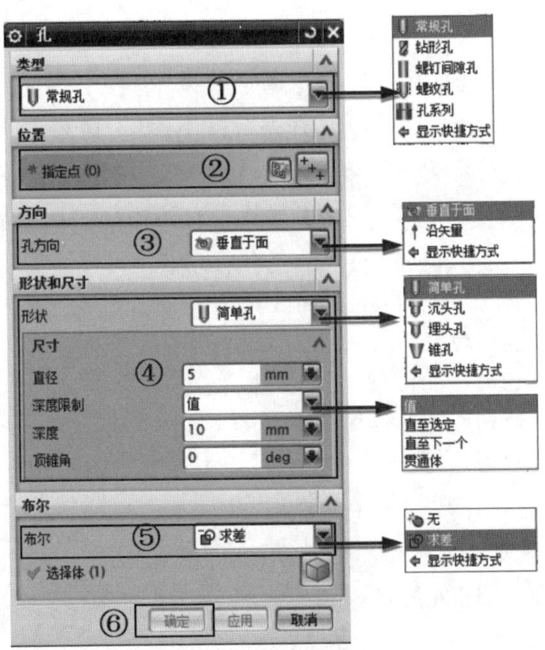

图 3-23 “孔”对话框

1. 指定孔类型

在“类型”选项组中，选择孔的类型。UG NX 10.0 提供了“常规孔”“钻形孔”“螺钉间隙孔”“螺纹孔”和“孔系列”5 种创建孔的类型，选择不同类型的孔，“孔”对话框中的设置选项会有所不同。

1）常规孔

常规孔包括简单孔、沉头孔、埋头孔、锥孔。常规孔可以是盲孔、通孔、直至选定对象或直至下一个面。

注意：沉头直径必须大于孔的直径，沉头深度必须小于孔的深度，埋头直径必须大于孔的直径。

2）钻形孔

钻形孔是使用 ANSI 或 ISL 标准钻头钻出的孔。与常规孔相比较，它可以是钻头钻的孔、铣刀铣削的孔，也可以是车刀车出的孔。

3）螺钉间隙孔

螺钉间隙孔是专门配合螺栓使用的，是根据螺栓大径尺寸加一定的配合间隙生成的。

4）螺纹孔

螺纹孔的尺寸标注由标准、螺纹尺寸和径向进刀定义。

5）孔系列

孔系列是指对多个实体组合一起打孔。

2. 定义孔心位置

在“位置”选项组中指定孔心位置。可以选择利用“选择”工具组，选择现有点作为孔心位置，也可以单击“绘制截面”按钮，进入草图绘制环境，在选定的草图平面上绘制一个或多个点来确定孔心位置。

3. 定义方向

在“方向”选项组中，确定打孔的方向，通常选择“垂直于面”，当需要打斜孔时，则选择“沿矢量”。单击“矢量对话框”按钮，在系统弹出的“矢量对话框”确定打孔的方向。

4. 确定孔形状及尺寸

在“形状和尺寸”选项组的“形状”下拉列表中选择生成的孔是简单孔、沉头孔、埋头孔、锥孔，不同形状的孔的“尺寸”选项组的显示会有所区别，可根据需要输入不同的参数值。

在“深度限制”下拉列表框中有以下 4 种设置。

(1)值：按输入的深度值打孔。

(2)直至选定：孔打到指定的位置。

(3)直至下一个：孔打到本段实体结束的位置。

(4)贯通体：贯穿整个实体打孔。

5. 定义布尔运算

在“布尔”选项组中定义布尔运算类型，默认为“求差”。

创建的常规孔特征如图 3-24 所示。

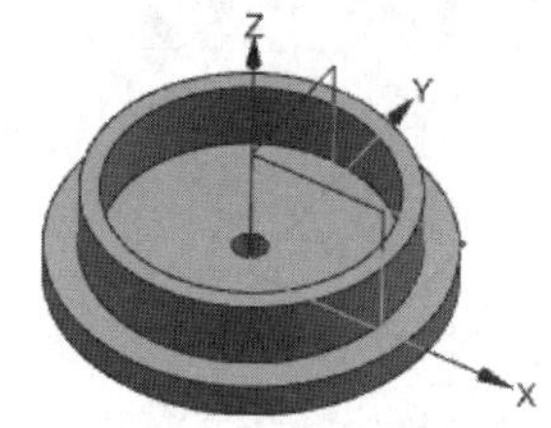

图 3-24 创建的常规孔特征

3.6.2 凸台、垫块和凸起

凸台、垫块和凸起的成型原理都是在实体面外侧增加指定的实体，和孔的成型原理正好相反。

1. 凸台

凸台是在指定实体面的外侧创建出具有圆柱或圆台特征的三维实体或片体，其操作步骤与孔相同。

执行“菜单”/“插入”/“设计特征”/“凸台”命令，系统弹出“凸台”对话框，如图 3-25 所示。创建凸台的方法及步骤如下。

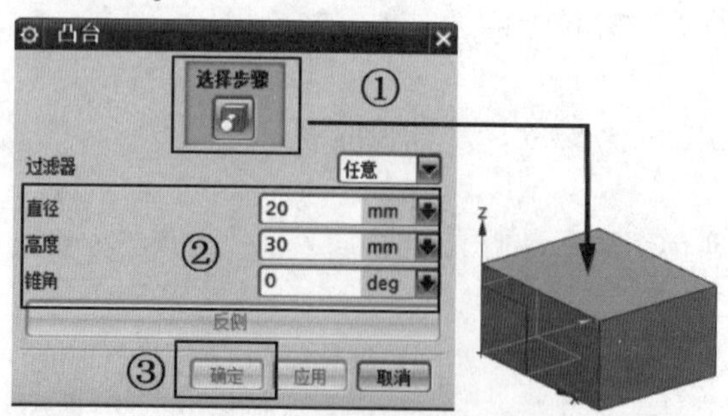

图 3-25 “凸台”对话框

3. 6. 2 微课视频

(1) 单击“选择步骤”按钮，在模型中指定凸台的平整放置面，如选取长方体上平面作为凸台放置面。

(2) 设置凸台的参数，包括设置“直径”“高度”和“锥角”。

(3) 在“凸台”对话框中单击“确定”按钮。

(4) 系统弹出如图 3-26 所示的“定位”对话框。“定位”对话框提供 6 种定位工具，其功能如表 3-3 所示。利用该对话框中的相关定位按钮创建所需的定位尺寸来定位凸台。例如，单击“垂直”定位按钮，选取长方体上表面与前表面的交线作为第一参考，在“当前表达式”文本框中输入距离值“50”，单击“应用”按钮，再选择上表面与左侧面交线作为第二参考，在“当前表达式”文本框中输入距离值“40”，单击“确定”按钮，完成凸台的创建，结果如图 3-27 所示。

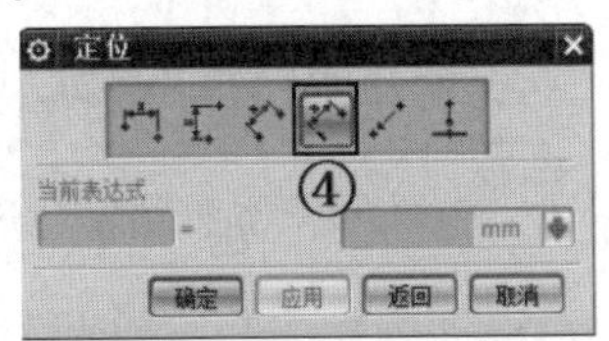

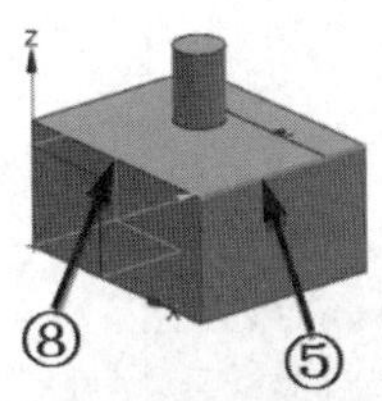

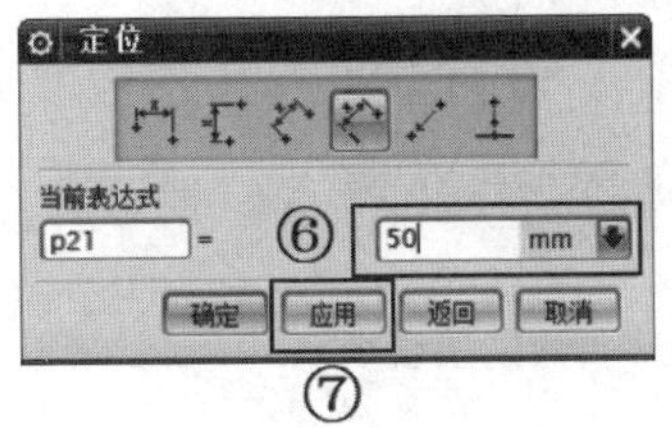

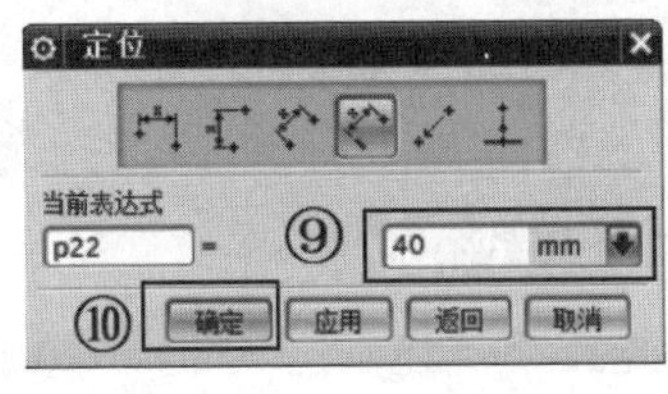

图 3-26　“定位”对话框

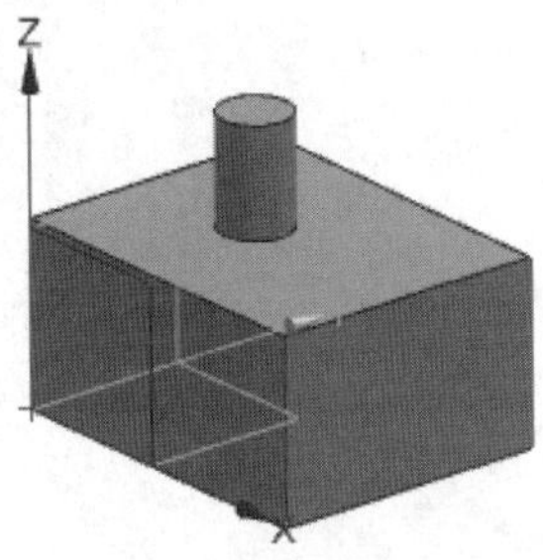

图 3-27　创建的凸台特征

表 3-3　定位工具的功能

图标	名称	功能
	水平	定义点与点之间的水平距离
	竖直	定义点与点之间的竖直距离
	平行	定义点与点之间的连线距离
	垂直	定义点与线之间的垂直距离
	点落在点上	定义点与点重合
	点落在线上	定义点沿垂直方向落到线上

注意： 凸台的拔模角为 0 时，所创建的凸台是圆柱；为正值时，所创建的凸台是圆台；为负值时，所创建的凸台是倒置的圆台。该角度的最大值即是当圆柱变为圆锥时的最大倾斜角度。

2. 垫块

垫块是在指定实体面上创建矩形和常规两种实体特征，该实体的截面形状可以是任意曲线或草图特征。

执行“菜单”/“插入”/“设计特征”/“垫块”命令，系统弹出“垫块”对话框，如图 3-28 所示。创建垫块的方法及步骤如下。

(1)选择垫块类型，如“矩形”。

(2)选择垫块放置面。

(3)定义水平参考。

(4)系统弹出如图 3-29 所示的“矩形垫块”对话框，输入尺寸参数，单击“确定”按钮，在系统弹出的“定位”对话框(图 3-30)中进行定位，单击“确定”按钮，完成垫块创建，如图 3-31 所示。

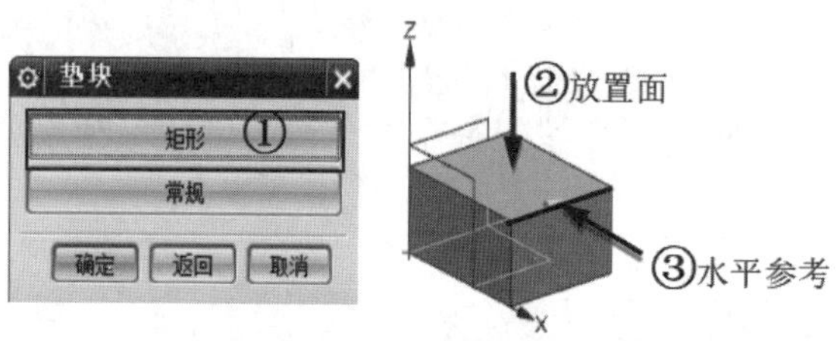

图 3-28 “垫块”对话框

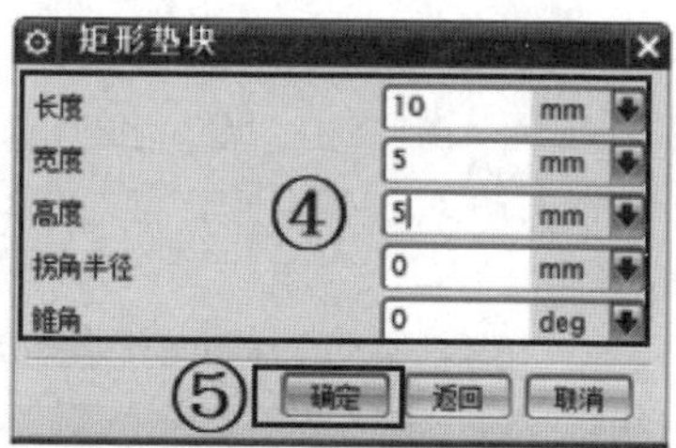

图 3-29 “矩形垫块”对话框

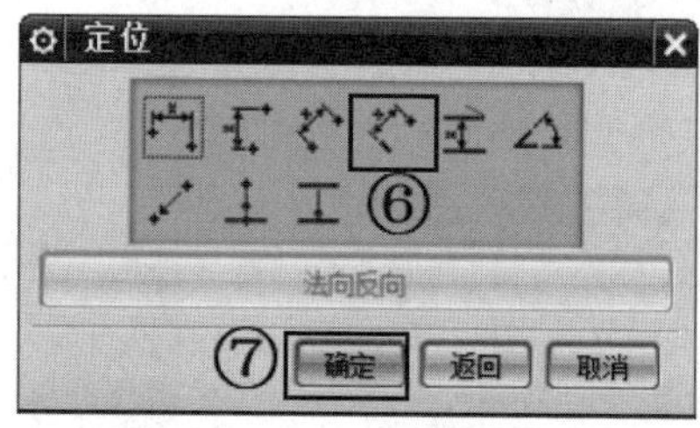

图 3-30 “定位”对话框

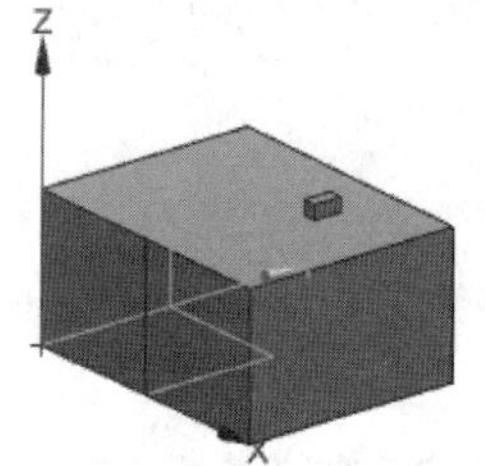

图 3-31 创建的垫块特征

3. 凸起

执行“菜单”/“插入”/“设计特征”/“凸起”命令，系统弹出“凸起”对话框，如图 3-32 所示。具体操作时不仅可以选取实体表面上现有的曲线特征，还可以使用草图绘制所需截面的形状特征，然后选取需凸起的表面，最后设置相关的参数即可完成凸起特征创建，如图 3-33 所示。

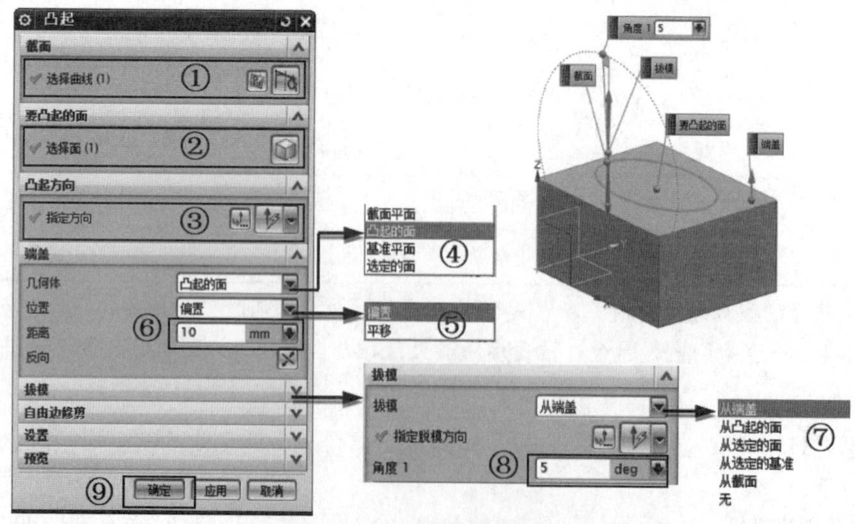

图 3-32 “凸起”对话框

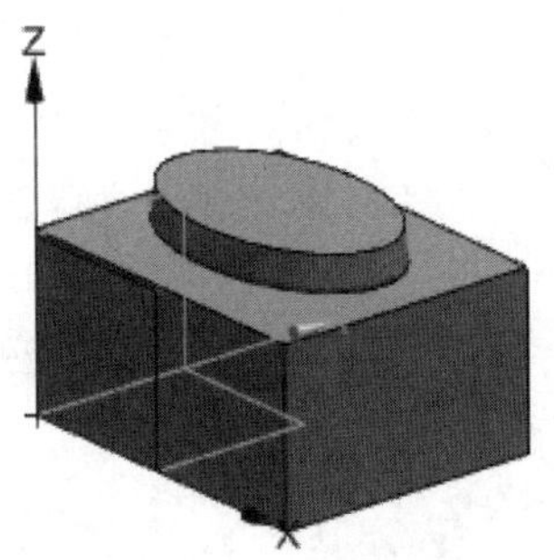

图 3-33　创建的凸起特征

3.6.3　槽

3.6.3　微课视频

执行“菜单”/“插入”/“设计特征”/“槽”命令，系统弹出“槽”对话框，如图 3-34 所示。创建槽的方法及步骤如下。

(1)选择槽类型和圆柱体或圆锥形的定位面。

①矩形：创建四周均为尖角的槽。

②球形端槽：创建底部有完整半径的槽。

③U 形槽：创建在拐角处有半径的槽。

(2)在系统弹出的“矩形槽”对话框(图 3-35)中设置参数并单击“确定”按钮，槽特征临时显示为一个圆盘，圆盘从目标实体上除去的部分材料将是割槽形状。

(3)在目标实体上选择目标边并在槽特征上选择特征边缘或中心线。输入选中的边之间需要的水平距离并单击“确定”按钮，再使用“创建表达式”对话框精确定位槽，如图 3-36 所示。创建的槽特征如图 3-37 所示。

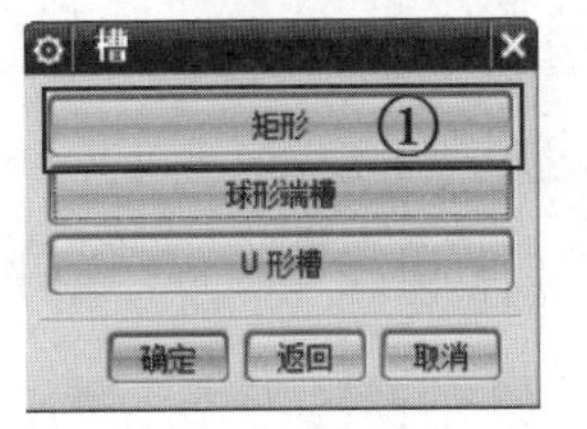

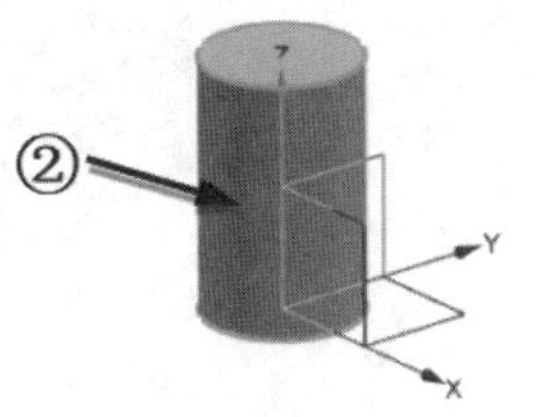

图 3-34　“槽”对话框

矩形槽

槽直径	40	mm
宽度	5	mm

③

④ 确定　返回　取消

图 3-35　“矩形槽”对话框

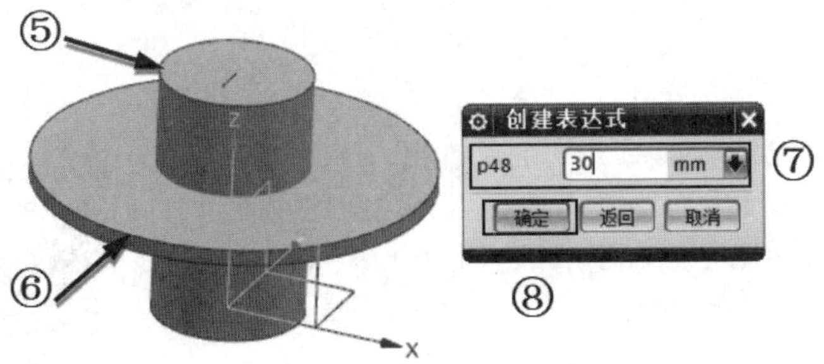

图 3-36　定位槽

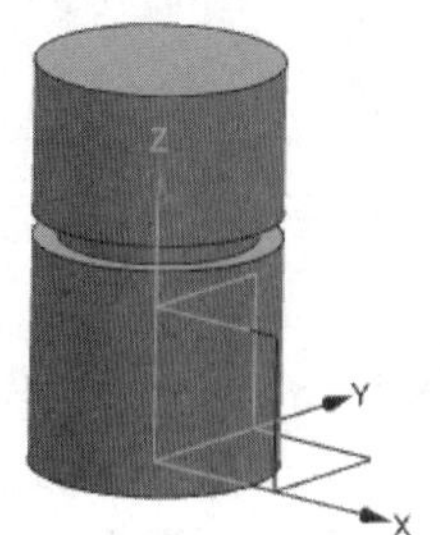

图 3-37　创建的槽特征

3.6.4 键槽

3.6.4 微课视频

键槽包括矩形槽、球形端槽、U 形槽、T 型键槽或燕尾槽 5 种，其所指定的放置表面必须是平面。

执行“菜单”/“插入”/“设计特征”/“键槽”命令，系统弹出“键槽”对话框，如图 3-38 所示。创建键槽的方法及步骤如下。

(1)选择键槽类型，单击“确定”按钮。

(2)选择键槽放置面和水平参考。

(3)在系统弹出的“矩形键槽”对话框(图 3-39)中设置参数并单击“确定”按钮。

(4)使用“定位”对话框精确定位槽，如图 3-40 所示。创建的键槽特征如图 3-41 所示。

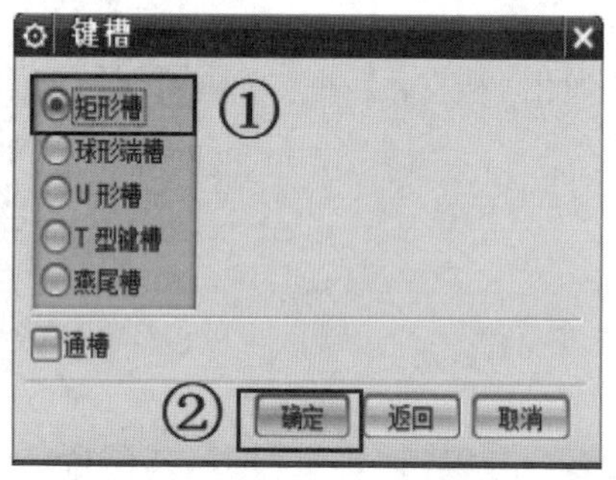

图 3-38 “键槽”对话框

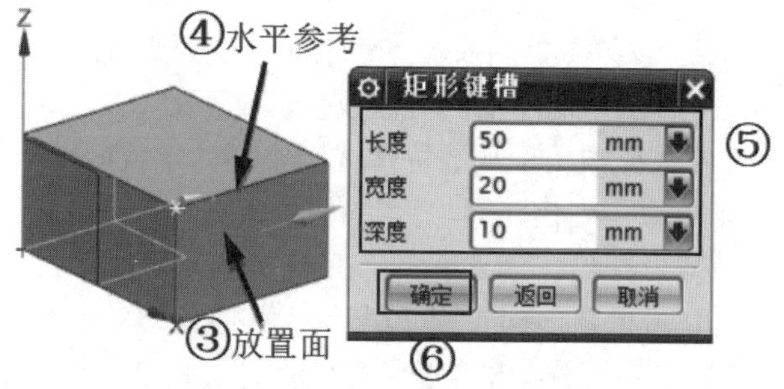

图 3-39 “矩形键槽”对话框

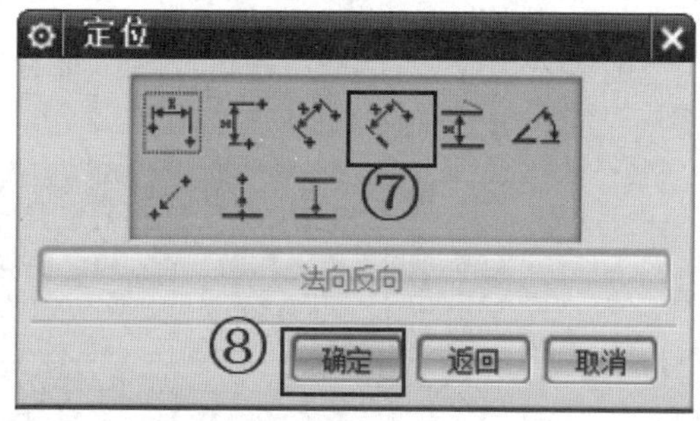

图 3-40 “定位”对话框

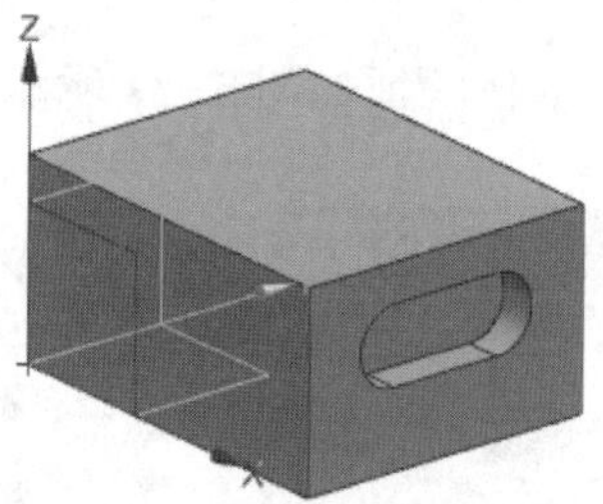

图 3-41 创建的键槽特征

注意：由于“键槽”命令只能在平面上操作，所以在轴、齿轮、联轴器等零件的圆柱面上创建键槽之前，需要先建立好用以创建键槽的放置平面。

3.6.5 螺纹

3.6.5 微课视频

螺纹是指在圆柱或圆锥表面，沿螺旋线所形成的具有相同剖面的连续凸起和沟槽。在圆柱外表面上形成的螺纹称为外螺纹(螺栓)，在圆柱内表面上形成的螺纹称为内螺纹(螺母)。内外螺纹成对使用，可用于各种机械连接、传递运动和动力。在机械设备安装中，螺栓和螺母被广泛地成对使用，由于是标准件，一般不需要单独设计，但在制作设备的三维模型过程中，有时也需要对其进行实体建模。

执行“菜单”/“插入”/“设计特征”/“螺纹”命令，系统弹出“螺纹”对话框，如图 3-42 所示。在 UG NX 10.0 中，提供了以下两种创建螺纹的方式。

（1）符号：是指在实体上以虚线来显示创建的螺纹，而不是真实显示螺纹的实体特征。这种创建方式有利于工程图中螺纹的标注，同时能够节省内存，加快软件的运算速度。选中“符号”单选按钮，系统弹出新的“螺纹”对话框。选择螺纹参数，连续单击“确定”按钮，即可获得“符号”螺纹效果。

（2）详细：是指创建真实的螺纹，它将所有螺纹的细节特征都表现出来，如图3-43所示。但是由于螺纹几何形状的复杂性，该操作创建和更新的速度较慢，所以在一般情况下不建议使用。执行该操作对应的选项与“符号”螺纹完全相同，此处不再赘述。

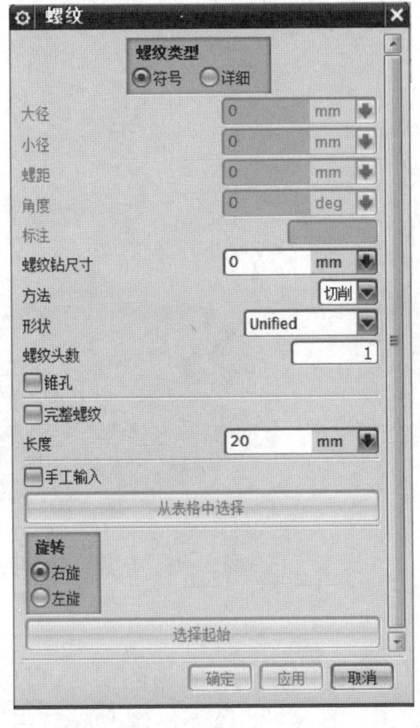

图3-42　“螺纹”对话框

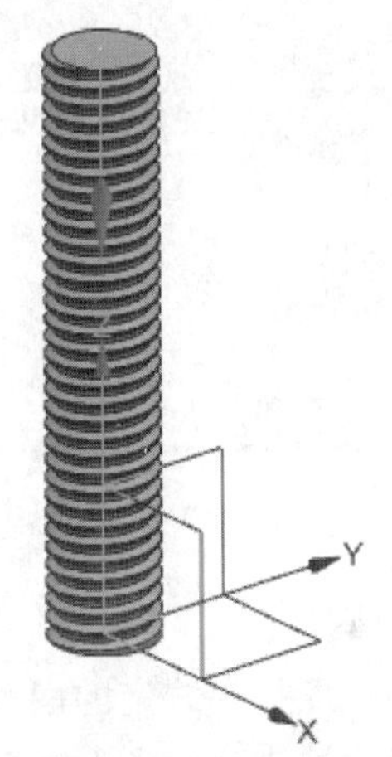

图3-43　创建的螺纹特征

注意：可以在“螺纹”对话框中重新定义螺纹的各种特征参数，以生成新的螺纹。

3.7　创建细节特征

细节特征是在特征建模的基础上增加些细节的表现，是在毛坯的基础上进行详细设计的操作手段。例如，通过倒圆角和倒斜角操作，为基础实体添加一些修改特征，从而满足工艺的需要；通过拔模、抽壳等操作对特征进行实质性编辑，从而符合生产的要求。

3.7.1　倒圆角

3.7.1　微课视频

倒圆角是在两个实体表面之间产生的平滑圆弧过渡。在零件设计过程中，倒圆角操作比较重要，它不仅可以去除模型的棱角，满足造型设计的美学要求，而且可以通过变换造型，防止模型受力过于集中造成裂纹。在UG NX 10.0中可创建两种倒圆角类型，它们分别是边倒圆和面倒圆。

1. 边倒圆

边倒圆是用指定的倒圆半径将实体的边缘变成圆柱面和圆锥面。

执行“菜单”/“插入”/“细节特征”/“边倒圆”命令，系统弹出“边倒圆”对话框，如图 3-44 所示。对于恒定半径的常规圆角，其创建方法很简单，步骤如下。

(1)选择要倒圆的边。

(2)设置当前圆角集的半径“混合面连续性”，通常为“G1(相切)”，“形状”为“圆形”。需要时可以利用“边倒圆”对话框设置其他参数和选项。

(3)单击“确定”按钮。

创建的边倒圆特征如图 3-45 所示。

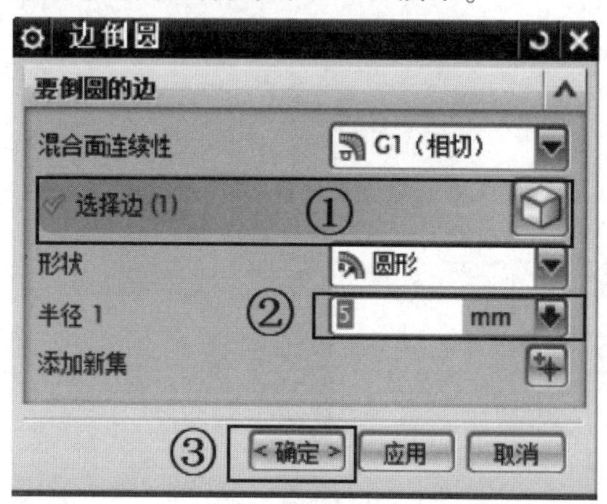

图 3-44 “边倒圆”对话框

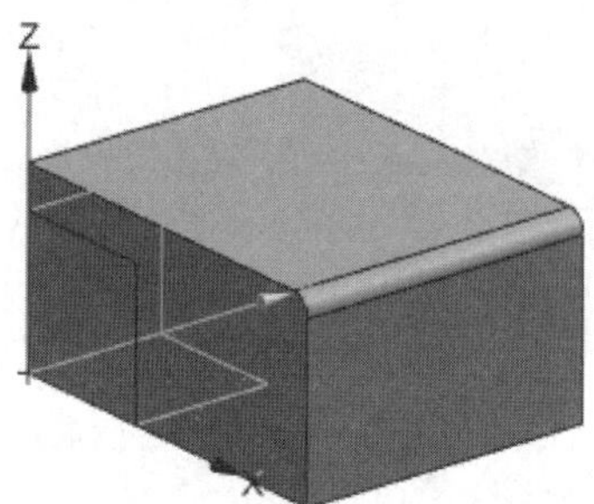

图 3-45 创建的边倒圆特征

2. 面倒圆

面倒圆特征是在选定的面组之间创建相切于面组的圆角面，圆角的形状可以是圆形、二次曲线或规律控制 3 种类型。单击“面倒圆”按钮，系统弹出“面倒圆”对话框，如图 3-46 所示。该对话框包含“类型”“面链”“横截面”“约束和限制几何体”“修剪和缝合选项”“设置”和“预览”7 个选项组。通过该对话框进行面倒圆的方法：从“类型”选项组中选择“两个定义面链”选项或“三个定义面链”选项，再分别指定所需的面链(选择“两个定义面链”选项时，需要分别指定面链 1 和面链 2；选择“三个定义面链”选项时，需要分别指定面链 1、面链 2 和中间面)，接着设置其方向(如要求两组面矢量方向一致)，然后定制倒圆横截面，包括对“截面方向”“形状”“半径方法”“半径起点”等参数的设置，必要时设置“约束和限制几何体”和“修剪和缝合选项”等。

面倒圆的示例如图 3-47 所示，具体步骤如下。

(1)选择类型选项为“两个定义面链”。

(2)指定面链 1 和面链 2。

(3)在“横截面”选项组的“截面方向”下拉列表框中选择“滚球”，在“形状”下拉列表框中选择“圆形”，在“半径方法”下拉列表框中选择“规律控制”，选择边线定义脊线，在“规律类型”下拉列表框中选择“线性”，“起点”值为“5”，“终点”值为“10”。

(4)单击“确定”按钮，完成面倒圆操作。

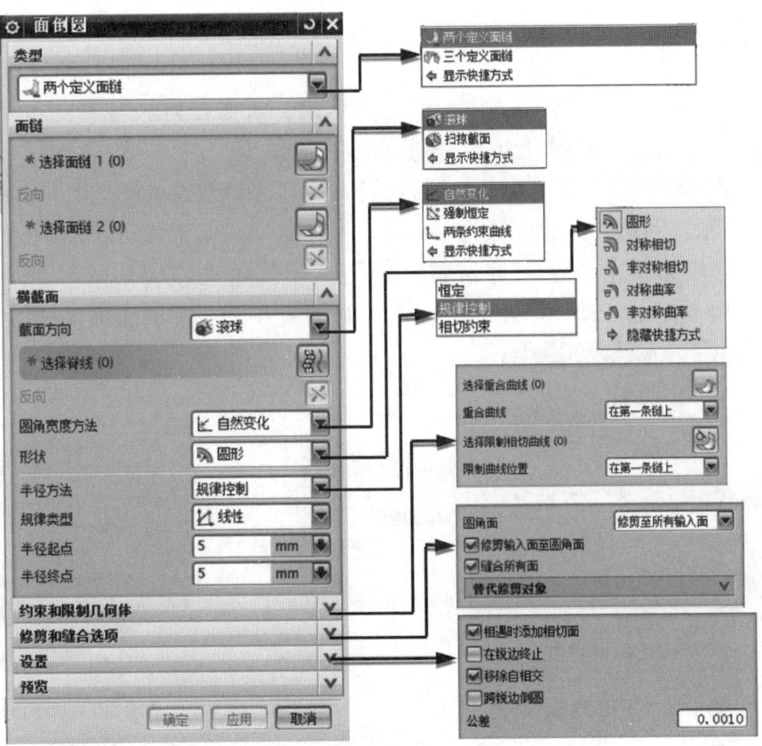

图 3-46　“面倒圆”对话框

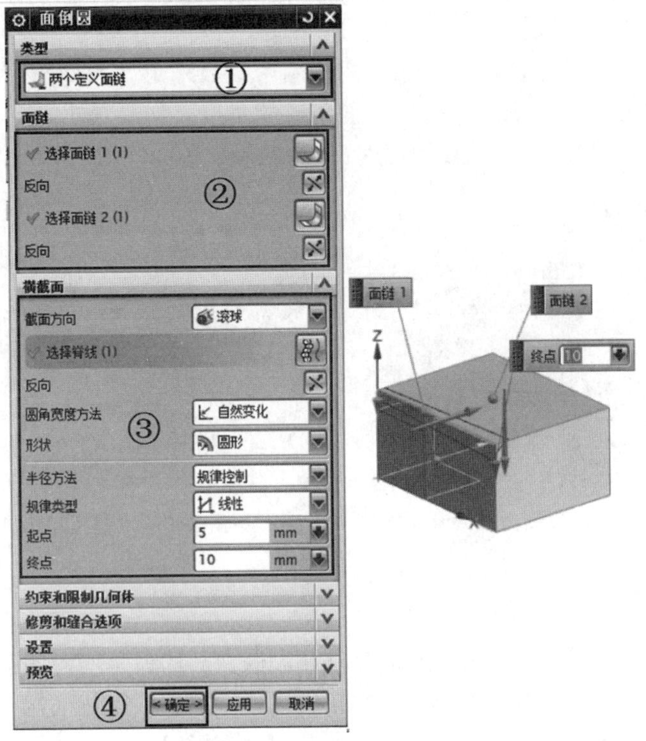

图 3-47　面倒圆示例

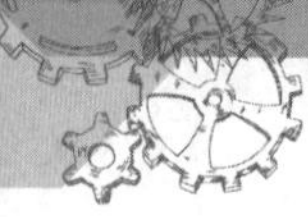

3.7.2 倒斜角

3.7.2 微课视频

倒斜角又称倒角，是处理模型周围棱角的方法之一，操作方法与倒圆角相似，都是选取实体边缘，并按照指定尺寸进行倒角操作。

执行“菜单”/“插入”/“细节特征”/“倒斜角”命令，系统弹出“倒斜角”对话框，如图 3-48 所示。倒角的方式可分为“对称”“非对称”及“偏置和角度”3 种。

(1)对称：是相邻两个面上对称偏置一定距离，从而去除棱角的一种方式。它的斜角值是固定的 45°，并且是系统默认的倒角方式。效果如图 3-49 所示。

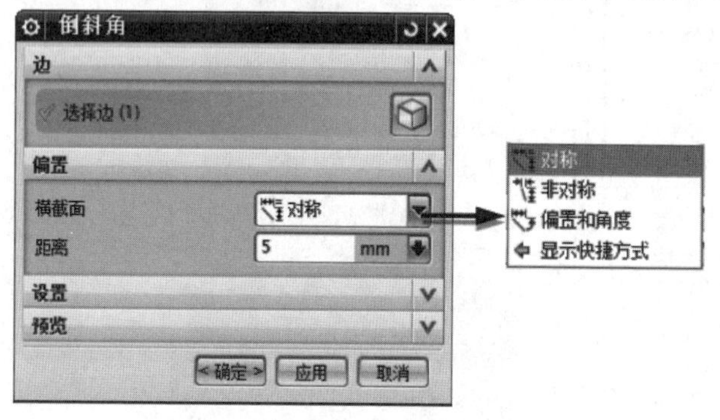

图 3-48 “倒斜角”对话框

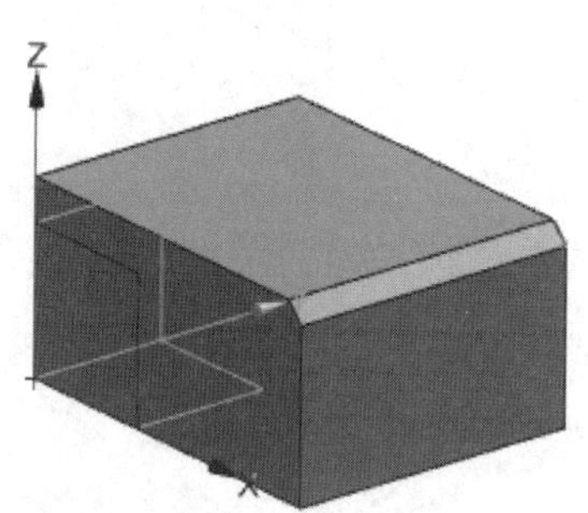

图 3-49 “对称”倒角效果

(2)非对称：是对两个相邻面分别设置不同的偏置距离所创建的倒角特征。在“横截面”下拉列表框中选择“非对称”选项，然后通过在两个偏置文本框中输入不同的参数值来创建倒斜角。效果如图 3-50 所示。

(3)偏置和角度：是通过“距离”和“角度”两个参数来定义的倒角特征。其中，“距离”是沿偏置面偏置的距离，“角度”是指与偏置面成的角度。如果单击“反向”按钮，可通过切换偏置面更改倒斜角的方向。“偏置和角度”倒角效果如图 3-51 所示。

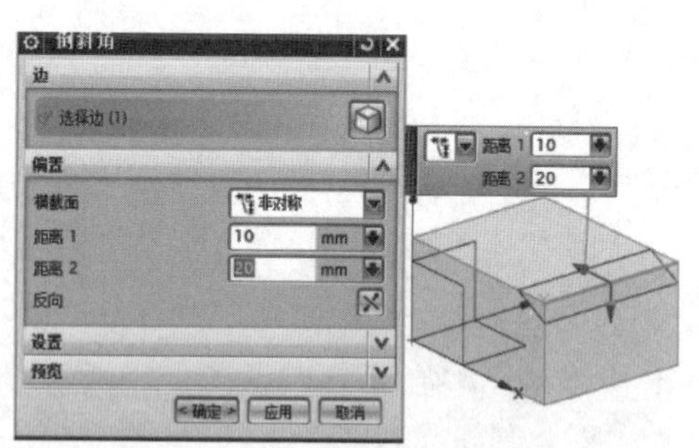

图 3-50 “非对称”倒角效果

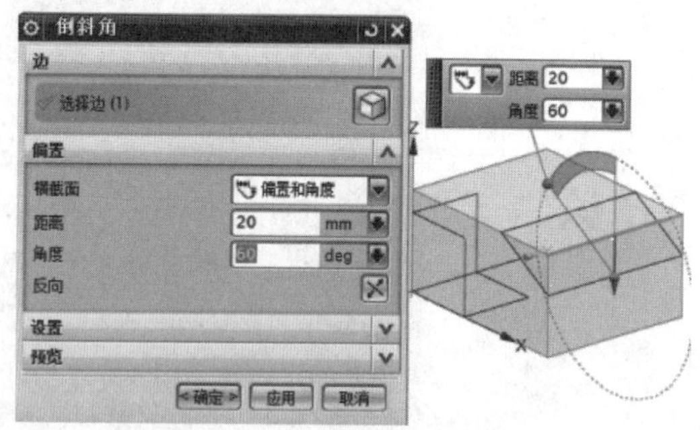

图 3-51 “偏置和角度”倒角效果

3.7.3 拔模

3.7.3 微课视频

注塑件和铸件往往需要一个拔模斜面才能顺利脱模，这就是所谓的拔模处理。它主要是对实体的某个面沿指定方向的角度创建特征，使得特征在一定方向上有一定的斜度。此外，单一平面、圆柱面及曲面都可以建立拔模特征。

执行“菜单”/“插入”/“细节特征”/“拔模”命令，系统弹出“拔模”对话框，如图 3-52 所示。“类型”可分为“从平面或曲面”“从边”“与多个面相切”“至分型边”。

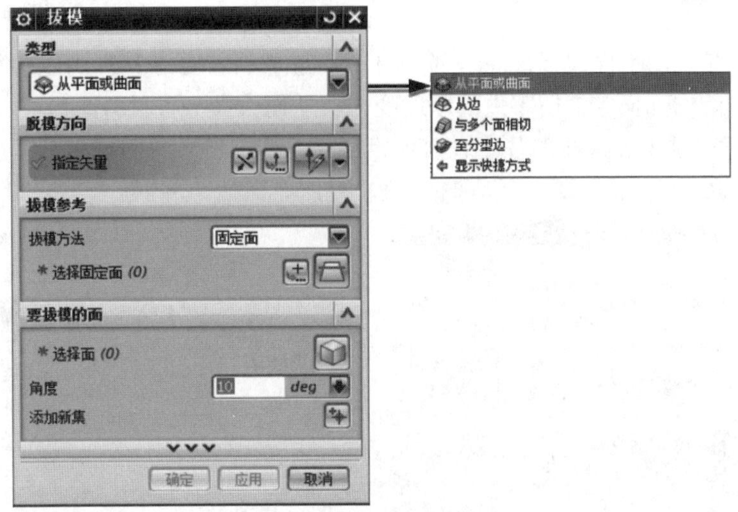

图 3-52　“拔模”对话框

(1) 从平面或曲面：通过选定的平面产生拔模方向，然后依次选取固定平面、拔模曲面，并设定拔模角度来创建拔模特征。如果在“角度”文本框中设置的角度为负值，将产生相反方向的拔模特征。“从平面或曲面”拔模效果如图 3-53 所示。

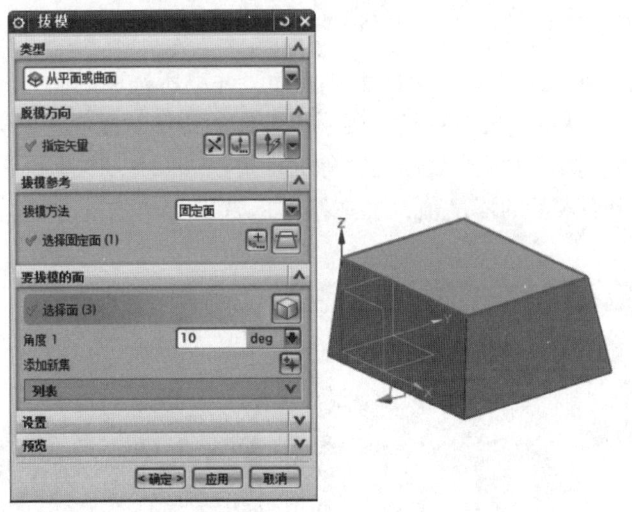

图 3-53　“从平面或曲面”拔模效果

(2) 从边：从一系列实体的边缘开始，与拔模方向成一定的拔模角度，并对指定的实体进行拔模操作，常用于变角度拔模。创建边拔模特征与创建面拔模特征的方法相似，但面拔模特征在指定拔模方向后，指定的是固定面，而边拔模特征指定的是固定边。

(3) 与多个面相切：适用于对相切表面拔模后要求仍然保持相切的情况。产生拔模方向后，选取要拔模的平面，即保持相切的平面，并在“角度”文本框中设置拔模角度即可。

(4) 至分型边：从参考点所在的平面开始，并与拔模方向成一定拔模角度，沿指定的分型边缘对实体进行拔模操作，适用于实体分体型拔模特征的创建。要创建该拔模特征，确定拔模方向后，依据提示选取固定平面，并选取分型线，最后设置拔模角度值即可。

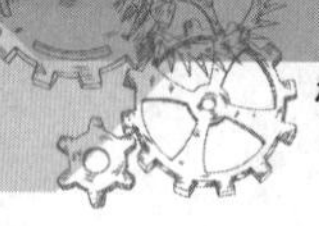

3.7.4 抽壳

抽壳是指从指定的平面向下移除一部分材料而形成新特征。其常用于塑料件或铸件中，可以把成型零件的内部掏空，使零件的厚度变薄，从而大大节省材料。

执行“菜单”/“插入”/“细节特征”/“抽壳”命令，系统弹出“抽壳”对话框，如图 3-54 所示。抽壳的方式可分为“移除面，然后抽壳”和“对所有面抽壳”两种。

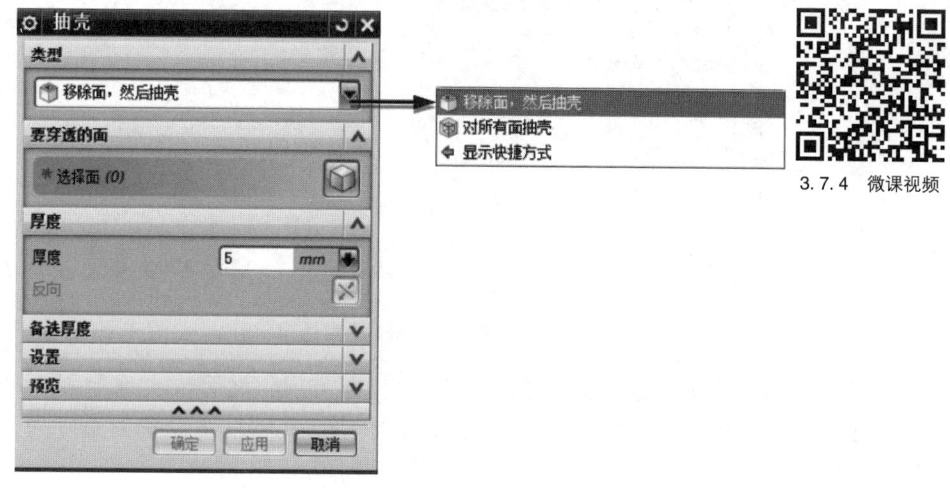

3.7.4 微课视频

图 3-54 “抽壳”对话框

(1)移除面，然后抽壳：选取一个面为穿透面，并以所选取的面为开口，和内部实体一起抽掉，剩余的面以默认的厚度或替换厚度形成腔体的薄壁。要创建该类型抽壳特征，可先指定拔模厚度，再选取实体中某个表面为移除面即可，如图 3-55 所示。如果在“厚度”选项组的“厚度”文本框中输入新的厚度值，并在绘图区选取实体的外表面，则该表面将按照指定厚度发生改变。

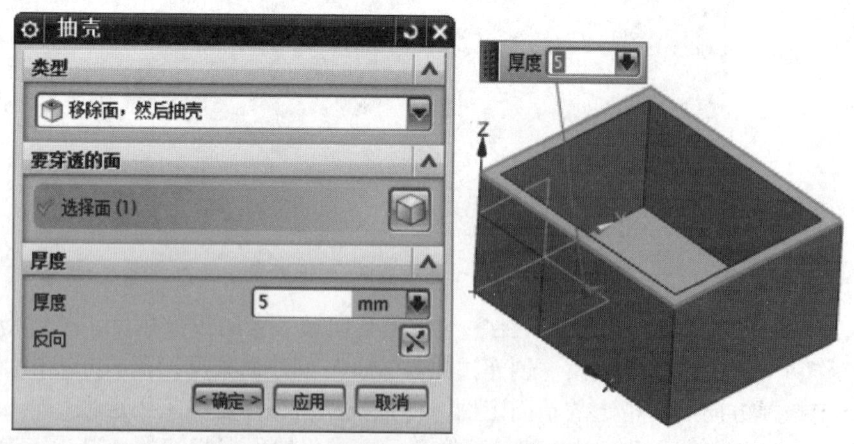

图 3-55 “移除面，然后抽壳”抽壳效果

(2)对所有面抽壳：按照某个指定的厚度，在不穿透实体表面的情况下挖空实体，即可创建中空的实体。该抽壳方式与“移除面，然后抽壳”的不同之处：“移除面，然后抽壳”是选取移除面进行抽壳操作，而该方式是选取实体进行抽壳操作。

注意：在设置抽壳厚度时，输入的厚度值可正可负，但其绝对值必须大于抽壳的公差值，否则将出错，并且在抽壳过程中，偏移面步骤并不是必需的。

3.8 布尔运算

在实体建模过程中，将已经存在的两个或多个实体进行合并、求差或求交的操作手段称为布尔运算。布尔运算常用于需要剪切实体、合并实体，或者获取实体交叉部分的情况。根据布尔运算结果影响效果的不同，把布尔运算所设计的实体分为两类，即目标体和工具体。

3.8 微课视频

(1)目标体：被执行布尔运算且第一个选择的实体称为目标体。运算的结果加到目标体上，并修改目标体，其结果的特性遵从目标体。一次布尔运算只有一个目标体。

(2)工具体：在目标体上执行布尔运算操作的实体称为工具体。工具体将加到目标体上，操作后具有和目标体相同的特性。一次布尔运算可以有多个工具体。

3.8.1 合并

合并是将两个或多个实体组合成一个新的实体。

执行“菜单”/“插入”/“组合”/“合并”命令，系统弹出“合并”对话框，如图 3-56 所示。依次选取目标体和工具体进行合并操作，合并效果如图 3-57 所示。

图 3-56 “合并”对话框

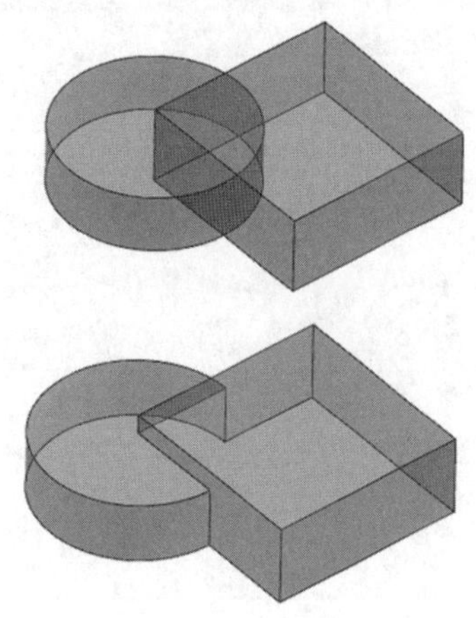

图 3-57 合并效果

3.8.2 求差

求差是将工具体与目标体相交的部分去除而生成一个新的实体，适用于实体和片体两种类型，同样也可以设置是否保留先前的目标体和工具体。

执行“菜单”/“插入”/“组合”/“减去”命令，系统弹出“求差”对话框，如图 3-58 所示。依次选取目标体和工具体，如果欲保留原目标体或工具体，可分别选中“保存目标”或“保存工具”复选框，还可同时选中两个复选框来保留两个原实体。在“预览”选项组中勾选“预览”

复选框，求差效果如图 3-59 所示。

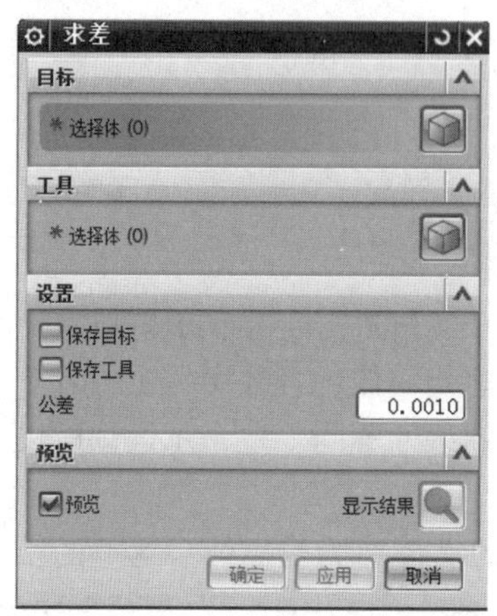

图 3-58 “求差”对话框

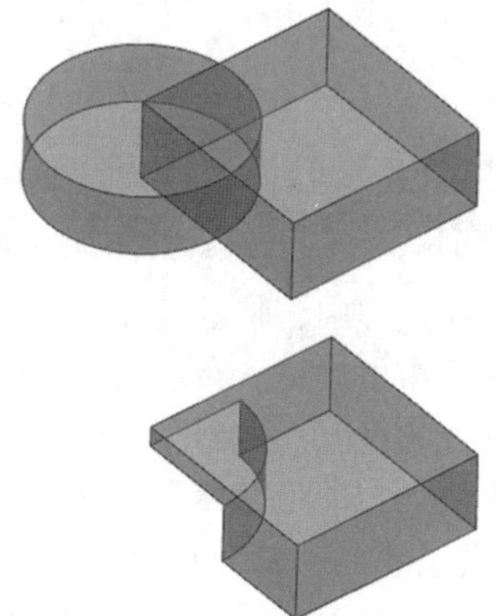

图 3-59 求差效果

3.8.3 求交

求交是截取目标体与所选工具体之间的公共部分而生成一个新的实体。公共部分即是进行该操作时两个实体的相交部分。

执行“菜单”/“插入”/“组合”/“相交”命令，系统弹出“求交”对话框，如图 3-60 所示。依次选取目标体和工具体进行求交操作，求交效果如图 3-61 所示。

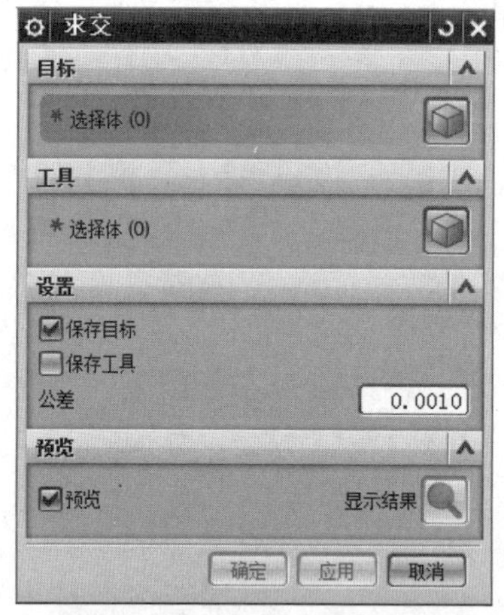

图 3-60 “求交”对话框

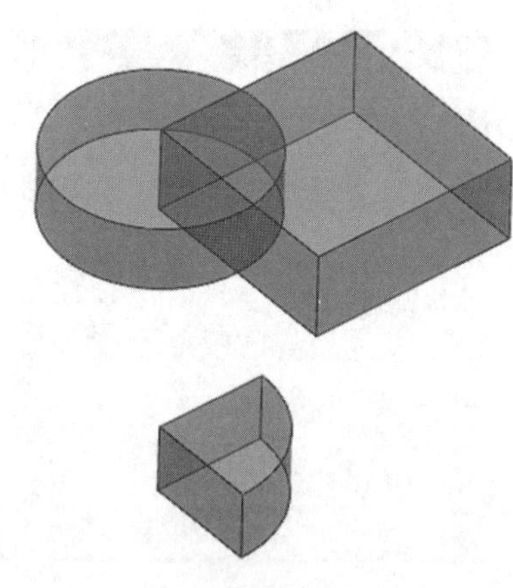

图 3-61 求交效果

3.9 特征操作

3.9.1 阵列特征

阵列特征是一种特殊的复制方法，如果将创建好的特征模型进行阵列操作，可以快速建立同样形状的多个且呈一定规律分布的特征阵列。在 UG NX 10.0 建模过程中，利用该操作可以对实体进行多个成组的镜像或者复制，避免对单一实体的重复操作。

执行“菜单”/“插入”/“关联复制”/“阵列特征”命令，系统弹出“阵列特征”对话框，如图 3-62 所示。该对话框包括 8 个可用的布局类型，选择不同的布局类型，可以使用不同的方式创建阵列特征。

3.9.1 微课视频

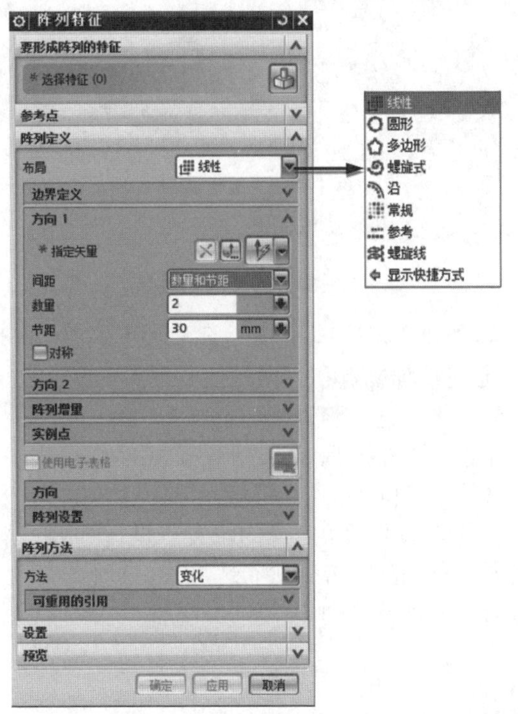

图 3-62 “阵列特征”对话框

(1)线性：将指定的特征沿一个或两个方向复制成一维或二维的矩形排列，使阵列后的特征呈矩形(行数×列数)排列，常用于有棱边实体表面的重复性特征的创建，如电话机、键盘上的按键等设计。线性阵列效果如图 3-63 所示。

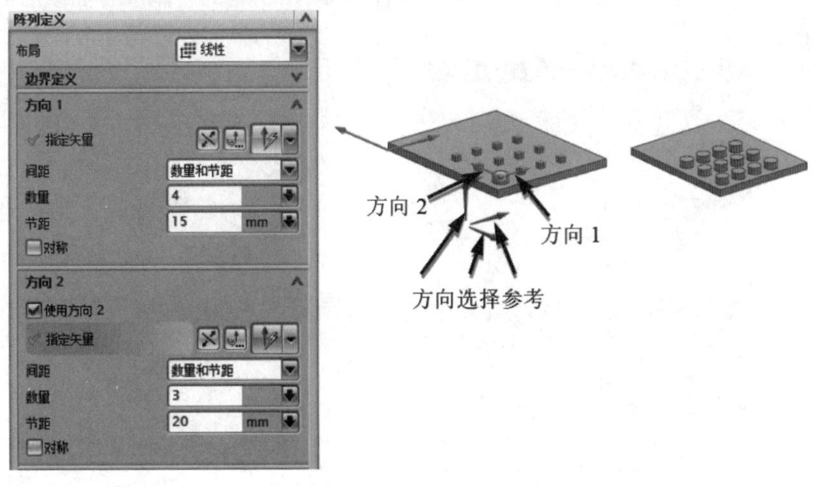

图 3-63 线性阵列效果

(2)圆形：以圆形阵列的形式来复制所选的实体特征，使阵列后的特征呈圆周排列，常用于环形、盘类零件上重复性特征的创建，如轮圈的轮辐造型、风扇的叶片等。圆形阵列效果如图 3-64 所示。

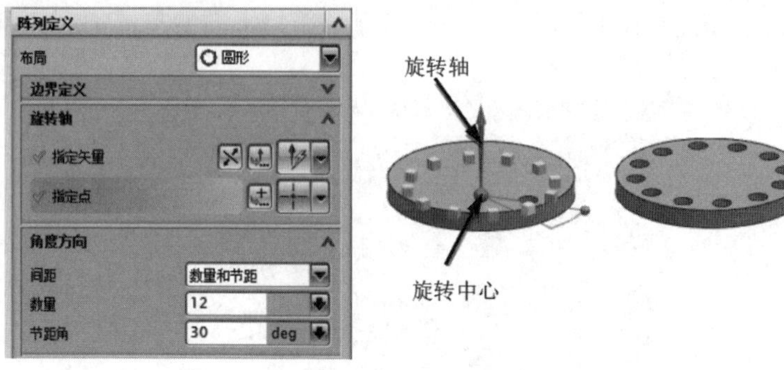

图 3-64 圆形阵列效果

创建圆形阵列的方法与创建矩形阵列相似，不同之处在于：圆形阵列方式需指定阵列的数量和角度值，并且要指定旋转轴或点和方向，使其沿参照对象进行圆形阵列操作。

(3)多边形：沿一个正多边形进行阵列。

(4)螺旋式：沿平面螺旋线进行阵列。

(5)沿：沿一条曲线路径进行阵列。

(6)常规：根据空间的点或由坐标系定义的位置点进行阵列。

(7)参考：参考模型中已有的阵列方式进行阵列。

(8)螺旋线：沿空间螺旋线进行阵列。

3.9.2 修剪体

修剪体是指将实体一分为二，保留一边而切除另一边，并仍然保留参数化模型。其中，被修剪的实体与用来修剪的基准面和片体相关，实体修剪后仍然是参数化实体，并保留实体创建时的所有参数。

执行“菜单”/“插入”/“修剪”/“修剪体”命令，系统弹出“修剪体”对话框，如图 3-65 所示。选择要修剪的实体(目标体)，再选择工具体，工具体可以是创建的新基准平面或曲面，也可以是系统默认的基准平面，单击“反向”按钮，可以切换修剪实体的方向。修剪体效果如图 3-66 所示。

图 3-65 “修剪体”对话框

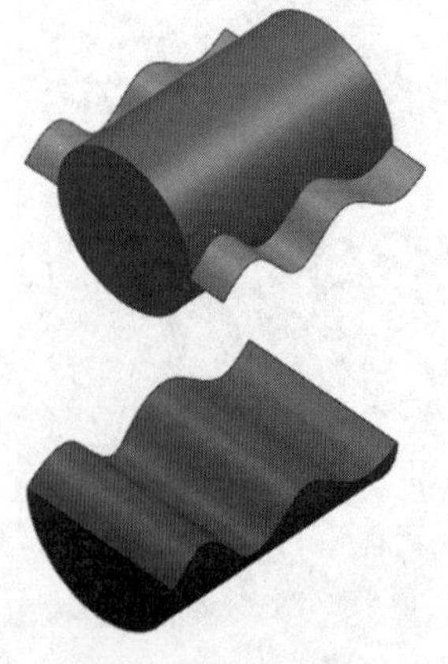

图 3-66 修剪体效果

3.9.2 微课视频

注意： 在使用实体表面或片体修剪实体时，修剪面必须完全通过实体，否则会显示出错提示信息。基准平面为没有边界的无穷面，实体必须位于基准平面的两边。

3.9.3　拆分体

拆分体是将实体一分为二，同时保留两边。被拆分的实体和用来拆分的几何体具有相同的形状。和修剪体不同的是，实体拆分后变为非参数化实体，其创建时的所有参数全部丢失，因此一定要谨慎使用。

3.9.3　微课视频

执行“菜单”/“插入”/“修剪”/“拆分体”命令，系统弹出“拆分体”对话框，如图 3-67 所示。选取要拆分的实体(目标体)，再选择工具体，单击“确定”按钮，拆分体效果如图 3-68 所示。

图 3-67　“拆分体”对话框

图 3-68　拆分体效果

3.10　编辑特征

编辑特征是指在完成特征创建后，对特征不满意的地方进行重新编辑。通过编辑特征操作可以实现特征的重定义，避免人为的错误操作产生的错误特征，也可以修改特征参数来满足新的设计要求。

3.10.1　编辑参数

编辑参数允许重新定义任何参数化特征的参数值，并更新模型以显示所做的修改。此外，该命令还允许改变特征放置面和改变特征类型。

3.10.1　微课视频

执行“菜单”/“编辑”/“特征”/“编辑参数”命令，系统弹出“编辑参数”对话框，如图 3-69 所示。在“编辑参数”对话框中选择需要编辑的特征或在已绘图形中选择需要编辑的特征，系统会根据用户所选择的特征弹出不同的对话框来完成对该特征的编辑。

例如，要编辑图 3-70 所示遥控器外壳(“素材文件\ch3\遥控器外壳 . prt”)上高亮显示的孔特征的参数，操作步骤如图 3-71 所示，具体如下。

(1)在“编辑参数”对话框中选择要编辑参数的孔特征。

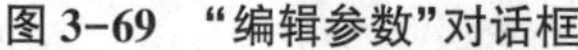

图 3-69 “编辑参数”对话框

图 3-70 要编辑参数的孔特征

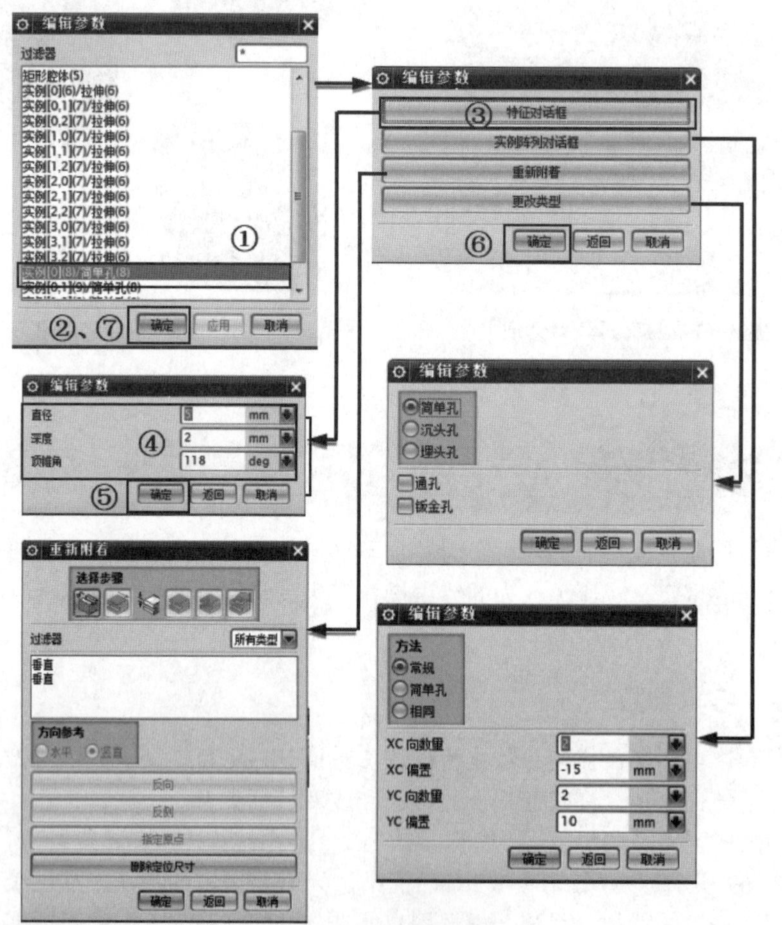

图 3-71 编辑特征参数

(2)单击“确定”按钮，系统弹出新的“编辑参数”对话框。

(3)在“编辑参数”对话框中选择不同的特征参数的编辑方式，则系统会弹出不同的对话框。例如，选择“特征对话框”方式，系统弹出新的“编辑参数”对话框。

(4) 在系统弹出的“编辑参数”对话框中更改孔的“直径”“高度”和“顶锥角”。

(5) ~ (7) 单击“确定”按钮，完成编辑特征参数操作。

3. 10. 2　编辑位置

编辑位置可以通过编辑定位尺寸值来移动特征，也可以为那些在创建特征时没有指定定位尺寸或定位尺寸不全的特征添加定位尺寸。此外，还可以直接删除定位尺寸。

执行“菜单”/“编辑”/“特征”/“编辑位置”命令，系统弹出“编辑位置”对话框，如图 3-72 所示。根据“编辑位置”对话框的提示选取编辑特征，并打开新的“编辑位置”对话框，设置相关参数。

例如，要编辑图 3-73 所示叉板零件(“素材文件\ch3\叉板 . prt”) 上方凸台特征的位置，操作步骤如图 3-74 所示，具体如下。

3. 10. 2　微课视频

图 3-72　“编辑位置”对话框

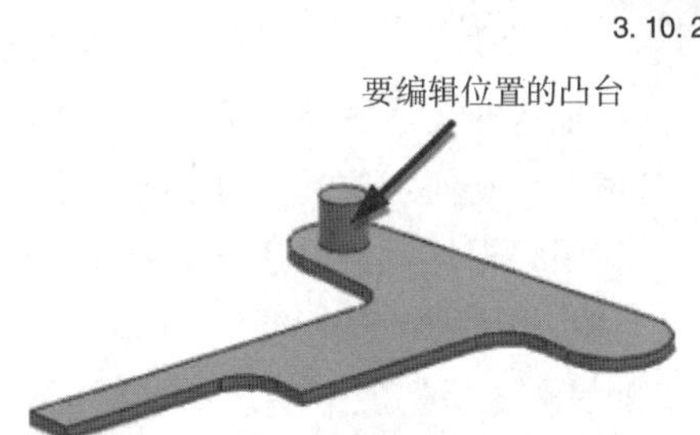

图 3-73　要编辑位置的凸台特征

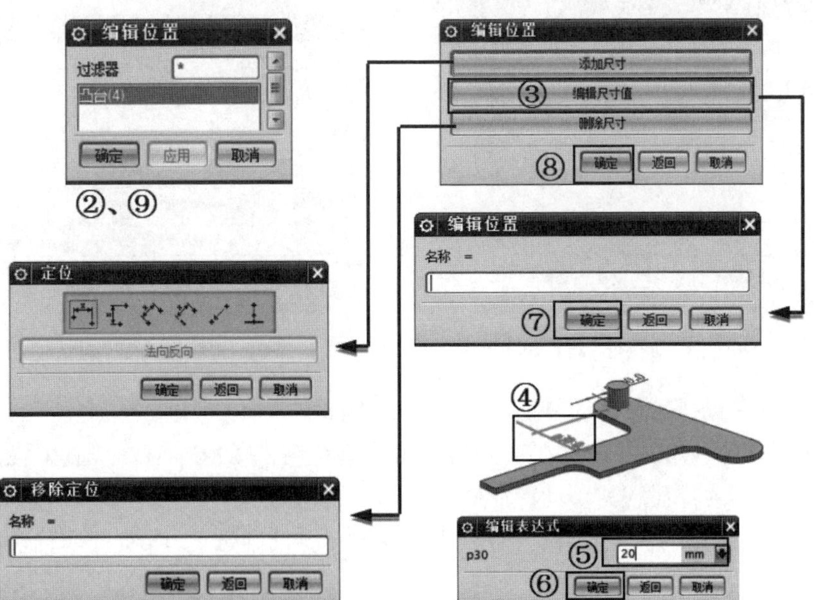

图 3-74　编辑位置

(1)在“编辑位置”对话框中选择要编辑位置的凸台特征。

(2)单击“确定”按钮，系统弹出新的“编辑位置”对话框。

(3)在“编辑参数位置”对话框中选择不同的特征参数的编辑方式，则系统会弹出不同的对话框。例如，选择“编辑尺寸值”方式，系统弹出新的“编辑位置”对话框。

(4)选择需要编辑位置的尺寸。

(5)在系统弹出的“编辑表达式”对话框中输入更改后的尺寸值“20”。

(6)~(9)单击“确定”按钮，完成编辑位置操作，结果如图 3-75 所示。

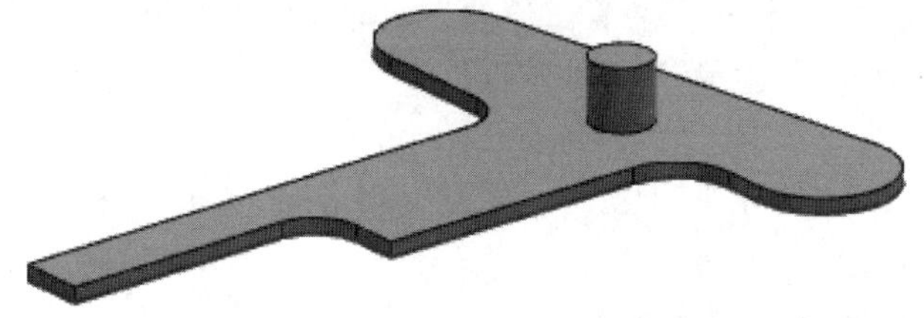

图 3-75　编辑位置结果

 3.10.3　移动特征

移动特征是将非关联的特征移动到所需位置，其应用主要包括两个方面：第一，可以将没有任何定位的特征移动到指定位置；第二，对于有定位尺寸的特征，可以利用编辑位置的方法移动特征。

3.10.3　微课视频

执行“菜单”/“编辑”/“特征”/“移动”命令，系统弹出“移动特征”对话框，如图 3-76 所示。选择列表中要移动的特征，单击“确定”按钮，系统弹出新的“移动特征”对话框，如图 3-77 所示。

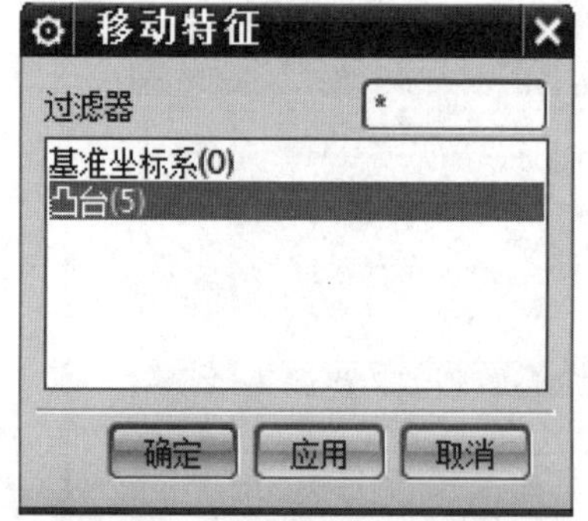

图 3-76　“移动特征”对话框 1

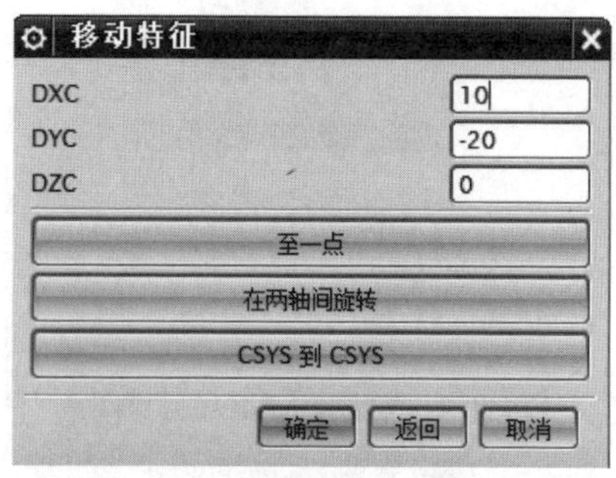

图 3-77　“移动特征”对话框 2

在该对话框中包括 4 种移动特征的方式，分别如下。

(1)DXC、DYC、DZC：通过在基于当前工作坐标系的 DXC、DYC、DZC 文本框中输入增量值来移动指定的特征。其移动特征效果如图 3-78 所示。

(2)至一点：利用“点”对话框，分别指定参考点和目标点，将所选实体特征移动到目标点。

(3)在两轴间旋转：将特征从一个参照轴旋转到目标轴。使用“点”对话框捕捉旋转点，然后在“矢量构成器”对话框中指定参考轴方向和目标轴方向即可。

(4)“CSYS 到 CSYS”：可以将特征从一个参考坐标系重新定位到目标坐标系。通过在“CSYS”对话框中定义新的坐标系，系统将把实体特征从参考坐标系移动到目标坐标系。操作方法比较简单，此处不再赘述。

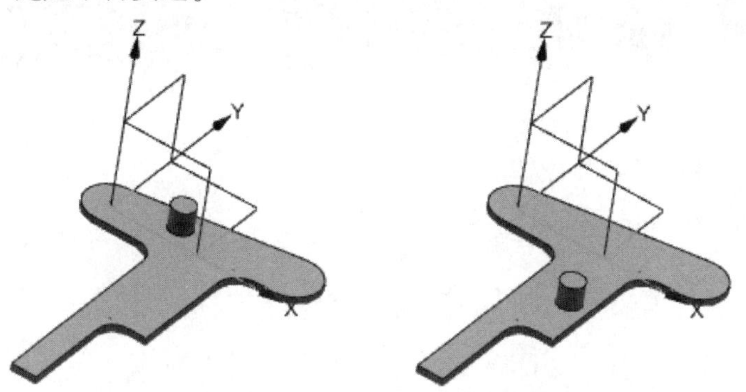

图 3-78　“DXC、DYC、DZC”方式移动特征效果

3.10.4　抑制特征

抑制特征是从实体模型上临时移除一个或多个特征，即取消它们的显示。此时，被抑制的特征及其子特征前面的绿勾消失。

3.10.4　微课视频

执行“菜单”/“编辑”/“特征”/“抑制”命令，系统弹出“抑制特征”对话框，如图 3-79 所示。在“过滤器”列表中选择要抑制的特征，“选定的特征”列表中将显示该抑制的特征，单击“确定”按钮即可。抑制特征效果如图 3-80 所示。

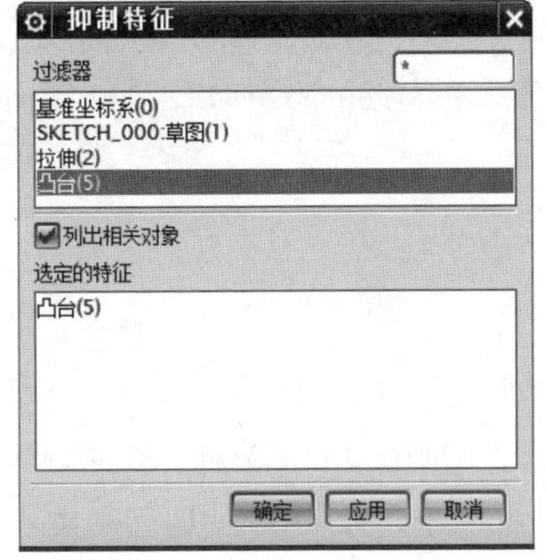

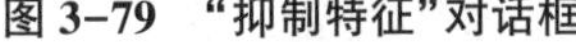

图 3-79　“抑制特征”对话框

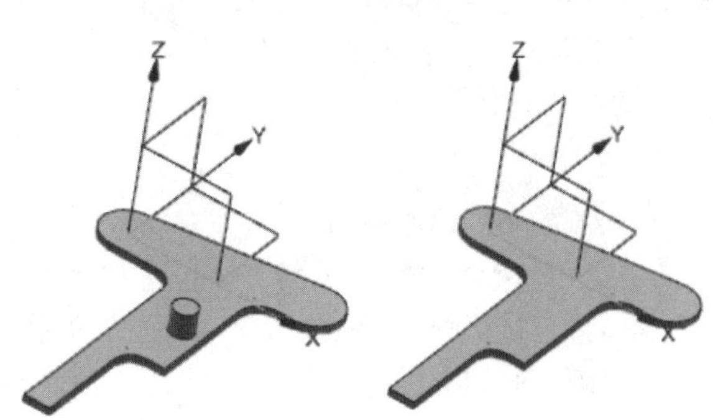

图 3-80　抑制特征效果

也可以在“部件导航器”中直接选择抑制的特征，将其前面的绿勾去掉即可达到抑制特征的效果。如果要取消特征的抑制，单击特征前面的方框，将绿勾显示出来即可。

注意：在资源栏或绘图区中选取要抑制的特征，右击，然后选择“抑制”选项，按住〈Ctrl〉键，可以一次选取多个特征。

任务实施

任务 3.1　模柄三维建模

1. 任务描述

创建如图 3-81 所示的模柄零件。

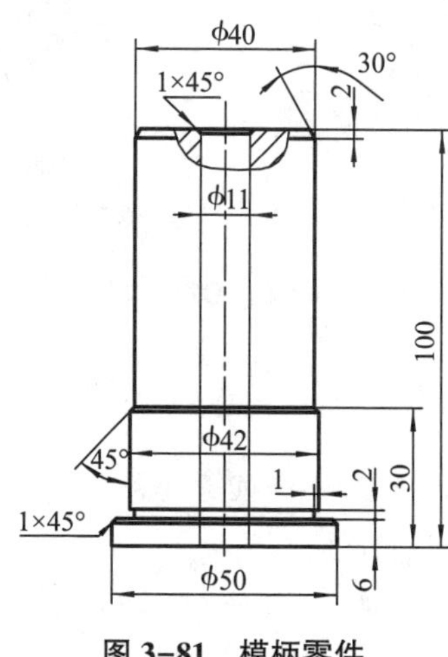

图 3-81　模柄零件

任务 3.1　微课视频

2. 任务分析

模柄零件属于典型的回转体轴套类零件，该零件的建模步骤可采用两种方案。方案一：草绘所有细节(包括倒斜角、退刀槽、孔等)→旋转；方案二：草绘 φ50、φ42、φ40 截面→旋转→创建倒斜角、退刀槽、孔等特征。

3. 操作步骤

1) 方案一

(1) 绘制旋转的草绘截面。

①创建一个名为"模柄"的新文件并进入建模模块。

②单击"直接草图"工具条中的"草图"按钮，进入 UG NX 10.0 草图界面。在系统弹出的"创建草图"对话框中选择 YC-ZC 平面，单击"确定"按钮，创建 YC-ZC 面为草图工作平面。

③绘制截面草图。绘制如图 3-82 所示的截面草图，绘制完成后退出草图界面。

(2) 创建旋转特征。

执行"菜单"/"插入"/"设计特征"/"旋转"命令，或单击"特征"工具条中的"旋转"按钮，系统弹出"旋转"对话框，选择步骤(1)中第③步绘制的截面草图中的曲线作为旋转曲线，"指定矢量"选择 Z 轴，"指定点"选择原点，其他相关参数设置如图 3-83 所示。单击"确定"按钮，完成旋转特征的创建，如图 3-84 所示。

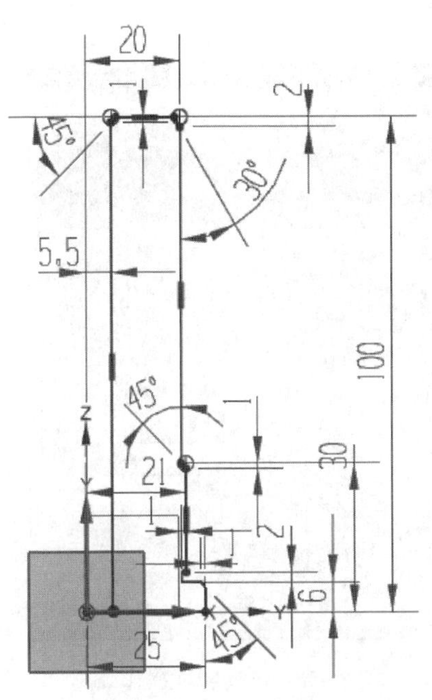

图 3-82　绘制截面草图 1

图 3-83　旋转特征操作 1

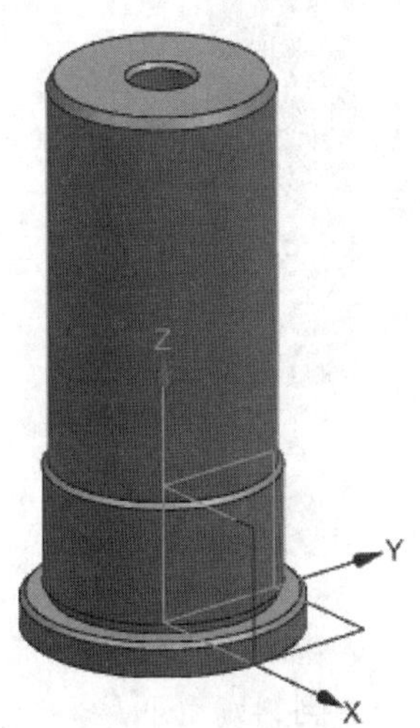

图 3-84　创建旋转特征 1

2）方案二

（1）绘制旋转的草绘截面。

绘制如图 3-85 所示的截面草图。绘制完成后退出草图界面。

（2）创建旋转特征。

执行“菜单”/“插入”/“设计特征”/“旋转”命令，或单击“特征”工具条中的“旋转”按钮，系统弹出“旋转”对话框，选择步骤（1）中绘制的截面草图中的曲线作为旋转曲线，“指定矢量”选择 Z 轴，“指定点”选择原点，其他相关参数设置如图 3-86 所示。单击“确定”按钮，完成旋转特征的创建，如图 3-87 所示。

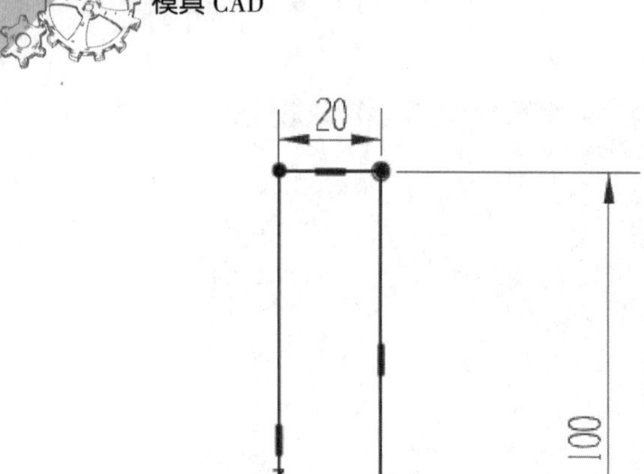

图 3-85　绘制截面草图 2

图 3-86　旋转特征操作 2

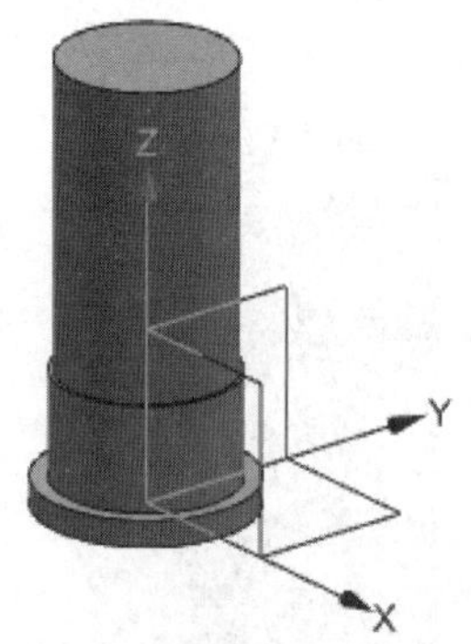

图 3-87　创建旋转特征 2

(3)完善细节。

①倒外侧 3 处斜角。执行“菜单”/“插入”/“细节特征”/“倒斜角”命令，或单击“特征”工具条中的“倒斜角”按钮，系统弹出“倒斜角”对话框。选择如图 3-88 所示的边 1 和边 2，设置相关参数，单击“应用”按钮，再选择 3-88 所示的边 3，设置相关参数，单击“确定”按钮，完成外侧倒斜角特征的创建，结果如图 3-89 所示。

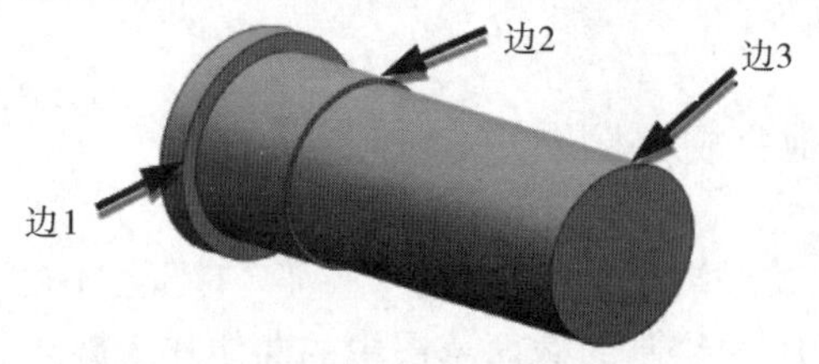

图 3-88　外侧倒斜角边

图 3-89　创建外侧倒斜角特征

②创建孔特征并在孔边倒斜角。执行“菜单”/“插入”/“设计特征”/“孔”命令，或单击

“特征”工具条中的“孔”按钮，系统弹出“孔”对话框。选择模柄底部 $\phi50$ 圆的圆心为孔心，相关参数设置如图 3–90 所示。单击“确定”按钮，完成孔特征的创建，如图 3–91 所示。

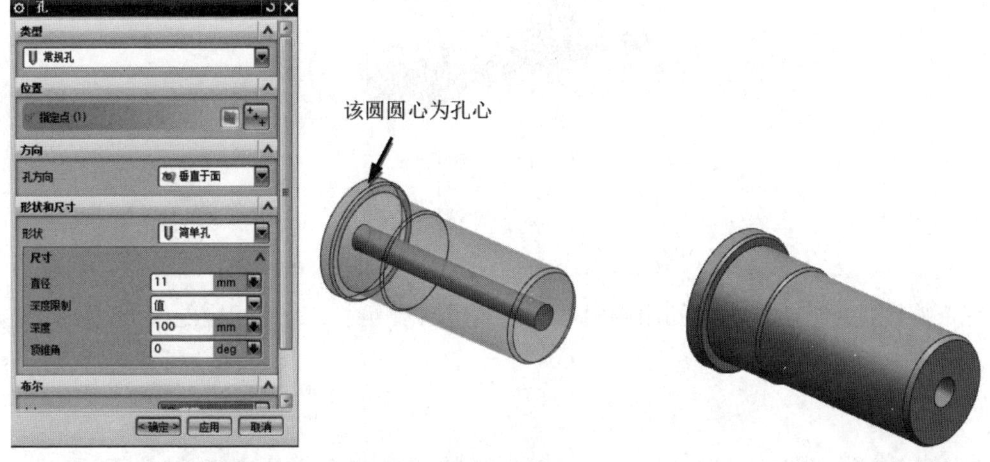

图 3–90　孔特征操作　　　　图 3–91　创建孔特征

参照倒外侧 3 处斜角操作，完成孔边倒斜角特征的创建，如图 3–92 所示。

图 3–92　创建孔边倒斜角特征

③创建退刀槽特征。执行“菜单”/“插入”/“设计特征”/“槽”命令，系统弹出“槽”对话框。按图 3–93 所示完成槽特征操作，结果如图 3–94 所示。

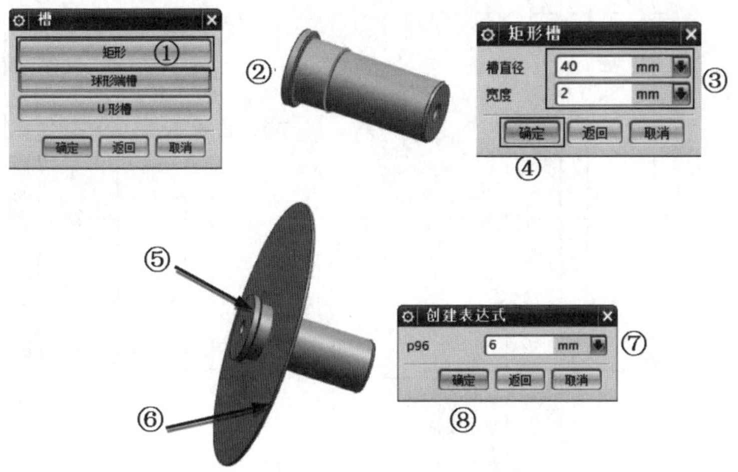

图 3–93　槽特征操作

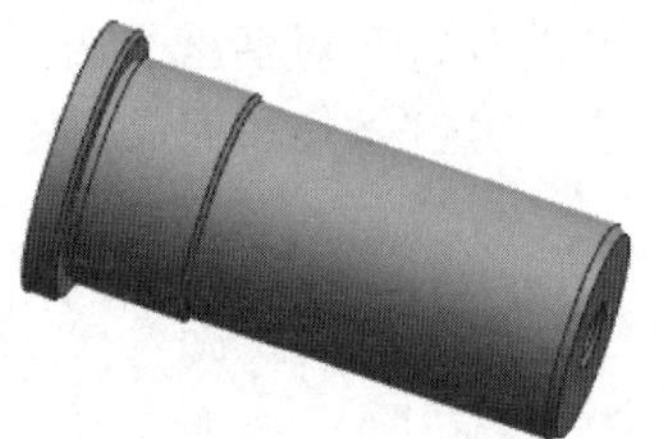

图 3-94　创建槽特征

4. 任务总结

轴套类的零件通常采用旋转特征完成建模，斜角、槽、圆角等特征可在草绘时画出，也可在完成旋转特征的创建后，利用倒斜角、槽、边倒圆等命令完成相应的细节，实际建模中常采用后者。

任务 3.2　绘制下模座模型

1. 任务描述

绘制如图 3-95 所示的下模座模型。

任务 3.2　微课视频

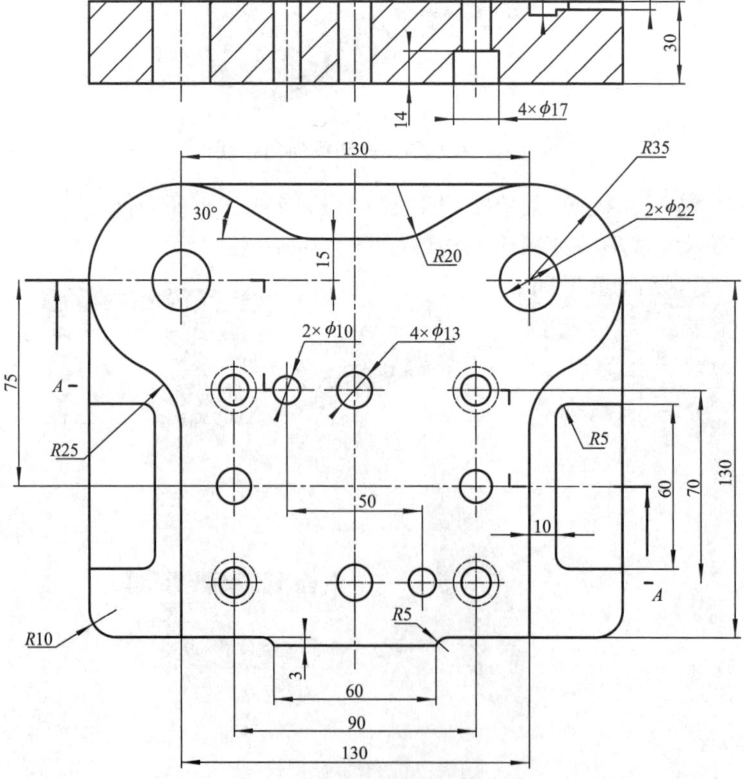

图 3-95　下模座模型

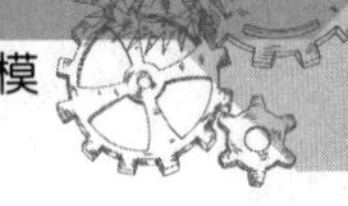

2. 任务分析

下模座属于典型的板类零件，上面有 2 个 ϕ22 导柱孔，2 个 ϕ10 销孔，4 个 ϕ13 卸料螺钉过孔，4 个 ϕ11、扩孔 ϕ17、深 14 的螺钉沉头孔。该零件的建模可采用以下方案：绘制草图轮廓→创建轮廓拉伸特征→创建上平面 3 处下凹→创建压板台阶→创建各种类型孔→创建边倒圆。

3. 操作步骤

1) 绘制草图轮廓

(1) 创建一个名为“下模座”的新文件并进入建模模块。

(2) 单击“直接草图”工具条中的“草图”按钮，进入 UG NX 10.0 草图界面。在系统弹出的“创建草图”对话框中选择 XC-YC 平面，单击“确定”按钮，创建 XC-YC 面为草图工作平面。

(3) 绘制截面草图。绘制如图 3-96 所示的截面草图，绘制完成后退出草图界面。

2) 创建轮廓拉伸特征

执行“菜单”/“插入”/“设计特征”/“拉伸”命令，或单击“特征”工具条中的“拉伸”按钮，系统弹出“拉伸”对话框，选择步骤 1) 中绘制的草图，设置开始距离为“0”，结束距离为“30”，单击“确定”按钮，完成下模座轮廓的创建，结果如图 3-97 所示。

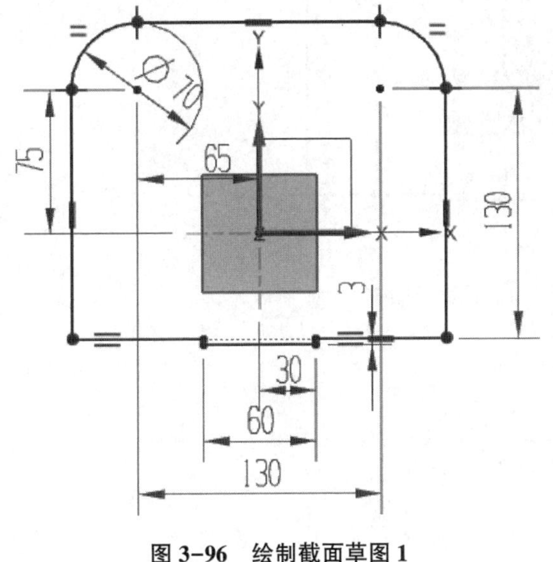

图 3-96　绘制截面草图 1

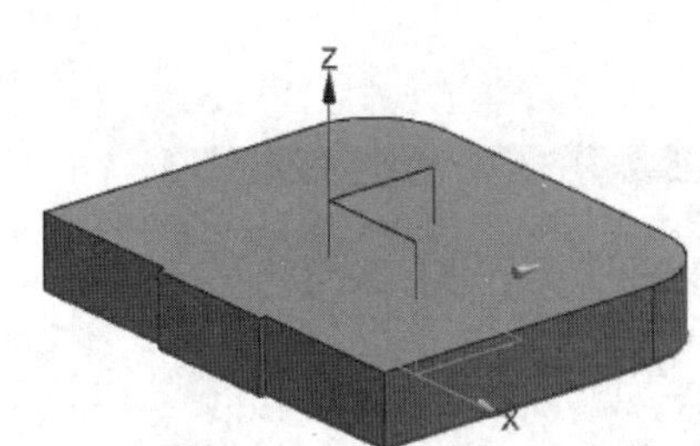

图 3-97　创建下模座轮廓

3) 创建上平面 3 处下凹

(1) 单击“直接草图”工具条中的“草图”按钮，选择 XC-YC 平面，单击“确定”按钮，进入草图界面。

(2) 切换到“静态线框”显示模式，利用“投影曲线”把图 3-98 中 3 条曲线投影到当前活动草绘中。利用这 3 条曲线绘制如图 3-99 所示的截面草图。

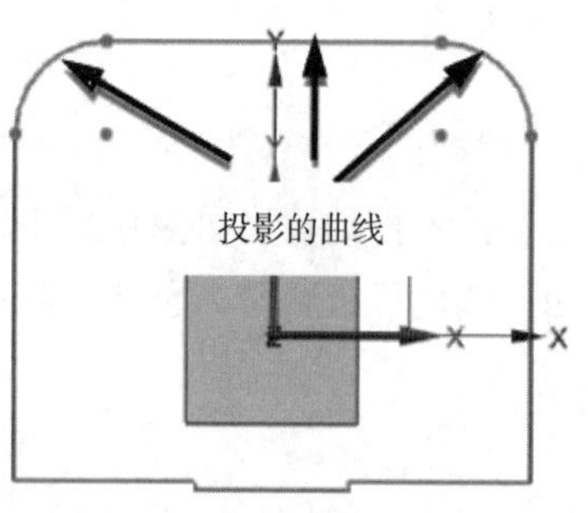

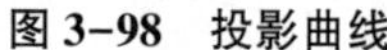

图 3-98　投影曲线

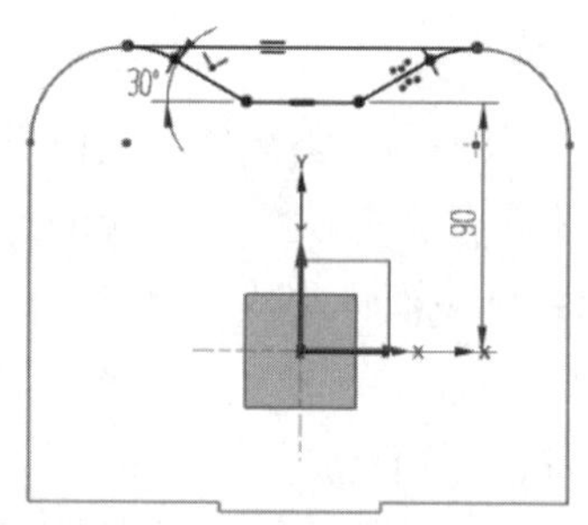

图 3-99　绘制截面草图 2

(3) 利用(2)中相同方法，绘制如图 3-100 所示的截面草图。单击“确定”按钮，退出草图界面。

(4) 执行“菜单”/“插入”/“设计特征”/“拉伸”命令，或单击“特征”工具条中的“拉伸”按钮，系统弹出“拉伸”对话框，选择图 3-100 所示截面为拉伸截面，设置开始距离为“25”，结束距离为“30”，布尔运算为“求差”，如图 3-101 所示，单击“确定”按钮，完成下模座上平面 3 处下凹的创建，结果如图 3-102 所示。

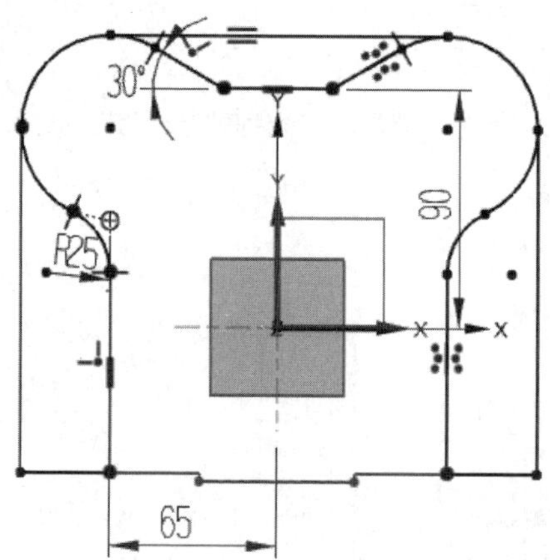

图 3-100　绘制截面草图 3

图 3-101　拉伸参数设置

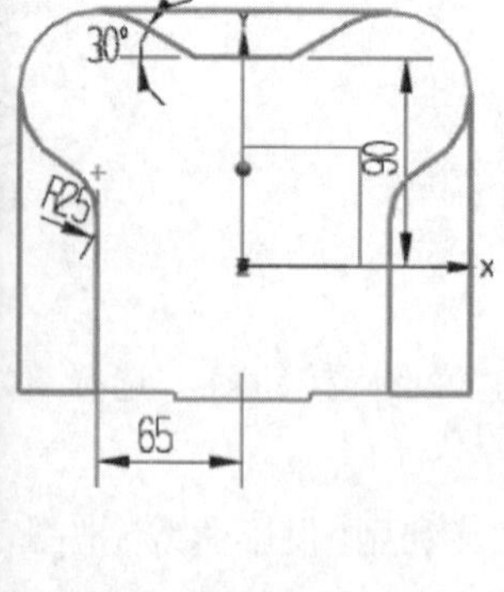

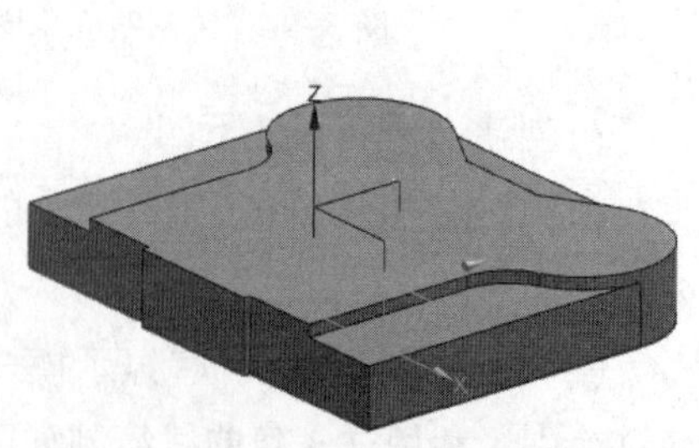

图 3-102　拉伸结果 1

4）创建压板台阶

（1）单击“直接草图”工具条中的“草图”按钮，选择 XC-YC 平面，单击“确定”按钮，进入草图界面，绘制如图 3-103 所示的截面草图。

（2）执行“菜单”/“插入”/“设计特征”/“拉伸”命令，或单击“特征”工具条中的“拉伸”按钮，系统弹出“拉伸”对话框，选择图 3-103 所示截面为拉伸截面，设置开始距离为“25”，结束距离为“27”，布尔运算为“求和”，单击“确定”按钮，完成压板台阶的创建，结果如图 3-104 所示。

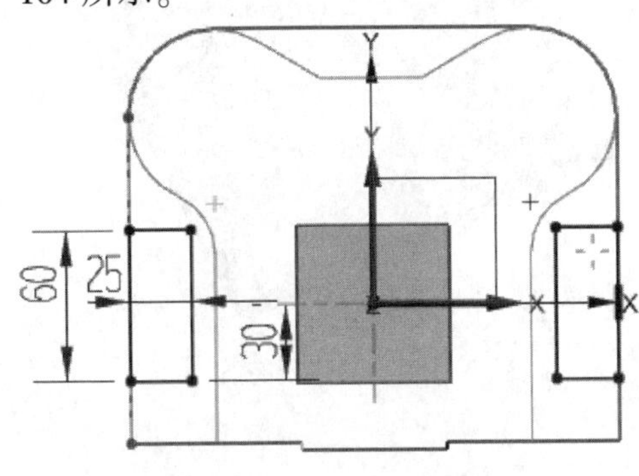

图 3-103　绘制截面草图 4

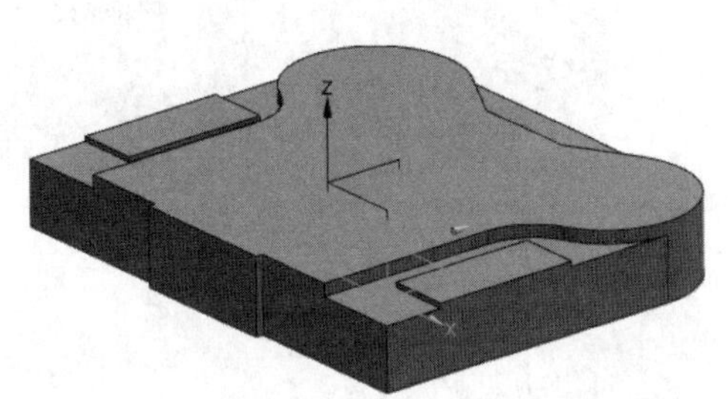

图 3-104　拉伸结果 2

5）创建各种类型孔

（1）执行“菜单”/“插入”/“设计特征”/“孔”命令，或单击“特征”工具条中的“孔”按钮，系统弹出“孔”对话框，采用如图 3-105 所示的参数设置，在“位置”选项组中单击“绘制截面”按钮，选 XC-YC 平面为草图绘制平面，绘制如图 3-106 所示的两个销孔中心点，单击“完成”按钮回到“孔”对话框，单击“确定”按钮，结果如图 3-107 所示。

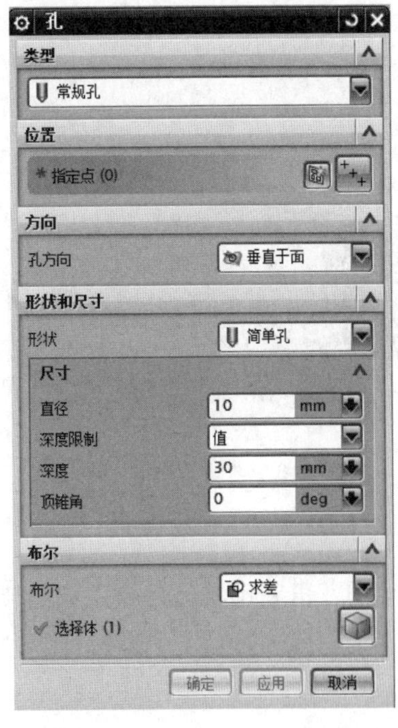

图 3-105　销孔参数设置

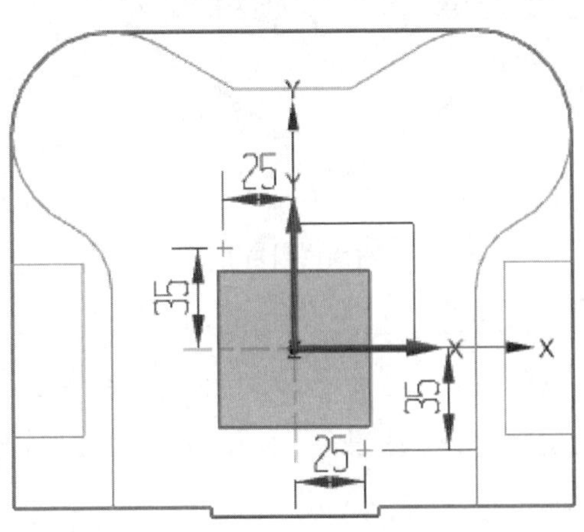

图 3-106　绘制销孔中心点

(2) 重复以上步骤，创建其他孔。其中，4 个 ϕ13 卸料螺钉过孔与销孔创建方式相同；4 个 ϕ11、扩孔 ϕ17、深 14 的螺钉沉头孔成型形状应选"沉头孔"；2 个 ϕ22 的导柱孔与已创建的 R35 圆弧同心，可不用绘制草图，直接捕捉 R35 圆弧圆心即可。所有孔创建完毕的效果如图 3-108 所示。

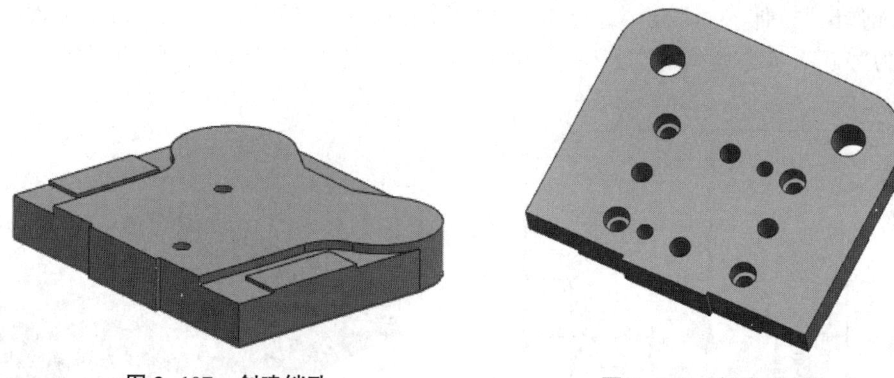

图 3-107　创建销孔　　　图 3-108　创建所有孔

6) 创建边倒圆

执行"菜单"/"插入"/"细节特征"/"边倒圆"命令，或单击"特征"工具条中的"边倒圆"按钮，系统弹出"边倒圆"对话框。分别选择如图 3-109 所示的 3 组边，设置相关参数，完成边倒圆的创建，结果如图 3-110 所示。

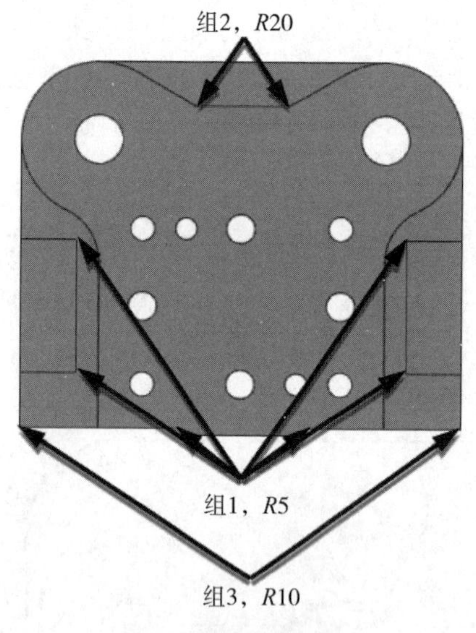

图 3-109　需要倒圆角的边

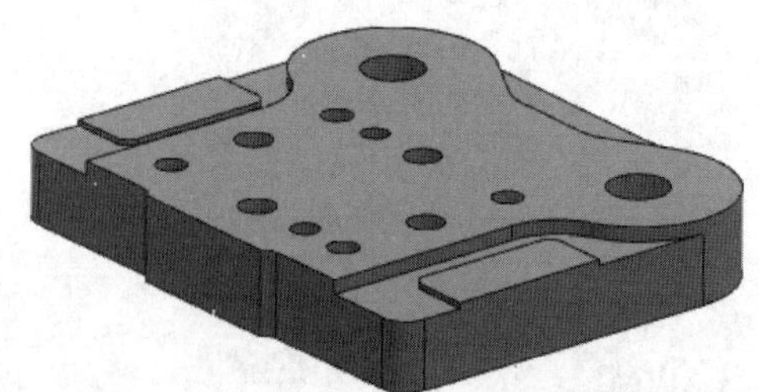

图 3-110　创建边倒圆

4. 任务总结

板类零件的建模通常先采用拉伸特征命令生成主体结构，再利用其他命令完成细节。实际上创建实体的方法很多，使用命令时可灵活把握，也可利用阵列特征、镜像特征等命令提高作图效率。

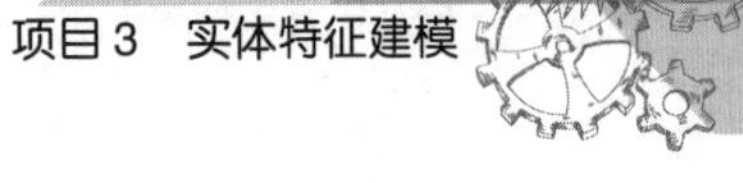

任务 3.3　绘制外壳模型

1. 任务描述

绘制如图 3-111 所示的外壳模型。

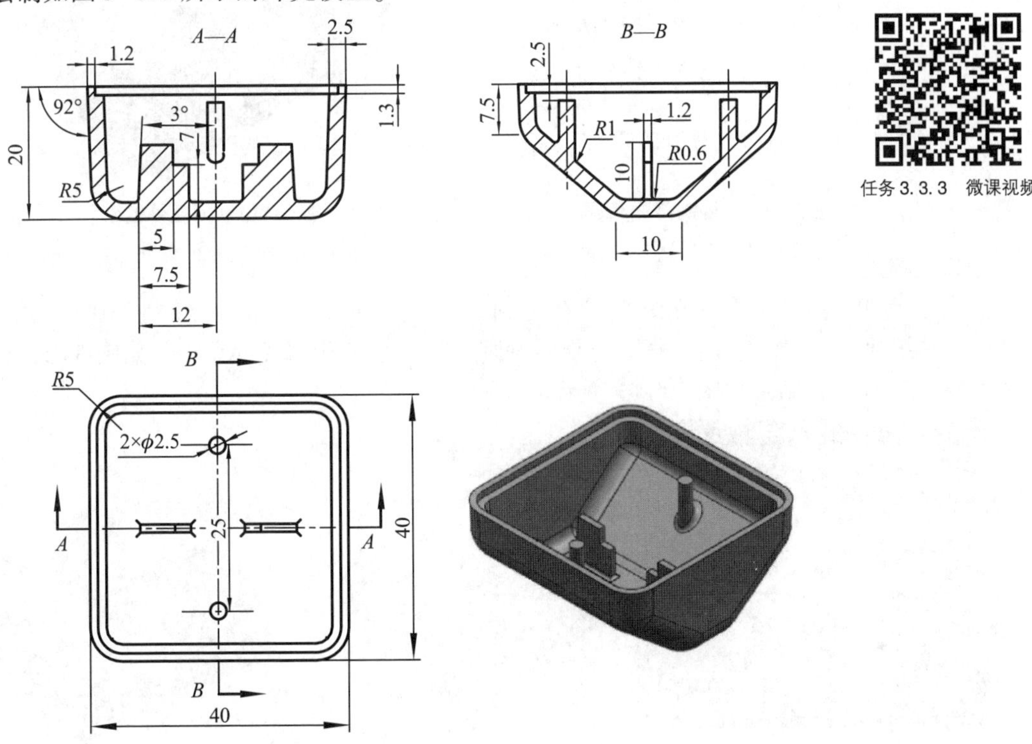

图 3-111　外壳模型

2. 任务分析

外壳为常见塑料件，外形为矩形，内部有突起圆柱和筋板，为保证注塑成型后顺利脱模，侧壁上设置了 2°的脱模斜度。该零件的建模可采用以下方案：绘制外轮廓→倒圆角→拔模→抽壳→创建止口→创建内部圆柱和筋板。

3. 操作步骤

1）绘制外轮廓

（1）创建一个名为“外壳”的新文件并进入建模模式。

（2）单击“直接草图”工具条中的“草图”按钮，进入 UG NX 10.0 草图界面。在系统弹出的“创建草图”对话框中选择 XC-YC 平面，单击“确定”按钮，即创建 XC-YC 面为草图工作平面。

（3）绘制截面草图。绘制如图 3-112 所示的截面草图。绘制完成后退出草图界面。

（4）执行“菜单”/“插入”/“设计特征”/“拉伸”命令，或单击“特征”工具条中的“拉伸”按钮，系统弹出“拉伸”对话框，选择图 3-112 所示截面为拉伸截面，设置结束为“对称值”，

距离为“20”，单击“确定”按钮，完成外轮廓的创建，结果如图 3-113 所示。

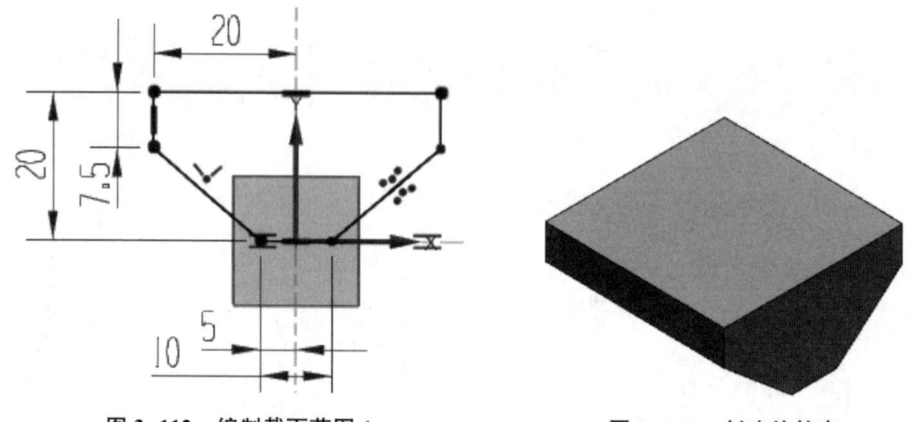

图 3-112 编制截面草图 1　　图 3-113 创建外轮廓

2)倒圆角

执行“菜单”/“插入”/“细节特征”/“边倒圆”命令，或单击“特征”工具条中的“边倒圆”按钮，系统弹出“边倒圆”对话框。选择要倒圆的边，设置半径 1 为“5”，如图 3-114 所示，单击“确定”按钮，结果如图 3-115 所示。

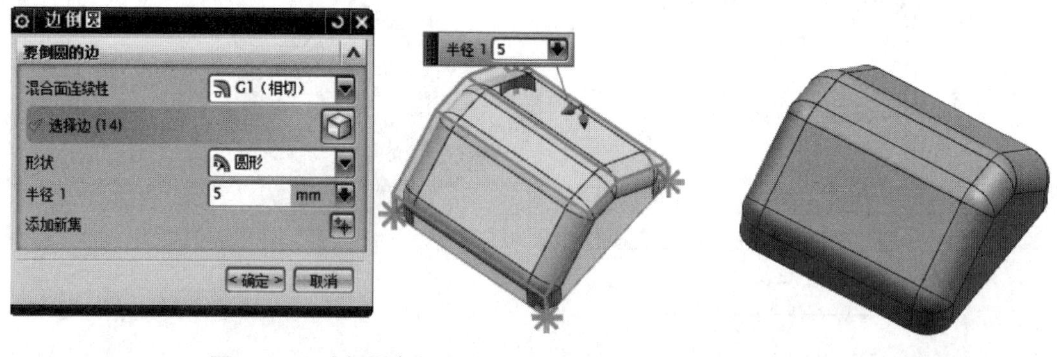

图 3-114 边倒圆参数设置　　图 3-115 创建边倒圆 1

3)拔模

执行“菜单”/“插入”/“细节特征”/“拔模”命令，系统弹出“拔模”对话框。选择要倒圆的边，设置“-Z”方向为拔模方向，固定面与要拔模的面如图 3-116 所示，设置角度 1 为“2°”，单击“确定”按钮，完成拔模操作。

4)抽壳

执行“菜单”/“插入”/“偏置/缩放”/“抽壳”命令，系统弹出“抽壳”对话框。选择“40×40 平面”为移除面，设置厚度为“2”，单击“确定”按钮，完成抽壳的创建，结果如图 3-117 所示。

5)创建止口

执行“菜单”/“插入”/“设计特征”/“拉伸”命令，或单击“特征”工具条中的“拉伸”按钮，系统弹出“拉伸”对话框，选择平面内侧的所有边作为拉抻截面，“-Z”方向为拉伸方向，设置开始距离为“0”，结束距离为“1.3”，偏置类型为“单侧”，偏置结束为“1.3”，布尔运算为“求差”，如图 3-118 所示，单击“确定”按钮，完成止口的创建，结果如图 3-119 所示。

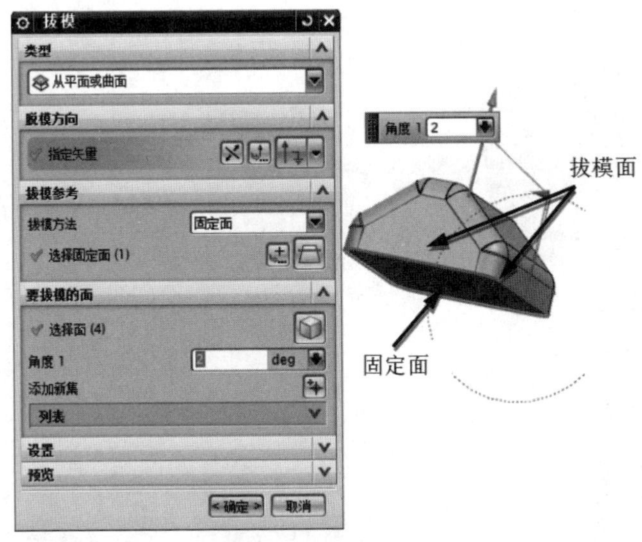

图 3-116　拔模参数设置

图 3-117　创建抽壳

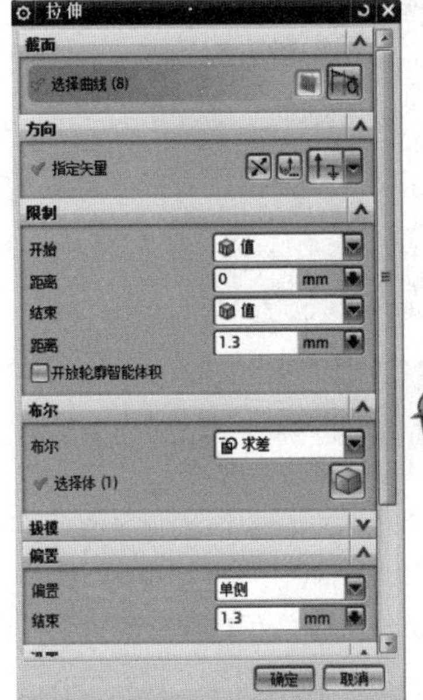

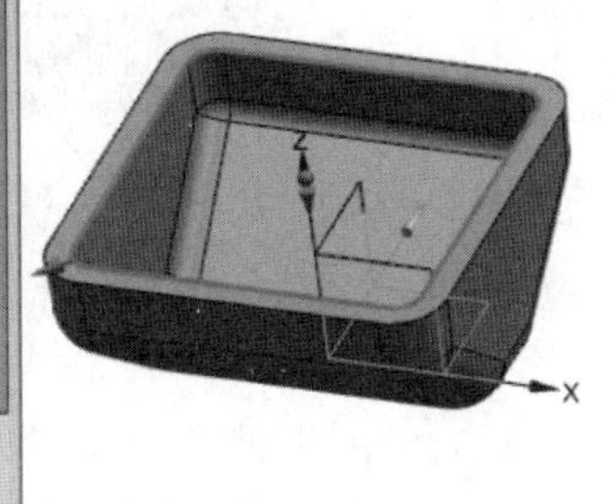

图 3-118　拉伸参数设置 1

图 3-119　创建止口

6)创建内部圆柱和筋板

(1)单击“直接草图”工具条中的“草图”按钮，在系统弹出的“创建草图”对话框中选择图 3-120 所示 40×40 平面为草绘平面，单击“确定”按钮，进入草图界面，绘制如图 3-121 所示的截面草图。

(2)单击“特征”工具条中的“拉伸”按钮，在系统弹出的“拉伸”对话框中，选择上步草绘的两个 $\phi2.5$ 圆为拉抻截面，“-Z”方向为拉伸方向，设置开始距离为“2.5”，结束距离为“直至下一个”，布尔运算为“求和”，如图 3-122 所示，单击“确定”按钮，完成圆柱的创建，结果如图 3-123 所示。

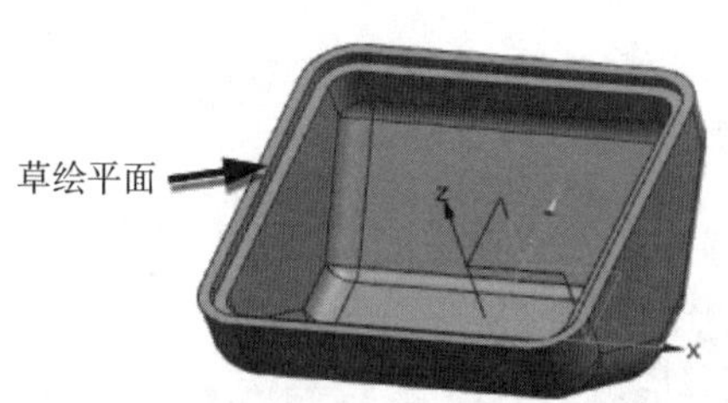

图 3-120　草绘平面

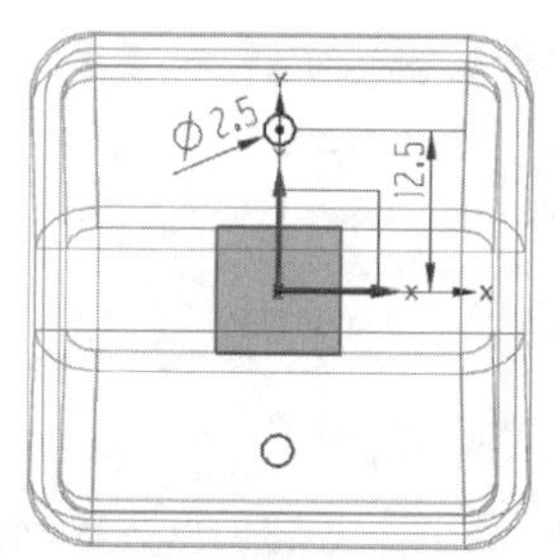

图 3-121　绘制截面草图 2

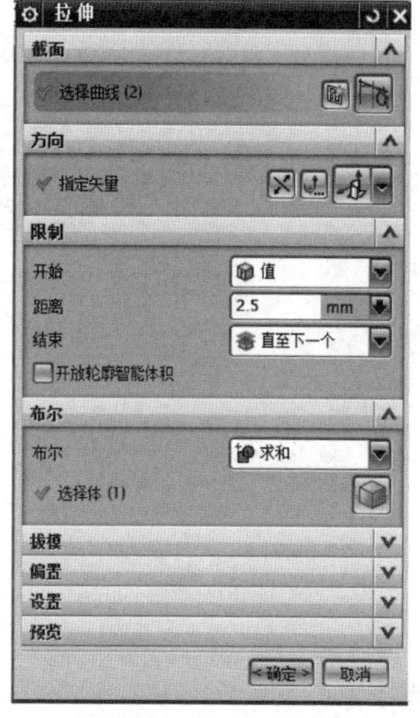

图 3-122　拉伸参数设置 2

图 3-123　创建圆柱

(3)同样利用草绘后拉伸的方法，完成筋板的创建，过程不再赘述，结果如图 3-124 所示。

(4)执行“菜单”/“插入”/“细节特征”/“边倒圆”命令，或单击“特征”工具条中的“边倒圆”按钮，系统弹出“边倒圆”对话框。选择圆柱上要倒圆的边与筋板，设置半径为“1”，单击“应用”按钮，选择筋板上要倒圆的边，设置半径为“0.6”，单击“确定”按钮，完成边倒圆的创建，结果如图 3-125 所示。

图 3-124　创建筋板

图 3-125　创建边倒圆 2

4. 任务总结

壳类零件的建模通常先生成实体结构，再利用抽壳命令形成腔体。塑料件上通常要设置拔模斜度。

习 题

完成图 3-126～图 3-135 所示的建模。

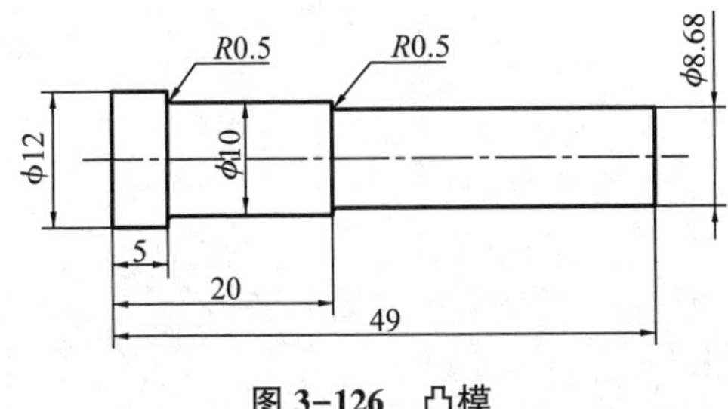

图 3-126 凸模

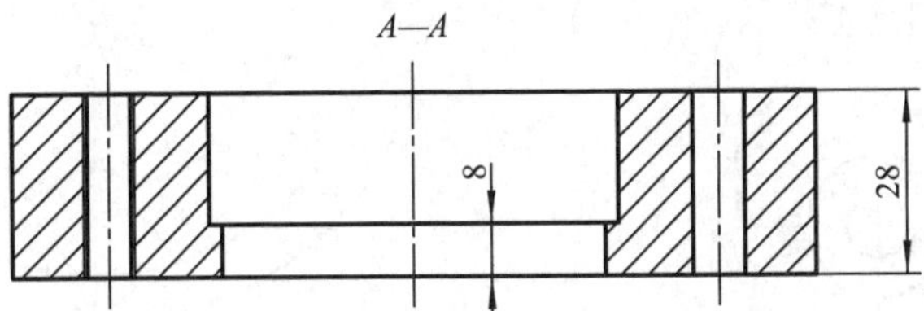

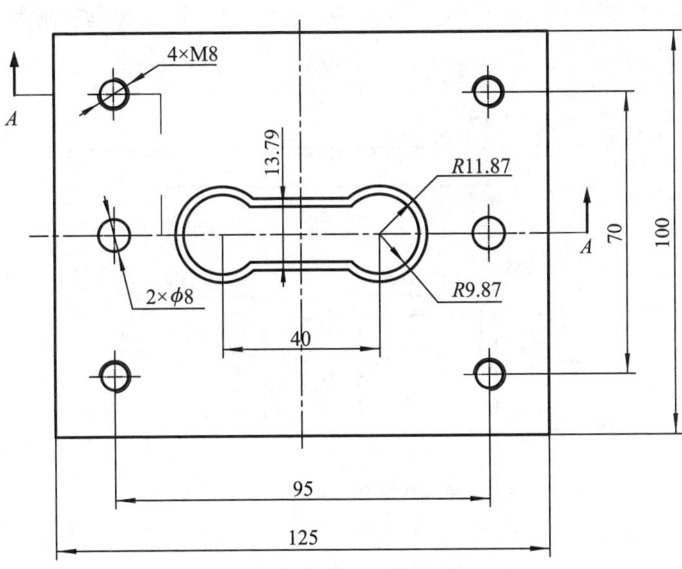

图 3-127 凹模

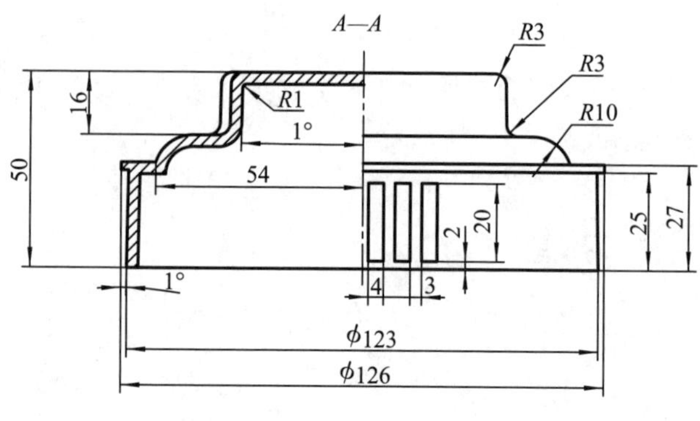

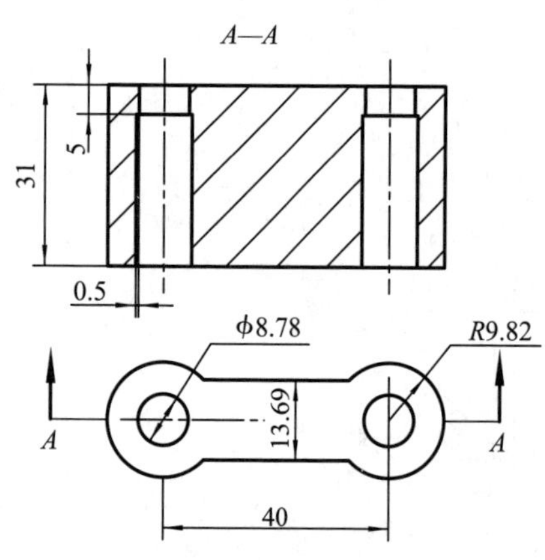

图 3-128　凸凹模

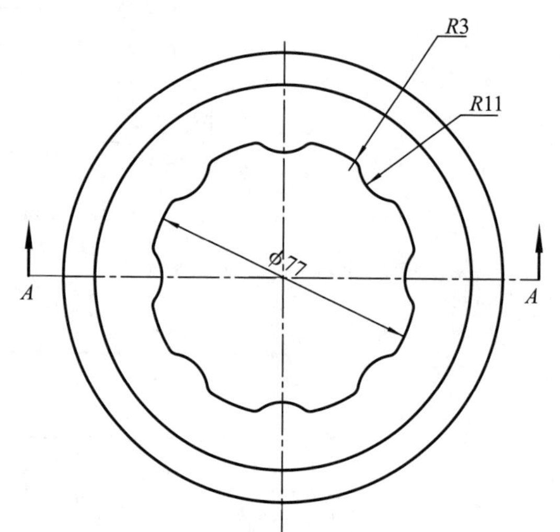

图 3-129　冷水壶盖

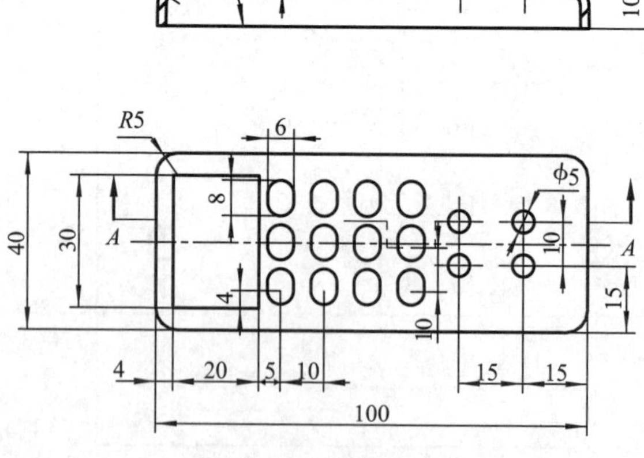

图 3-130　遥控器外壳

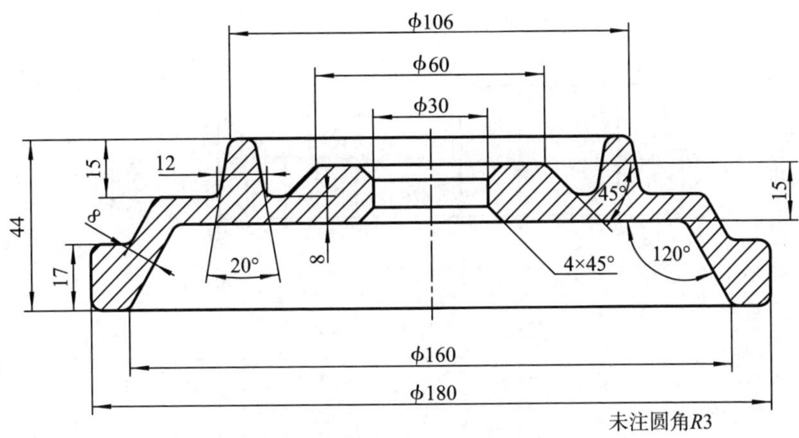

图 3-131　圆盘

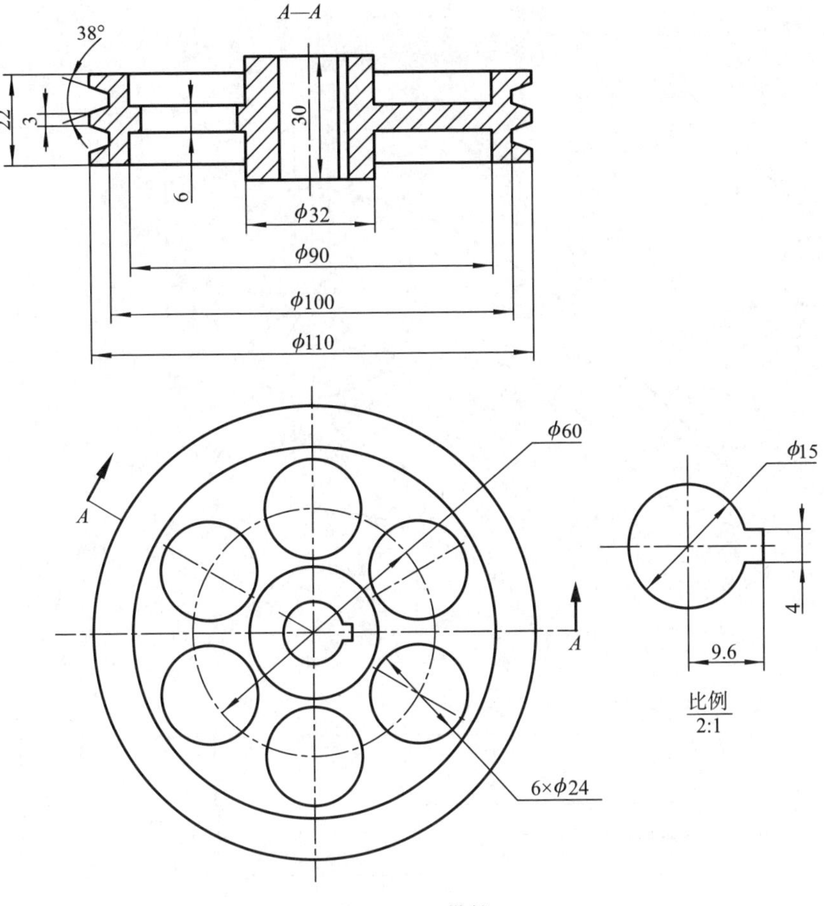

图 3-132　带轮

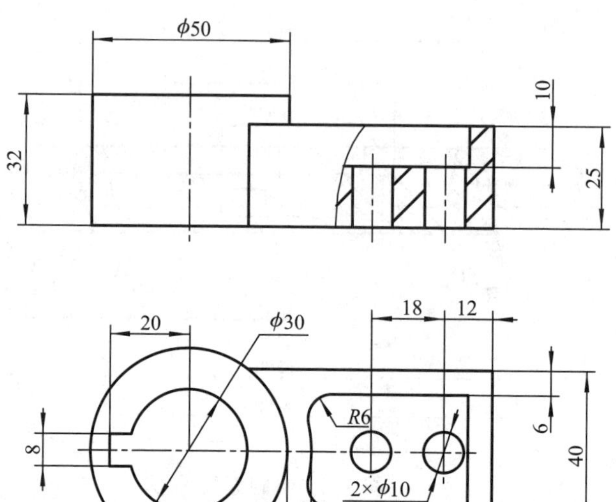

图 3-133　支承座

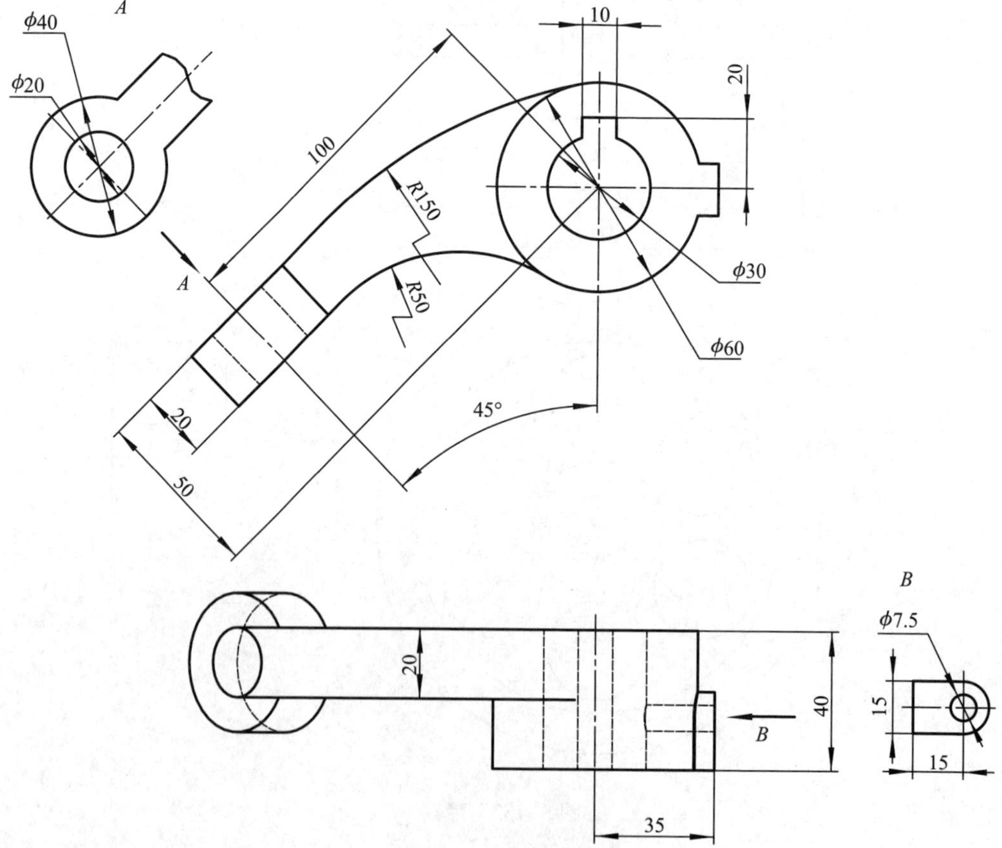

图 3-134　曲柄杆

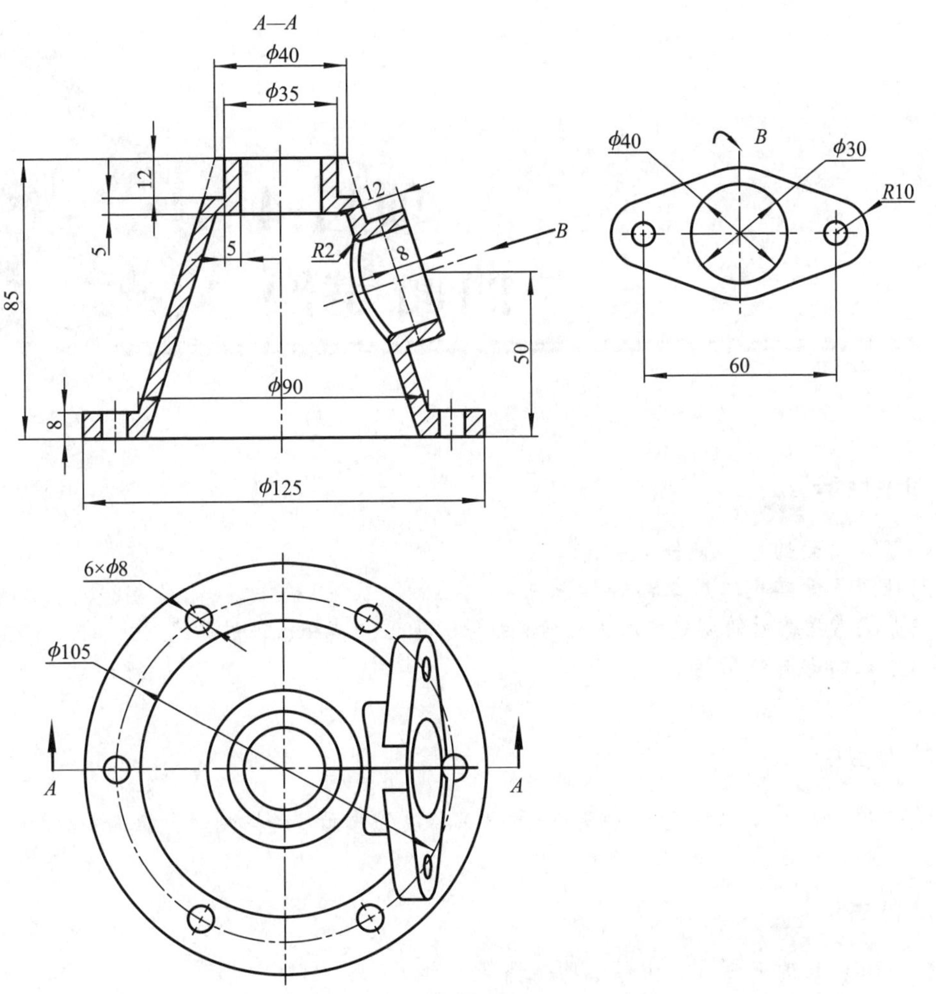
A—A
ϕ40
ϕ35
12
5
5
12
8
R2
B
85
50
ϕ90
8
ϕ125
ϕ40
B
ϕ30
R10
60
6×ϕ8
ϕ105
A
A

图 3-135　阀座

项目4 曲面建模

知识目标

(1)了解曲面的基本概念及分类。
(2)理解曲面建模的基本思路。
(3)掌握常用曲面的创建方法，包括直纹面、通过曲线组、通过曲线网格、N边曲面等。
(4)掌握曲面编辑功能。

能力目标

能够选择合适的曲面构建方法完成一般复杂程度的曲面零件的创建，能完成曲面的编辑。

德育目标

(1)具有积极沟通精神和团结协作精神。
(2)具有较强的质量意识和追求卓越的工匠精神。

项目描述

本项目先介绍常用曲面的创建方法，再以两个典型曲面零件建模案例为载体，介绍UG NX 10.0曲面造型功能的应用。通过本项目的学习可以掌握UG NX 10.0的常用曲面建模的操作方法与技巧。

4.1 曲面基础知识

4.1.1 曲面概述

设计产品时，只用实体特征建立模型是远远不够的，对于复杂的产品，通常要用曲面特征来建立其轮廓和外形或将几个曲面缝合成一个实体。利用 UG NX 10.0 的曲面(片体)造型功能可以设计出各种复杂形状，尤其是用特征建模方法无法创建的复杂形状，其既能生成曲面，又能生成实体。

4.1.2　曲面创建方法

一般来讲，对于简单的曲面可以一次完成建模。而实际产品的形状往往比较复杂，难以一次完成。对于复杂的曲面，应该先采用曲线构造的方法生成主要或大面积的片体，再进行曲面的过渡连接、光顺处理、编辑等操作完成整体造型。

创建曲面的方法大致可分为 3 种：由点创建曲面、由曲线创建曲面、由已有曲面创建新曲面。其中，由点创建曲面是非参数化的，生成的曲面与原始构造点不关联，当编辑构造点后，曲面不会产生关联性的更新变化。

4.1.3　曲面建模的基本思路

曲面建模的基本思路如下。

(1)创建曲面时最好使用参数化的方法(由曲线创建曲面和由已有曲面创建新曲面)。

(2)线组成了面，面组成了体，因此曲面建模的基础是曲线的创建，高质量的曲线才能构成高质量的曲面。高质量的曲线至少应有无尖角、无重叠、无交叉、无断点、很顺畅等特点。

(3)边界曲线应尽可能简单，曲线阶次应小于或等于 3(阶次是一个数学概念，是定义自由形状特征的多项式方程的最高次数，UG NX 10.0 用同样的概念定义曲面，每个曲面包含 U、V 两个方向的阶次，它们必须在 2~24 之间，阶次越高，系统运算的速度越慢)，曲率半径应尽可能大，否则会造成加工困难。

(4)编辑曲面时尽量编辑特征参数，而不用编辑曲面操作中的方法，若必须使用编辑曲面操作中的方法，建议编辑复制体；尽可能用实体修剪、抽壳的方法建模。

(5)面之间的倒圆过渡应尽可能地在实体上进行。

4.2　初识曲面工具

在 UG NX 10.0 的功能区中提供了一个“曲面”选项卡，如图 4-1 所示。该选项卡包含“曲面”工具条、“曲面工序”工具条及“编辑曲面”工具条。另外，在 UG NX 10.0 的功能区中也提供了一个“曲线”选项卡，如图 4-2 所示。该选项卡包含“直接草图”工具条、“曲线”工具条、“派生曲线”工具条及“编辑曲线”工具条。

图 4-1　“曲面”选项卡

图 4-2 “曲线”选项卡

下面介绍常用的曲面创建的方法及操作。

4.3 由点创建曲面

由点创建曲面的典型方法有四点曲面、整体突变、通过点、从极点等。

4.3.1 四点曲面

打开“素材文件\ch4\四点曲面 . prt”，用“四点曲面”命令创建曲面的步骤如下。

执行“菜单”/“插入”/“曲面”/“四点曲面”命令，在绘图区依次选取点 1～点 4，单击“确定”按钮，完成四点曲面的创建，结果如图 4-3 所示。

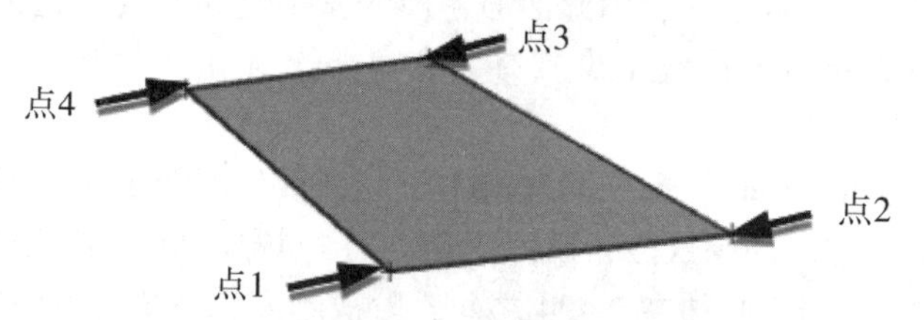

4.3.1 微课视频

图 4-3 用“四点曲面”命令创建曲面

4.3.2 整体突变

打开“素材文件\ch4\整体突变 . prt”，用“整体突变”命令创建曲面的步骤如下。

（1）执行“菜单”/“插入”/“曲面”/“整体突变”命令，在绘图区选取两个点，创建一个矩形，如图 4-4 所示。

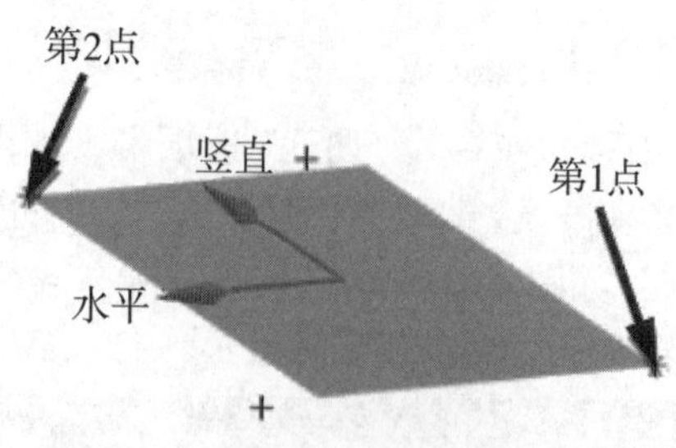

4.3.2 微课视频

图 4-4 用“整体突变”命令创建曲面

（2）在“整体突变形状控制”对话框中拖动相应选项的滑块，如图 4-5 所示，曲面形状会发生改变，结果如图 4-6 所示。

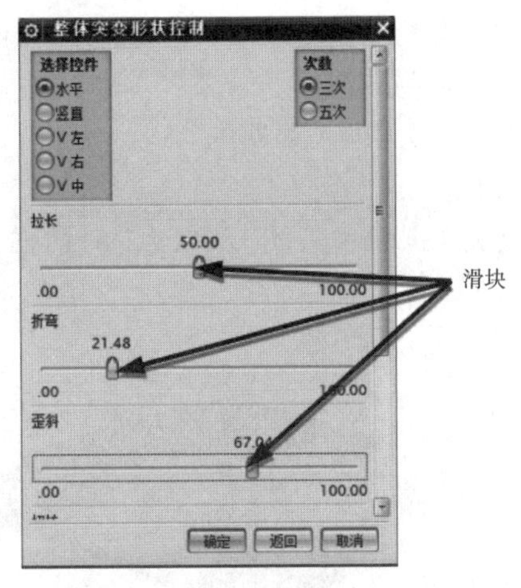

图 4-5 “整体突变形状控制”对话框

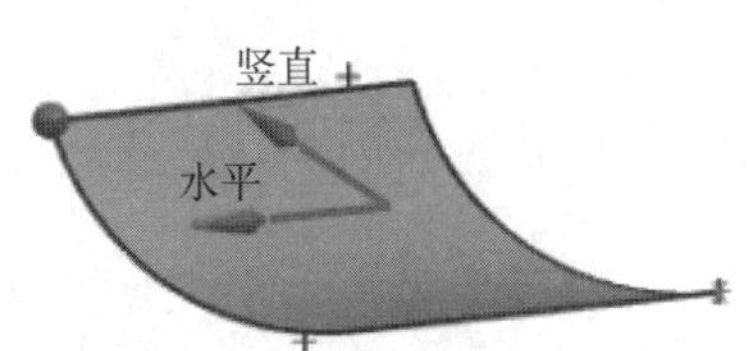

图 4-6 改变曲面形状结果

4.3.3 通过点

打开“素材文件\ch4\通过点.prt”，用“通过点”命令创建曲面的步骤如下。

4.3.3 微课视频

(1)执行“菜单”/“插入”/“曲面”/“通过点”命令，系统弹出“通过点”对话框，选择“补片类型”为“多个”，“沿以下方向封闭”为“两者皆否”，“行阶次”和“列阶次”均为“3”，单击“确定”按钮。

(2)在系统弹出的“过点”对话框中单击“全部成链”按钮。

(3)在绘图区选择第一列的起点和终点，如图 4-7 所示。

(4)依次选择第二列~第四列的起点和终点。

(5)在系统弹出的“过点”对话框中单击“所有指定的点”按钮。

(6)在“通过点”对话框中单击“确定”按钮，完成曲面的创建，结果如图 4-8 所示。

图 4-7 选择第一列的起点和终点

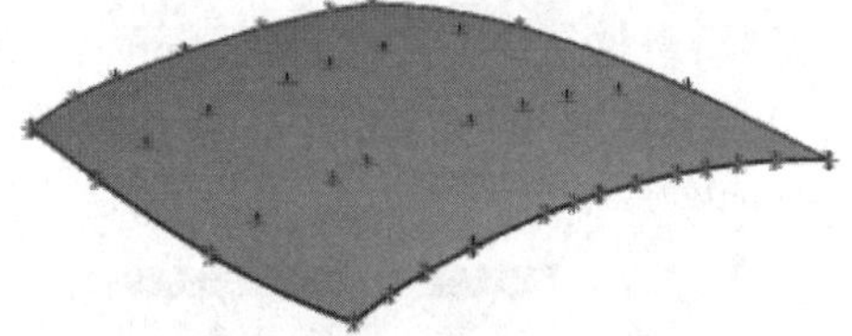

图 4-8 用“通过点”命令创建曲面

4.3.4 从极点

打开“素材文件\ch4\从极点.prt”，此文件内容与用“通过点”命令创建曲面的素材是一样的，可以从结果中体会两种创建曲面方法的不同。用“从极点”命令创建曲面的步骤如下。

4.3.4 微课视频

(1)执行“菜单”/“插入”/“曲面”/“从极点”命令，系统弹出“从极点”对话框，选择“补片类型”为“多个”，“沿以下方向封闭”为“两者皆否”，“行阶次”和“列阶次”均为“3”，单击“确定”按钮。

(2)在绘图区依次选择第一列的每个点，按下鼠标中键结束第一列的选择，如图 4-9 所示。

(3)在系统弹出的“指定点”对话框中单击“是”按钮。

(4)重复步骤(2)和(3)，依次选择第二列、第三列、第四列。

(5)单击“指定点”对话框中的“确定”按钮。

(6)在“从极点”对话框中单击“所有指定点”按钮，关闭“从极点”对话框，完成曲面的创建，结果如图 4-10 所示。

图 4-9　依次选择第一列的每个点

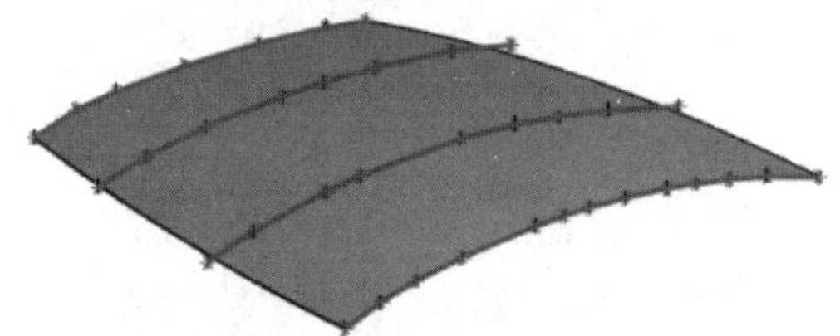

图 4-10　用“从极点”命令创建曲面

4.4　由曲线创建曲面

由曲线创建曲面应用较多，也比较直观，所创建曲线的好坏通常会直接或间接地影响曲面的质量和形状。其典型方法有直纹面、通过曲线组、通过曲线网格、N 边曲面、扫掠等。

4.4.1　直纹面

用“直纹”命令创建的曲面称为直纹面，是通过两条截面线串创建的曲面。截面线串可以由一个或多个对象组成，并且每个对象既可以是曲线、实体边，也可是实体面。

4.4.1　微课视频

打开“素材文件\ch4\直纹面 . prt”，用“直纹”命令创建曲面的步骤如下。

(1)执行“菜单”/“插入”/“网格曲面”/“直纹”命令，系统弹出“直纹”对话框，如图 4-11 所示。

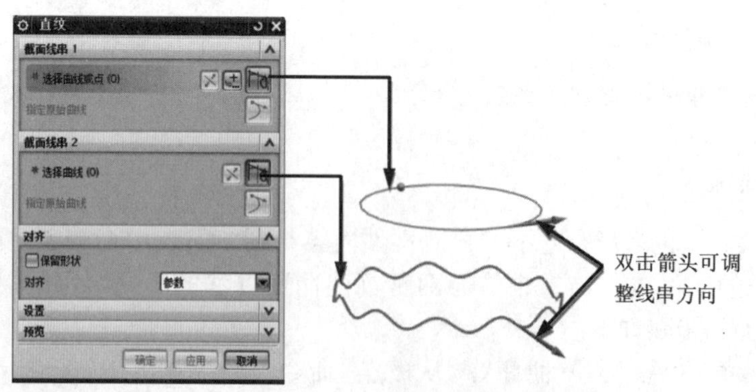

图 4-11　“直纹”对话框

(2)在绘图区选取“圆”为“截面线串 1”，按下鼠标中键。

(3)选取“波浪线”为“截面线串 2”，调整图 4-11 中的两个截面线串的箭头方向，对预览结果满意后，单击“确定”按钮，完成曲面的创建，结果如图 4-12 所示。

图 4-12 用“直纹”命令创建曲面

4.4.2 通过曲线组

“通过曲线组”命令通过多个截面创建片体，此时直纹形状改变以穿过各截面。

4.4.2 微课视频

打开“素材文件\ch4\通过曲线组 . prt”，用“通过曲线组”命令创建曲面的步骤如下。

(1)执行“菜单”/“插入”/“网格曲面”/“通过曲面组”命令，系统弹出“通过曲线组”对话框，如图 4-13 所示。

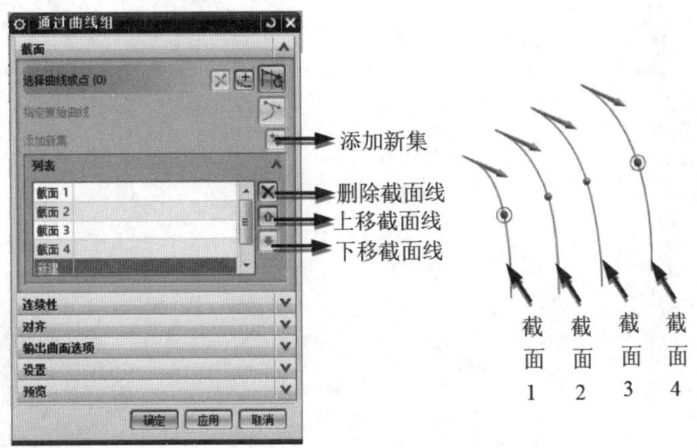

图 4-13 “通过曲线组”对话框

(2)在绘图区选取“截面 1”，按下鼠标中键。

(3)继续选取截面 2、截面 3、截面 4，每选取一条曲线后，都按下鼠标中键。选取的曲线可在“通过曲线组”对话框的“列表”中查看，还可以对其进行删除和重新排序等操作。

(4)单击“通过曲线组”对话框中的“确定”按钮，完成曲面的创建，结果如图 4-14 所示。

图 4-14 用“通过曲线组”命令创建曲面

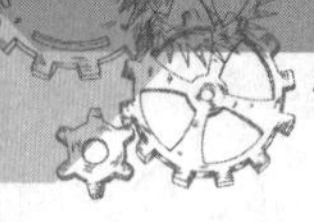

4.4.3 通过曲线网格

“通过曲线网格”命令通过一个方向的截面网格和另一个方向的引导线创建片体或实体。同一个方向的截面网格(截面线串)通常被称为主线串，而另一个方向的引导线通常被称为交叉线串。

打开“素材文件\ch4\通过曲线网格 . prt”，用“通过曲线网格”命令创建曲面的步骤如下。

(1)执行“菜单”/“插入”/“网格曲面”/“通过曲面网格”命令，系统弹出“通过曲线网格”对话框，如图 4-15 所示。

(2)在绘图区选取“主曲线 1”，按下鼠标中键。

(3)继续选取主曲线 2，双击鼠标中键，将“通过曲线网格”对话框中的“交叉曲线”选项组中的“选择曲线”激活。也可以通过单击选择该项，使之激活。

(4)在绘图区选取“交叉曲线 1”，按下鼠标中键。

(5)继续选取交叉曲线 2，单击“通过曲线网格”对话框中的“确定”按钮，完成曲面的创建，结果如图 4-16 所示。

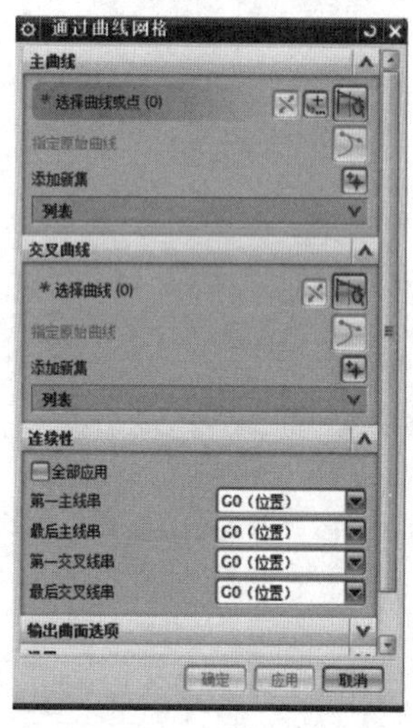

图 4-15 “通过曲线网格”对话框

交叉曲线 2

主曲线 2

主曲线 1

交叉曲线 1

图 4-16 用“通过曲线网格”命令创建曲面

4.4.4 N 边曲面

“N 边曲面”命令通过一组端点相连的封闭曲线创建曲面，在创建过程中可以进行形状控制等设置。

打开“素材文件\ch4\N 边曲面 . prt”，用“N 边曲面”命令创建曲面的步骤如下。

(1)执行“菜单”/“插入”/“网格曲面”/“N 边曲面”命令，系统弹出“N 边曲面”对话框，按图 4-17 所示设置各参数。

(2)在绘图区分别选择 4 条曲线。

(3)单击“N 边曲面”对话框中的“确定”按钮，完成曲面的创建，结果如图 4-18 所示。

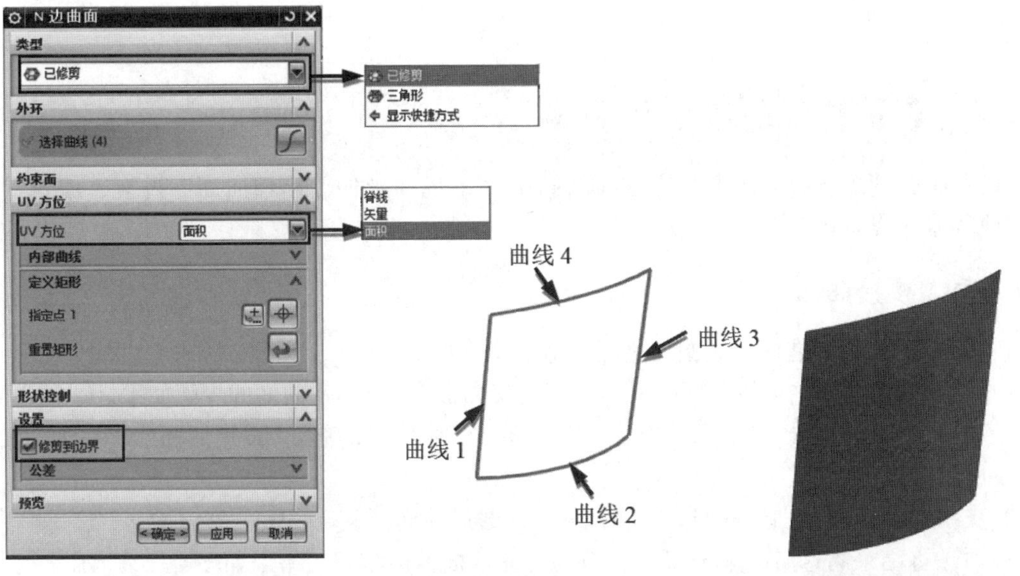

图 4-17　“N 边曲面”对话框　　　　图 4-18　用“N 边曲面”命令创建曲面

4.4.5　扫掠

“扫掠”命令通过将曲线轮廓沿一条、两条或三条引导线串穿过空间中的一条路径进行扫掠来创建曲面。

打开“素材文件\ch4\扫掠曲面 . prt”，用“扫掠”命令创建曲面的步骤如下。

(1) 执行“菜单”/“插入”/“设计特征”/“扫掠”命令，系统弹出“扫掠”对话框，如图 4-19 所示。

(2) 在绘图区选取“截面曲线”，双击鼠标中键。将“扫掠”对话框中的“引导线”选项组中的“选择曲线”激活。也可以通过单击选择该项，使之激活。

(3) 在绘图区选取“引导线”，单击“扫掠”对话框中的“确定”按钮，完成曲面的创建，结果如图 4-20 所示。

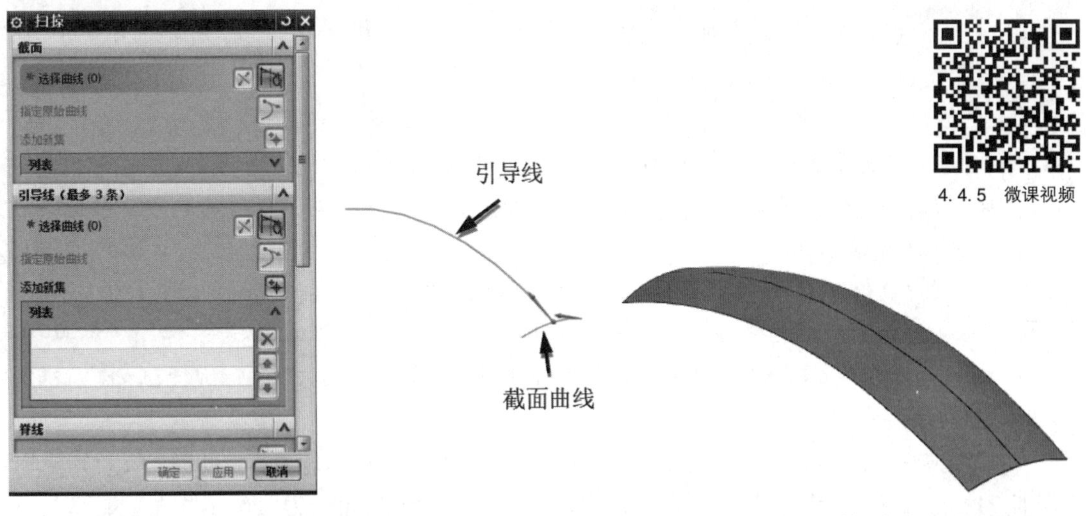

图 4-19　“扫掠”对话框　　　　图 4-20　用“扫掠”命令创建曲面

4.5 由已有曲面创建新曲面

由已有曲面创建新曲面的典型方法有桥接曲面、规律延伸、延伸曲面、过渡、偏置曲面、修剪片体、修剪和延伸等。

4.5.1 桥接曲面

“桥接曲面”命令是在两个主曲面之间构造一个新曲面。

打开“素材文件\ch4\桥接曲面 . prt”，用“桥接曲面”命令创建曲面的步骤如下。

(1) 执行“菜单”/“插入”/“细节特征”/“桥接”命令，系统弹出“桥接曲面”对话框，如图 4-21 所示。

(2) 在绘图区选取分别选取“边 1”和“边 2”，通过反向箭头按钮调整方向。

(3) 对预览结果满意后，单击“确定”按钮，完成曲面的创建，结果如图 4-22 所示。

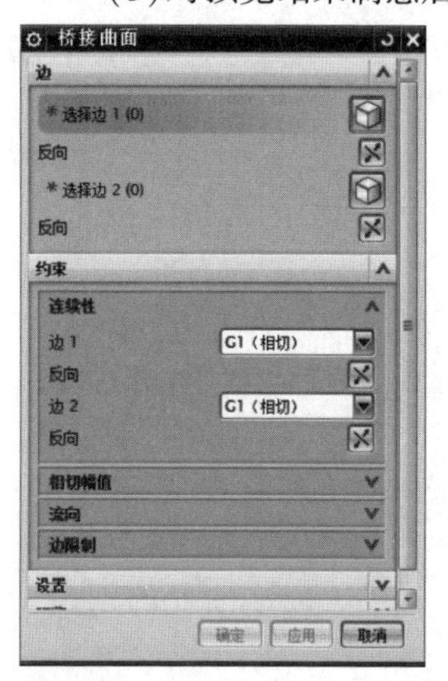

图 4-21 “桥接曲面”对话框

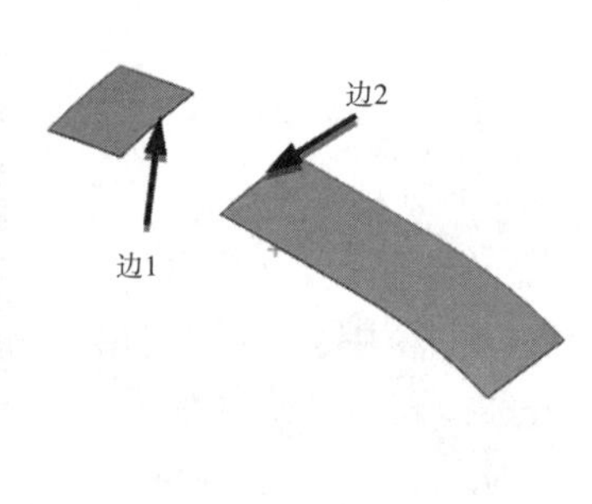

图 4-22 用“桥接曲面”命令创建曲面

4.5.1 微课视频

4.5.2 规律延伸

“规律延伸”命令是动态地或根据距离和角度规律为现有的基本片体创建规律控制的延伸。距离(长度)和角度规律既可以是恒定的，也可以是线性的，还可以是其他规律的。

4.5.2 微课视频

打开“素材文件\ch4\规律延伸 . prt”，用“规律延伸”命令创建曲面的步骤如下。

(1) 执行“菜单”/“插入”/“弯边曲面”/“规律延伸”命令，系统弹出“规律延伸”对话框，如图 4-23 所示。

(2)“类型”选择“矢量”，在绘图区选择“曲线 1”作为“基本轮廓”，设置“参考矢量”为 XC 轴方向，“长度规律”下的“规律类型”选择“恒定”，设置“值”为“20”，“角度规律”下的“规律类型”选择“恒定”，设置“值”为“45”。

(3)单击“确定”按钮，完成曲面的创建，结果如图 4-24 所示。

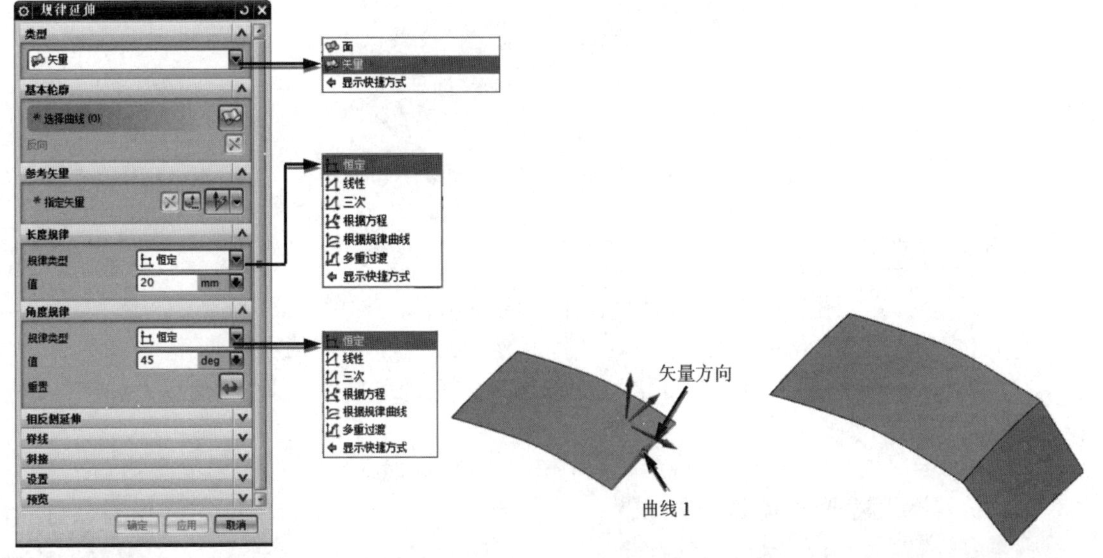

图 4-23　“规律延伸”对话框　　　　图 4-24　用“规律延伸”命令创建曲面

4.5.3　延伸曲面

“延伸曲面”命令是从基本片体中创建延伸片体。

4.5.3　微课视频

打开“素材文件\ch4\延伸曲面 . prt”，此文件内容与用“规律延伸”命令创建曲面的素材是一样的，可以从结果中体会两种创建曲面方法的不同。用“延伸曲面”命令创建曲面的步骤如下。

(1)执行“菜单”/“插入”/“弯边曲面”/“延伸”命令，系统弹出“延伸曲面”对话框，如图 4-25 所示。

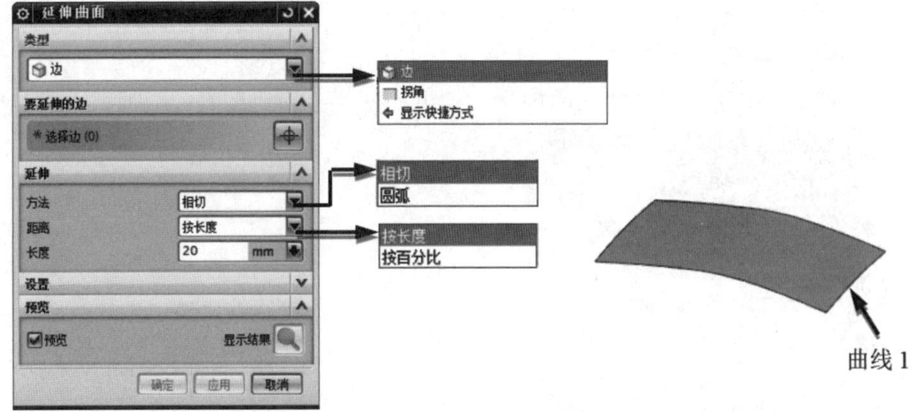

图 4-25　“延伸曲面”对话框

(2)“类型”选择“边”，在绘图区靠近“曲线 1”的片体上单击，则选中“曲线 1”作为“要延伸的边”，“延伸”下的“方法”选择“相切”，“距离”选择“按长度”，设置“长度”为“20”。

(3)单击“确定”按钮，完成曲面的创建，结果如图 4-26 所示。

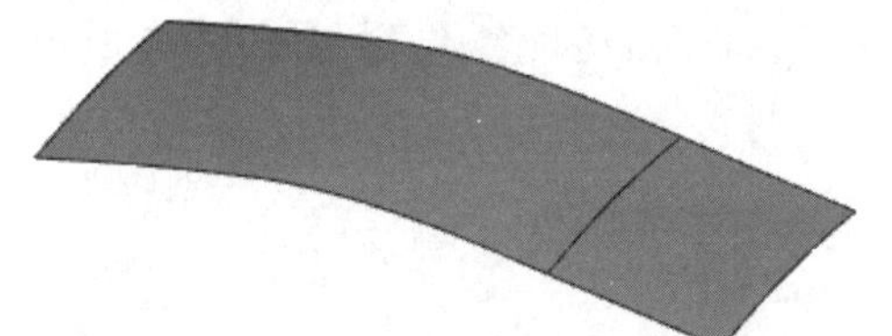

图 4-26　用“延伸曲面”命令创建曲面

4.5.4　过渡

“过渡”命令是在两个或多个截面形状之间创建过渡体。

打开“素材文件\ch4\过渡曲面 . prt”，用“过渡”命令创建曲面的步骤如下。

(1)执行“菜单”/“插入”/“曲面”/“过渡”命令，系统弹出“过渡”对话框，如图 4-27 所示。

(2)在绘图区选择“曲线 1”，按下鼠标中键，再选择“曲线 2”。

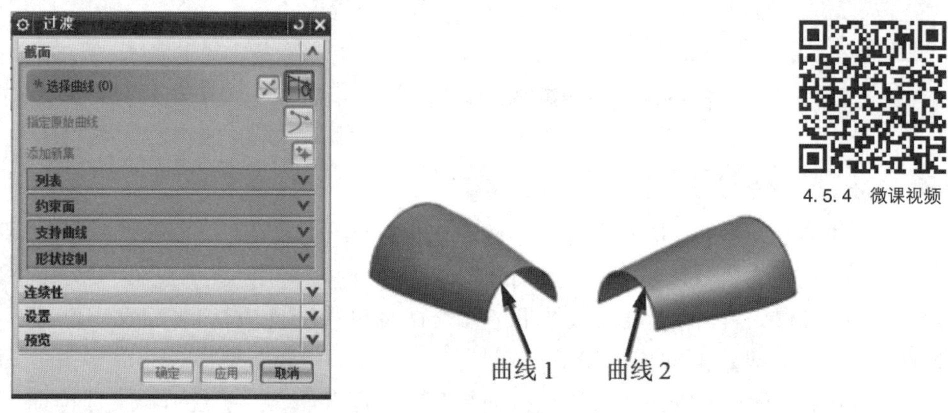

图 4-27　“过渡”对话框

(3)在“过渡”对话框中设置“形状控制”和“连续性”，在“设置”选项组中勾选“创建曲面”复选框，调整滑板位置至理想状态，如图 4-28 所示。

(4)单击“确定”按钮，完成曲面的创建，结果如图 4-29 所示。

图 4-28　相关参数设置

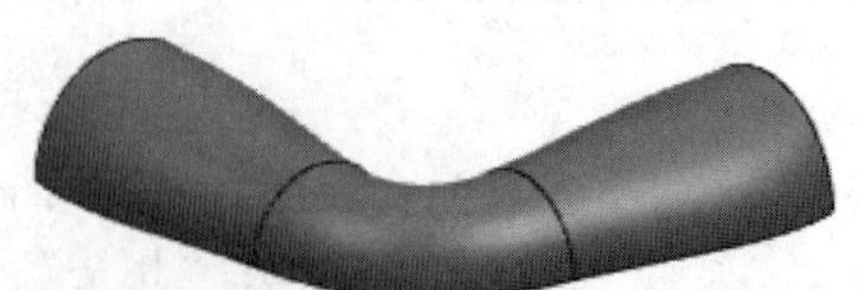

图 4-29　用“过渡”命令创建曲面

4.5.5　偏置曲面

“偏置曲面”命令是通过偏置一组面创建体，偏置的距离可以是固定的数值，也可以是一个可以变化的值。

打开“素材文件\ch4\偏置曲面.prt”，用“偏置曲面”命令创建曲面的步骤如下。

(1) 执行“菜单”/“插入”/“偏置/缩放”/“偏置曲面”命令，系统弹出“偏置曲线”对话框，如图4-30所示。

4.5.5　微课视频

(2) 在绘图区选择要偏置的面。

(3) 设置“偏置1”为“20”，通过反向按钮调整偏置方向至理想状态。

(4) 单击“确定”按钮，完成曲面的创建，结果如图4-31所示。

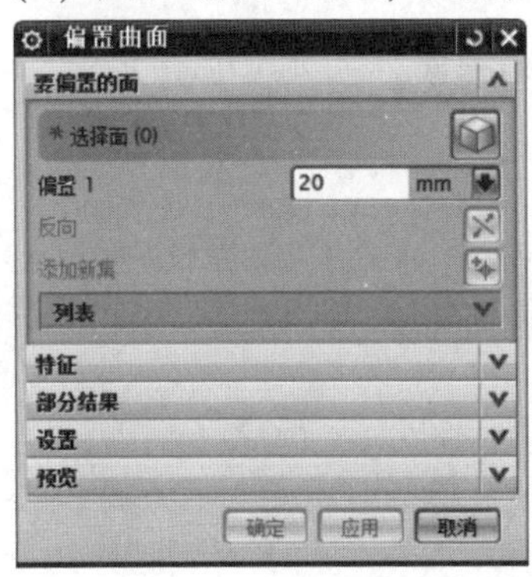

图4-30　“偏置曲面”对话框

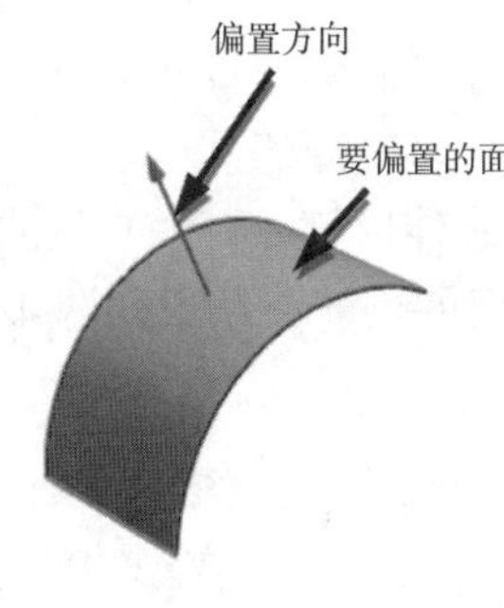

图4-31　用“偏置曲面”命令创建曲面

4.5.6　修剪片体

“修剪片体”命令是用曲线、面或基准平面修剪片体的一部分。

打开“素材文件\ch4\修剪片体.prt”，用“修剪片体”命令创建曲面的步骤如下。

(1) 执行“菜单”/“插入”/“修剪”/“修剪片体”命令，系统弹出“修剪片体”对话框，如图4-32所示。

(2) 在绘图区选择要修剪的片体和边界曲线。

(3) 设置“投影方向”为“垂直于面”，勾选“区域”选项组中的“保留”复选框。

(4) 单击“确定”按钮，完成曲面的创建，结果如图4-33所示。

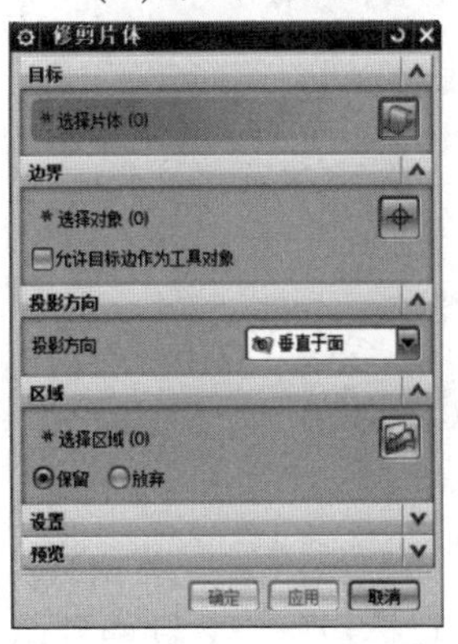

图4-32　“修剪片体”对话框

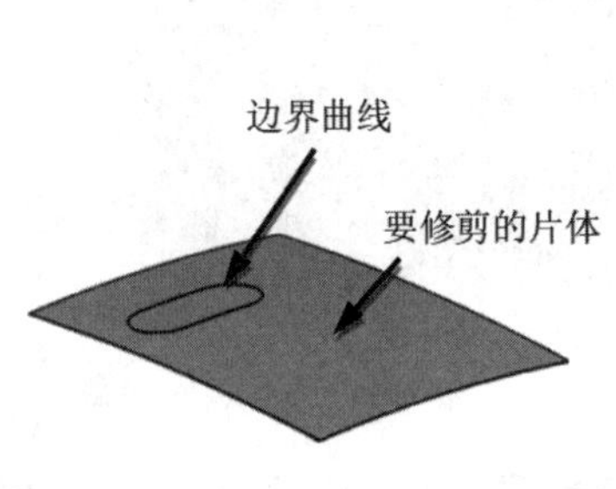

4.5.6　微课视频

图4-33　用“修剪片体”命令创建曲面

4.5.7 修剪和延伸

4.5.7 微课视频

“修剪和延伸”命令是修剪或延伸一组边或面与另一组边或面相交。使用该命令，可能令曲面延伸后和原来的曲面形成一个整体，相当于原来的曲面大小发生了变化，而不是另外单独生成一个曲面。当然也可以设置其作为新面延伸，而保留原有的面。

打开“素材文件\ch4\修剪和延伸 . prt”，用“修剪和延伸”命令创建曲面的步骤如下。

(1)执行“菜单”/“插入”/“修剪”/“修剪和延伸”命令，系统弹出“修剪和延伸”对话框，如图 4-34 所示。

(2)“修剪和延伸类型”选择“直至选定”，选择该类型选项时，需要分别指定目标对象和工具对象，系统会将目标对象边界延伸到工具对象处。

(3)在绘图区选择“目标边”和“工具对象”。

(4)在“设置”选项组中，“曲面延伸形状”选择“自然曲率”，“体输出”选择“延伸原片体”。

(5)单击“确定”按钮，完成曲面的创建，结果如图 4-35 所示。

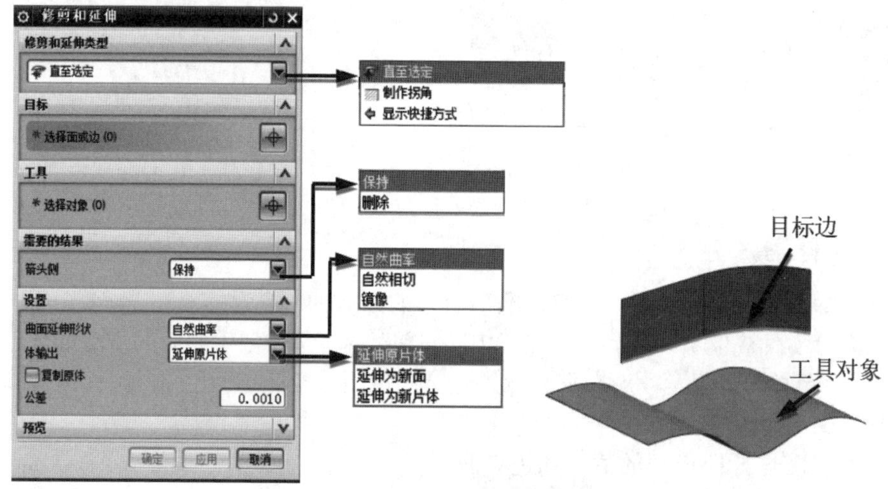

图 4-34 “修剪和延伸”对话框 1

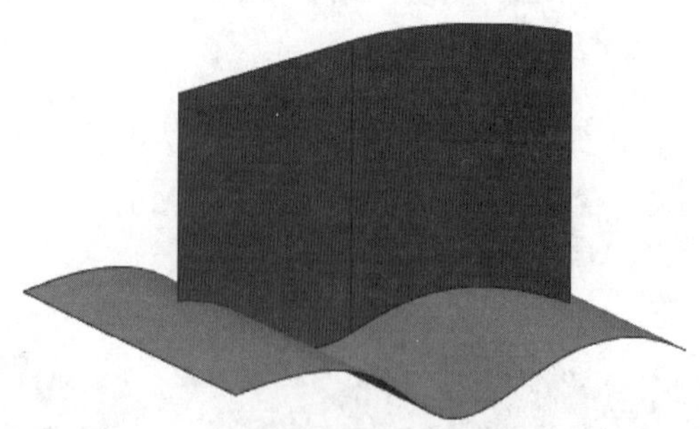

图 4-35 用“修剪和延伸”命令创建曲面 1

若“修剪和延伸类型”选择“制作拐角”，如图 4-36 所示，系统将目标对象边界延伸到工具对象处形成拐角，而位于拐角线指定一侧的工具曲面则被修剪掉，结果如图 4-37 所示。

注意：箭头侧需要的结果是"保持"还是"删除"。

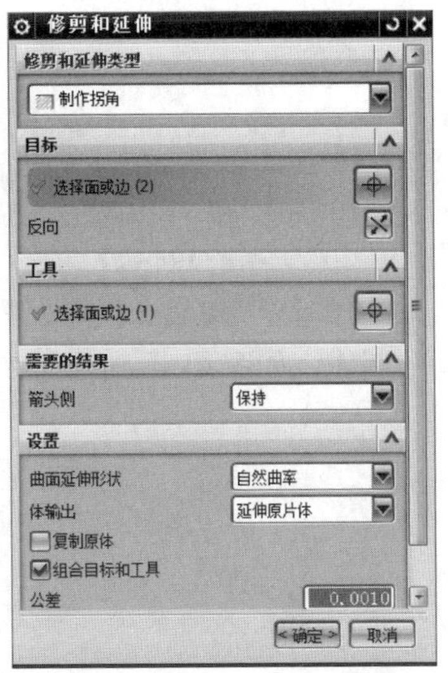

图 4-36　"修剪和延伸"对话框 2

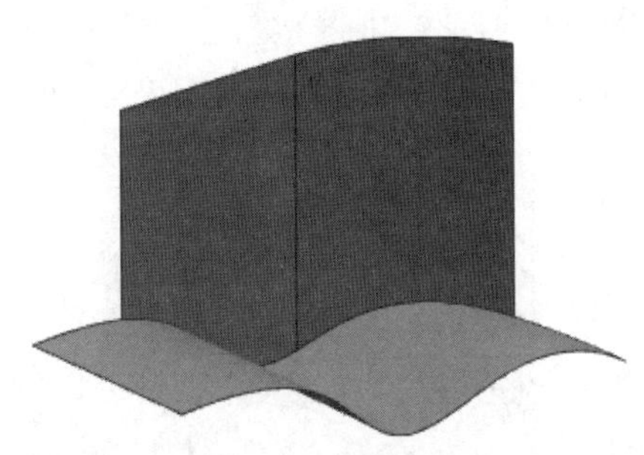

图 4-37　用"修剪和延伸"命令创建曲面 2

任务实施

任务 4.1　花瓶造型

1. 任务描述

完成花瓶造型，花瓶形状如图 4-38 所示。

任务 4.1　微课视频

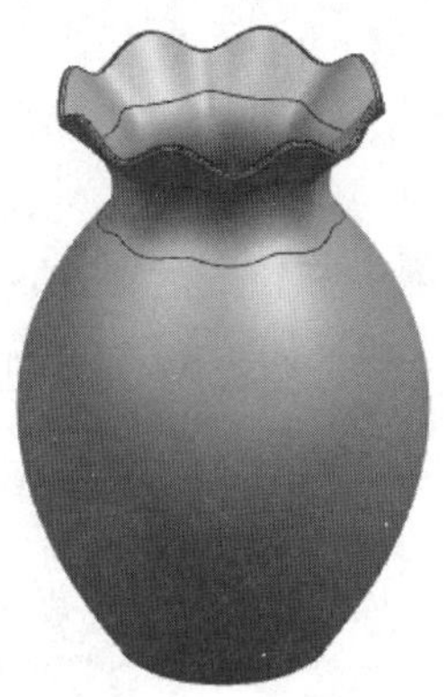

图 4-38　花瓶形状

2. 任务分析

先利用"通过曲线组"命令生成花瓶的瓶身部分(3 个空间圆组成的曲线组)和瓶口部分(1 个空间圆和 1 条规律曲线组成的曲线组)，再利用面倒圆和片体加厚以及边倒圆完成最终的造型。

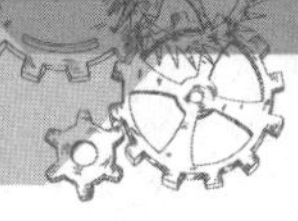

3. 操作步骤

1）建模准备

新建一个名为“花瓶 . prt”的文件，并进入建模模块。

2）创建花瓶瓶身部分

（1）执行“菜单”/“插入”/“曲线”/“基本曲线”命令，系统弹出“基本曲线”对话框，如图 4-39 所示，单击其中的“圆”按钮，在“点方法”选项组中单击“点构造器”按钮，在系统弹出的“点”对话框中输入圆心坐标为（0，0，0），单击“确定”按钮，再输入圆上一点的坐标为（35，0，0），单击“确定”按钮，完成第一个圆的创建，如图 4-40 所示。

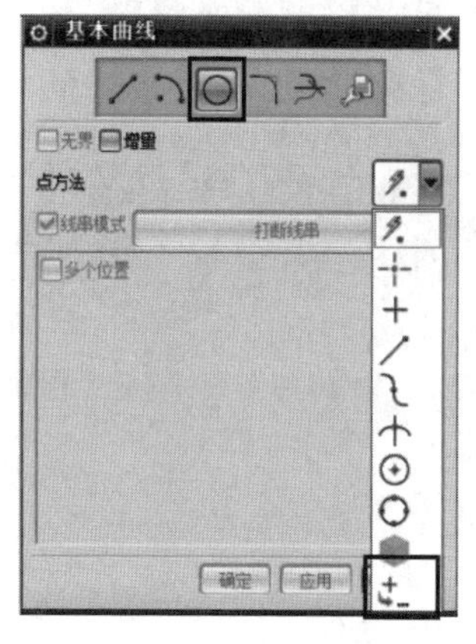

图 4-39 “基本曲线”对话框

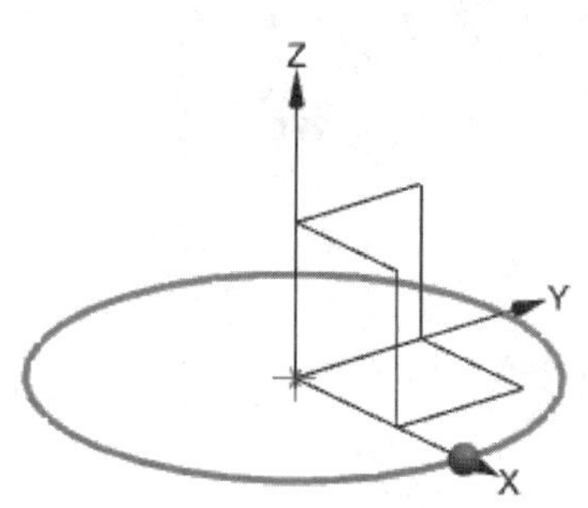

图 4-40 创建第一个圆

（2）继续在“点”对话框中输入第二个圆的圆心坐标为（0，0，100），单击“确定”按钮，再输入圆上一点的坐标（75，0，100），单击“确定”按钮，完成第二个圆的创建。

（3）继续在“点”对话框中输入第三个圆的圆心坐标为（0，0，180），单击“确定”按钮，再输入圆上一点的坐标（30，0，180），单击“确定”按钮，完成第三个圆的创建。关闭“点”对话框。创建的 3 个圆如图 4-41 所示。

（4）执行“菜单”/“插入”/“网格曲面”/“通过曲线组”命令，或单击“曲面”工具条中“通过曲线组”按钮，系统弹出“通过曲线组”对话框，依次选取图 4-41 所示的 3 条空间曲线，每选取一条曲线后，都按下鼠标中键。在“设置”选项组的“体类型”中选择“片体”，单击“确定”按钮，完成瓶身曲面的创建，结果如图 4-42 所示。

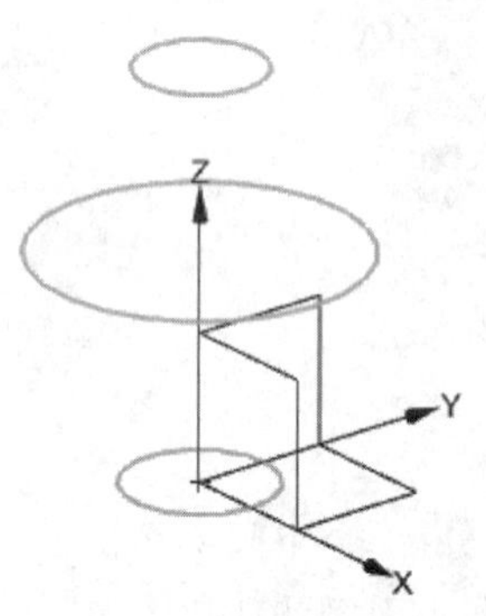

图 4-41 创建的 3 个圆

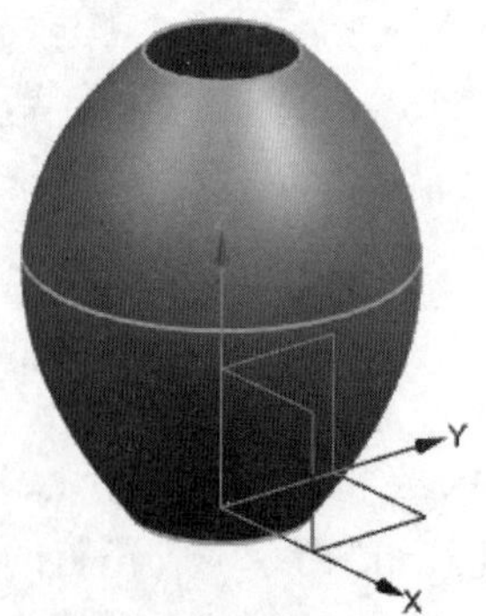

图 4-42 创建瓶身曲面

3) 创建花瓶瓶口部分

(1) 执行“菜单”/“工具”/“表达式”命令，创建表达式，输入“名称”为“t”，“公式”为“1”，单击右下角按钮。

(2) 重复(1)步骤，依次输入“名称”为“xt”，“公式”为“60 * cos(t * 360)”；“名称”为“yt”，“公式”为“60 * sin(t * 360)”；“名称”为“zt”，“公式”为“210-5 * sin(t * 360 * 8)”；如图 4-43 所示。单击“确定”按钮。

图 4-43　“表达式”对话框

(3) 执行“菜单”/“插入”/“曲线”/“规律曲线”命令，或单击“曲线”工具条中的“规律曲线”按钮，系统弹出“规律曲线”对话框，如图 4-44 所示，单击“确定”按钮，完成规律曲线的创建，结果如图 4-45 所示。

(4) 执行“菜单”/“插入”/“网格曲面”/“通过曲线组”命令，或单击“曲面”工具条中“通过曲线组”按钮，系统弹出“通过曲线组”对话框，选取图 4-45 所示规律曲线，先按下鼠标中键，再选择瓶身最上部的圆，单击“确定”按钮，完成瓶口曲面的创建，结果如图 4-46 所示。

(5) 执行“菜单”/“插入”/“组合”/“缝合”命令，或单击“曲面工序”工具条中“缝合”按钮，分别选择瓶身和瓶口部分的曲线作为“目标体”和“工具体”，单击“确定”按钮，将两个曲面缝合。

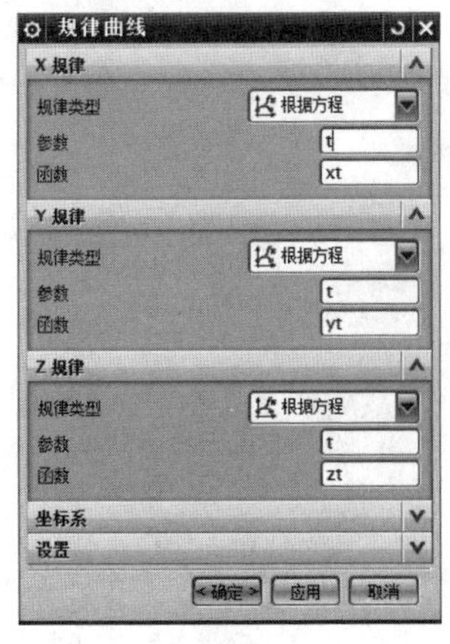

图 4-44　“规律曲线”对话框

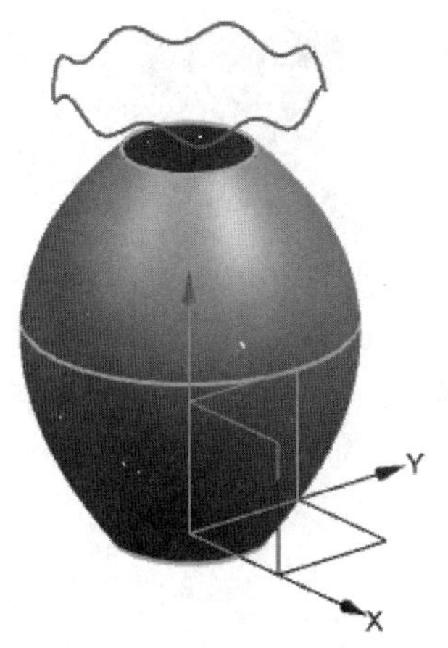

图 4-45　创建规律曲线

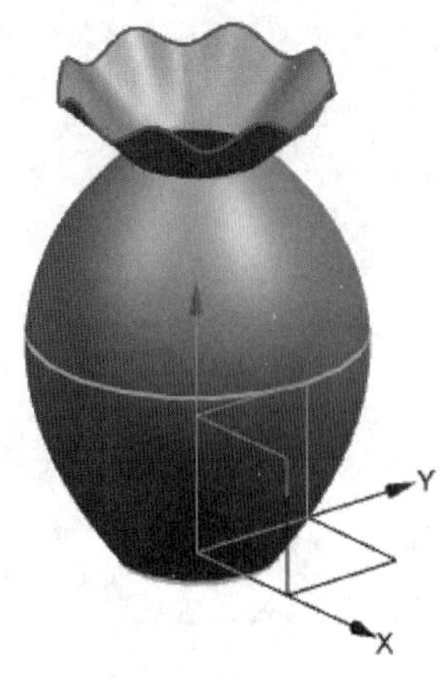

图 4-46　创建瓶口曲面

4) 创建面倒圆

(1) 执行"菜单"/"插入"/"细节特征"/"面倒圆"命令，或单击"曲面"工具条中"面倒圆"按钮，系统弹出"面倒圆"对话框，分别选取瓶口曲面和瓶身曲面作为"面链 1"和"面链 2"，瓶身曲面和瓶口曲面的交线作为"脊线"，"横截面"选项组的设置如图 4-47 所示，单击"确定"按钮，完成面倒圆的创建，结果如图 4-48 所示。

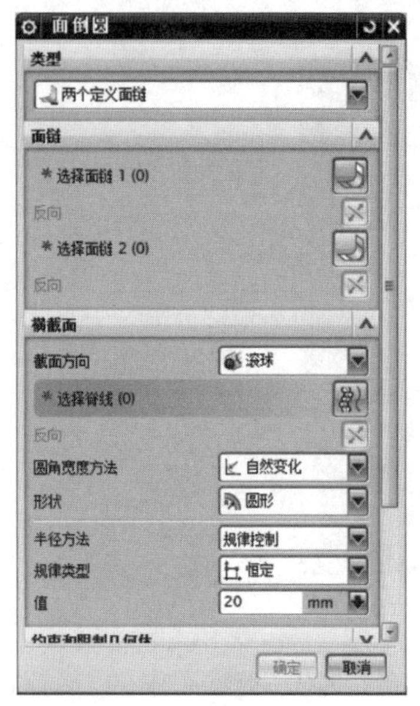

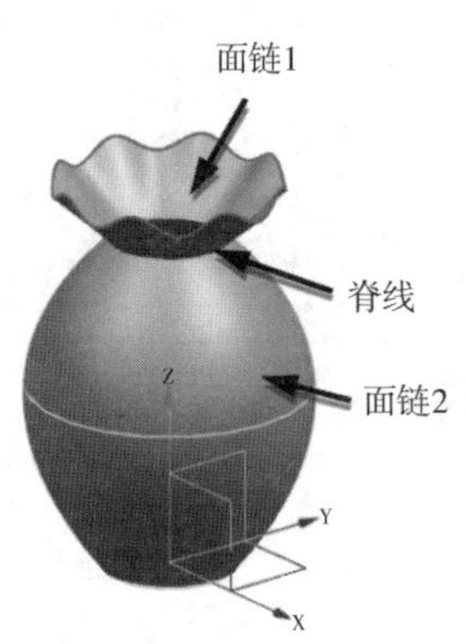

图 4-47 "面倒圆"对话框

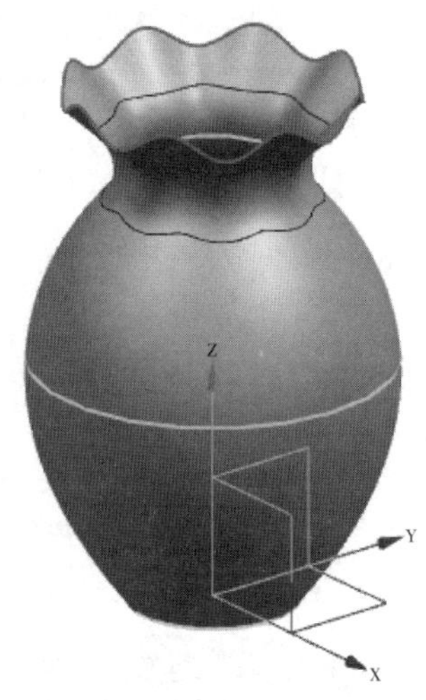

图 4-48 面倒圆结果 1

(2) 执行"菜单"/"插入"/"网格曲面"/"N 边曲面"命令，系统弹出"N 边曲面"对话框，如图 4-49 所示，选取瓶身底部曲面作为"外环"，单击"确定"按钮，完成 N 边曲面的创建，结果如图 4-50 所示。

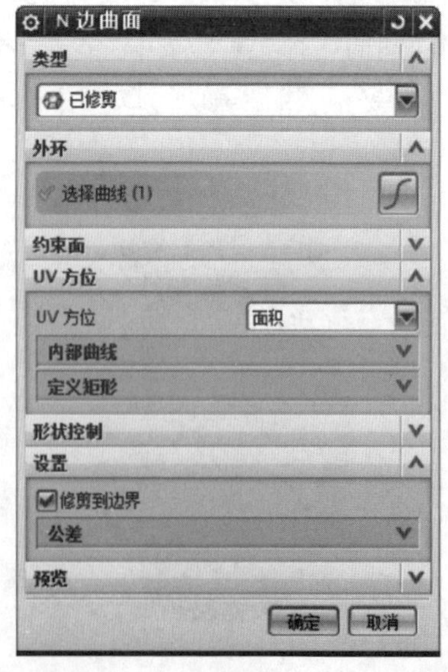

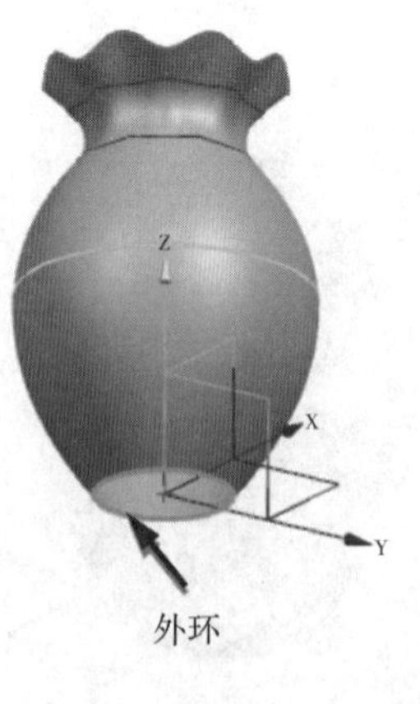

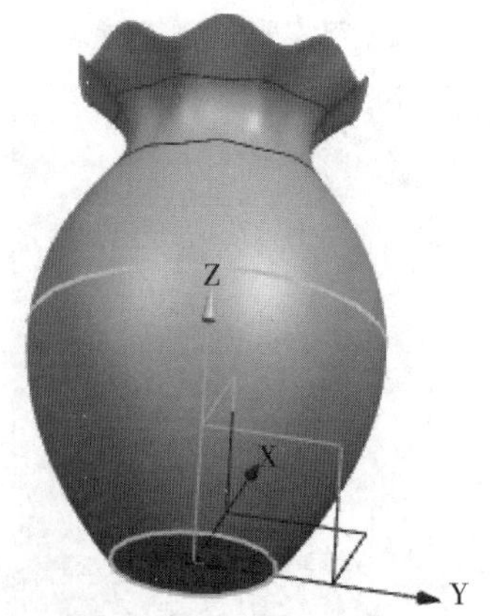

图 4-49 "N 边曲面"对话框

图 4-50 创建 N 边曲面

(3)执行“菜单”/“插入”/“组合”/“缝合”命令，或单击“曲面工序”工具条中“缝合”按钮，分别选择上步创建的N边曲面和已缝合的瓶身曲线作为“目标体”和“工具体”，单击“确定”按钮，将两个曲面缝合。

(4)参考步骤(1)完成底部和瓶身交接处的面倒圆操作，设置半径为“10”，结果如图4-51所示。

5)加厚曲面

执行“菜单”/“插入”/“偏置/缩放”/“加厚”命令，或单击“曲面工序”工具条中“加厚”按钮，系统弹出“加厚”对话框，选择缝合后的所用曲面，在设置“厚度”选项组的“偏置1”为“3”，单击“确定”按钮，加厚的效果如图4-52所示。

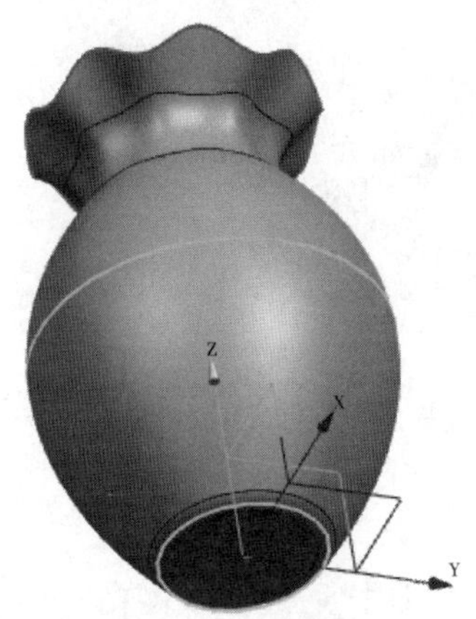

图4-51　面倒圆结果2

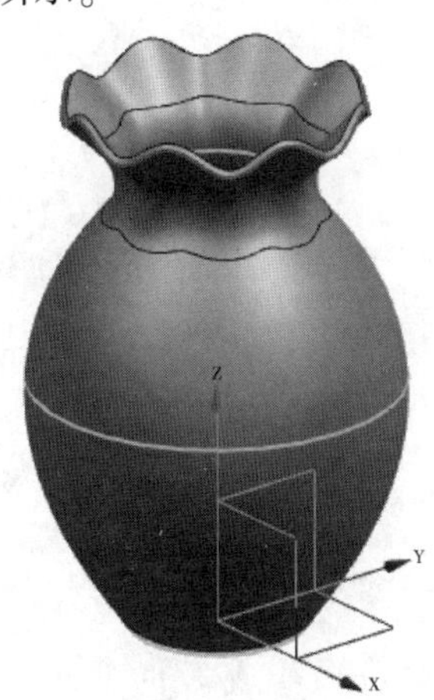

图4-52　加厚的效果

6)边倒圆

执行“菜单”/“插入”/“细节特征”/“边倒圆”命令，或单击“曲面”工具条中“边倒圆”按钮，系统弹出“边倒圆”对话框，设置半径为“1”，选择瓶口处两条线，单击“确定”按钮，边圆角的效果如图4-53所示。

7)修整视图

隐藏不必要显示的对象，花瓶最终的效果如图4-54所示。

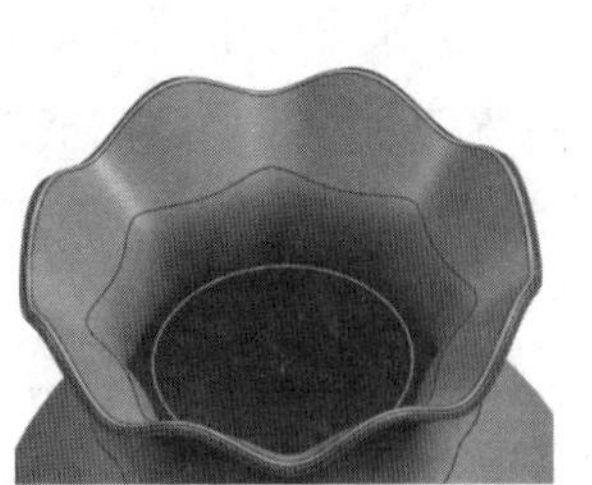

图4-53　边倒圆的效果

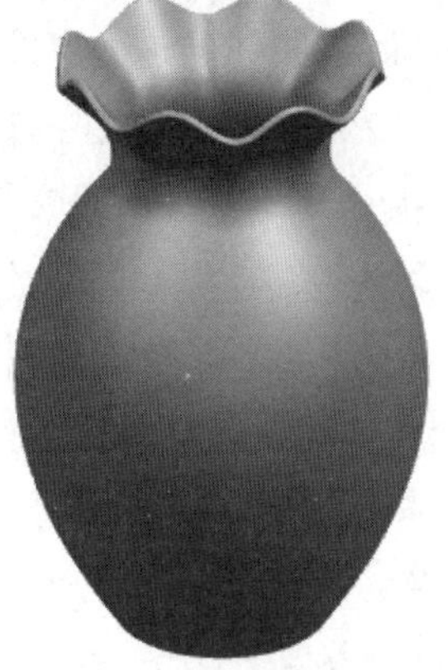

图4-54　花瓶最终的效果

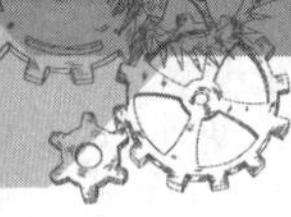

4. 任务总结

利用表达式生成曲线，再利用“通过曲线组”命令生成曲面，将曲面加厚即可生成实体。

任务 4.2　三通管造型

1. 任务描述

完成三通管的创建，三通管形状如图 4-55 所示。

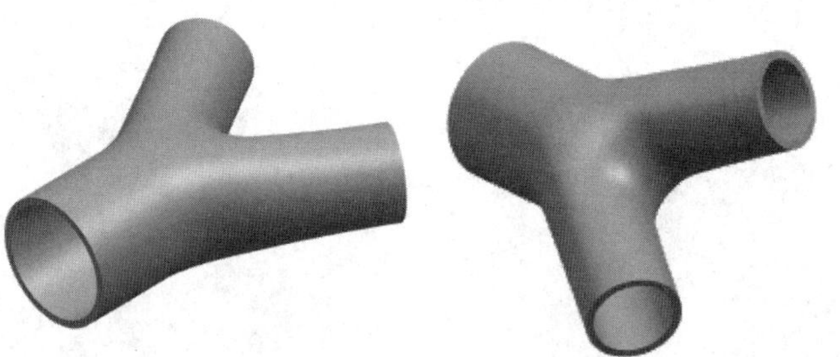

任务 4.2　微课视频

图 4-55　三通管

2. 任务分析

先利用“扫掠”命令生成三通管的口部曲线，再利用“通过曲线网格”命令生成交接处的曲面，并对曲面进行修改和编辑，以使曲面光滑、平顺。由于该产品是轴对称图形，造型时可利用镜像特征，提高效率。

3. 操作步骤

1)建模准备

新建一个名为“三通管 . prt”的文件，并进入建模模块。

2)创建曲线

(1)单击“主页”选项卡下“直接草图”工具条中的“草图”按钮，选择 XC-YC 平面作为草绘平面，单击“确定”按钮，进入草图界面。

(2)绘制如图 4-56 所示的草图，单击“完成草图”按钮，退出草图界面。

(3)执行“菜单”/“插入”/“曲线”/“直线”命令，在系统弹出的“直线”对话框中单击“起点”选项组中的“点构造器”按钮，在系统弹出的“点”对话框中输入起点坐标为(0, 0, 0)，单击“确定”按钮。在“直线”对话框中单击“终点或方向”选项组中的“点构造器”按钮，在系统弹出的“点”对话框中输入终点坐标为(0, 0, 15)，单击“确定”按钮，创建直线 1。

(4)执行“菜单”/“插入”/“曲线”/“直线”命令，在绘图区捕捉图 4-57 所示直线的中点为起点，设置“方向”为 ZC 方向，设置“长度”为“10”，单击“确定”按钮，创建直线 2，结果如图 4-57 所示。

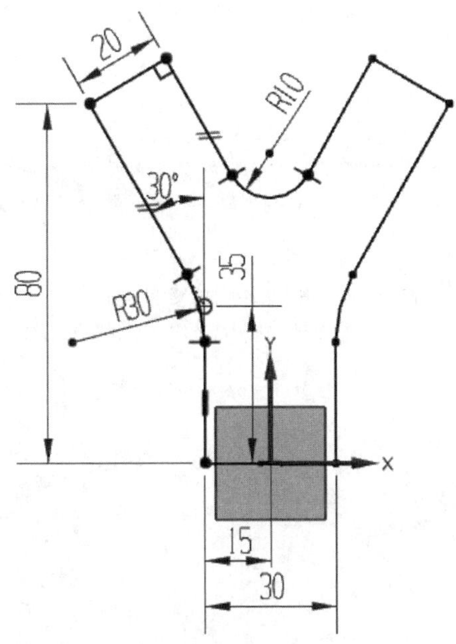

图 4-56　绘制草图

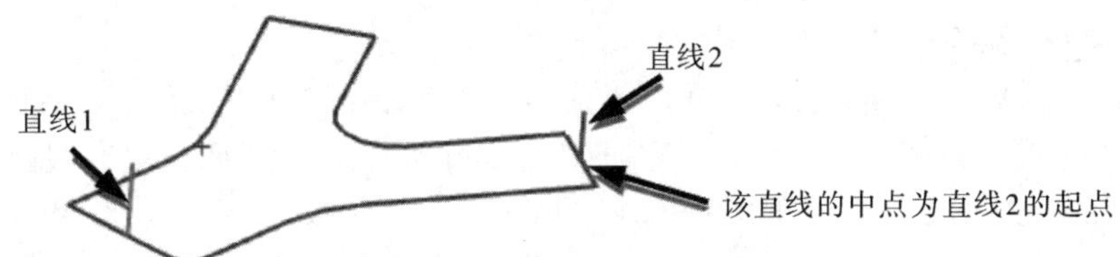

图 4-57　创建直线

(5)执行“菜单”/“插入”/“曲线”/“圆弧/圆”命令，系统弹出“圆弧/圆”对话框，利用“三点画圆弧”方式，完成圆弧的创建，结果如图 4-58 所示。

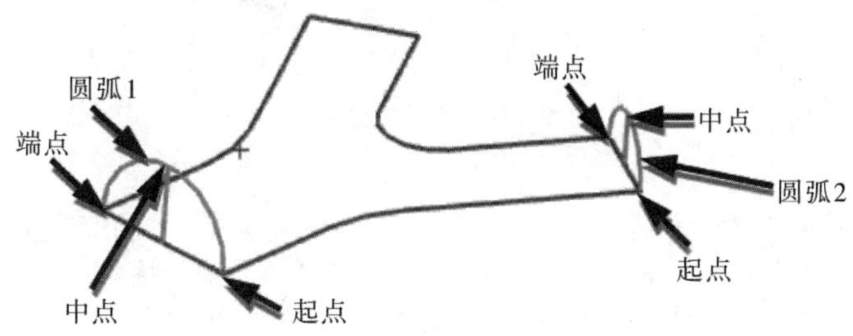

图 4-58　创建圆弧

3)用“扫掠”命令创建曲面

(1)执行“菜单”/“插入”/“设计特征”/“扫掠”命令，“截面线”与“引导线”按图 4-59(a)所示选择，单击“确定”按钮，结果如图 4-59(b)所示。

(2)重复创建扫掠曲面，“截面线”与“引导线”如图 4-60(a)所示选择，结果如图 4-60(b)所示。

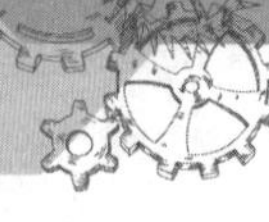

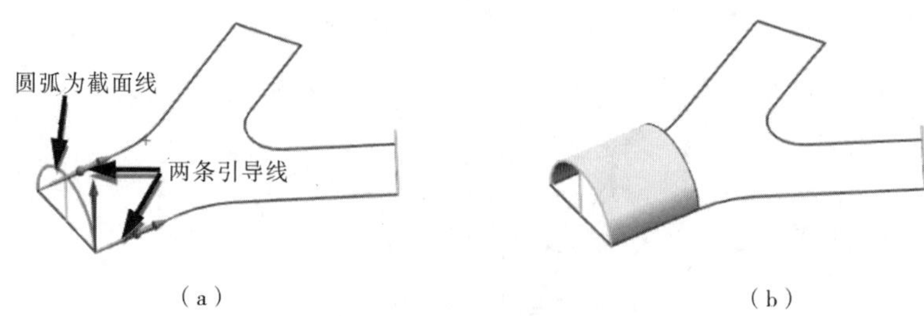

图 4-59　用“扫掠”命令创建曲面 1

(a)选择“截面线”与“引导线”；(b)扫掠结果

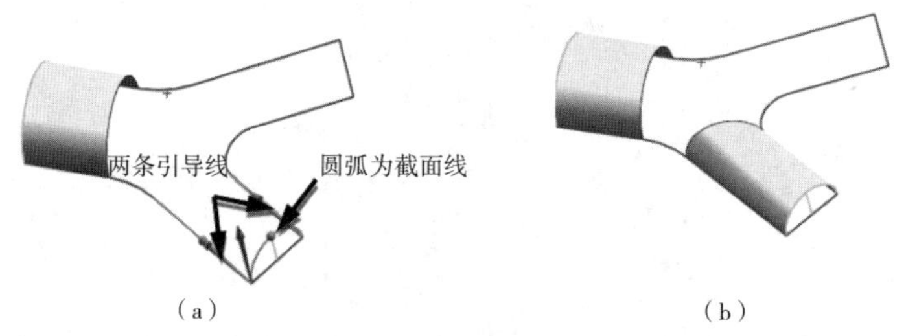

图 4-60　用“扫掠”命令创建曲面 2

(a)选择“截面线”与“引导线”；(b)扫掠结果

4)用“通过曲线网格”命令创建曲面

(1)执行“菜单”/“插入”/“派生曲线”/“相交”命令，系统弹出“相交曲线”对话框，选择如图 4-61(a)所示的曲线作为“第一组”面，YC-ZC 平面作为“第二组”面，单击“应用”按钮，完成第 1 条相交曲线的创建，结果如图 4-62(b)所示。

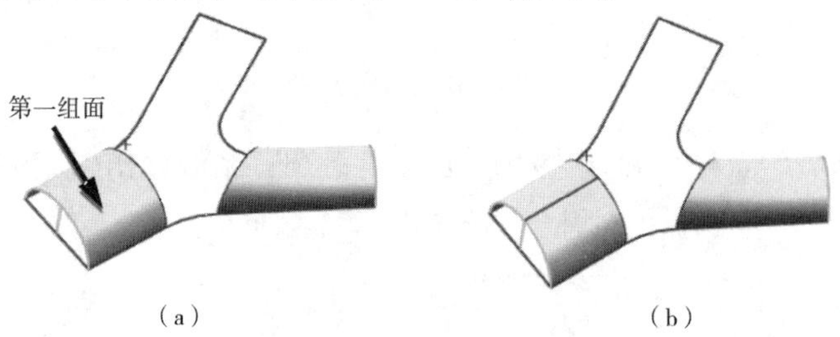

图 4-61　创建相交曲线 1

(a)选择“第一组”面；(b)相交曲线创建结果

(2)继续选择图 4-62(a)所示的曲线作为“第一组”面，选择“第二组”/“指定平面”的类型为“点和方向”，捕捉如图 4-62(a)所示的圆弧中点为“点”，选择系统默认生成的平面为“第二组”面，单击“确定”按钮，完成第 2 条相交曲线的创建，结果如图 4-62(b)所示。

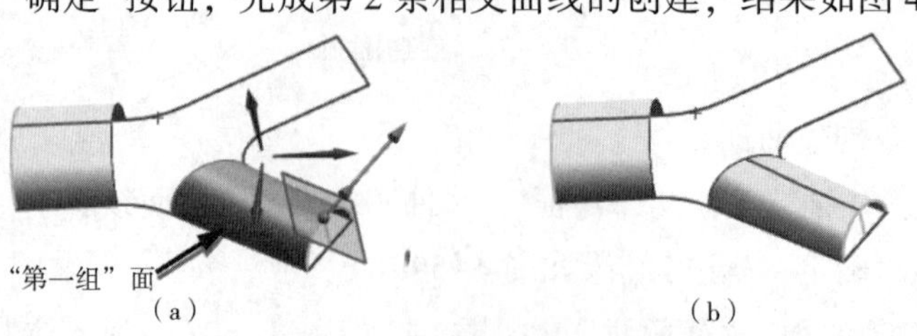

图 4-62　创建相交曲线 2

(a)选择“第一组”面；(b)相交曲线创建结果

(3)执行“菜单”/“插入”/“派生曲线”/“桥接”命令，分别选择生成的两条相交曲线为“起始对象”和“终止对象”，如图4-63所示，创建桥接曲线。

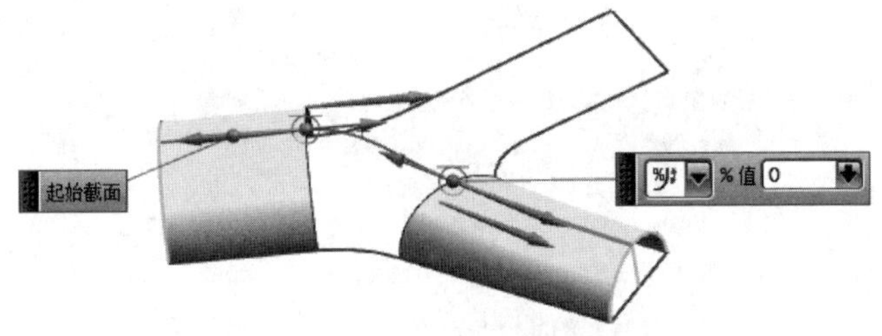

图 4-63 创建桥接曲线 1

(4)执行“菜单”/“插入”/“设计特征”/“拉伸”命令，选择如图4-64(a)所示的两条曲线为截面线，“方向”选择“-ZC”轴，“体类型”选择“片体”，设置“距离”为“5”，单击“确定”按钮，完成拉伸片体的创建，结果如图4-64(b)所示。

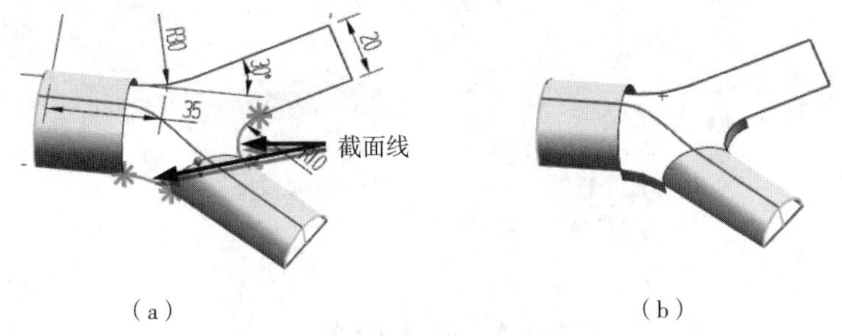

图 4-64 创建拉伸片体

(a)选择截面线；(b)拉伸片体创建结果

(5)执行“菜单”/“插入”/“网格曲面”/“通过曲线网格”命令，主曲线和交叉曲线的选择如图4-65(a)所示，设置“连续性”下的“第一主线串”“最后主线串”“最后交叉线串”均为“相切”，“第一交叉线串”为“位置”，单击“确定”按钮，完成曲面的创建，结果如图4-65(b)所示。

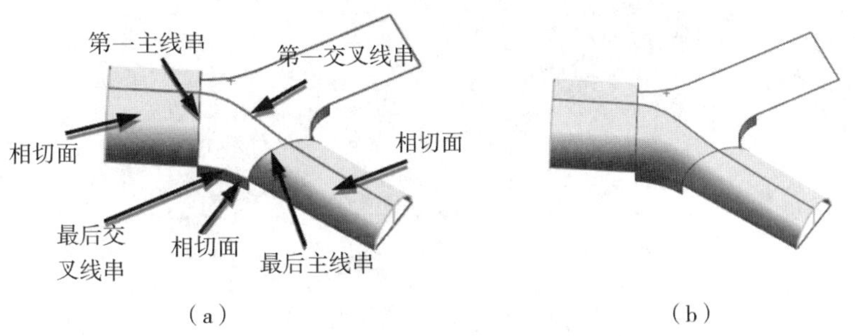

图 4-65 用“通过曲线网格”命令创建曲面 1

(a)线串及相切面设置；(b)曲面创建结果

注意：如果选择的曲线是整条曲线，可以先激活上边框条中的“在相交处停止”按钮，再去选择曲线。

(6)执行“菜单”/“插入”/“曲线”/“直线”命令，在绘图区分别选择图4-66(a)所示的两点作为直线的起点和终点，单击“确定”按钮，完成直线的创建，结果如图4-66(b)所示。

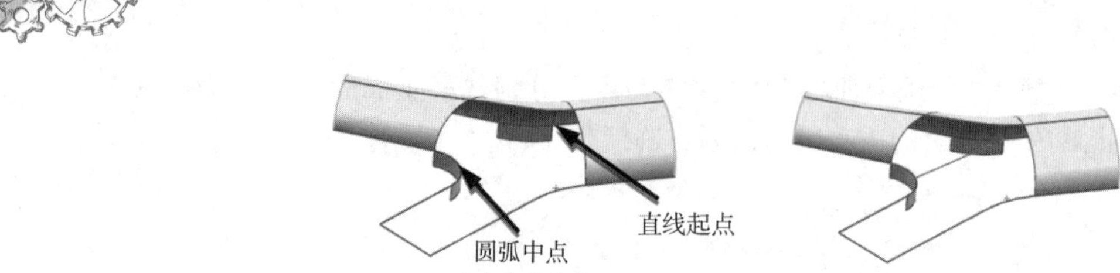

（a）　　　　（b）

图 4-66　创建直线

(a)选择直线的起点与终点；(b)直线创建结果

(7)执行“菜单”/“插入”/“派生曲线”/“投影”命令，将“要投影的曲线或点”选择上一步创建的直线，“要投影的对象”选择图 4-67(a)所示的两个曲面，“投影方向”选择“沿矢量”，在“指定矢量”选项组中选择“ZC 轴”方向，“投影选项”选择“投影两侧”，单击“确定”按钮，创建两条投影曲线，结果如图 4-67(b)所示。

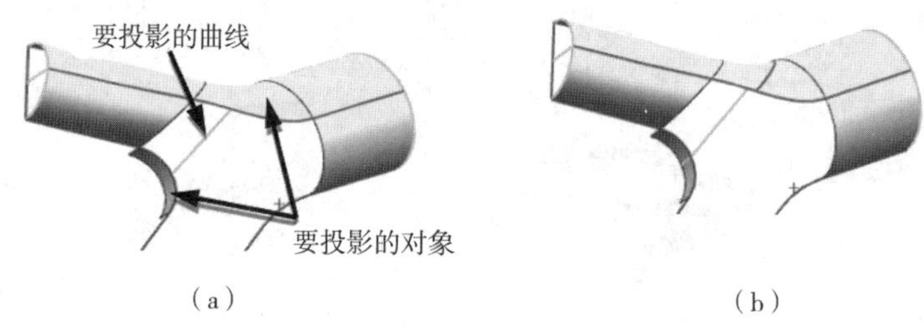

（a）　　　　（b）

图 4-67　创建投影曲线

(a)选择要投影的对象；(b)投影曲线创建结果

(8)执行“菜单”/“插入”/“派生曲线”/“桥接”命令，选择上一步生成的两条相交曲线为“起始对象”和“终止对象”，如图 4-68 所示，创建桥接曲线。

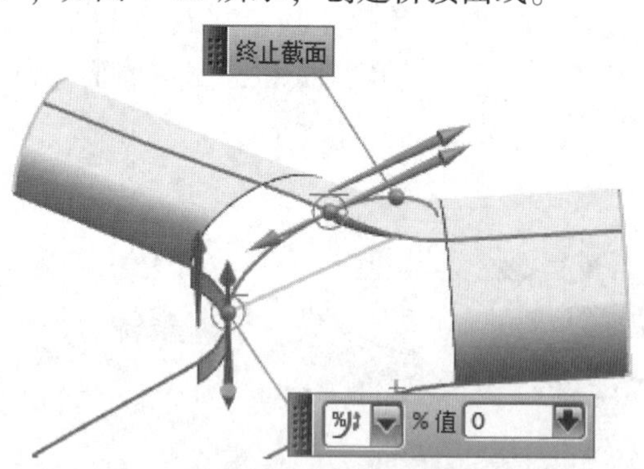

图 4-68　创建桥接曲线 2

(9)执行“菜单”/“插入”/“网格曲面”/“通过曲线网格”命令，主曲线和交叉曲线的选择如图 4-69(a)所示，“连续性”下的“第一主线串”“最后主线串”“最后交叉线串”均选择“相切”，“第一交叉线串”选择“位置”，单击“确定”按钮，完成曲面创建，结果如图 4-69(b)所示。

(10)执行“菜单”/“插入”/“组合”/“缝合”命令，将图 4-70 所示的 3 个片体缝合。

(11)执行“菜单”/“插入”/“基准/点”/“基准平面”命令，“类型”选择“按某一距离”，

“平面参考”选择 YC-ZC 平面，设置“偏置”为“8”，方向沿 XC 轴正向，单击“确定”按钮，完成基准平面的创建，结果如图 4-71 所示。

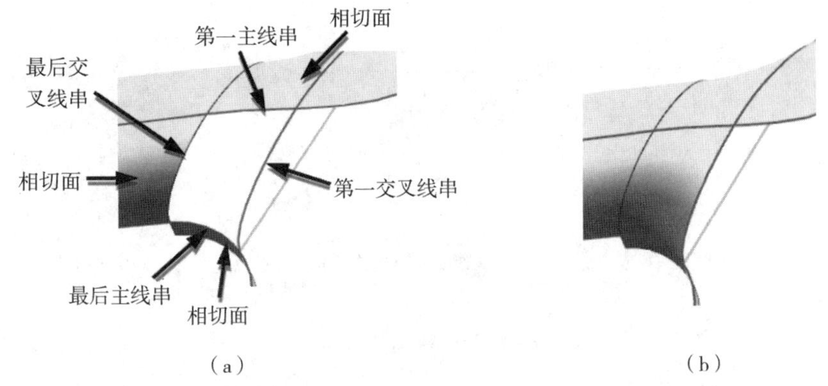

图 4-69　用“通过曲线网格”命令创建曲面 2

（a）线串及相切面设置；（b）曲面创建结果

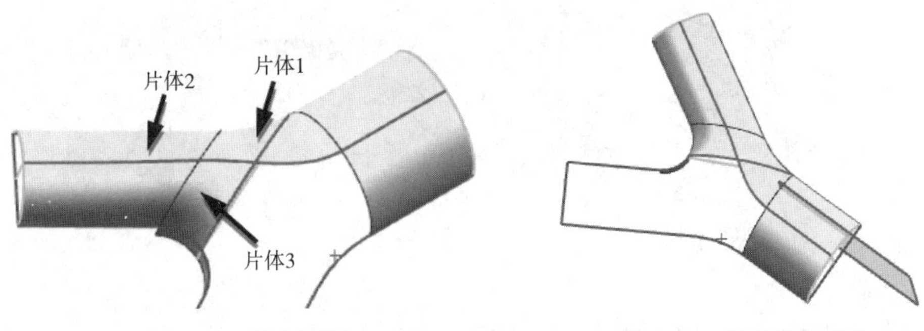

图 4-70　缝合片体　　**图 4-71　创建基准平面**

（12）执行“菜单”/“插入”/“修剪”/“修剪片体”命令，选择缝合后的片体作为目标片体，选择创建的基准平面作为边界，将保留区域调整到理想状态，如图 4-72（a）所示，单击“确定”按钮，完成修剪片体的创建，结果如图 4-72（b）所示。

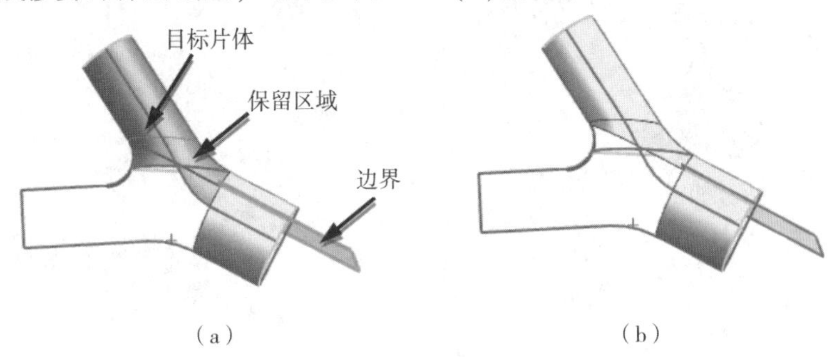

图 4-72　创建修剪片体

（a）修剪片体设置；（b）修剪片体创建结果

（13）执行“菜单”/“插入”/“关联复制”/“镜像几何体”命令，选择修剪后的片体作为“要镜像的几何体”，选择 YC-ZC 平面作为“镜像平面”，单击“确定”按钮，完成镜像几何体操作，结果如图 4-73 所示。

（14）执行“菜单”/“插入”/“网格曲面”/“通过曲线网格”命令，主曲线和交叉曲线的选择如图 4-74(a)所示,“连续性”下的“第一主线串”“最后主线串”“第一交叉线串”“最后交叉线串”均选择“相切”,单击“确定”按钮,完成曲面的创建,结果如图 4-74(b)所示。

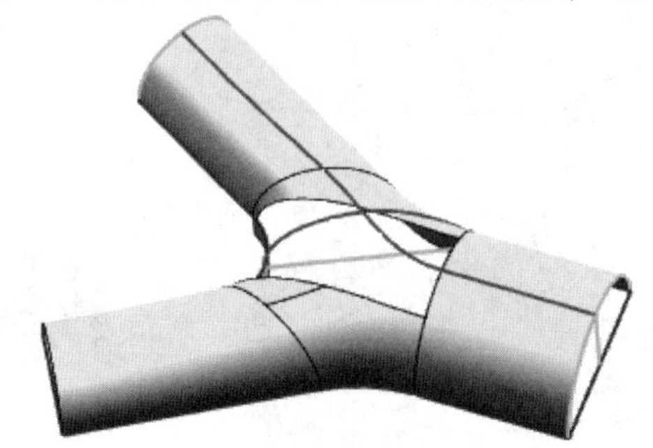

图 4-73 镜像几何体 1

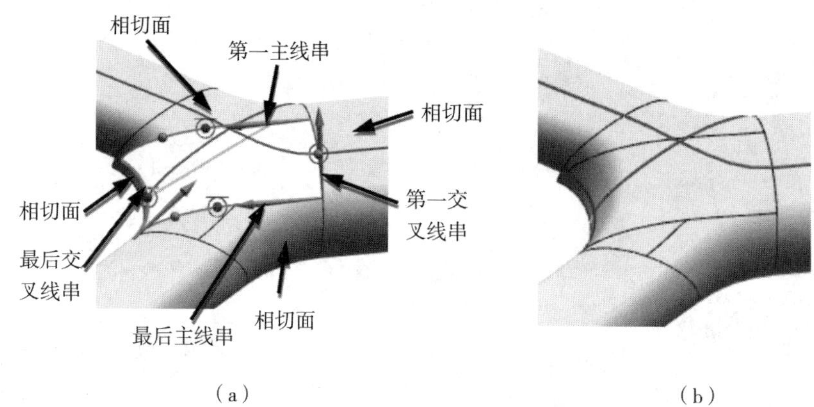

图 4-74 用“通过曲线网格”命令创建曲面 3

(a)线串及相切面设置;(b)曲面创建结果

(15)隐藏图 4-75 所示的两处拉伸片体,执行“菜单”/“插入”/“关联复制”/“镜像几何体”命令,选择显示的所有片体作为“要镜像的几何体”,选择 XC-YC 平面作为“镜像平面”,单击“确定”按钮,完成镜像几何体的创建,结果如图 4-76 所示。

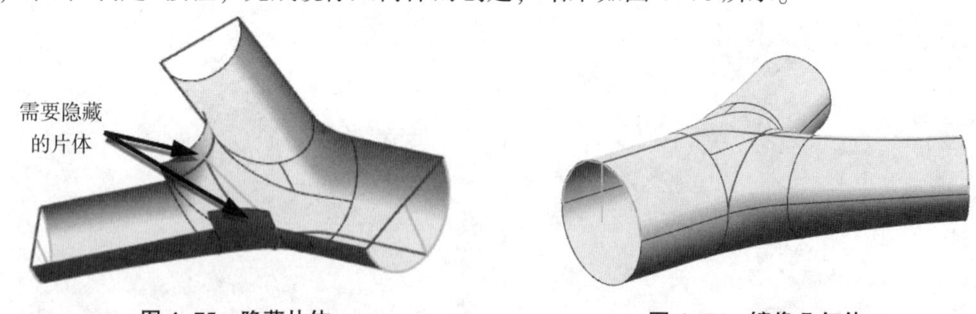

图 4-75 隐藏片体 **图 4-76 镜像几何体 2**

(16)执行“菜单”/“插入”/“组合”/“缝合”命令,将图 4-76 所示的所有片体缝合。

5)加厚曲面生成体

执行“菜单”/“插入”/“偏置/缩放”/“加厚”命令,系统弹出“加厚”对话框,选择缝合后的所用曲面,设置“厚度”选项组的“偏置 1”为“2”,单击“确定”按钮,加厚的效果如图 4-77 所示。

6) 修整视图

隐藏不必要显示的对象，三通管最终的效果如图 4-78 所示。

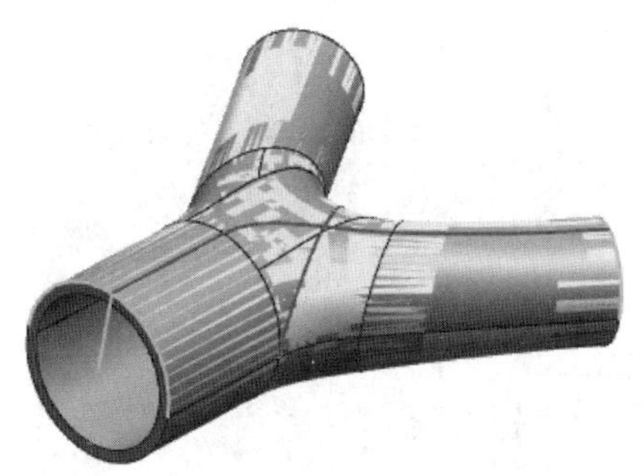
图 4-77　加厚的效果

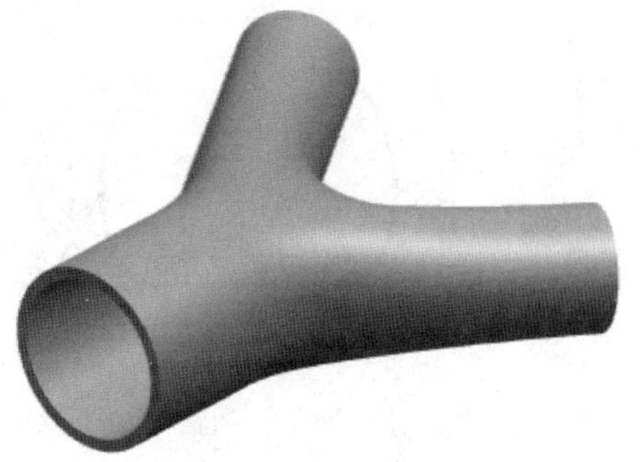
图 4-78　三通管最终的效果

4. 任务总结

本案运用了“通过曲线网格”“镜像”等命令完成三通管的造型。实际上，很多曲面造型可以使用不同的方法来完成，需要在平时的设计工作和练习中不断总结经验，以提高设计效率。

习 题

1. 完成图 4-79 所示的支撑座产品的造型。

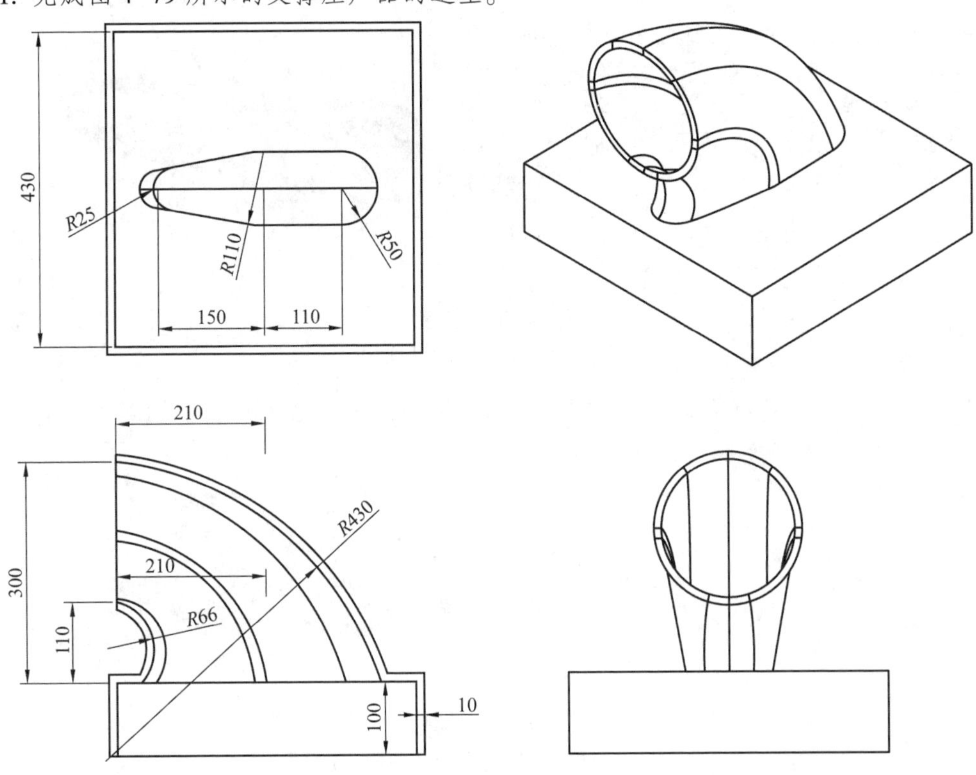

图 4-79　支撑座

2. 完成图 4-80 所示的茶壶产品的造型。

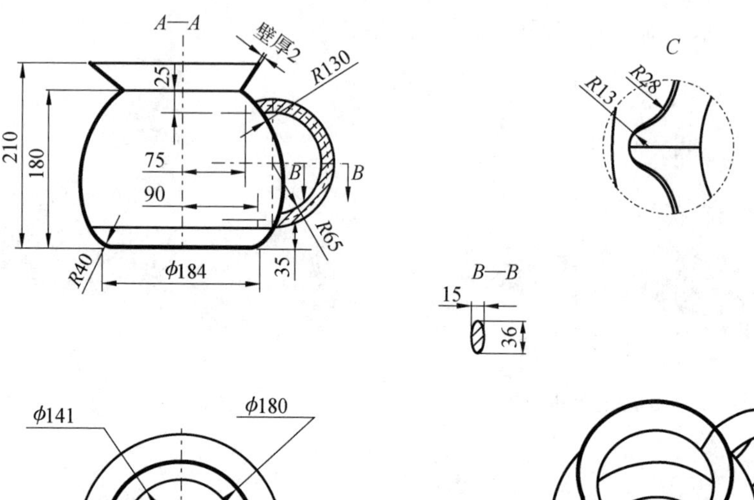

图 4-80 茶壶

3. 根据图 4-81(a)所给的“素材文件\ch4\拉手.igs”中的曲线，完成图 4-81(b)所示的拉手实体的造型，要求光顺、饱满，无皱折、扭曲。

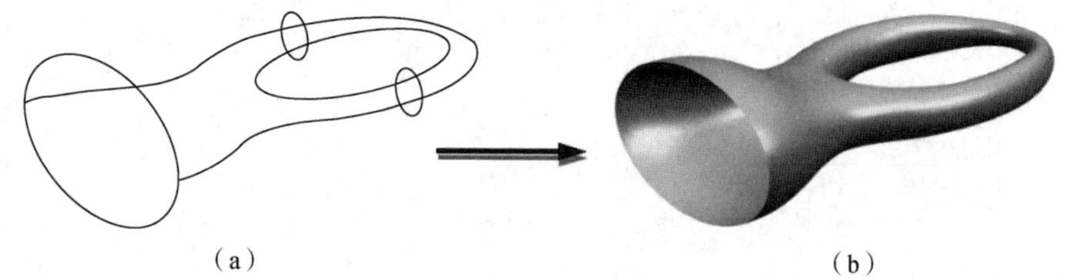

(a)　　(b)

图 4-81 拉手

(a)拉手曲线；(b)拉手实体

4. 根据图 4-82(a)所给的“素材文件\ch4\鼠标.igs”中的曲线，完成图 4-82(b)所示的鼠标实体的造型，要求光顺、饱满，无皱折、扭曲。

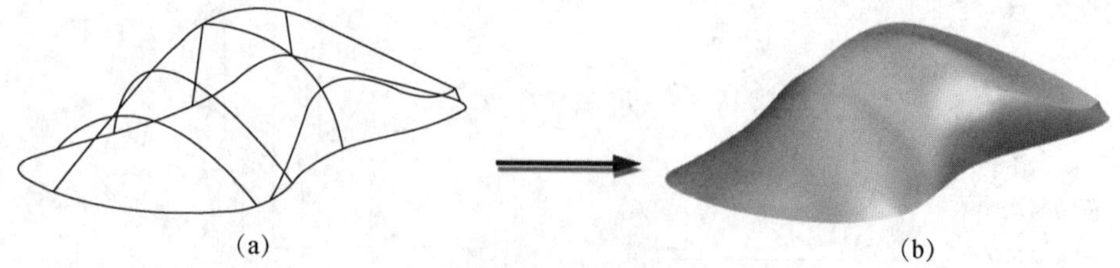

(a)　　(b)

图 4-82 鼠标

(a)鼠标曲线；(b)鼠标实体

项目 5 钣金建模

知识目标

(1)熟悉 UG NX 10.0 钣金模块的基本操作。

(2)掌握弯边、凹坑等常用钣金造型命令的操作。

(3)掌握钣金件展开的方法。

能力目标

能选用合适的操作命令，完成中等复杂程度的冲压件建模，能进行钣金件的展开操作，利用软件求解钣金件的展开尺寸。

德育目标

(1)具有积极沟通交流和团结协作精神。

(2)具有较强的质量意识及追求卓越的工匠精神。

项目描述

本项目先通过一个实例介绍常用的钣金造型命令的功能和用法，以及钣金造型的一般过程，再以两个典型钣金零件建模案例为载体，介绍 UG NX 10.0 的钣金造型功能的应用。通过本项目的学习可以掌握 UG NX 10.0 的钣金模块操作方法与技巧。

相关知识

钣金件是产品结构件的主框架，在产品设计中是很重要的结构件，UG NX 10.0 中的钣金模块具有强大的钣金设计功能，而且操作简单、界面人性化，用户可轻松设计出各种需要的钣金件。钣金模块与其他模块可以相互转换，使设计工作更加方便快捷。

5.1 钣金环境预设置

启动 UG NX 10.0，新建一个部件文件，单击功能区的“应用模块”标签，切换到“应用模块”选项卡，如图 5-1 所示。在“设计”工具条中单击“钣金”按钮，便可以快速切换到钣金模块。

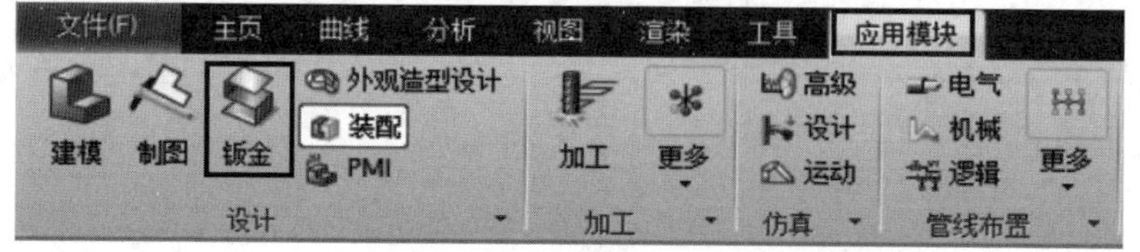

图 5-1 “应用模块”选项卡

5.1 微课视频

或单击 UG NX 10.0 初始用户界面的标准工具条中的“新建”按钮，系统弹出“新建”对话框，如图 5-2 所示。选择选项卡，在“模型”选项卡中，“模板”选择“NX 钣金”，“单位”选择“毫米”，输入新文件名称，选择其存放的文件夹，单击“确定”按钮，就可以进入钣金模块。钣金模块界面如图 5-3 所示。

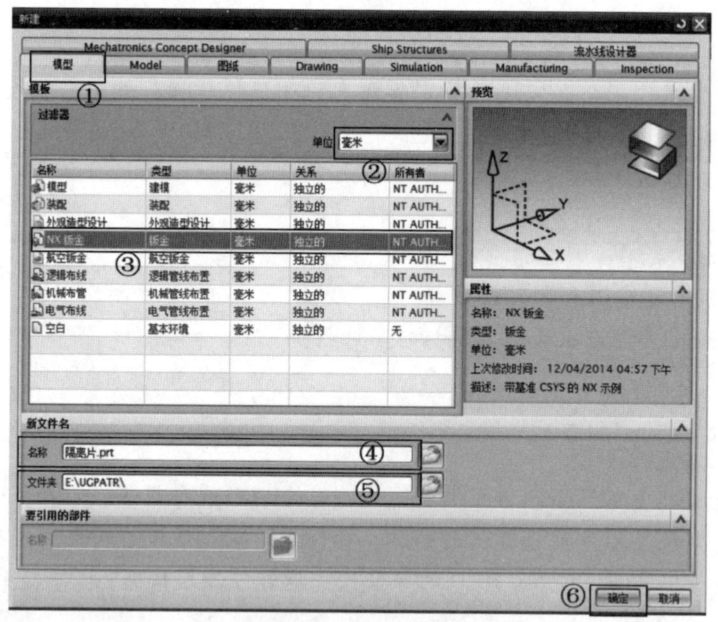

图 5-2 “新建”对话框

在设计钣金件前，预先对设计过程中需要设置的参数进行设置，这样做可以减少对参数的重复设置，从而提高设计效率。

执行“菜单”/“首选项”/“钣金”命令，系统弹出“钣金首选项”对话框，如图 5-4 所示，在对话框中有“部件属性”“展平图样处理”“展平图样显示”“钣金验证”和“标注配置”5 个选项卡。各选项卡说明如下。

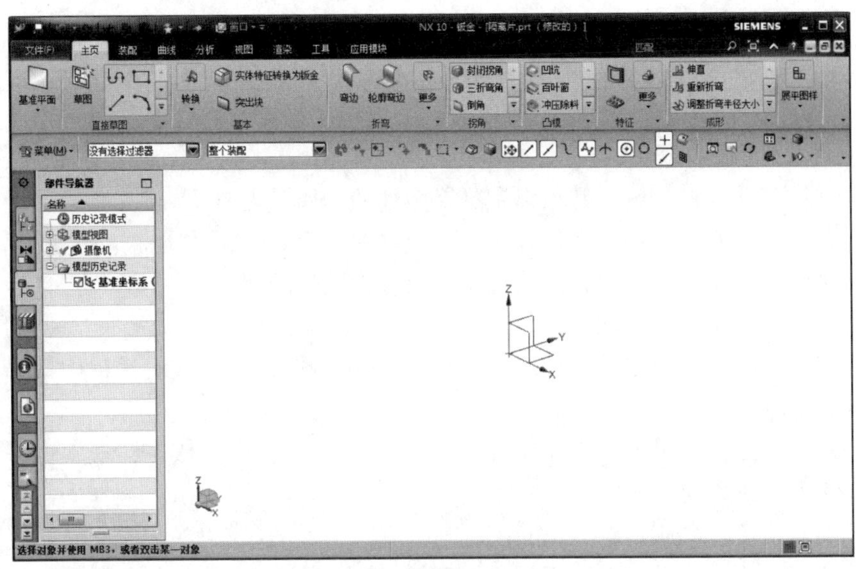

图 5-3　钣金模块界面

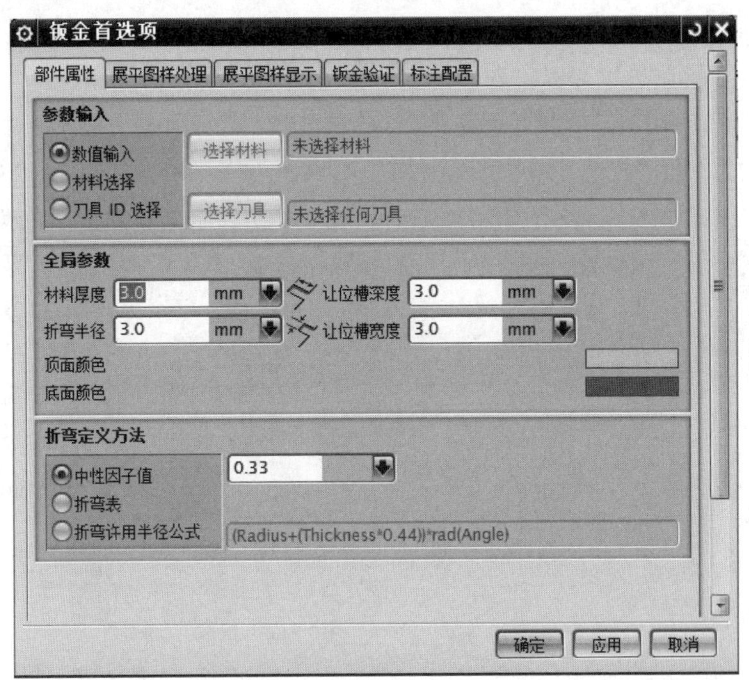

图 5-4　“钣金首选项”对话框

1. 部件属性

该选项卡用来设定钣金件全局参数和折弯定义方法，如图 5-4 所示。

(1)“参数输入”选项组：用于确定钣金折弯的定义方式。

①“数值输入”单选按钮：直接以数值的方式在“折弯定义方法”区域中输入钣金折弯参数。

②“材料选择”单选按钮：单击右侧的“选择材料”按钮，系统弹出“选择材料”对话框，

可在该对话框中选择一种材料来定义钣金折弯参数。

③“刀具 ID 选择”单选按钮：单击右侧的“选择刀具”按钮，系统弹出“NX 钣金工具标准”对话框，可在该对话框中选择钣金标准工具，以定义钣金的折弯参数。

(2)“全局参数”选项组。

①“材料厚度”文本框：输入数值以定义钣金件的全局厚度。

②“折弯半径”文本框：输入数值以定义钣金件在折弯时默认的弯曲半径值。

③“让位槽深度”文本框：输入数值以定义钣金件默认的让位槽深度。

④“让位槽宽度”文本框：输入数值以定义钣金件默认的让位槽宽度。

⑤“顶面颜色”按钮：单击后，系统弹出“颜色”对话框，可在该对话框中选择一种颜色来定义钣金件顶面的颜色。

⑥“底面颜色”按钮：单击后，系统弹出“颜色”对话框，可在该对话框中选择一种颜色来定义钣金件底面的颜色。

(3)“折弯定义方法”选项组。

①“中性因子值”：采用中性因子定义折弯方法，可在其后的文本框中输入数值定义折弯的中性因子。

②“折弯表”单选按钮：在创建钣金折弯时使用折弯表来定义折弯方法。

③“折弯许用半径公式”单选按钮：使用半径公式来定义折弯方法。

一般使用“中性因子值”来定义折弯。

2. 展平图样处理

该选项卡用来设置钣金特征的拐角处理选项和展平图样简化的方式，如图 5-5 所示。

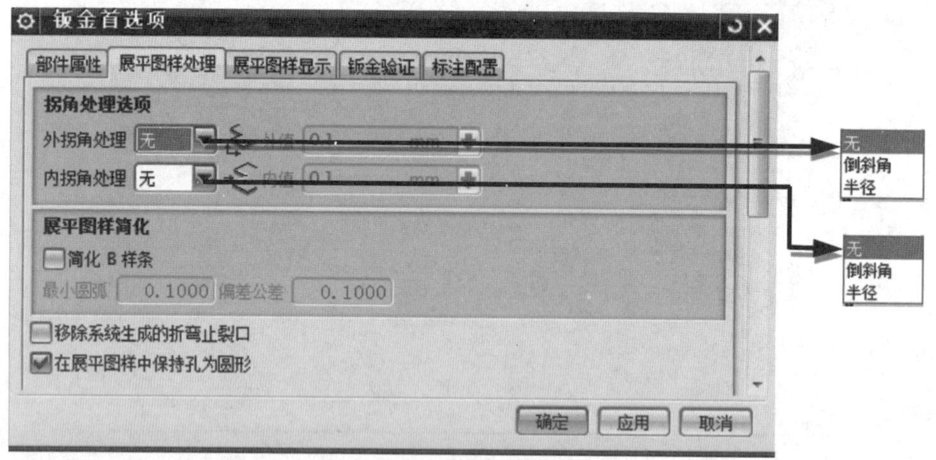

图 5-5 “展平图样处理”选项卡

(1)“拐角处理选项”选项组。

①“外拐角处理”下拉列表框：设定钣金特征外部拐角的处理方式，包括“无”“倒斜角”和“半径”3 种方式。其中，“无”不对内、外拐角做任何处理；“倒斜角”对内、外拐角创建一个倒角，倒角的大小可在其后的文本框中进行设置；“半径”对内、外拐角创建一个圆角，圆角的大小可在后面的文本框中进行设置。

②“内拐角处理”下拉列表框：用于设置钣金展开后内拐角的处理方式。

（2）“展平图样简化”选项组：用于对圆柱表面或折弯处有裁剪特征的钣金零件进行展开时，设置是否生成 B 样条。

（3）“移除系统生成的折弯止裂口”复选框：勾选该复选框，钣金零件展开时将自动移除系统生成的缺口。

（4）“在展平图样中保持孔为圆形”复选框：勾选该复选框，在平面展开图中保持折弯曲面上的孔为圆形。

3. 展平图样显示

该选项卡用来设定展开图中的各种曲线的显示颜色、线型和线宽，如图 5-6 所示。

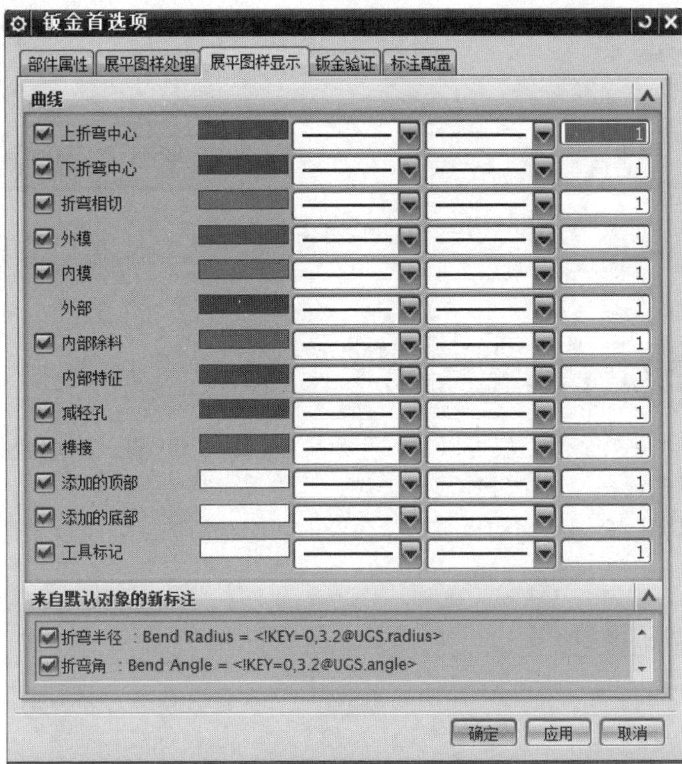

图 5-6　“展平图样显示”选项卡

4. 钣金验证

该选项卡中可设置钣金件的验证参数，如图 5-7 所示。

图 5-7　“钣金验证”选项卡

5. 标注配置

该选项卡中显示钣金件中的标注类型，如图 5-8 所示。

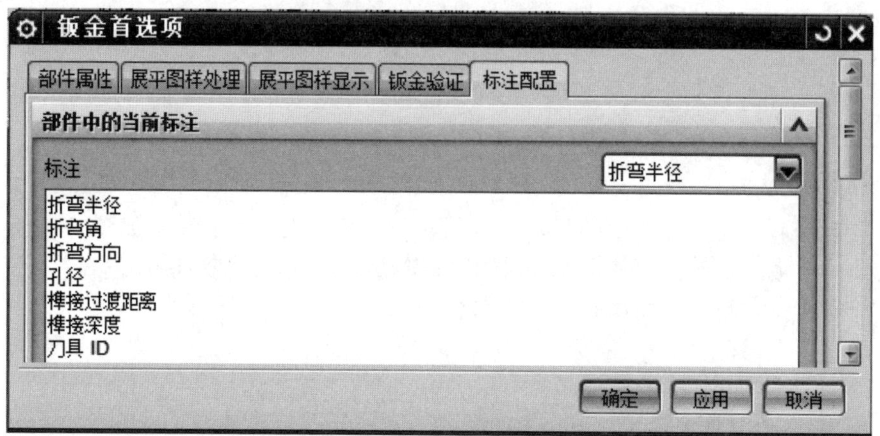

图 5-8 “标注配置”选项卡

5.2 钣金功能

在 UG NX 10.0 中钣金件不仅可以在钣金模块中创建，也可以在建模模块中创建，然后切换到钣金模块中转换成钣金件。

下面通过具体实例介绍常用的钣金造型命令的功能和用法，以及钣金造型的一般过程。

5.2 微课视频

5.2.1 初始化设置

执行“菜单”/“首选项”/“钣金”命令，系统弹出“钣金首选项”对话框，在“全局参数”选项组中设置“材料厚度”为“1”，“折弯半径”为“2”，“让位槽深度”为“2”，“让位槽宽度”为“2”；在“折弯定义方法”选项组中设置“中性因子值”为“0.32”，单击“确定”按钮，完成钣金首选项设置。

5.2.2 突出块

使用“突出块”命令可以创建出一个平整的薄板，这是钣金件的“基础”，其他的钣金特征(如弯边、法向除料等)都在这个“基础”上构建。

(1)单击“基本”工具条中的“突出块”按钮，系统弹出“突出块”对话框，如图 5-9(a)所示。单击“截面”选项组中的“绘制截面”按钮，系统弹出“创建草图”对话框。选择 XC-YC 平面作为草绘平面，单击“确定”按钮，进入草图界面。

(2)绘制如图 5-9(b)所示的截面草图。单击“完成草图”按钮，退出草图界面。

(3)选择上一步绘制的截面草图，设置“厚度”为“1”，单击“确定”按钮，完成突出块的创建，结果如图 5-9(c)所示。

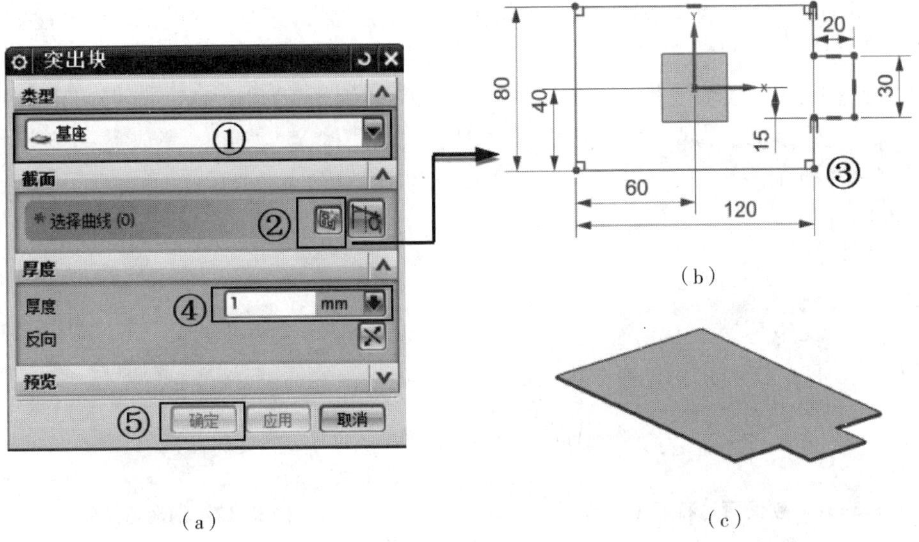

(a)　　(b)　　(c)

图 5-9　创建突出块特征

(a)“突出块”对话框；(b)绘制截面草图；(c)突出块创建结果

5.2.3　弯边

使用“弯边”命令可以在已存在的钣金壁的边缘上创建出简单的折弯，其厚度与原有钣金厚度相同。

(1)单击“折弯”工具条中的“弯边”按钮，系统弹出“弯边”对话框。如图 5-10 所示设置参数，单击“应用”按钮，完成一侧竖直折弯，结果如图 5-11 所示。

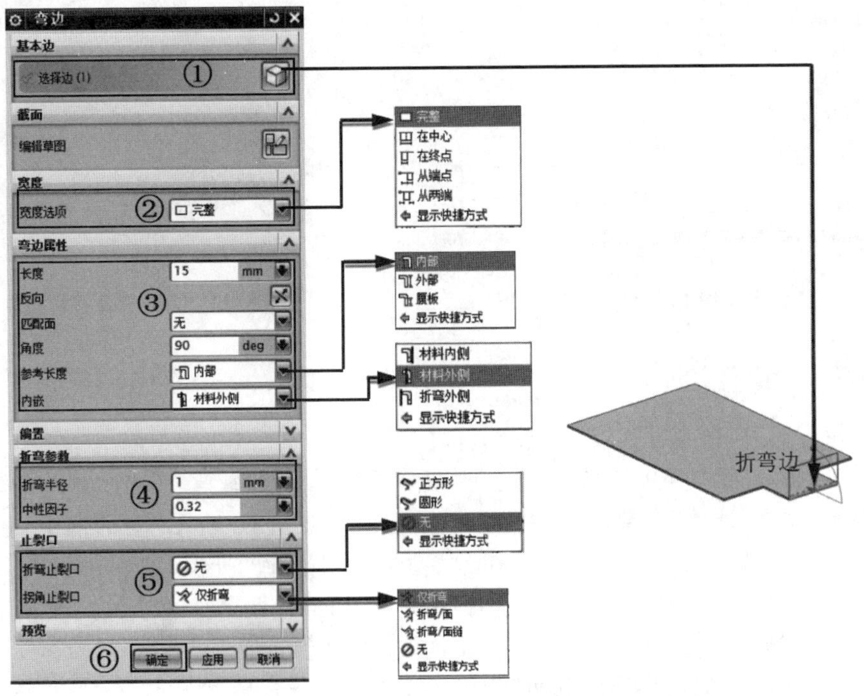

图 5-10　“弯边”对话框

（2）采用同样方法，创建另一侧弯边特征。"宽度选项"选择"从端点"，设置"从端点"为"30"，"宽度"为"80"，"长度"为"20"，"角度"为"90°"，"参考长度"选择"内部"，"内嵌"选择"折弯外侧"，设置"折弯半径"为"1"，"中性因子"为"0.32"，"折弯止裂口"选择"正方形"，设置"深度"为"2"，"宽度"为"2"，单击"确定"按钮，完成另一侧竖直折弯，结果如图 5-12 所示。

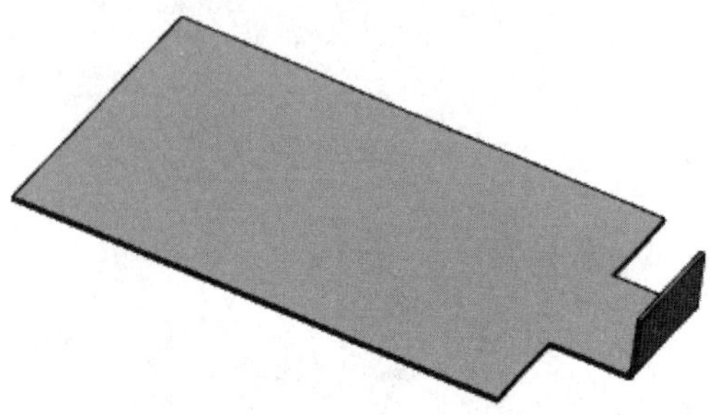

图 5-11　创建弯边特征 1

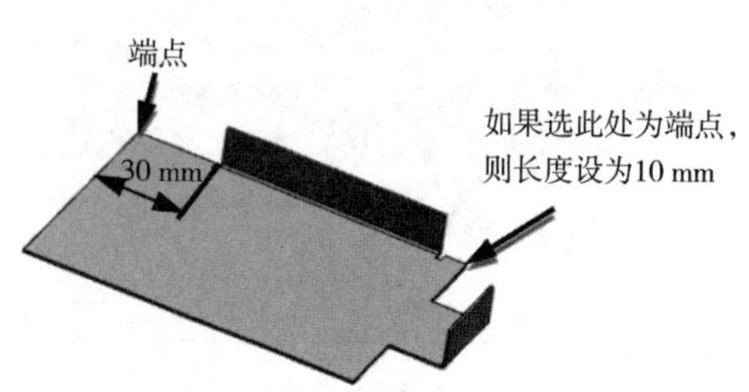

图 5-12　创建弯边特征 2

此处折弯还可以选择"宽度选项"为"从两端"，设置左侧"从端点"为"30"，右侧"从端点"为"30"，"宽度"则无需设置。"宽度选项"的其他选项也比较简单，此处不再赘述。

5.2.4　编辑弯边特征

弯边特征创建完成后仍可编辑，步骤如下。

（1）在"部件导航器"中双击弯边特征 2，在"弯边"对话框中单击"编辑截面"按钮，修改截面草图，如图 5-13 所示。

（2）单击"完成"按钮，单击"弯边"对话框中的"确定"按钮，完成弯边特征的编辑，如图 5-14 所示。

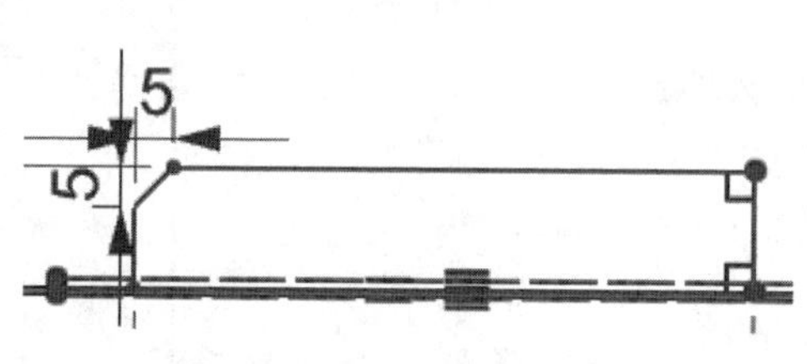

图 5-13　修改截面草图

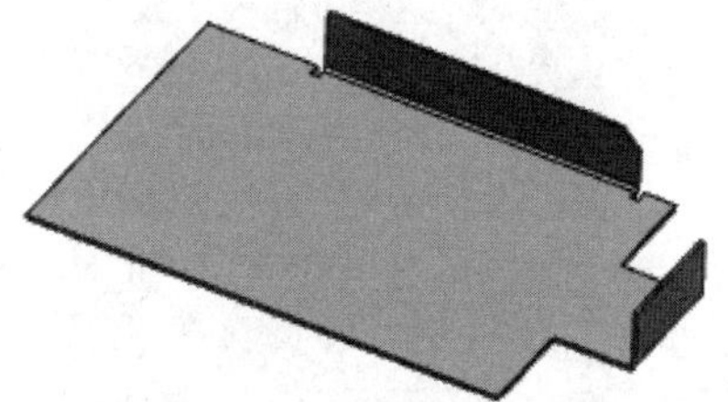

图 5-14　弯边特征编辑结果

5.2.5　轮廓弯边

使用"轮廓弯边"命令可直接创建轮廓弯边。

（1）单击"折弯"工具条中的"轮廓弯边"按钮，系统弹出"轮廓弯边"对话框，如图 5-15(a)所示。"类型"选择"次要"，单击"绘制截面"按钮，在"创建草图"对话框中"位置"选择"弧长百分比"，设置"弧长百分比"为"50"，"方向"选择"垂直于路径"。

（2）在"创建草图"对话框中单击"选择路径"按钮，选取零件边线，弹出一个坐标系，调整坐标系坐标轴方向，如图 5-15(b)所示，单击"确定"按钮。

（3）绘制如图 5-15(c)所示的截面草图，单击"完成"按钮。

（4）如图 5-15(a)设置"轮廓弯边"的各项参数，单击"确定"按钮，完成轮廓弯边特征的创建，结果如图 5-15(d)所示。

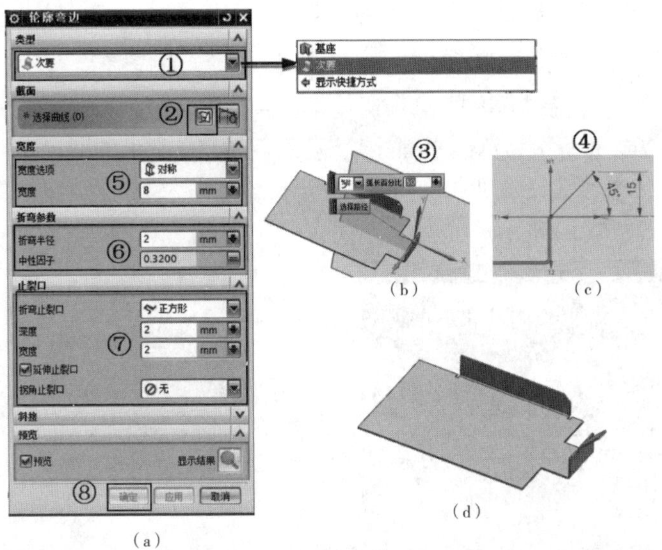

图 5-15　创建轮廓弯边特征

(a)“轮廓弯边”对话框；(b)调整坐标系方向；(c)绘制截面草图；(d)轮廓弯边创建结果

与“次要”类型的基于路径绘制截面草图不同，“基座”类型需要在平面内绘制截面草图，因其操作方法较简单，此处不再赘述。

5.2.6　折边

单击“折弯”工具条中的“更多”/“折边”按钮，系统弹出“折边”对话框。各参数设置如图 5-16(a)所示，选择折弯线，单击“确定”按钮，完成折边特征的创建，结果如图 5-16(b)、图 5-16(c)所示。

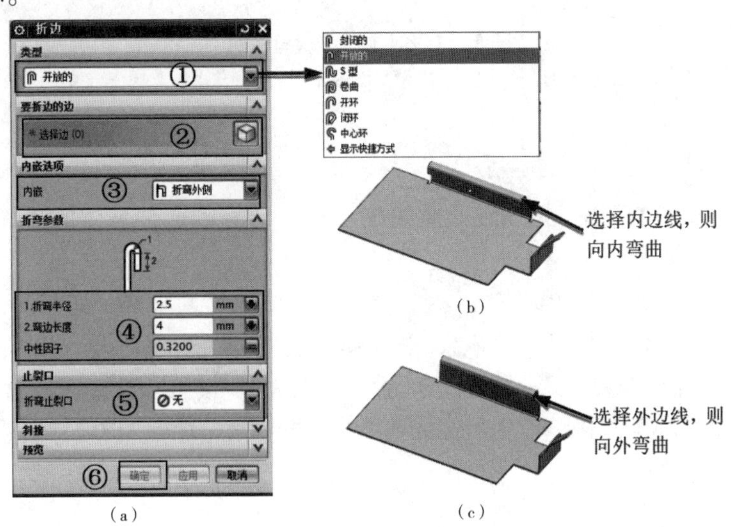

图 5-16　创建折边

(a)“折边”对话框；(b)折边特征创建结果 1；(c)折边特征创建结果 2

5.2.7 二次折弯

单击“折弯”工具条中的“更多”/“二次折弯”按钮，系统弹出“二次折弯”对话框，如图 5-17(a)所示。单击“二次折弯线”选项组中的“绘制截面”按钮，系统弹出“创建草图”对话框。选择 XC-YC 平面作为草绘平面，绘制图 5-17(b)所示的截面草图，单击“完成”按钮，退出草图界面。各参数设置如图 5-17(a)所示，单击“确定”按钮，完成二次折弯特征的创建，结果如图 5-17(c)所示。

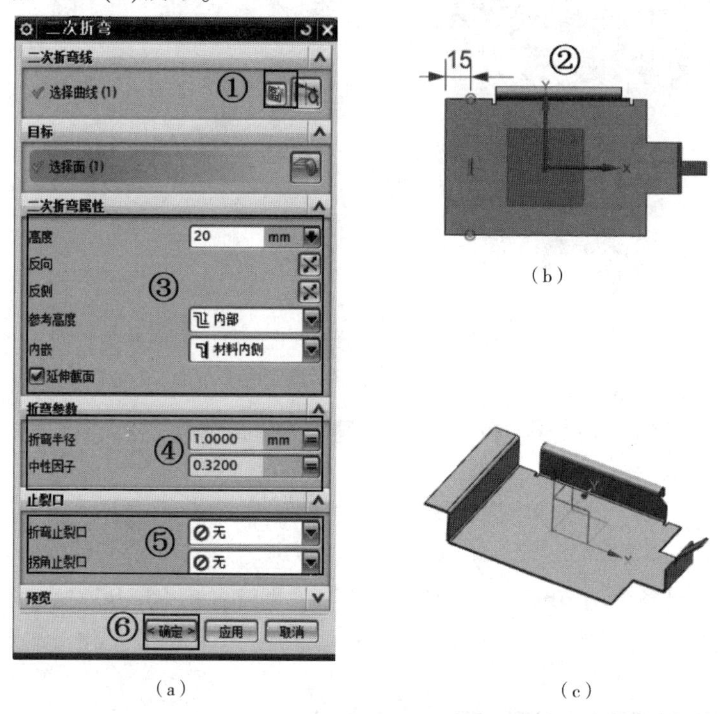

(a) (b) (c)

图 5-17 创建二次折弯特征

(a)“二次折弯”对话框；(b)绘制截面草图；(c)二次折弯特征结果

5.2.8 凹坑

使用“凹坑”命令可以用一组连续的曲线作为轮廓沿着钣金件表面的法线方向创建凸起或凹陷的成型特征。

单击“凸模”工具条中的“凹坑”按钮，系统弹出“凹坑”对话框，如图 5-18(a)所示。单击“截面”选项组中的“绘制截面”按钮，系统弹出“创建草图”对话框。选择 XC-YC 平面作为草绘平面，绘制图 5-18(b)所示的截面草图，单击“完成”按钮，退出草图界面。各参数设置如图 5-18(a)所示，单击“确定”按钮，完成凹坑特征的创建，结果如图 5-18(c)所示。

5.2.9 百叶窗

使用“百叶窗”命令可以在钣金件的平面上创建百叶窗，用于排气和散热。

单击“凸模”工具条中的“百叶窗”按钮，系统弹出“百叶窗”对话框，如图 5-19(a)所示。单击“切割线”选项组中的“绘制截面”按钮，系统弹出“创建草图”对话框。选择 5.2.8 节中创建的凹坑底部上平面作为草绘平面，绘制图 5-19(b)所示的截面草图，单击“完成”按钮，退出草图界面。各参数设置如图 5-19(a)所示，利用“深度”选项中的“反向”按钮，调整冲压方向向上，单击“确定”按钮，完成百叶窗特征的创建，如果“百叶窗形状”选择“冲裁的”，则结果如图 5-19(c)所示；如果“百叶窗形状”选择“成形的”，则结果如图 5-19(d)所示。

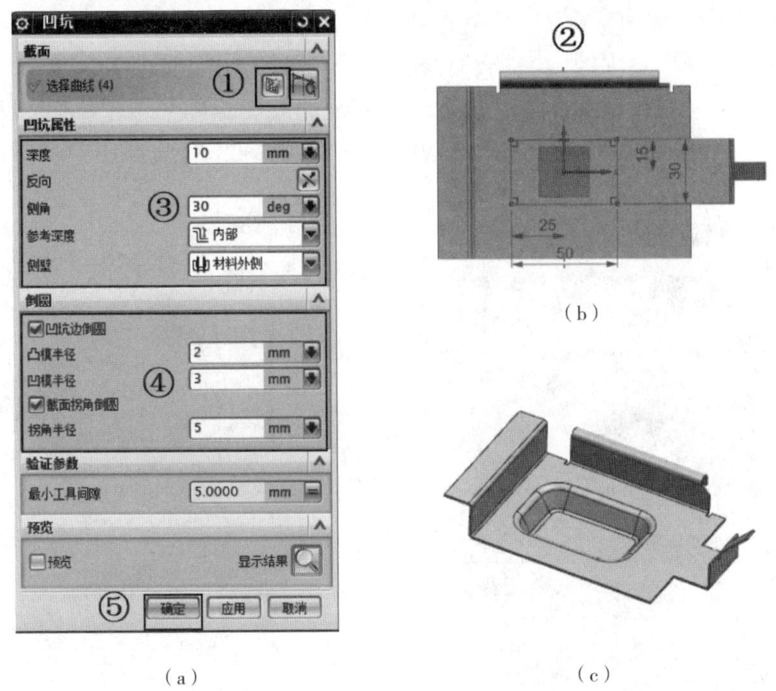

图 5-18　创建凹坑特征

(a)“凹坑”对话框；(b)绘制截面草图；(c)凹坑特征创建结果

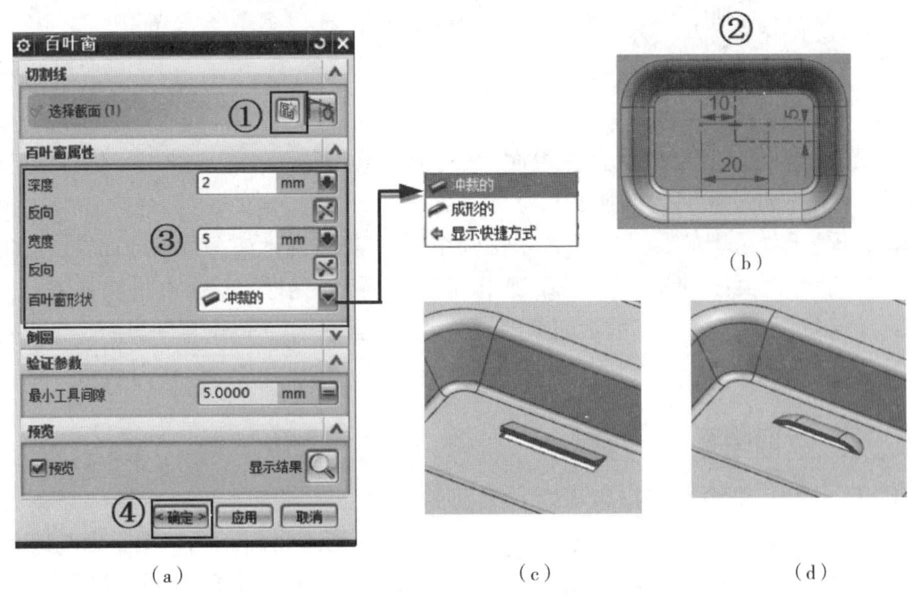

图 5-19　创建百叶窗特征

(a)“百叶窗”对话框；(b)绘制截面草图；(c)“冲裁的”结果；(d)“成形的”结果

5.2.10 冲压除料

使用“冲压除料”命令可以用一组连续的曲线作为轮廓沿着钣金件表面的法向方向进行裁剪，同时在轮廓线上建立弯边。冲压除料的成型面的截面线可以是封闭的，也可以是开放的。

单击“凸模”工具条中的“冲压除料”按钮，系统弹出“冲压除料”对话框，如图 5-20(a)所示。单击“截面”选项组中的“绘制截面”按钮，系统弹出“创建草图”对话框。选择突出块基体上表面作为草绘平面，绘制图 5-20(b)所示的截面草图，单击“完成”按钮，退出草图界面。各参数设置如图 5-20(a)所示，单击“确定”按钮，完成冲压除料特征的创建，结果如图 5-20(c)所示。

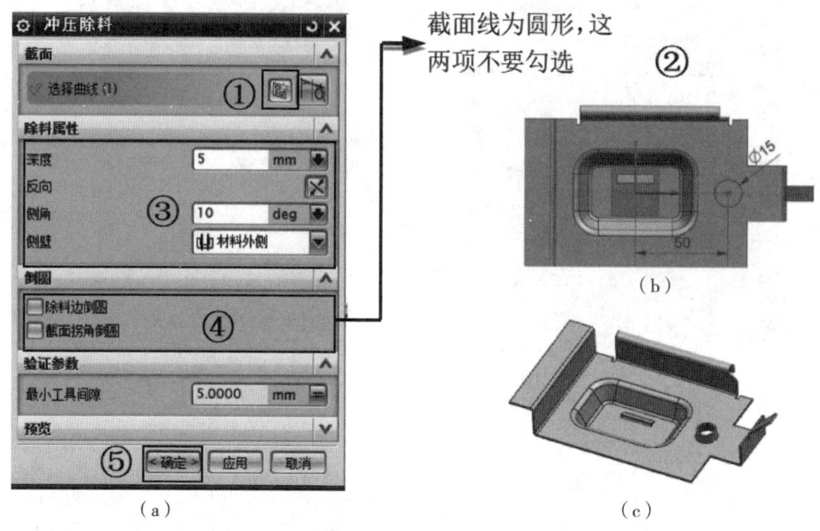

图 5-20 创建冲压除料特征

(a)“冲压除料”对话框；(b)绘制截面草图；(c)冲压除料特征创建结果

5.2.11 筋

使用“筋”命令可以实现沿钣金件表面上的曲线添加筋的功能。筋用于增加钣金件的强度，但在展开实体的过程中，加强筋是不可以被展开的。

单击“凸模”工具条中的“筋”按钮，系统弹出“筋”对话框，如图 5-21(a)所示。单击“截面”选项组中的“绘制截面”按钮，系统弹出“创建草图”对话框。选择突出块基体上表面作为草绘平面，绘制图 5-21(b)所示的截面草图，单击“完成”按钮，退出草图界面。各参数设置如图 5-21(a)所示，单击“确定”按钮，完成筋特征的创建，结果如图 5-21(c)所示。

5.2.12 法向除料

使用“法向除料”命令可以沿着钣金件表面的法向，以一组连续的曲线作为裁剪的轮廓线进行裁剪。法向除料与实体拉伸切除都是在钣金件上切除材料。当草图平面与钣金件平行时，二者没有区别；当草图平面与钣金面不平行时，二者有很大的不同。以创建孔特征为例，法向除料是垂直于该模型的侧面去除材料，形成垂直孔，如图 5-22(a)所示；实体拉伸切除是垂直于草图平面去除材料，形成斜孔，如图 5-22(b)所示。

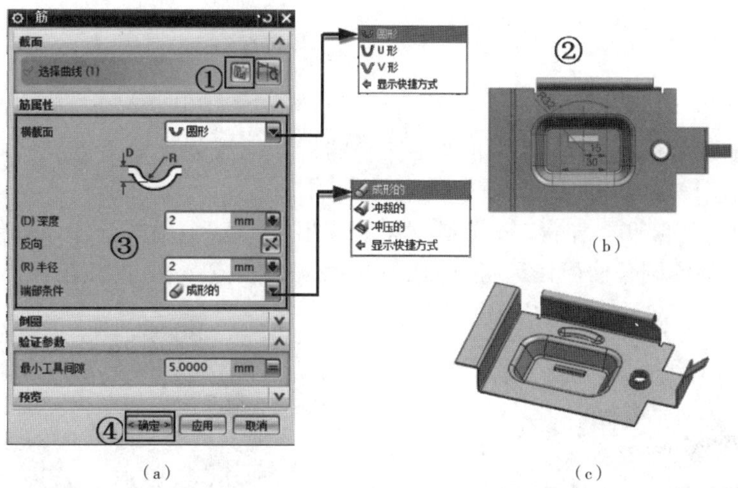

图5-21 创建筋特征

(a)"筋"对话框；(b)绘制截面草图；(c)筋特征创建结果

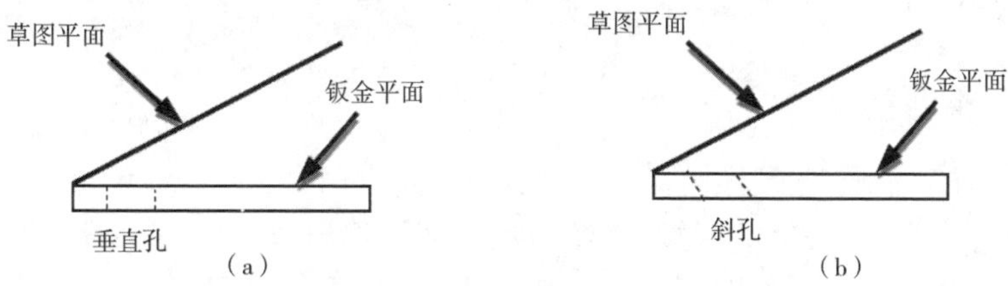

图5-22 法向除料与实体拉伸切除的区别

(a)法向除料；(b)实体拉伸切除

单击"凸模"工具条中的"法向除料"按钮，打开"法向除料"对话框，如图5-23(a)所示。单击"截面"选项组中的"绘制截面"按钮，系统弹出"创建草图"对话框。选择左侧"二次折弯"上表面作为草绘平面，绘制图5-23(b)所示的截面草图，单击"完成"按钮，退出草图界面。各参数设置如图5-23(a)所示，单击"确定"按钮，完成法向除料特征的创建，结果如图5-23(c)所示。

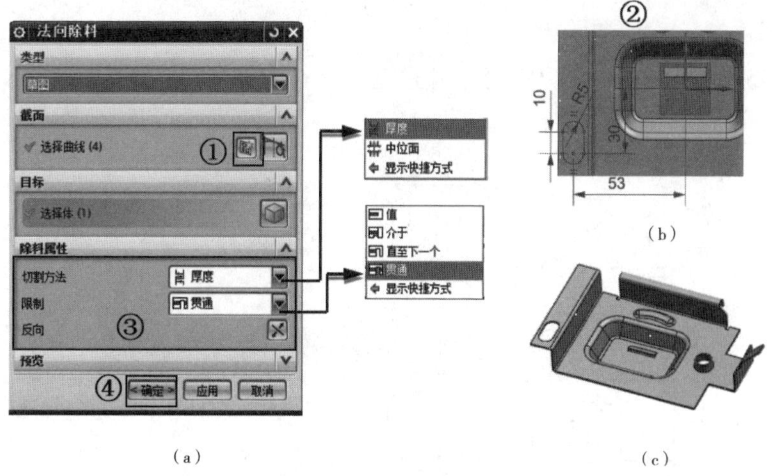

图5-23 创建法向除料特征

(a)"法向除料"对话框；(b)绘制截面草图；(c)法向除料特征创建结果

5.2.13 伸直

在钣金设计中，如果要在钣金件的折弯区域创建裁剪或孔等特征，先用“伸直”命令取消折弯钣金件的折弯特征，然后就可以在展平的折弯区域创建裁剪或孔等特征。利用“伸直”命令也可以获得弯曲件的展开尺寸。

单击“成型”工具条中“伸直”按钮，系统弹出“伸直”对话框。单击如图 5-24 所示的表面作为固定平面，圆角曲面作为折弯面，单击“应用”按钮，效果如图 5-25 所示。

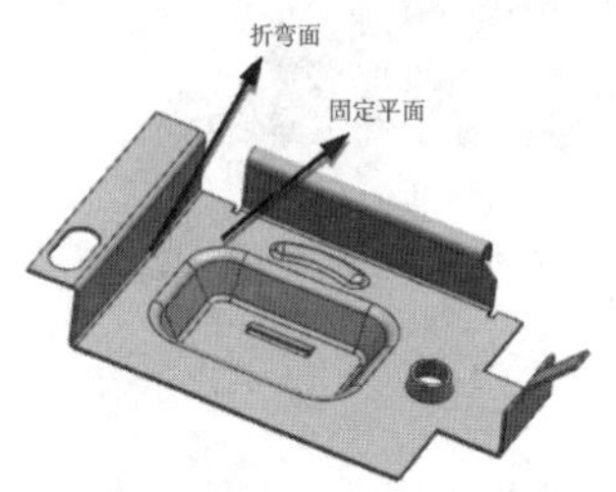

图 5-24　固定平面和折弯面

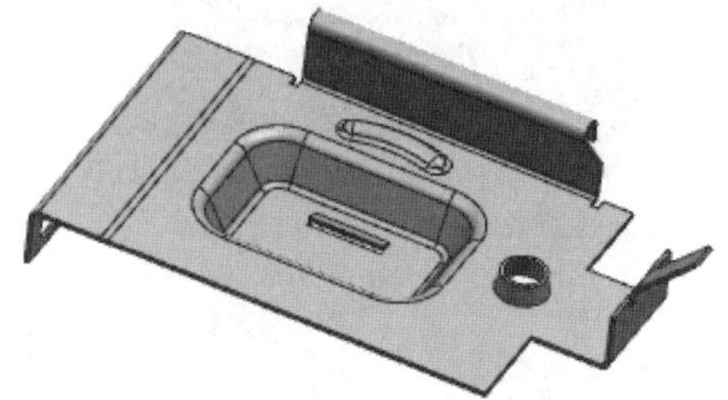

图 5-25　伸直后结果

5.2.14 重新折弯

利用“重新折弯”命令可以将伸直后的部分重新折弯回来。

单击“成型”工具条中的“重新折弯”按钮，系统弹出“重新折弯”对话框，选择图 5-24 所示的固定平面和折弯面，单击“确定”按钮，即可完成重新折弯。

任务实施

任务 5.1　创建电器开关过电片模型并查询展开尺寸

1. 任务描述

创建如图 5-26 所示的电器开关过电片模型，材料为黄铜，厚度为 0.5 mm。

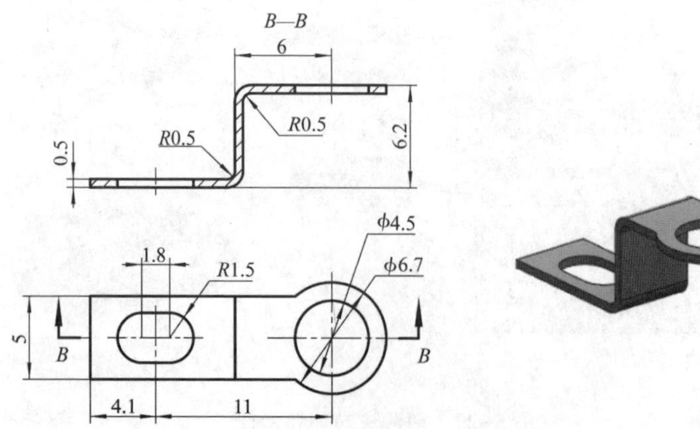

图 5-26　电器开关过电片

任务 5.1　微课视频

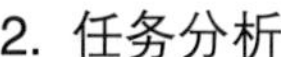

2. 任务分析

首先创建钣金基本体，再利用“二次折弯”“法向除料”“孔”和“伸直”等命令完成任务。

3. 操作步骤

1)新建文件

新建一个名为“电器开关过电片 . prt”的文件，并进入钣金模块。

2)钣金设置

执行“菜单”/“首选项”/“钣金”命令，系统弹出“钣金首选项”对话框，在“全局参数”选项组中设置“材料厚度”为“0.5”，“折弯半径”为“0.5”，“让位槽深度”为“0”，“让位槽宽度”为“0”；在“折弯定义方法”选项组中设置“中性因子值”为“0.32”，单击“确定”按钮，完成钣金首选项设置。

3)创建钣金基本体

(1)单击“基本”工具条中的“突出块”按钮，系统弹出“突出块”对话框，单击“截面”选项组中的“绘制截面”按钮，系统弹出“创建草图”对话框。选择 XC-YC 平面作为草绘平面，单击“确定”按钮，进入草图界面。

(2)绘制如图 5-27 所示的截面草图。单击“完成草图”按钮，退出草图界面。

(3)选择步骤(2)中绘制的截面草图，设置“厚度”为“0.5”，单击“确定”按钮。完成突出块特征(即基本体)的创建，结果如图 5-28 所示。

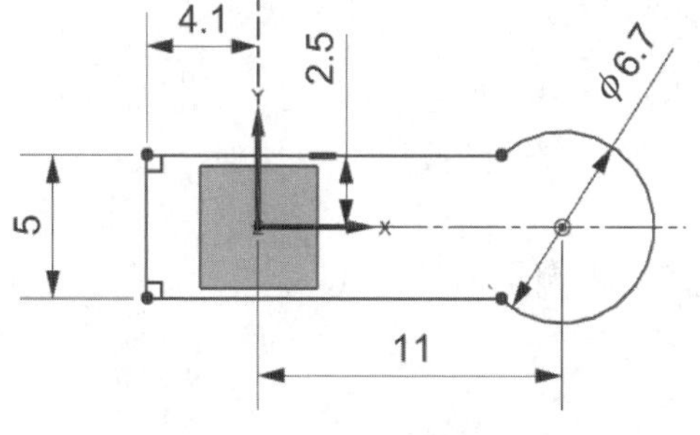

图 5-27　绘制截面草图 1

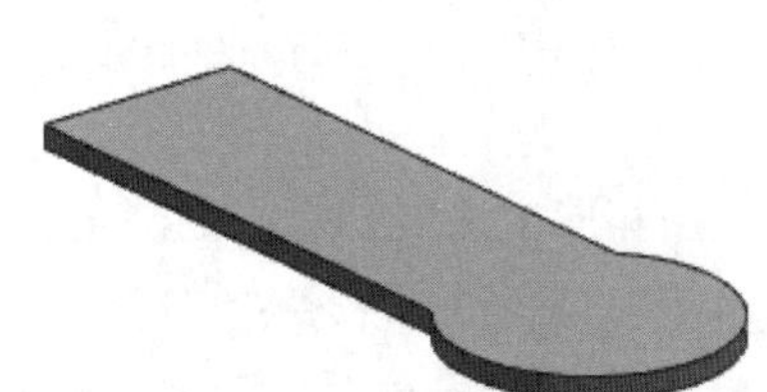

图 5-28　创建突出块特征

4)创建二次折弯特征

单击“折弯”工具条中的“更多”/“二次折弯”按钮，系统弹出“二次折弯”对话框。单击“二次折弯线”选项组中的“绘制截面”按钮，系统弹出“创建草图”对话框。选择 XC-YC 平面作为草绘平面，绘制图 5-29 所示的截面草图，单击“完成”按钮，退出草图界面。设置“高度”为“6.2”，“参考高度”为“外侧”，“内嵌”为“材料外侧”，“折弯半径”为“0.5”，中性因子为“0.32”，“止裂口”选择“无”，单击“确定”按钮，完成二次折弯特征的创建，结果如图 5-30 所示。

5)创建法向除料特征

(1)单击“凸模”工具条中的“法向除料”按钮，系统弹出“法向除料”对话框。单击“截面”选项组中的“绘制截面”按钮，系统弹出“创建草图”对话框。选择 XC-YC 平面作为草绘平面，绘制图 5-31 所示的截面草图，单击“完成”按钮，退出草图界面。“切割方法”选择“厚度”，“限制”选择“贯通”，单击“确定”按钮，完成法向除料特征的创建，结果如图 5-32 所示。

(2)利用上述法向除料的方法可以创建 $\phi4.5$ 孔，也可以通过“孔”命令来实现。下面介绍用“孔”命令来创建 $\phi4.5$ 孔的方法。

单击“特征”工具条中的“更多”/“孔”按钮，系统弹出“孔”对话框，“类型”选择“常规孔”，捕捉 $\phi6.7$ 圆弧的圆心为孔心，设置“直径”为“4.5”，“深度”选择“贯通体”，单击“确定”按钮，完成 $\phi4.5$ 孔的创建，结果如图 5-33 所示。

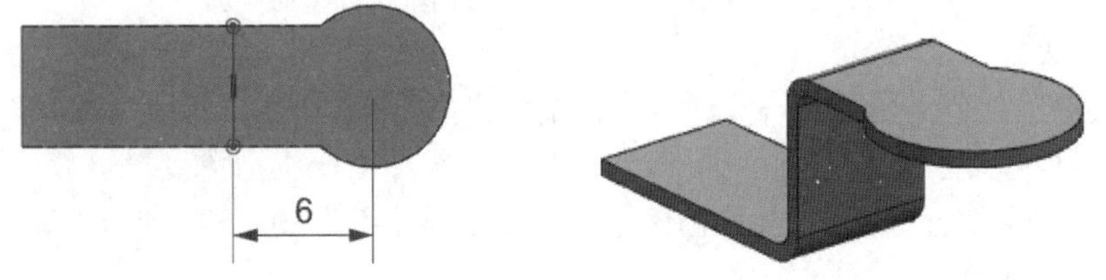

图 5-29　绘制截面草图 2　　图 5-30　创建二次折弯特征

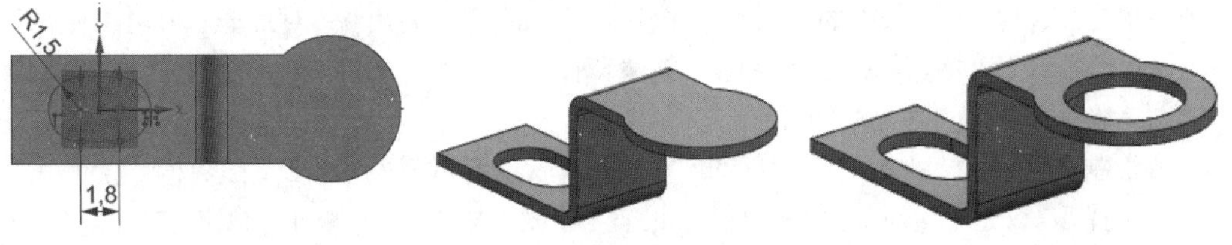

图 5-31　绘制截面草图 3　　图 5-32　创建法向除料特征　　图 5-33　创建孔特征

6)展开并查询展开尺寸

(1)单击“成型”工具条中“伸直”按钮，系统弹出“伸直”对话框。单击如图 5-34 所示的表面作为固定平面，圆角曲面作为折弯面，单击“应用”按钮。一处伸直效果如图 5-35 所示。

(2)用相同方法展开另一处圆角，全部伸直效果如图 5-36 所示。

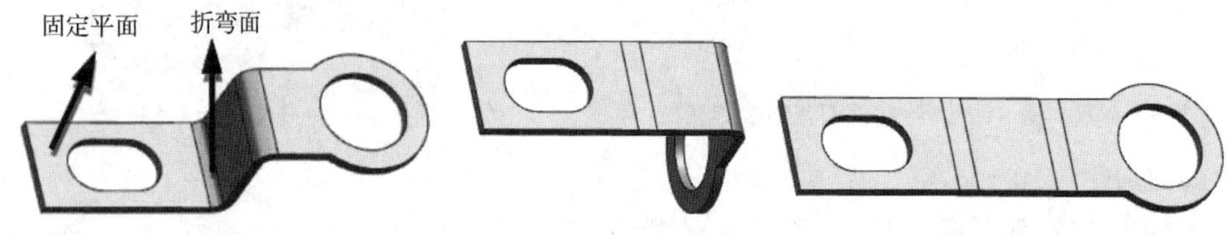

图 5-34　固定平面和折弯面　　图 5-35　一处伸直效果　　图 5-36　全部伸直效果

(3)查询展开尺寸。单击上边框条中的“测量距离”按钮，系统弹出“测量距离”对话框。“类型”选择“投影距离”，“矢量”选择“XC”方向，保证上边框条中“选择”组的“象限点”选项是选中状态，“起点”选择最左侧直边上一点，“终点”选择最右侧圆弧第一象限点，结果如图 5-37 所示。

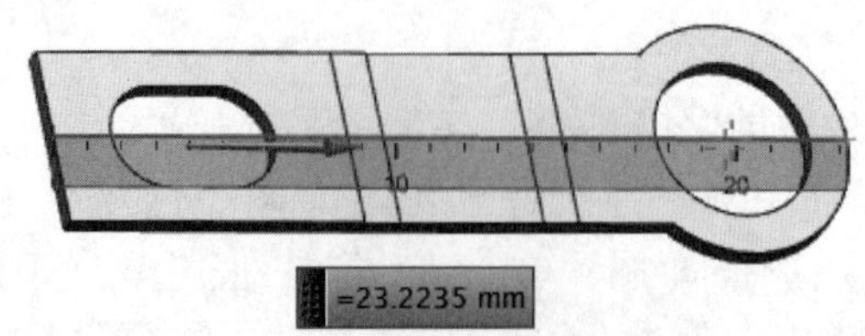

图 5-37　展开尺寸查询结果

任务 5.2　创建护板零件模型

1. 任务描述

创建如图 5-38 所示的护板模型，料厚为 0.5 mm。

任务 5.2　微课视频

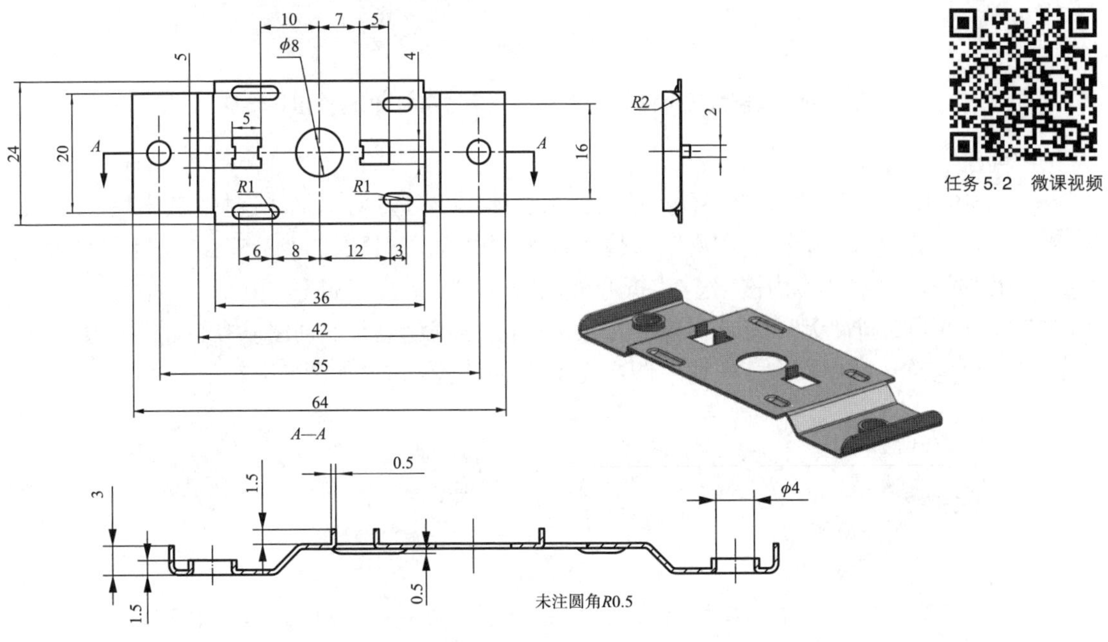

图 5-38　护板

2. 任务分析

首先创建钣金基本体，再利用“弯边”“折弯”“法向除料”“凹坑”“冲压除料”等命令完成任务。

3. 操作步骤

1)新建文件

新建一个名为“护板 . prt”的文件，并进入钣金模块。

2)钣金设置

执行“菜单”/“首选项”/“钣金”命令，系统弹出“钣金首选项”对话框，在“全局参数”选项组中设置“材料厚度”为“0. 5”，“折弯半径”为“0. 5”，“让位槽深度”为“0”，“让位槽宽度”为“0”；在“折弯定义方法”选项组中设置“中性因子值”为“0. 32”，单击“确定”按钮，完成钣金首选项设置。

3)创建钣金基本体

(1)单击“基本”工具条中的“突出块”按钮，系统弹出“突出块”对话框，单击“截面”选项组中的“绘制截面”按钮，系统弹出“创建草图”对话框。选择 XC-YC 平面作为草绘平面，单击“确定”按钮，进入草图界面。

(2)绘制如图 5-39 所示的截面草图。单击“完成草图”按钮，退出草图界面。

（3）选择步骤（2）中绘制的截面草图，设置“厚度”为“0.5”，单击“确定”按钮。完成突出块特征的创建，结果如图 5-40 所示。

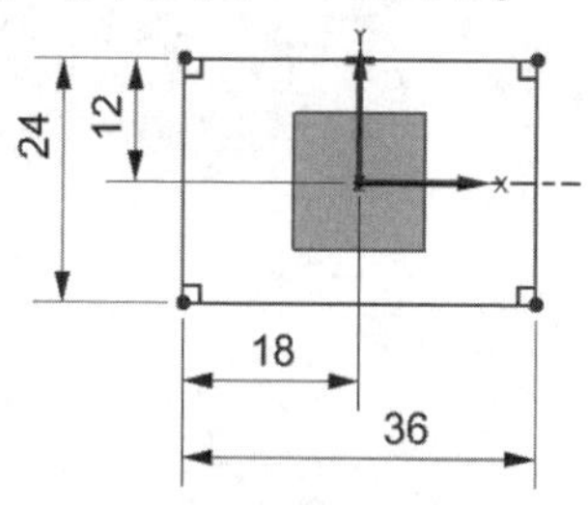

图 5-39 绘制截面草图 1

图 5-40 创建突出块特征

4）创建弯边特征

（1）单击“折弯”工具条中的“弯边”按钮，系统弹出“弯边”对话框。选择“突出块”下平面右侧边线，“宽度选项”选择“在中心”，设置“宽度”为“20”，“长度”为“3.5”，“角度”为“45°”，“参考长度”选择“内部”，“内嵌”选择“折弯外侧”，设置“折弯半径”为“0.5”，“中性因子”为“0.32”，“止裂口”选择“无”，单击“应用”按钮，完成右侧弯边特征的创建，结果如图 5-41 所示。

（2）重复步骤（1）中操作，完成左侧弯边特征的创建，结果如图 5-42 所示。

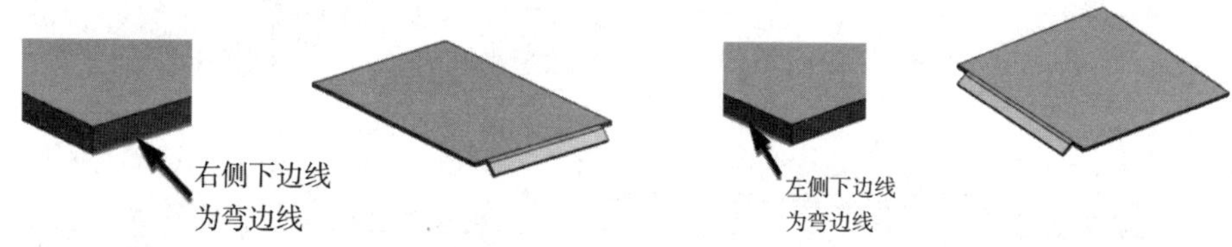

图 5-41 创建右侧弯边特征 1　　图 5-42 创建左侧弯边特征 1

（3）单击“折弯”工具条中的“弯边”按钮，系统弹出“弯边”对话框。选择已创建的右侧弯边上边线，“宽度选项”选择“完整”，设置“长度”为“11”，“角度”为“45°”，“参考长度”选择“内部”，“内嵌”选择“材料外侧”，设置“折弯半径”为“0.5”，“中性因子”为“0.32”，“止裂口”选择“无”，单击“应用”按钮，完成右侧弯边特征的创建，结果如图 5-43 所示。

（4）重复步骤（3）中操作，完成左侧弯边特征的创建，结果如图 5-44 所示。

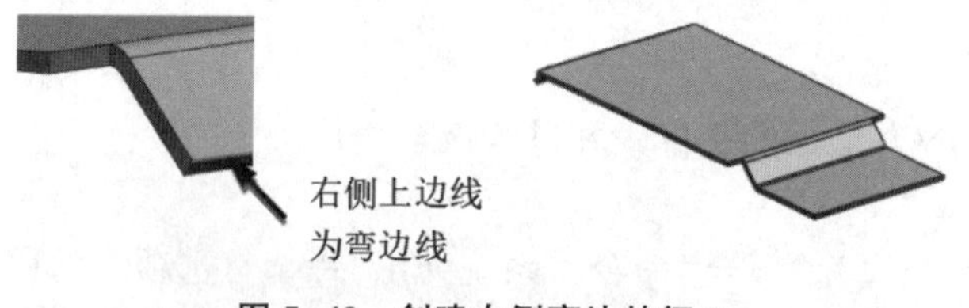

图 5-43 创建右侧弯边特征 2

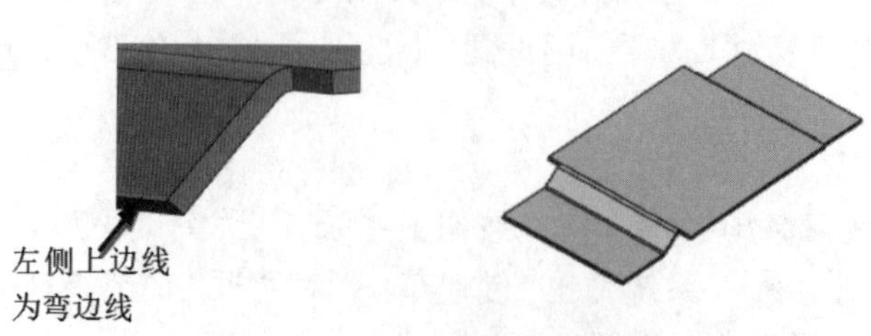

图 5-44 创建左侧弯边特征 2

(5) 单击“折弯”工具条中的“弯边”按钮，系统弹出“弯边”对话框。选择如图 5-45 所示的右侧上边线，“宽度选项”选择“完整”，设置“长度”为“3”，“角度”为“90°”，“参考长度”选择“外部”，“内嵌”选择“材料内侧”，设置“折弯半径”为“0. 5”，“中性因子”为“0. 32”，“止裂口”选择“无”，单击“应用”按钮，完成右侧弯边特征的创建，结果如图 5-45 所示。

(6) 重复步骤(5) 中操作，完成左侧弯边特征的创建，结果如图 5-46 所示。

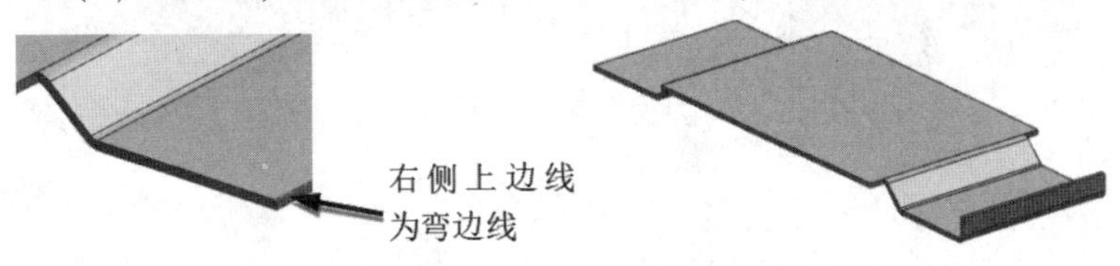

图 5-45　创建右侧弯边特征 3

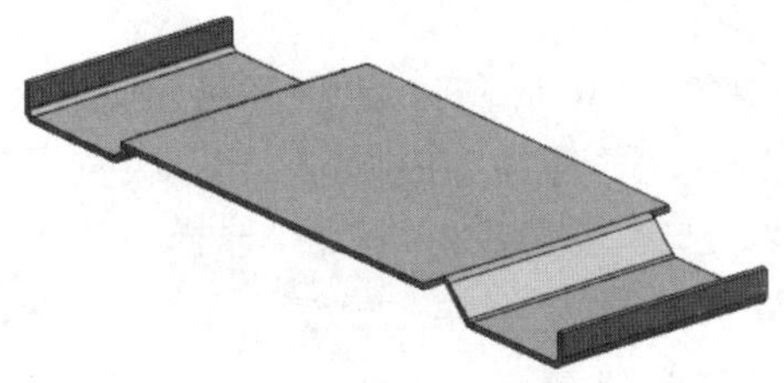

图 5-46　创建左侧弯边特征 3

5) 编辑弯边轮廓

(1) 在“部件导航器”中双击图 5-45 所示的右侧弯边特征，在“弯边”对话框中单击“编辑截面”按钮，修改截面草图，如图 5-47 所示。

(2) 单击“完成”按钮，单击“弯边”对话框中的“确定”按钮，完成弯边轮廓的编辑，如图 5-48 所示。

(3) 重复步骤(2) 中操作，完成左侧弯边轮廓的编辑，结果如图 5-49 所示。

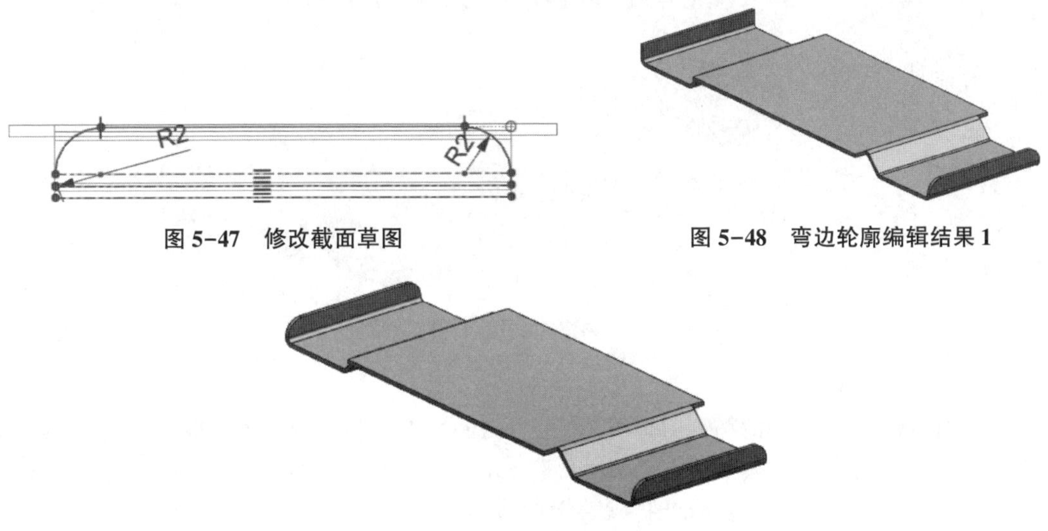

图 5-47　修改截面草图

图 5-48　弯边轮廓编辑结果 1

图 5-49　弯边轮廓编辑结果 2

6) 创建法向除料特征

单击“凸模”工具条中的“法向除料”按钮，系统弹出“法向除料”对话框。单击“截面”选项

组中的“绘制截面”按钮，系统弹出“创建草图”对话框。选择 XC-YC 平面作为草绘平面，绘制图 5-50 所示的截面草图，单击“完成”按钮，退出草图界面。“切割方法”选择“厚度”，“限制”选择“贯通”，单击“确定”按钮，完成法向除料特征的创建，结果如图 5-51 所示。

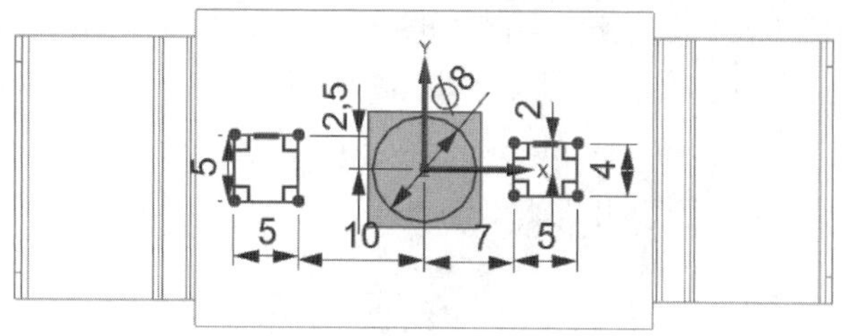

图 5-50　绘制截面草图 2

图 5-51　创建法向除料特征

7)创建矩形孔上的弯边特征

(1)单击“折弯”工具条中的“弯边”按钮，系统弹出“弯边”对话框。选择右侧矩形孔的边缘，如图 5-52 所示，“宽度选项”选择“在中心”，设置“宽度”为“2”，“长度”为“1.5”，“角度”为“90°”，“参考长度”选择“内部”，“内嵌”选择“折弯外侧”，设置“折弯半径”为“0”，“中性因子”为“0.32”，“止裂口”选择“无”，单击“应用”按钮，完成右侧矩形孔弯边特征的创建，结果如图 5-52 所示。

(2)重复步骤(1)中操作，完成左侧矩形孔弯边特征的创建，结果如图 5-53 所示。

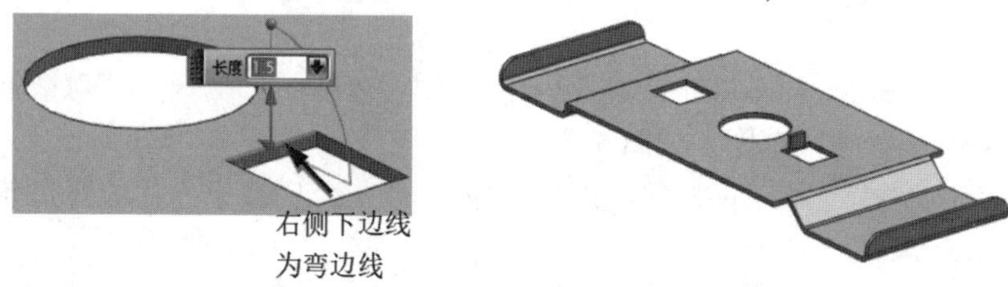

图 5-52　创建右侧矩形孔弯边特征

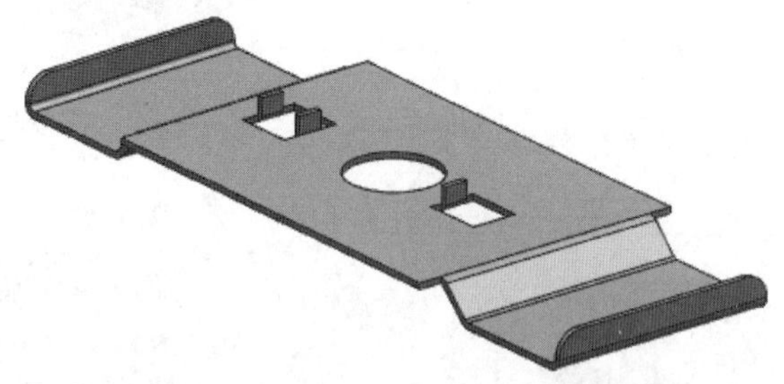

图 5-53　创建左侧矩形孔弯边特征

8)创建冲压除料特征

单击“凸模”工具条中的“冲压除料”按钮，系统弹出“冲压除料”对话框。单击“截面”选项组中的“绘制截面”按钮，系统弹出“创建草图”对话框。选择如图 5-54 所示的草绘平面，绘制如图 5-55 所示的截面草图，单击“完成”按钮，退出草图界面。

设置“深度”为“1”，“侧角”为“0°”，“侧壁”选择“材料外侧”，勾选“除料边倒圆”复选框，设置“半径”为“0”，单击“确定”按钮，完成冲压除料特征的创建，结果如图 5-56 所示。

利用“阵列特征”命令，创建另一侧冲压除料特征，结果如图 5-57 所示。

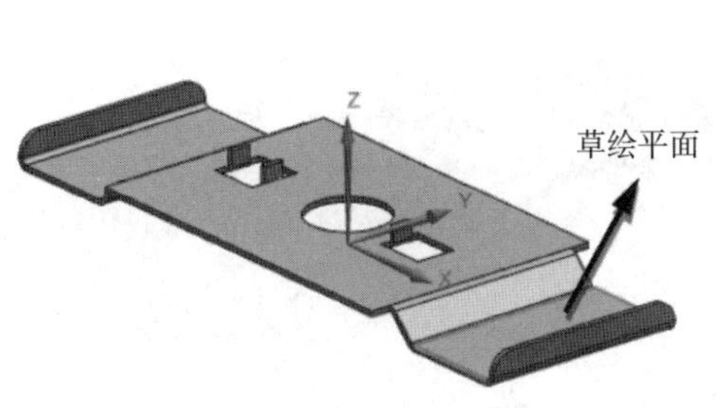

图 5-54　选择草绘平面 1

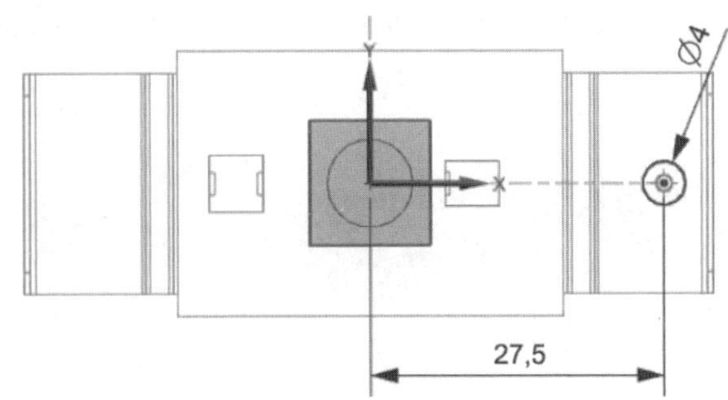

图 5-55　绘制截面草图 3

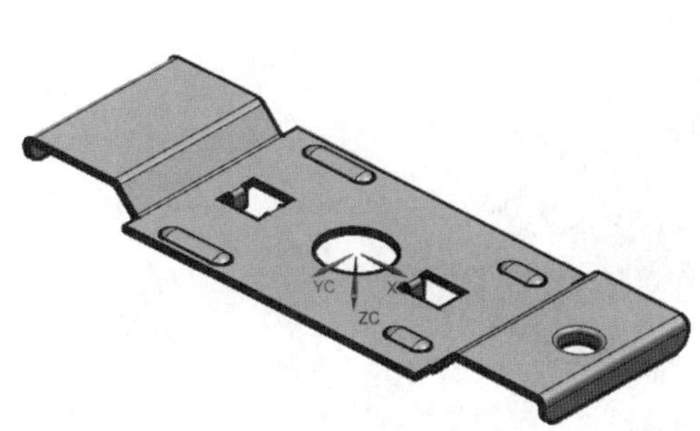

图 5-56　创建冲压除料特征 1

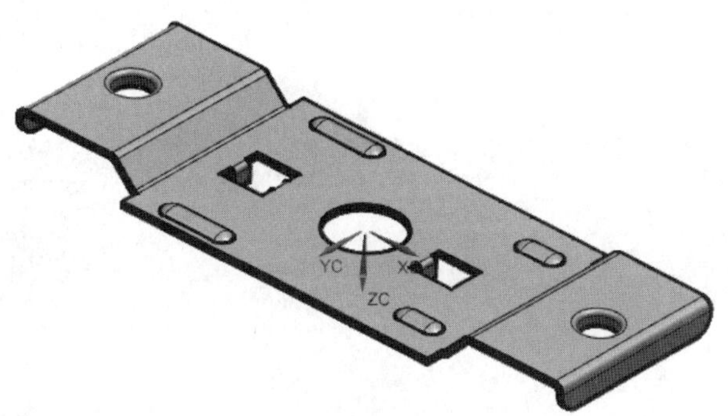

图 5-57　创建冲压除料特征 2

9) 创建筋特征

(1) 单击“凸模”工具条中的“筋”按钮，系统弹出“筋”对话框，单击“截面”选项组中的“绘制截面”按钮，系统弹出“创建草图”对话框。选择如图 5-58 所示的草绘平面，绘制如图 5-59 所示的截面草图，单击“完成”按钮，退出草图界面。

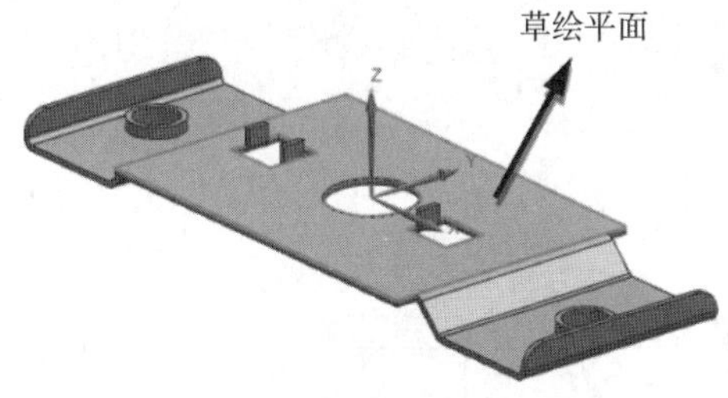

图 5-58　选择草绘平面 2

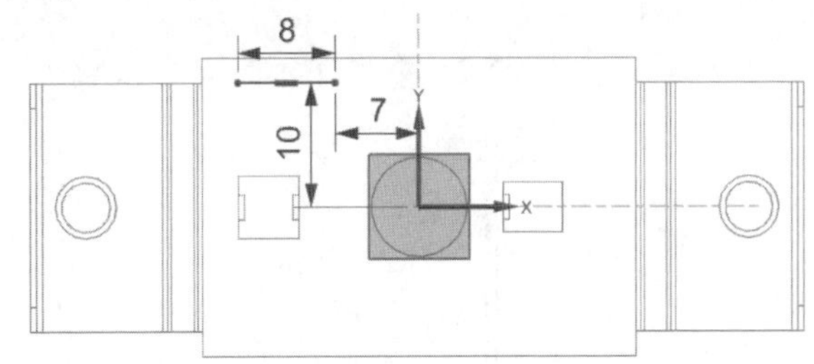

图 5-59　绘制截面草图 4

“横截面”选择“圆形”，设置“深度”为“0. 5”，“半径”为“1”，“端部条件”选择“成形的”，“筋边倒圆”为“0”，单击“确定”按钮，完成筋特征的创建，结果如图 5-60 所示。

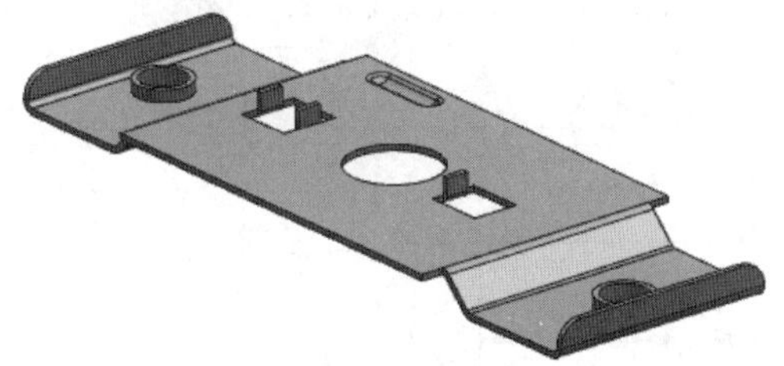

图 5-60　创建筋特征 1

(2)用相同方法，创建另一条筋，截面草图如图 5-61 所示，结果如图 5-62 所示。

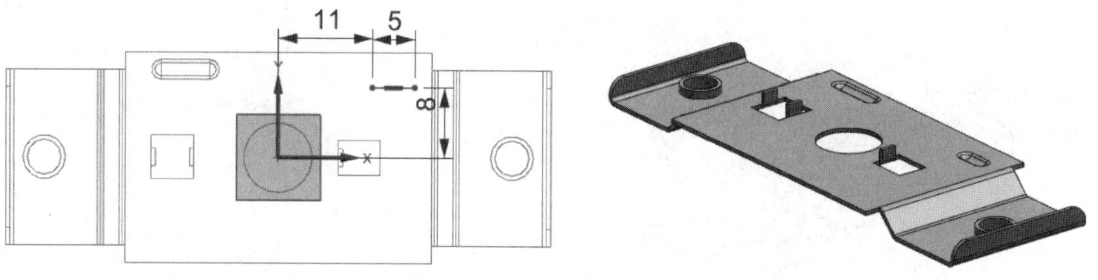

图 5-61　绘制截面草图 5

图 5-62　创建筋特征 2

(3)利用“镜像”命令，生成另外两条筋，结果如图 5-63 所示。

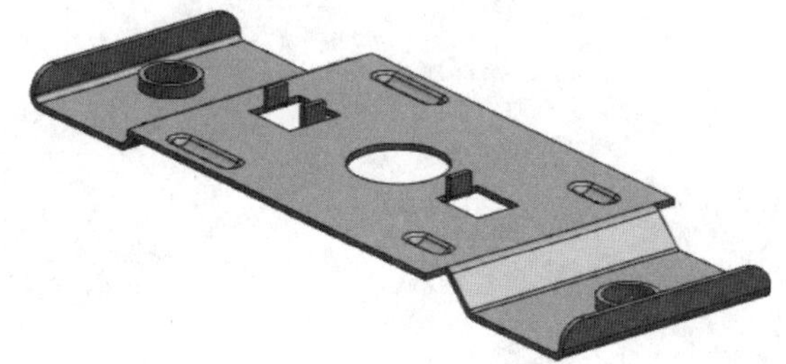

图 5-63　镜像筋特征

4. 任务总结

对于结构对称的钣金件，可以利用“镜像”“阵列”等命令，提高作图效率。

习 题

完成图 5-64～图 5-66 所示的钣金件的造型。

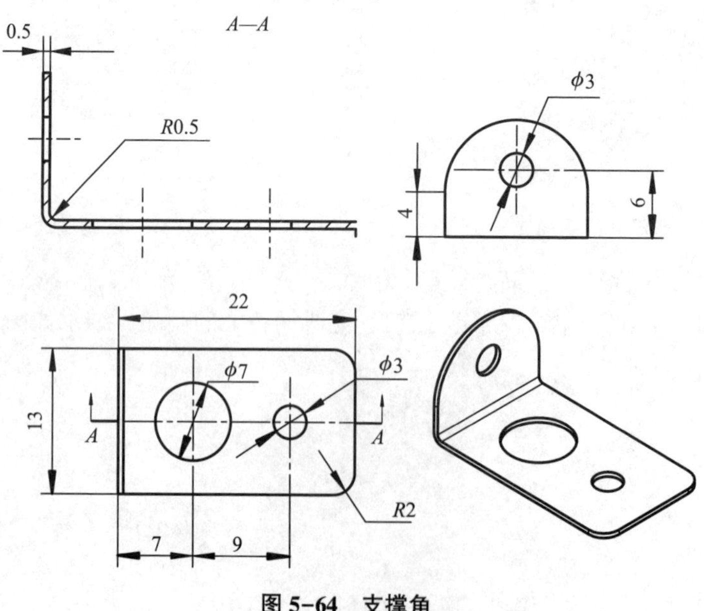

图 5-64　支撑角

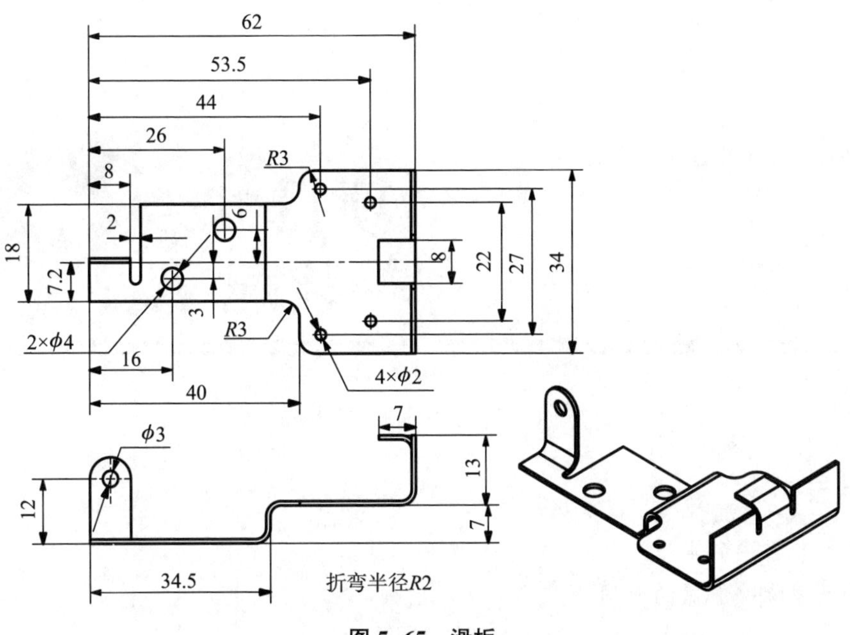

图 5-65　滑板

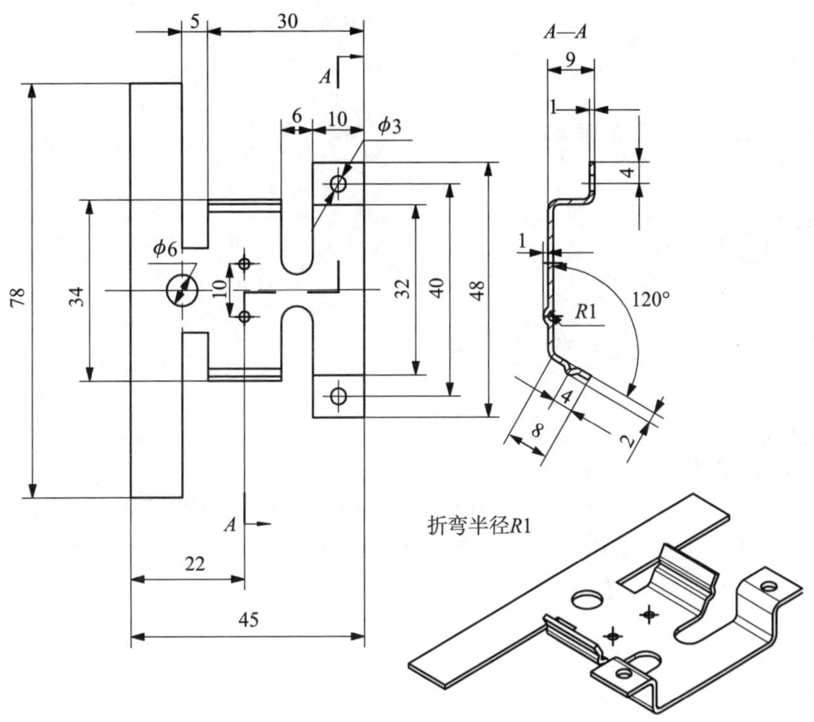

图 5-66　连接板

项目 6 装配

知识目标

(1)了解装配中的术语。

(2)熟悉装配导航器的应用。

(3)掌握组件装配的关联操作及一些常用的组件功能。

(4)掌握装配爆炸图的创建和编辑方法。

能力目标

能够装配一般复杂程度的装配体。

德育目标

(1)养成团队意识和集体观念。

(2)具有良好的专业精神和社会责任感。

项目描述

本项目将以一套复合模装配案例为载体，介绍 UG NX 10.0 中零件的一般装配过程。通过本项目的学习可以掌握 UG NX 10.0 装配模块的操作方法与技巧，能够装配一般复杂程度的装配体，并生成装配爆炸图。

相关知识

6.1 装配术语及概念

装配是将产品的各个零部件进行组织和定位操作的过程。通过装配操作，系统可以形成

产品的总体结构、绘制装配图和检查各零部件之间是否发生干涉等。

在装配中用到的术语很多，下面介绍常用的一些术语。

(1)部件：任何后缀为“.prt”的文件都可以作为部件添加到装配文件中参与装配过程。

(2)组件：在装配中按特定位置和方向使用的部件。组件可以是独立的部件，也可以是由其他较低级别的组件组成的子装配体。装配体中的每个组件仅包含一个指向其主几何体的指针，在修改组件的几何体时，装配体会随之发生变化。

(3)装配体：由部件和子装配体构成的部件。在 UG NX 10.0 中可以向任何一个后缀为“.prt”的文件中添加部件构成装配，因此任何一个后缀为“.prt”的文件都可以作为装配体。

(4)子装配体：在更高级装配中被用作组件的装配体。子装配体是一个相对的概念，任何一个装配体都可在更高级装配中用作子装配。子装配体也拥有自己的组件。

(5)主模型：供不同模块共同引用的部件模型。同一主模型，可同时被工程图、装配、加工、机构分析和有限元分析等模块引用，当主模型被修改时，其相关引用自动更新。

(6)装配约束：各组件之间点、线、面的约束关系。通过装配约束可以确定各组件的方向和相对位置。

注意：在学习装配的过程中，零件和部件不必严格区分。当保存一个装配文件时，各部件的实际几何数据并不是直接存储在装配部件文件中，而是存储在相应的部件或零件文件中。

6.2　装配方法

在装配模块中，既可以直接调用创建好的零件进行产品装配，也可以先确定零件的位置，然后再创建该零件。根据各零件之间的引用关系不同，有 3 种创建装配体的方法，即自底向上装配、自顶向下装配和混合装配。

(1)自底向上装配：先创建部件几何模型，再组合成子装配体，最后生成装配体的装配方法。在零件中对部件进行的改变会自动更新到装配体中。

(2)自顶向下装配：先由产品的大致形状创建出其骨架模型，再根据装配情况将骨架模型分割成多个零件或子装配体，最后设计各零件的具体结构，是一种从整体到局部，由粗到细的装配过程。

(3)混合装配：是将自顶向下装配和自底向上装配结合在一起的装配方法。

本项目主要介绍自底向上装配方法。

6.3　装配工具条

启动 UG NX 10.0，单击“新建”按钮，在打开的“新建”对话框的“模板”选项组中选择“装配”选项，并设置文件名和保存路径，然后单击“确定”按钮，新建一个装配文件，系统进入建模界面。单击功能区的“装配”标签，切换到“装配”选项卡，如图 6-1 所示。该选项卡包含“关联控制”“组件”“组件位置”“常规”工具条。

图 6-1 “装配”选项卡

6.4 装配导航器

装配导航器也就是装配导航工具，其作用是以树状结构显示部件之间的装配关系，每一个部件显示为一个节点。装配导航器提供建立、编辑、管理部件等多种功能，如更改工作部件、更改显示部件、隐藏和不隐藏组件等。

打开“素材文件\ch6\滚轮支架\滚轮支架总装 . prt”，单击右侧的导航栏中“装配导航器”图标即可打开装配导航器，其内容反映了整个系统装配的层次关系。

装配导航器的模型树中各部件名称前面有很多图标，不同的图标表示不同的信息，具体说明如图 6-2 所示。

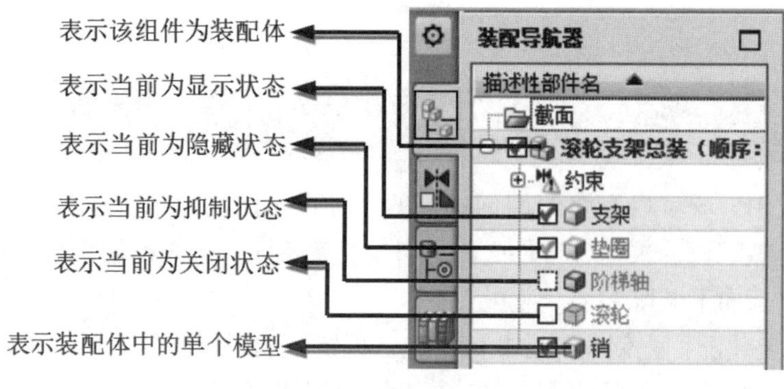

6.4 微课视频

图 6-2 装配导航器

6.5 部件导航器

在右侧的导航栏中单击“部件导航器”图标，即可打开部件导航器。其可以对部件进行编辑、变换、拉伸、排序等多种操作。在装配导航器中双击某个部件，将其设为工作部件，或右击在系统弹出的快捷菜单中将其设为工作部件，则在部件导航器中可看到这个部件的全部建模过程，双击其中某一特征可以进行编辑和修改。例如，在装配导航器中双击“支架”部件，将其设为工作部件，如图 6-3(a)所示，则在部件导航器中显示了“支架”的全部建模过程，如图 6-3(b)所示。

6.5 微课视频

（a）

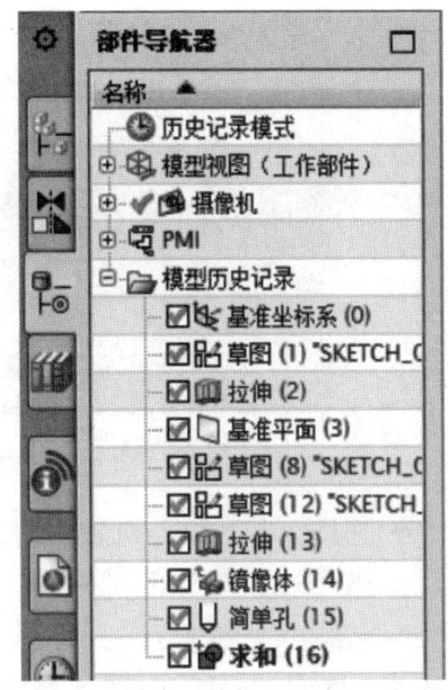

（b）

图 6-3　查看“部件导航器”

（a）将“支架”设为工作部件；（b）“支架”建模过程

6.6　引用集

6.6　微课视频

在装配中，各部件含有草图、基准平面及其他辅助图形数据，如果要显示装配中所有的组件或子装配体的所有内容，由于数据量大，需要占用大量内存，不利于装配操作和管理。通过引用集能够限定组件装入装配体中的信息数据量，同时避免加载不必要的几何信息，提高机器的运行速度。

引用集是在组件部件中定义或命名的数据子集或数据组，其可以代表相应的组件部件装入装配体。在系统默认状态下，每个组件部件都有 3 个引用集，即“整个部件”“空”和“模型”。“整个部件”表示引用部件的全部几何数据。在添加部件到装配体时，如果不选择其他引用集，默认状态使用“整个部件”。“空”是不含任何几何数据的引用集，当部件以此形式添加到装配体中，装配体中看不到该部件。“模型”表示只引用部件的实体几何数据。

6.7　装配约束

6.7　微课视频

装配约束用来确定各个组件之间的相对位置关系，以确定组件的装配位置。

单击“组件位置”工具条中的“装配约束”按钮，系统弹出“装配约束”对话框，如图 6-4 所示，各装配约束类型的含义如下。

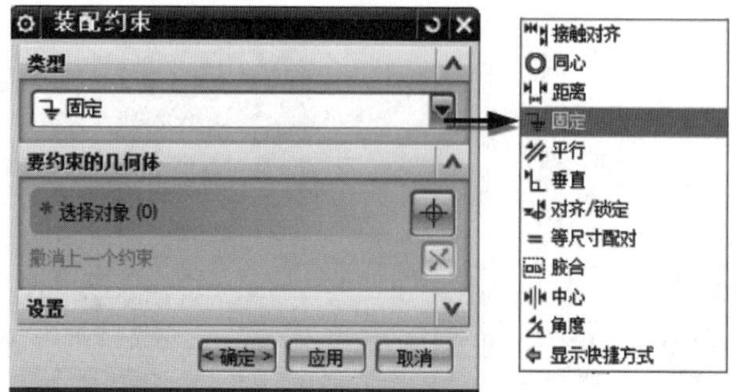

图 6-4 “装配约束”对话框

(1)接触对齐：用于约束两个对象对齐。

①首选接触：当接触和对齐都可能时，显示接触约束(在大多数模型中，接触约束比对齐约束更常用)；当接触约束过度时，显示对齐约束。

②接触：约束对象的曲面法向在相反方向上。

③对齐：约束对象的曲面法向在相同方向上。

④自动判断中心/轴：用于定义两个圆柱面、两个圆锥面或圆柱面与圆锥面的同轴约束。

(2)同心：用于将相配组件中的一个对象定位到基础组件中的一个对象的中心上。其中一个对象必须是圆柱体或轴对称实体。

(3)距离：用于指定两个对象间的最小 3D 距离，正负号决定相配组件在基础组件的哪一侧。

(4)固定：用于约束组件在当前位置，一般用在第一个装配组件上。

(5)平行：用于约束两个对象的方向矢量平行。

(6)垂直：用于约束两个对象的方向矢量垂直。

(7)对齐/锁定：用于使两个对象的边线或轴线重合。

(8)等尺寸配对：用于定义将半径相等的两个圆柱面拟合在一起。此约束对确定孔中销或螺栓的位置很有用，如果半径变为不相等，则该约束无效。

(9)胶合：将组件“焊接”在一起。

(10)中心：用于约束两对象的中心对齐。选中该类型时，其子类型下拉列表包括 3 个选项。

①1 对 2：将相配组件中的一个对象定位到基础组件的两个对象的对称中心。

②2 对 1：将相配组件中的两个对象定位到基础组件的一个对象上，并与其对称。

③2 对 2：将相配组件中的两个对象定位到基础组件的两个对象上对称布置。

当选择该选项时，选择步骤图标全部被激活，需分别选择对象。

(11)角度：用于定义两对象的旋转角度，使相配组件有正确的位置。可以在两个具有方向矢量的对象上产生，角度是两方向矢量的夹角。

①3D 角：用于约束需要指定“源”几何体和“目标”几何体，不需要指定旋转轴，可以任意选择满足指定几何体之间角度的位置。

②方向角度：用于约束需要指定“源”几何体和“目标”几何体，还特别需要一个定义旋转轴的预先约束，而不是创建方向角度约束。

任务实施

任务 6.1　垫片复合模下模组件装配

6.1　微课视频

1. 任务描述

完成如图 6-5 所示的垫片复合模下模组件的装配。

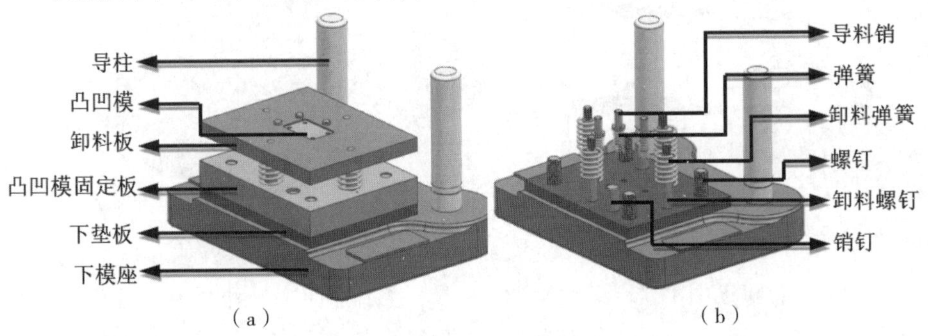

图 6-5　垫片复合模下模组件

(a)完整示图；(b)隐藏部分组件示图

2. 任务分析

垫片复合模采用倒装结构形式，下模组件由下模座、下垫板、凸凹模固定板、卸料板、凸凹模、导柱、导料销(挡料销)、弹簧、卸料弹簧、螺钉、卸料螺钉、销钉等组成，装配时先装入下模座，再装入导柱、板类零件及标准件。

3. 操作步骤

1)新建装配文件

启动 UG NX 10.0，单击“新建”按钮，在系统弹出的“新建”对话框中选择“模型”选项卡，在此选项卡中“模板”选择“装配”，“单位”选择“毫米”，输入新文件名称为“下模”，选择其存放的文件夹，单击“确定”按钮，进入建模模块。

2)文件准备

将安装下模组件所需的 12 种零件(在“素材文件\ch6\垫片复合模下模”文件夹中)，存放到步骤 1)中所创建的“下模”所在的文件夹中。

3)添加下模座

(1)系统自动弹出“添加组件”对话框，在该对话框的“部件”选项组中单击“打开”按钮，系统弹出“部件名”对话框，根据部件的存放路径选择组件“下模座”，单击“OK”按钮，返回“添加组件”对话框，此时屏幕右下角就可以看到部件实体模型，从而确定要添加的模型。

(2)在“放置”选项组中的“定位”下拉列表框中选择“绝对原点”；在“复制”选项组的“多重添加”下拉列表框中确保选中“无”；在“设置”选项组的“引用集”下拉列表框中选择“模型(‘MODEL’)”，“图层选项”下拉列表框中选择“原始的”；如图 6-6 所示。单击“确定”按钮，完成下模座的添加，结果如图 6-7 所示。

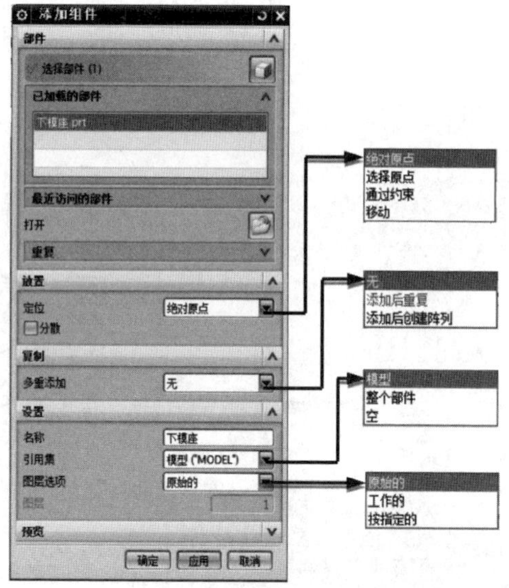

图 6-6 “添加组件”对话框

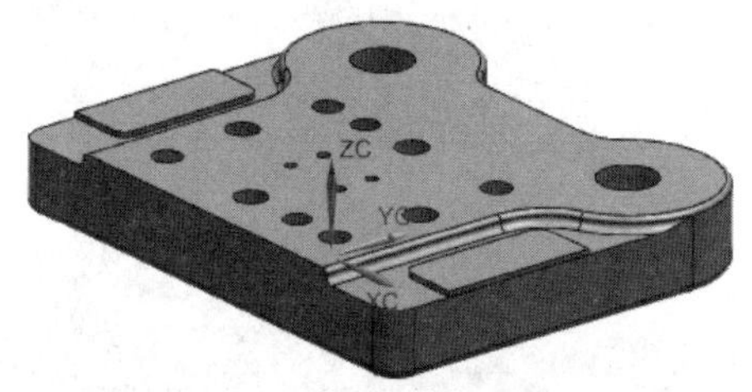

图 6-7 添加下模座

(3)单击“组件位置”工具条中的“装配约束”按钮，系统弹出“装配约束”对话框，在“类型”下拉列表框中选择“固定”，选择下模座作为“要约束的几何体”，单击“确定”按钮，将下模座固定。

技巧：在装配过程中使用装配约束时，第一个选择的部件为需要约束的对象，第二个选择的部件为约束的基准，为避免因选择的先后顺序错误从而使基准件发生移动，最好将第一个部件先做“固定”约束处理。

4)添加导柱

(1)单击“组件”工具条中的“添加组件”按钮，选择组件“导柱”，在“定位”下拉列表框中选择“通过约束”的定位方式，单击“确定”按钮。

(2)在“装配约束”对话框的“类型”下拉列表框中选择“接触对齐”，然后在“方位”下拉列表框中选择“自动判断中心/轴”，依次选取如图 6-8 所示的孔轴线和导柱的轴线；在“类型”下拉列表框中选择“距离”，依次选取如图 6-8 所示的下模座下平面和导柱的下平面，在文本框中输入距离值“3”，单击“确定”按钮，完成导柱的添加，结果如图 6-9 所示。

图 6-8 导柱约束条件

图 6-9 添加导柱

(3)另一侧导柱可以按步骤(2)中的方法添加，也可以通过“镜像装配”或“阵列组件”命令添加。下面分别介绍用“镜像装配”和“阵列组件”这两种命令添加另一侧导柱的方法。

①“镜像装配”命令。单击“组件”工具条中的“镜像装配”按钮，系统弹出“镜像装配

向导”对话框，单击“下一步”按钮，选择已添加的导柱作为镜像的组件，单击“下一步”按钮，单击“创建基准平面”按钮，在系统弹出的“基准平面”对话框中选择“类型”为“YC-ZC平面”，距离输入“0”，单击“基准平面”对话框中的“确定”按钮，在系统3次弹出的“镜像装配向导”对话框中均单击“下一步”按钮，最后单击“完成”按钮。

②“阵列组件”命令。单击“组件”工具条中的“阵列组件”按钮，系统弹出“阵列组件”对话框，选择已添加的导柱作为阵列的组件，在“阵列定义”面板中选择“布局”为“线性”，“方向1”为“-X轴”，“间距”为“数量和节距”，设置“数量”为“2”，“节距”为“130”，单击“确定”按钮。

以上两种方法均可完成另一侧导柱的添加，结果如图6-10所示。

图6-10 添加另一侧导柱

5)添加下垫板

(1)单击“组件”工具条中的“添加组件”按钮，选择组件“下垫板”，在“定位”下拉列表框中选择“通过约束”的定位方式，单击“确定”按钮。

(2)在“装配约束”对话框的“类型”下拉列表框中选择“同心”，按图6-11所示选取约束对象，单击“确定”按钮，完成下垫板的添加，结果如图6-12所示。

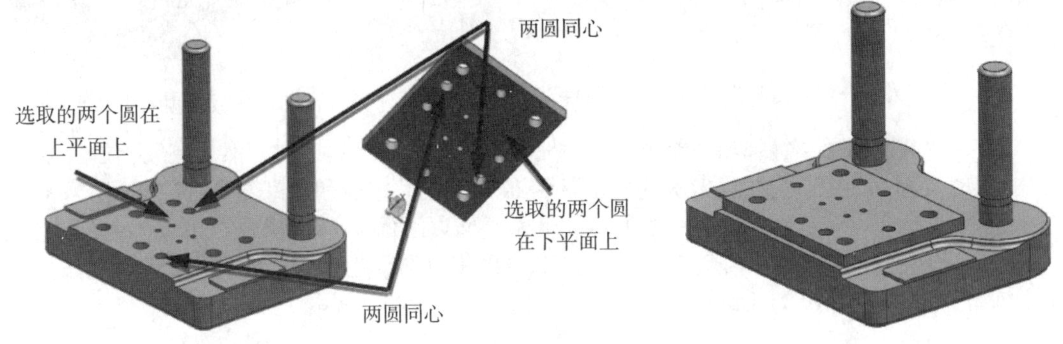

图6-11 导柱约束条件　　**图6-12 添加下垫板**

6)添加凸凹模

(1)单击“组件”工具条中的“添加组件”按钮，选择组件“凸凹模”，在“定位”下拉列表框中选择“通过约束”的定位方式，单击“确定”按钮。

(2)在“装配约束”对话框的“类型”下拉列表框中选择“接触对齐”，然后在“方位”下拉列表框中选择“接触”，依次选取如图6-13所示的下垫板上平面和凸凹模底平面；在“方位”下拉列表框中选择“自动判断中心/轴”，依次选取如图6-13所示的轴线，单击“确定”按钮，完成凸凹模的添加，结果如图6-14所示。

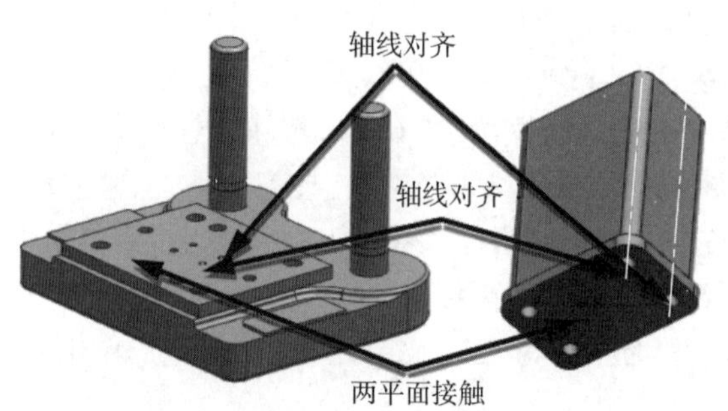

图 6-13　凸凹模约束条件

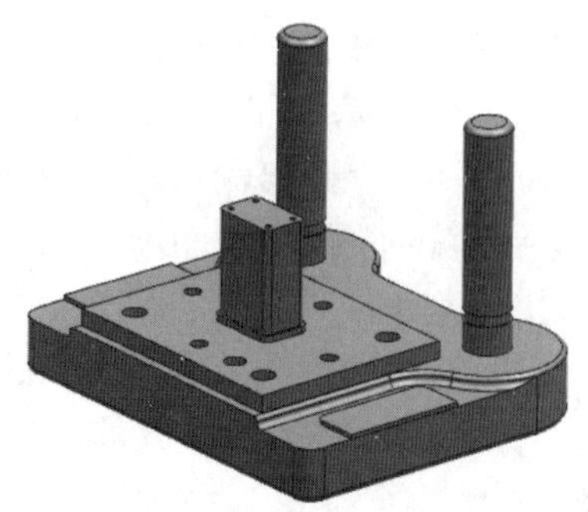

图 6-14　添加凸凹模

7）添加凸凹模固定板

（1）单击“组件”工具条中的“添加组件”按钮，选择组件“凸凹模固定板”，在“定位”下拉列表框中选择“通过约束”的定位方式，单击“确定”按钮。

（2）在“装配约束”对话框的“类型”下拉列表框中选择“同心”，如图 6-15 所示选取约束对象，单击“确定”按钮，完成凸凹模固定板的添加，结果如图 6-16 所示。

8）添加螺钉

（1）单击“组件”工具条中的“添加组件”按钮，选择组件“下模螺钉”，在“定位”下拉列表框中选择“通过约束”的定位方式，单击“确定”按钮。

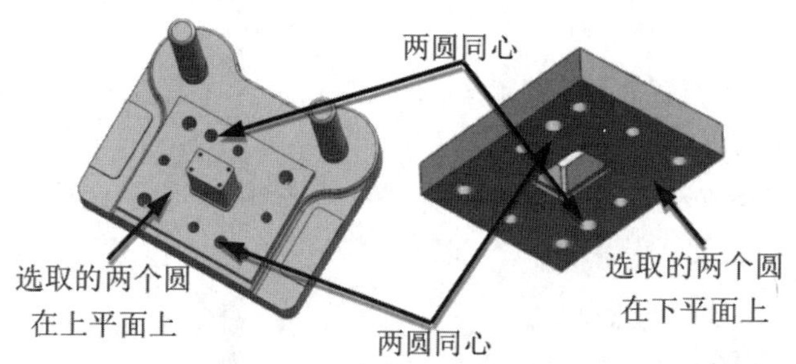

图 6-15　凸凹模固定板约束条件

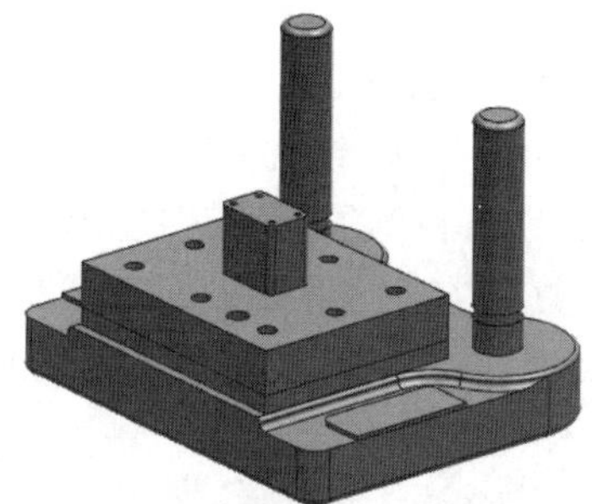

图 6-16　添加凸凹模固定板

（2）在“装配约束”对话框的“类型”下拉列表框中选择“接触对齐”，然后在“方位”下拉列表框中选择“自动判断中心/轴”，依次选取如图 6-17 所示的孔轴线和螺钉轴线；在“方位”下拉列表框中选择“接触”，依次选取如图 6-17 所示的下模座沉头孔面和螺钉台阶面，单击“确定”按钮。

（3）采用上述方法添加其余 3 个螺钉，也可采用“镜像装配”或“阵列组件”命令添加其余 3 个螺钉，结果如图 6-18 所示。

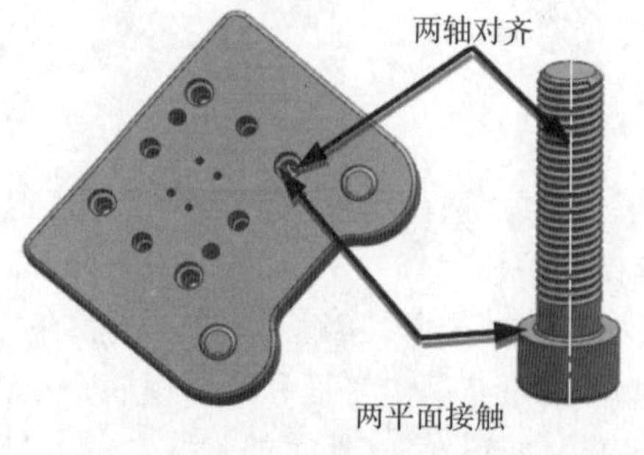

图 6-17　螺钉约束条件

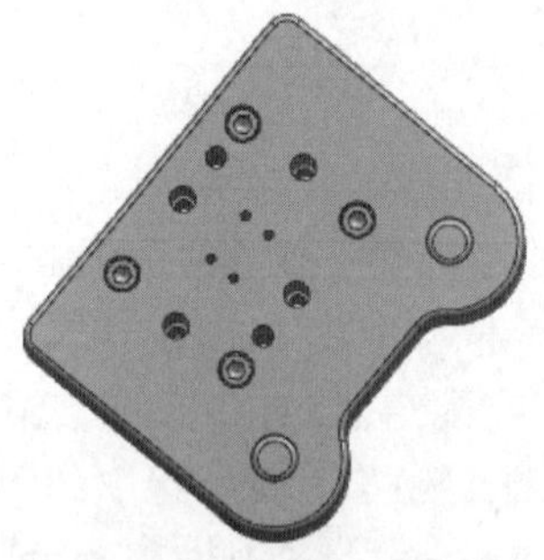

图 6-18　添加螺钉

9)添加销钉

(1)单击“组件”工具条中的“添加组件”按钮，选择组件“下模销钉”，在“定位”下拉列表框中选择“通过约束”的定位方式，单击“确定”按钮。

(2)在“装配约束”对话框的“类型”下拉列表框中选择“接触对齐”，然后在“方位”下拉列表框中选择“自动判断中心/轴”，依次选取如图6-19所示的孔轴线和销钉轴线；在“类型”下拉列表框中选择“距离”，依次选取如图6-19所示的凸凹模固定板上平面和销钉的上平面，在文本框中输入距离值“5”，确保销钉平面低于凸凹模固定板平面，单击“确定”按钮。

(3)采用同样的方法添加另一个销钉，结果如图6-20所示。

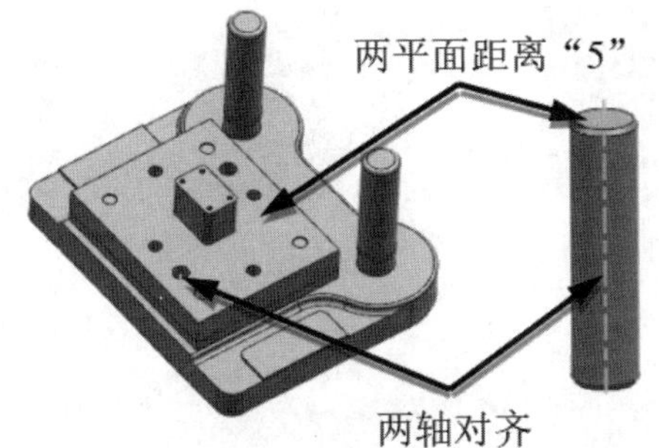

图6-19　销钉约束条件

图6-20　添加销钉

10)添加卸料板

(1)单击“组件”工具条中的“添加组件”按钮，选择组件“卸料板”，在“定位”下拉列表框中选择“通过约束”的定位方式，单击“确定”按钮。

(2)在“装配约束”对话框的“类型”下拉列表框中选择“接触对齐”，然后在“方位”下拉列表框中选择“对齐”，依次选取如图6-21所示的凸凹模固定板的侧面和卸料板的侧面；在“类型”下拉列表框中选择“距离”，依次选取如图6-21所示的凸凹模上平面和卸料板的上平面，在文本框中输入距离值“1”，确保凸凹模平面低于卸料板平面(按模具开启状态装配，模具处于工作状态时，卸料板被压下，凸凹模平面高于卸料板平面)，单击“确定”按钮，完成卸料板的添加，结果如图6-22所示。

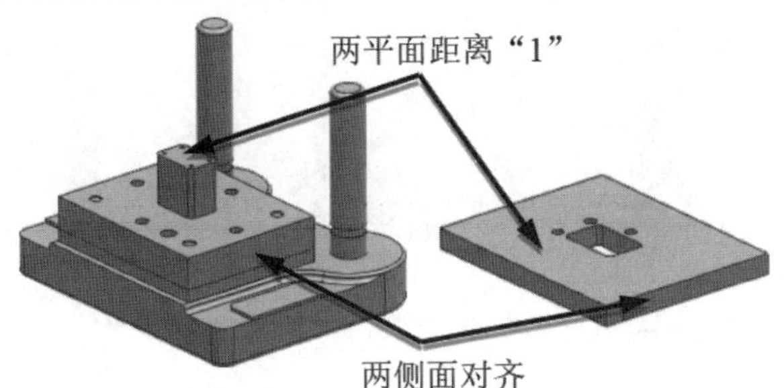

图6-21　卸料板约束条件

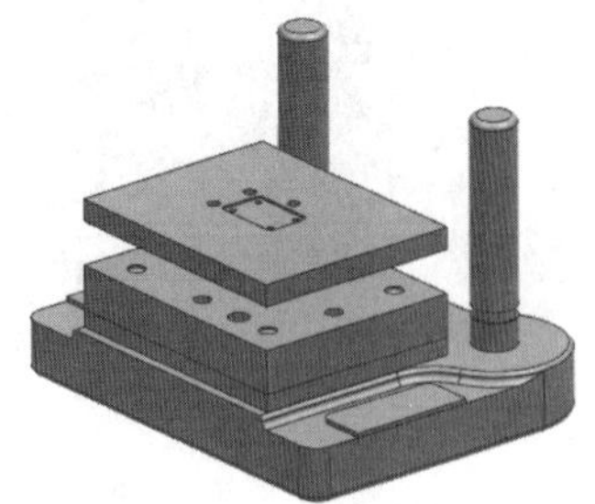

图6-22　添加卸料板

11)添加卸料弹簧

(1)单击“组件”工具条中的“添加组件”按钮，选择组件“卸料弹簧”，在“定位”下拉列表框中选择“通过约束”的定位方式；在“设置”选项组的“引用集”下拉列表框中选择“整个部件”，“图层”下拉列表框中选择“工作的”，单击“确定”按钮。

(2)在“装配约束”对话框的“类型”下拉列表框中选择“接触对齐”，然后在“方位”下拉列表框中选择“对齐”，依次选取如图 6-23 所示的卸料弹簧的 Z 轴和卸料板上螺钉孔的轴线；在“方位”下拉列表框中选择“接触”，依次选取如图 6-23 所示的卸料弹簧的底平面和凸凹模的上平面，单击“确定”按钮。

（3）采用同样的方法添加另外 3 个卸料弹簧，在“装配导航器中”右击“卸料弹簧×4”，在系统弹出的快捷菜单中选择“替换引用集”/“MODEL”，结果如图 6-24 所示。

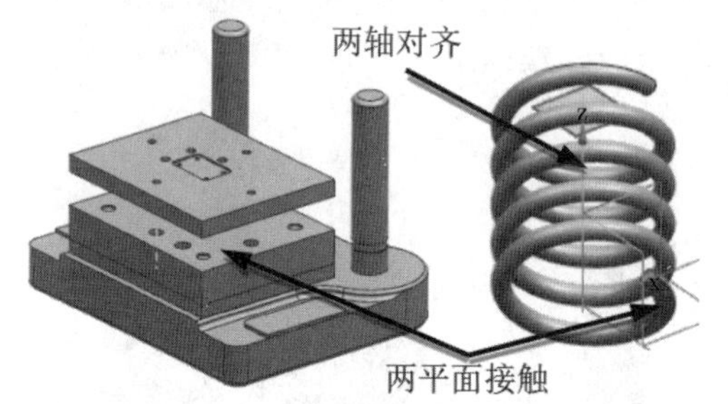

图 6-23　卸料弹簧约束条件

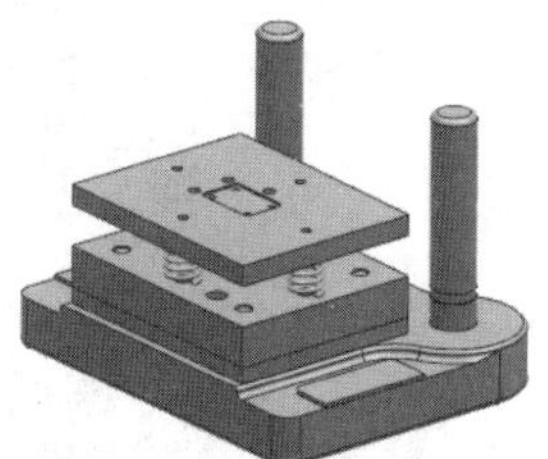
图 6-24　添加卸料弹簧

12）添加卸料螺钉

（1）单击“组件”工具条中的“添加组件”按钮，选择组件“卸料螺钉”，在“定位”下拉列表框中选择“通过约束”的定位方式；在“设置”选项组的“引用集”下拉列表框中选择“模型（‘MODEL’）”，“图层选项”下拉列表框中选择“原始的”，单击“确定”按钮。

（2）在“装配约束”对话框的“类型”下拉列表框中选择“接触对齐”，然后在“方位”下拉列表框中选择“接触”，依次选取如图 6-25（隐藏卸料弹簧）所示的卸料螺钉的台阶面和卸料板下平面；在“方位”下拉列表框中选择“自动判断中心/轴”，依次选取如图 6-25 所示的卸料螺钉轴线和卸料板螺纹孔轴线，单击“确定”按钮。

（3）采用同样的方法添加另外 3 个卸料螺钉，将隐藏的卸料弹簧显示出来，结果如图 6-26 所示。

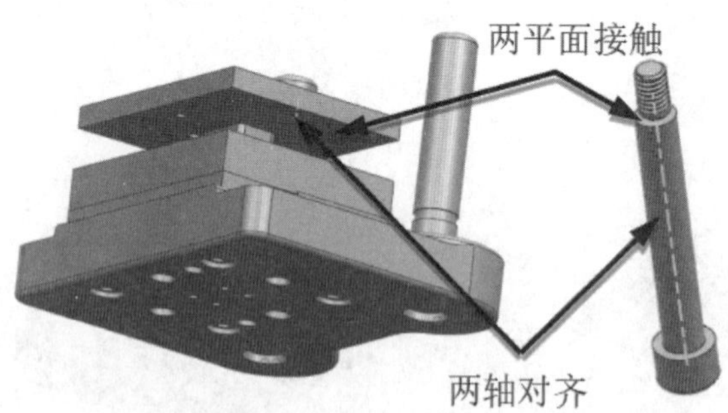

图 6-25　卸料螺钉约束条件

图 6-26　添加卸料螺钉

13）添加导料销和挡料销

该套模具中的导料销和挡料销形状尺寸完全相同，因为放置位置的不同，所以名称不同，放在条料前端的称为挡料销，放在条料侧边的称为导料销，因此组件名称统一为“导料销”。

（1）单击“组件”工具条中的“添加组件”按钮，选择组件“导料销”，在“定位”下拉列表框中选择“通过约束”的定位方式，单击“确定”按钮。

(2)将卸料板以外的所有零件隐藏，并将卸料板翻转。

(3)在“装配约束”对话框的“类型”下拉列表框中选择“同心”，依次选取如图6-27所示的卸料板上导料销安装孔的下边缘和导料销台阶面边缘，单击“确定”按钮。

(4)采用同样的方法添加另一个导料销和挡料销，结果如图6-28所示。

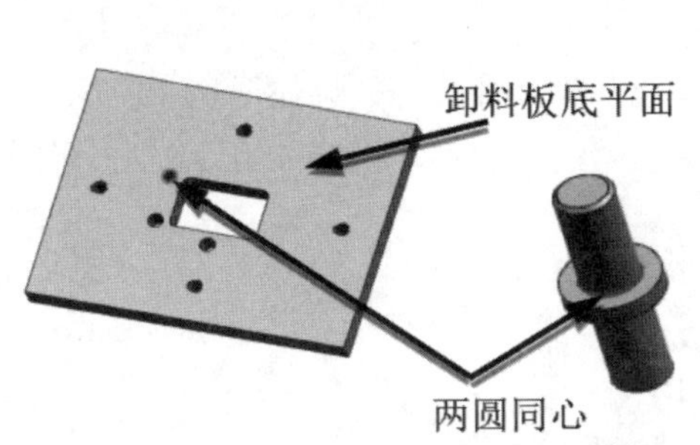

图6-27 导料销约束条件

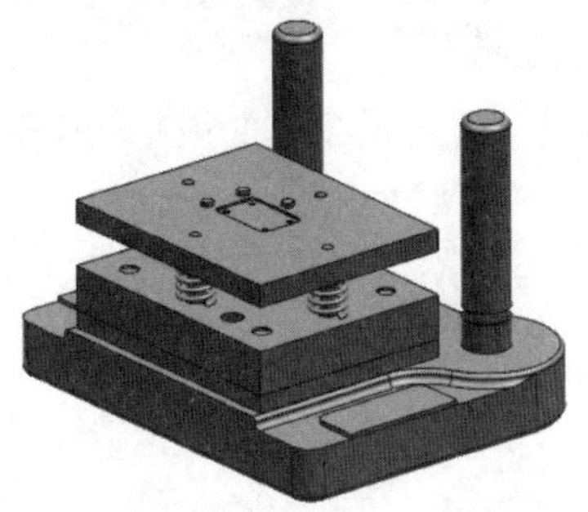

图6-28 添加导料销和挡料销

14)添加弹簧

(1)单击“组件”工具条中的“添加组件”按钮，选择组件“弹簧”，在“定位”下拉列表框中选择“通过约束”的定位方式；在“设置”选项组的“引用集”下拉列表框中选择“整个部件”，“图层”下拉列表框中选择“工作的”选项，单击“确定”按钮。

(2)将导料销和挡料销以外的所有零件隐藏，并将导料销和挡料销翻转。

(3)在“装配约束”对话框的“类型”下拉列表框中选择“接触对齐”，然后在“方位”下拉列表框中选择“自动判断中心/轴”，依次选取如图6-29所示的弹簧的Z轴和挡料销的轴线；在“方位”下拉列表框中选择“接触”，依次选取如图6-29所示的弹簧的上部基准平面和挡料销中间圆柱体的下平面，单击“确定”按钮。

(4)采用同样的方法添加另外两个弹簧，结果如图6-30所示。

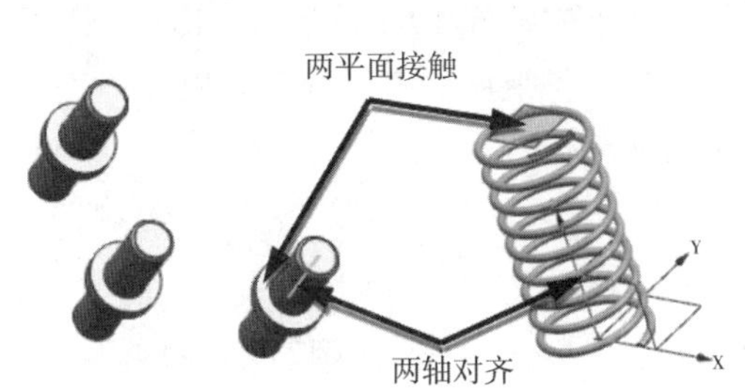

图6-29 弹簧约束条件

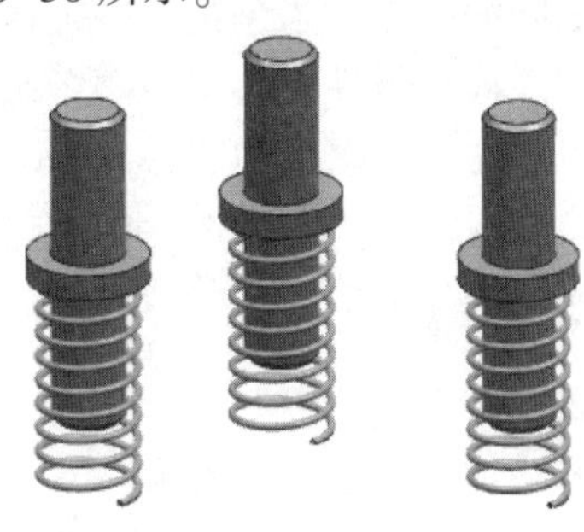

图6-30 添加弹簧

15)整理视图，保存

(1)将下模装配中的所有组件显示出来，调整视图方位。

(2)执行“文件”/“保存”/“全部保存”命令，完成垫片复合模下模组件的装配。

4. 任务总结

利用“添加组件”和“装配约束”等命令装配垫片复合模下模组件，组件装配时的定位方式灵活多样，但要注意不能有过约束和欠约束。对于弹簧这类模型，本身没有明显约束，装配载入时可以把“引用集”设置为“整个部件”，利用建模时的基准进行约束定位。

任务 6.2　垫片复合模下模装配爆炸图

1. 任务描述

对任务 1 中已装配好的垫片复合模下模创建爆炸图，爆炸图效果如图 6-31 所示。

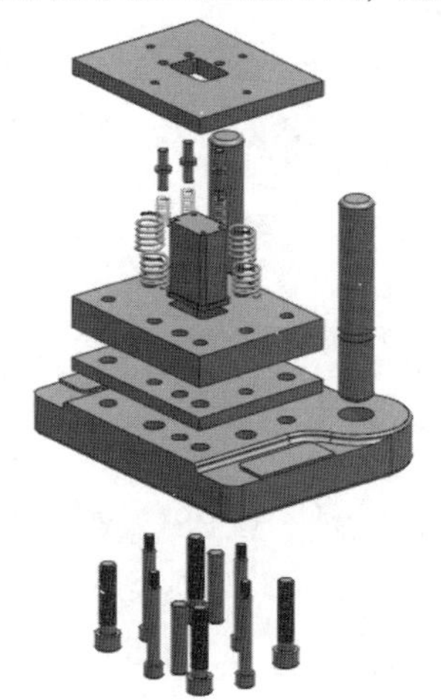

任务 6.2　微课视频

图 6-31　垫片复合模下模爆炸图效果

2. 任务分析

爆炸图是 UG NX 10.0 提供的一个可以很方便地反映出装配体的装配顺序、内部结构的重要功能，在复杂的装配体中经常采用。在爆炸图中可以方便地观察装配体中的零件数目以及相互之间的装配关系，其是装配体中的各个组件按照装配关系沿指定的方向偏离原来位置的拆分图。这些组件仅在爆炸图中重定位，它们在真实装配中的位置不受影响，且在一个模型中可以存在多个爆炸图。垫片复合模下模装配体中各组件呈直线分布，相对而言装配关系比较简单，只需生成一个爆炸图即可表达清楚内部结构。

3. 操作步骤

1) 创建爆炸图

打开垫片复合模下模装配文件，执行“菜单”/“装配”/“爆炸图”/“新建爆炸图”命令，或单击“装配”工具条中的“爆炸图”按钮，系统弹出“爆炸图”工具条，如图 6-32 所示。单击“爆炸图”工具条中的“新建爆炸图”按钮，系统弹出“新建爆炸图”对话框，如图 6-33 所示。定义爆炸图的名称(这里取默认值)，单击“确定”按钮，完成爆炸图的创建。

图 6-32　“爆炸图”工具条

图 6-33　“新建爆炸图”对话框

2)自动生成爆炸图

单击“爆炸图”工具条中的“自动爆炸组件”按钮，系统弹出“类选择”对话框。框选所有零件，单击“确定”按钮，系统弹出“自动爆炸组件”对话框，如图 6-34 所示，设置“距离”为“100”，单击“确定”按钮，自动生成的爆炸图如图 6-35 所示。

图 6-34 “自动爆炸组件”对话框

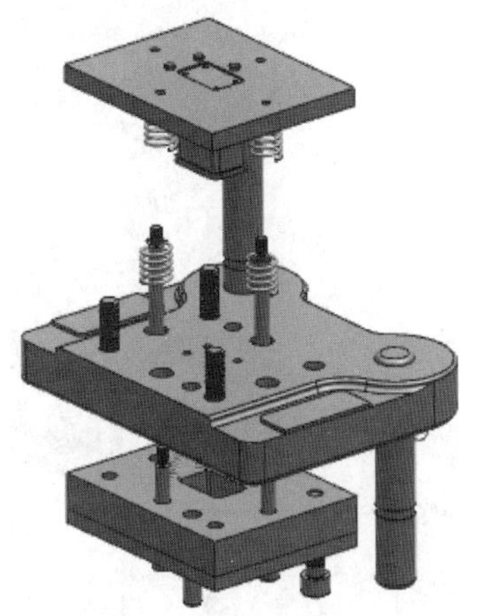

图 6-35 自动生成的爆炸图

3)取消爆炸组件

由图 6-35 可见，自动爆炸的组件位置并不理想，单击“爆炸图”工具条中的“取消爆炸组件”按钮，系统弹出“类选择”对话框，框选所有零件，单击“确定”按钮，使组件恢复到没爆炸前的状态。

4)移动卸料螺钉

单击“爆炸图”工具条中的“编辑爆炸图”按钮，系统弹出“编辑爆炸图”对话框，如图 6-36 所示，选择“选择对象”单选按钮，选取 4 颗卸料螺钉，切换至“移动对象”单选按钮，此时系统生成动态坐标，拖动动态坐标系带动 4 颗卸料螺钉移动至合适位置后，结果如图 6-37 所示。

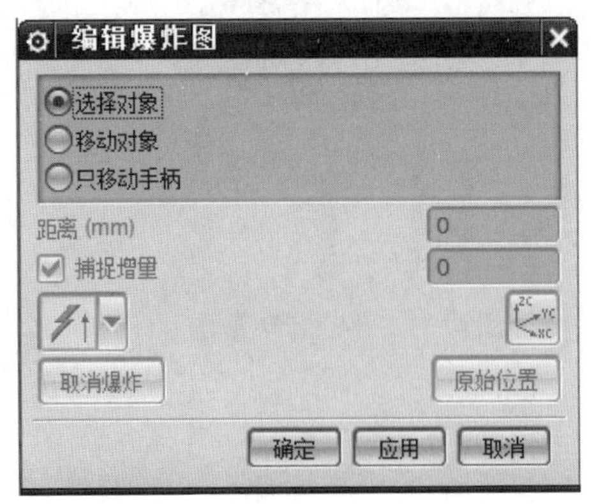

图 6-36 “编辑爆炸图”对话框

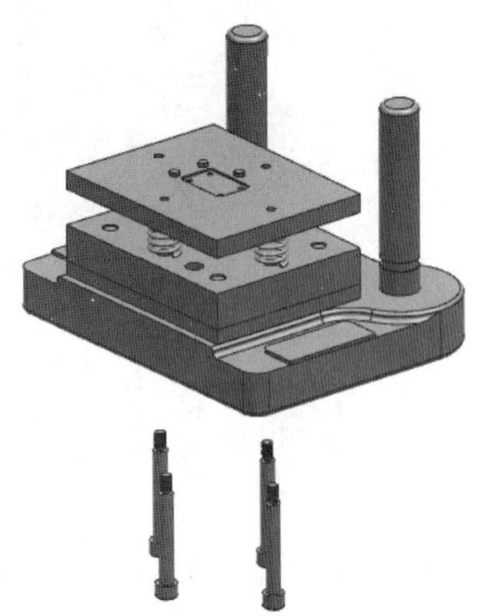

图 6-37 移动卸料螺钉

5)移动卸料板

选取卸料板，将其移至合适位置，结果如图 6-38 所示。

6)移动导料销和挡料销

选取导料销和挡料销，将其移至合适位置，结果如图 6-39 所示。

图 6-38　移动卸料板

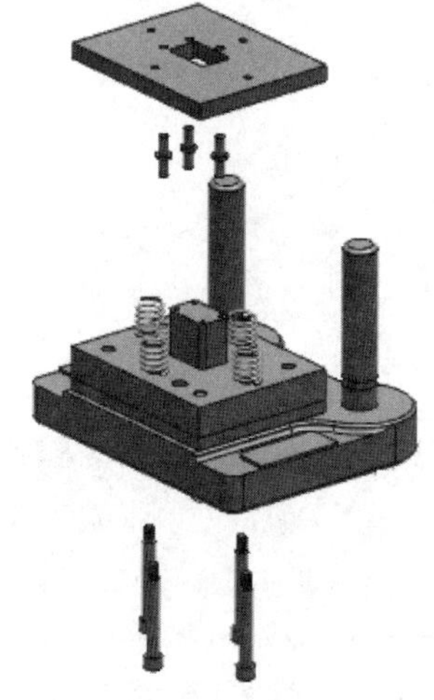

图 6-39　移动挡料销和导料销

7)移动弹簧

选取弹簧，将其移至合适位置，结果如图 6-40 所示。

8)移动卸料弹簧

选取卸料弹簧，将其移至合适位置，结果如图 6-41 所示。

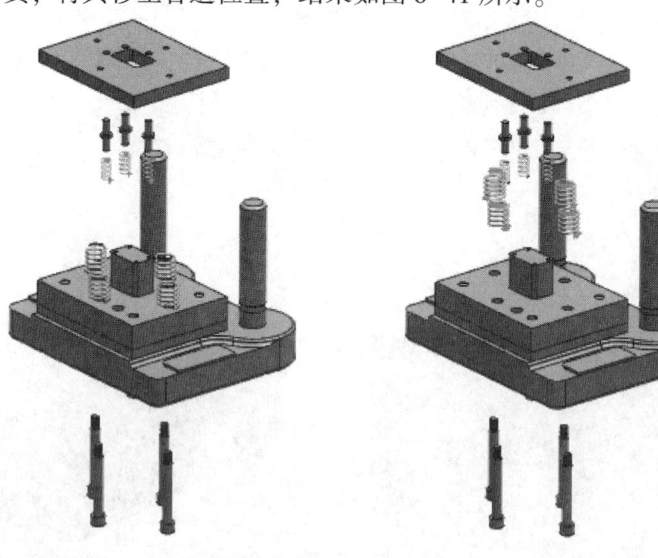

图 6-40　移动弹簧　　**图 6-41　移动卸料弹簧**

9)移动销钉

选取销钉，将其移至合适位置，结果如图 6-42 所示。

10)移动螺钉

选取螺钉，将其移至合适位置，结果如图 6-43 所示。

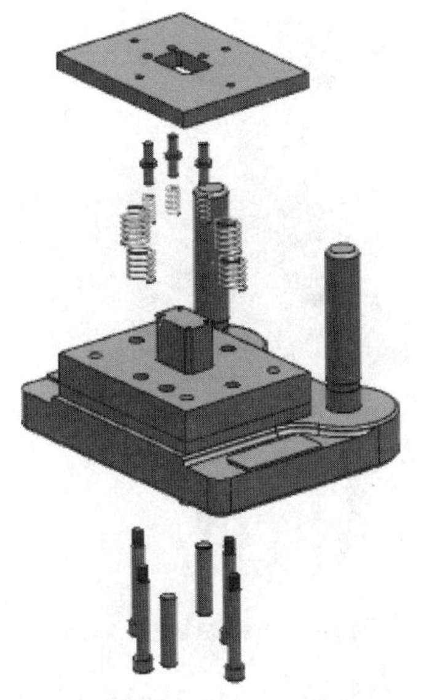

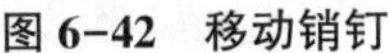

图 6-42 移动销钉

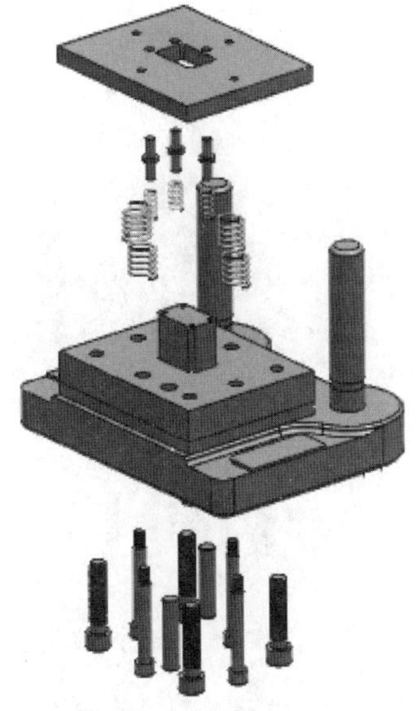

图 6-43 移动螺钉

11）移动凸凹模固定板

选取凸凹模固定板，将其移至合适位置，结果如图 6-44 所示。

12）移动凸凹模

选取凸凹模，将其移至合适位置，结果如图 6-45 所示。

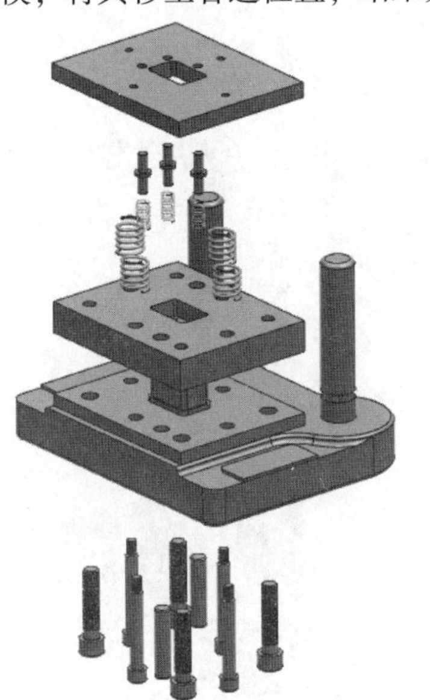

图 6-44 移动凸凹模固定板

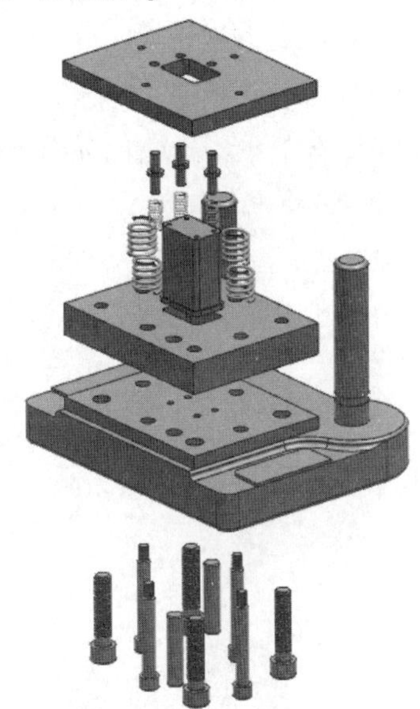

图 6-45 移动凸凹模

13）移动下垫板

选取下垫板，将其移至合适位置，结果如图 6-46 所示。

14）移动导柱

选取导柱，将其移至合适位置，结果如图 6-47 所示。至此，完成垫片复合模下模爆炸图。

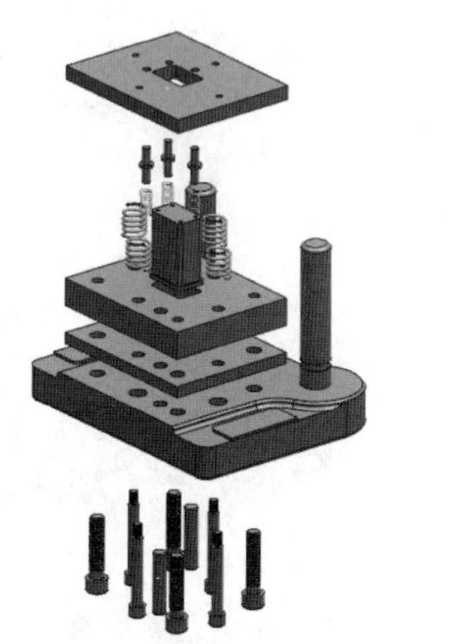

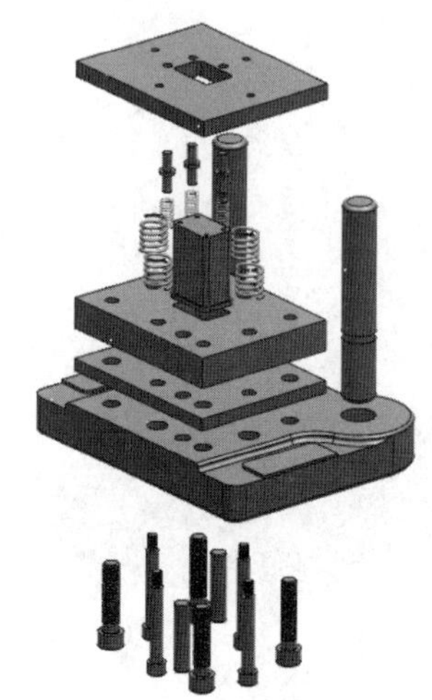

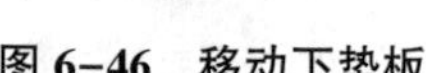
图 6-46　移动下垫板　　　　图 6-47　移动导柱

注意：可通过执行“菜单”/“装配”/“爆炸图”/“隐藏爆炸图”命令，将选中的爆炸图隐藏起来，并恢复到原来的状态。

4. 任务总结

只有装配中有约束关系的情况下才能使用自动爆炸图功能，但自动爆炸图的效果一般情况下都不够理想，需要使用手动调整爆炸图才能获得理想的效果。

习　题

根据素材文件(存于“素材文件\ch6\垫片复合模上模”文件夹中)完成垫片复合模上模装配及爆炸图，如图 6-48 所示。

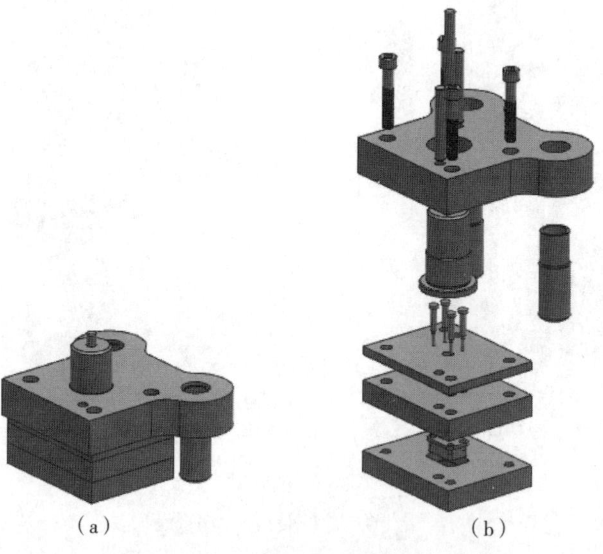

图 6-48　垫片复合模上模及其爆炸图

(a)垫片复合模上模；(b)垫片复合模上模爆炸图

项目 7 工程图

知识目标

(1)了解工程图与三维模型之间的关系，熟悉在 UG NX 10.0 中创建工程图的流程。

(2)掌握创建基本视图、投影视图、剖视图及其他视图的方法。

(3)掌握标注尺寸、基准特征符号、形位公差和表面粗糙度等的方法。

能力目标

能够结合机械制图的相关知识和 UG NX 10.0 工程图模块的操作技能，选择合适的视图表达方案，充分、合理、准确地表达产品结构。

德育目标

(1)具有规范意识、标准意识。

(2)提高职业素养，遵守职业道德。

项目描述

本项目将以模柄工程图以及垫片复合模上模装配工程图绘制案例为载体，介绍使用 UG NX 10.0 绘制工程图的流程。通过本项目的学习可以掌握 UG NX 10.0 工程图模块的操作方法与技巧，熟悉视图创建、视图编辑、尺寸标注、公差标注、形位公差标注、表面粗糙度标注、添加文字注释和填写标题栏、明细表的全过程，通过二维图充分、合理、准确地表达产品结构。

相关知识

7.1 工程图模块概述

工程图是将 UG NX 10.0 建模功能中创建的三维实体模型引入到制图环境中生成的二维

图，由模型投影而成。因此它们互相关联，模型的任何修改都会引起工程图的相应变化，这也很好地保证了二者之间的完全一致性，但工程图的修改不会引起模型的变化。在工程图模块中，用户可创建图纸、视图，进行尺寸标注、文字注释和公差标注等。

7.1.1　工程图绘制的一般流程

UG NX 10.0 中工程图绘制的一般流程如图 7-1 所示。

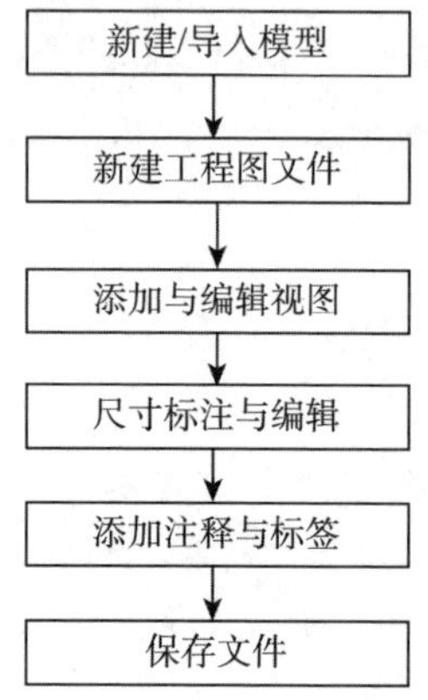

图 7-1　工程图绘制的一般流程

7.1.2　初识工程图界面

完成三维模型建模后，在 UG NX 10.0 的用户界面中单击功能区的“应用模块”标签，切换到“应用模块”选项卡，如图 7-2 所示。接着在该选项卡的“设计”工具条中单击“制图”按钮，便快速切换到制图模块。

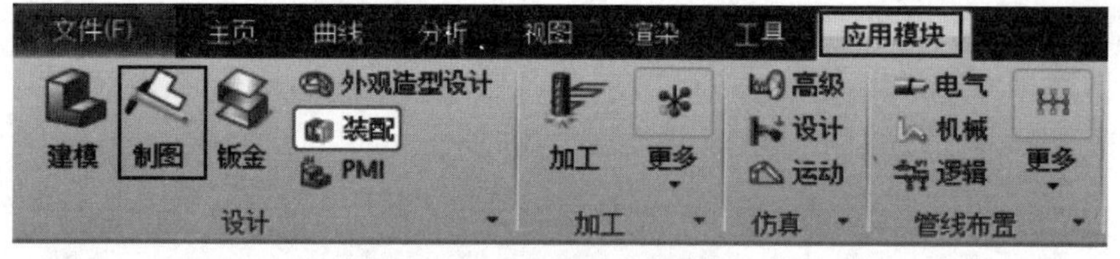

7.1.2　微课视频

图 7-2　“应用模块”选项卡

或者单击软件初始用户界面的标准工具条中的“新建”按钮，系统弹出“新建”对话框，如图 7-3 所示。单击“图纸”标签，切换到“图纸”选项卡，在此选项卡中“关系”选择“引用现有部件”，“单位”选择“毫米”，选择合适的图幅，输入新文件名称，选择其存放的文件夹，选取要创建图纸的部件，单击“确定”按钮，也可以进入制图模块。

制图模块界面如图 7-4 所示，包括“主页”“制图工具”“布局”“分析”“视图”“工具”“应用模块”和“装配”等选项卡，不同选项卡中包含的工具条也不同。常用的工具条包括“视图”工具条、“尺寸”工具条、“注释”工具条、“草图”工具条及“表”工具条等，分别如图 7-5～图 7-9 所示。

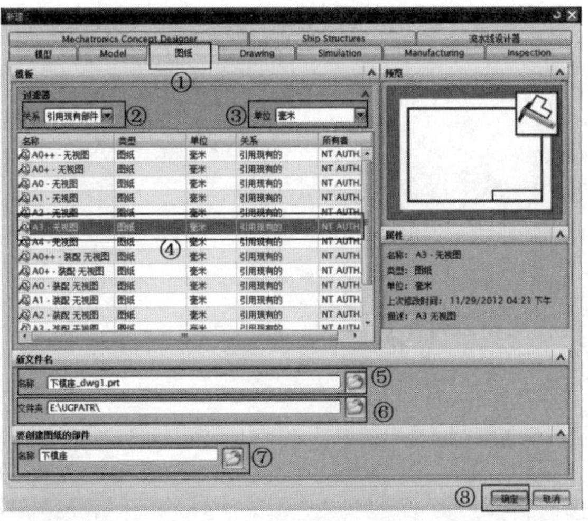

图 7-3　“新建”对话框

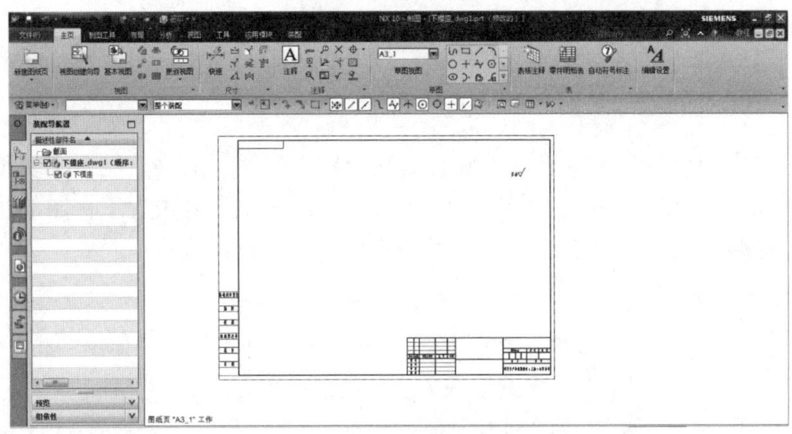

图 7-4　制图模块界面

图 7-5　“视图”工具条

图 7-6　“尺寸”工具条

图 7-7　“注释”工具条

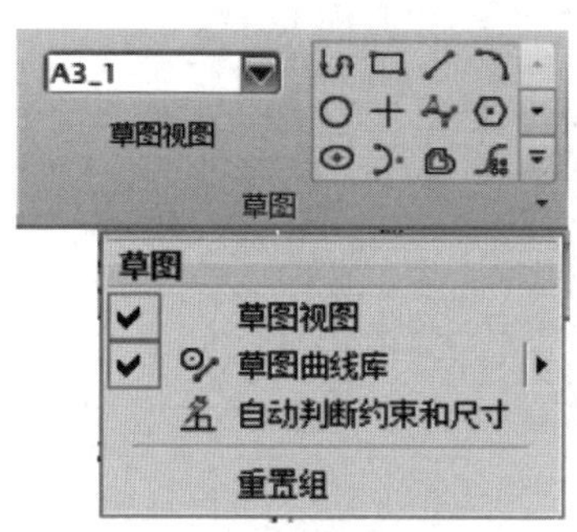

图 7-8 “草图”工具条

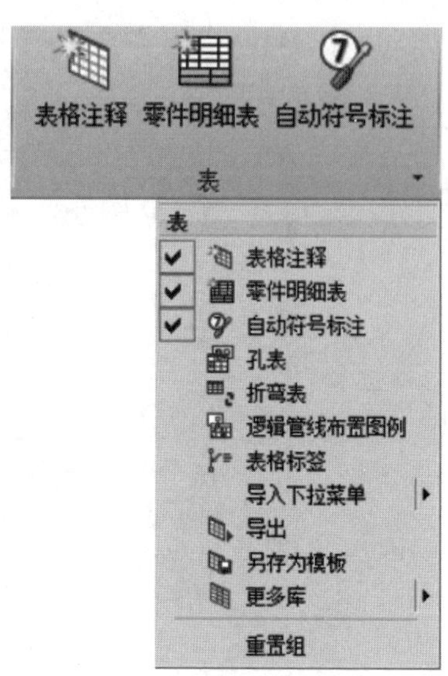

图 7-9 “表”工具条

7.1.3 制图模块预设置

为了满足特定的设计环境要求且准确有效地绘制工程图，需进行制图模块预设置，包括制图标准设置和制图首选项设置。其中，制图首选项设置主要是设置工程图的基本参数，如线条的粗细、隐藏线的显示与否、视图边界线的显示和颜色设置等。

1. 制图标准设置

进入制图模块后，执行“菜单”/“工具”/“制图标准”命令，系统弹出“加载制图标准”对话框，如图 7-10 所示，“用户默认设置级别”选项组中“从以下级别加载”下拉列表框选择“出厂设置”或“用户”，“要加载的标准”选项组中“标准”下拉列表框选择“GB”，单击“确定”按钮。

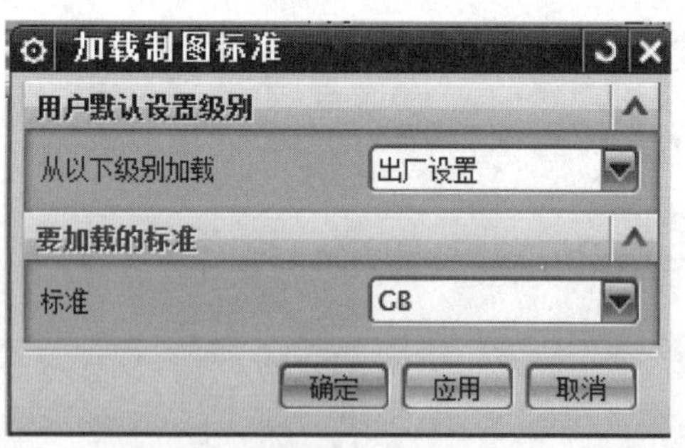

图 7-10 “加载制图标准”对话框

7.1.3 微课视频

2. 制图首选项设置

执行“菜单”/“首选项”/“制图”命令，系统弹出“制图首选项”对话框，如图 7-11 所示，在该对话框中可进行各项参数的设置。

例如，选择“视图”/“隐藏线”选项卡，可以设置隐藏线的显示方式、线型和线宽等，如图 7-12 所示；选择“视图”/“光顺边”选项卡，可以设置光顺边缘的显示方式，以及光顺边缘端点缝隙值显示，如图 7-13 所示；选择"视图"/"工作流"选项卡，可以设置视图边界的显示方式等，如图 7-14 所示。

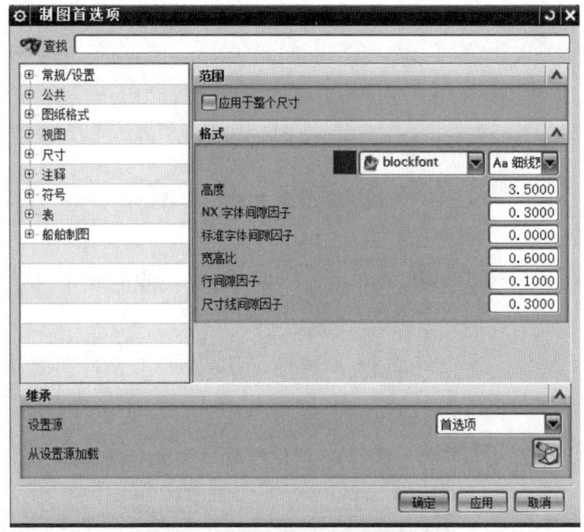

图 7-11 "制图首选项"对话框

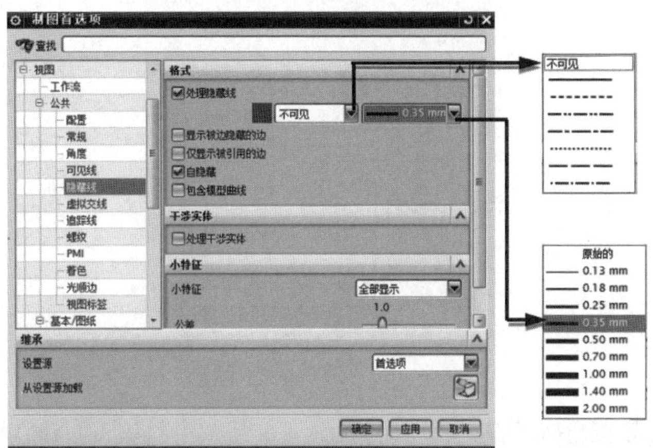

图 7-12 "隐藏线"选项卡

图 7-13 "光顺边"选项卡

图 7-14"工作流"选项卡

7.2 图纸管理

7.2.1 新建图纸页

在功能区的“主页”选项卡中单击“新建图纸页”按钮，系统弹出如图 7-15 所示的“图纸页”对话框，其说明如下。

(1)使用模板：从列表中选择 UG NX 10.0 提供的一种制图模板，直接应用于当前的工程图模块中。

(2)标准尺寸：从“大小”下拉列表框中选取 A0~A4 这 5 种标准图纸中的任一种作为当前的工程图纸，并且可以对图纸的比例、名称等进行所需的设置，如图 7-16 所示。

(3)定制尺寸：设置图纸的高度、长度、比例和图纸页名称等，如图 7-17 所示。

7.2.1 微课视频

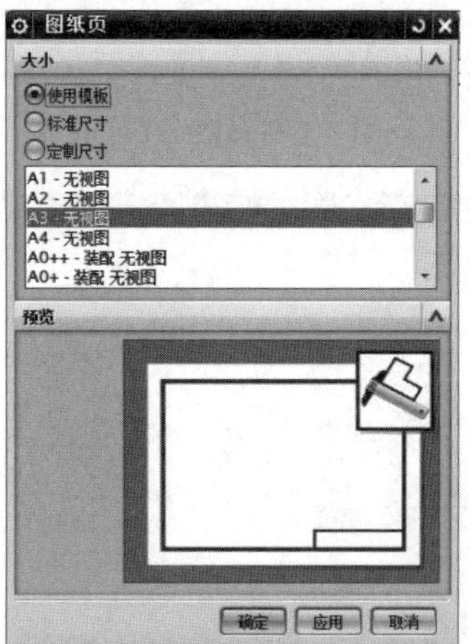

图 7-15 “图纸页”对话框

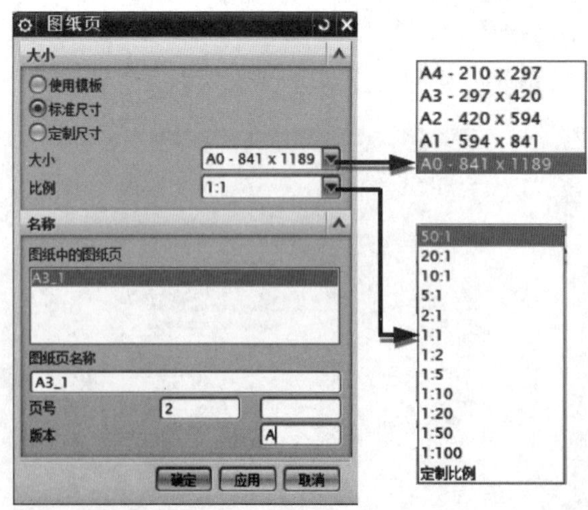

图 7-16 “标准尺寸”设置

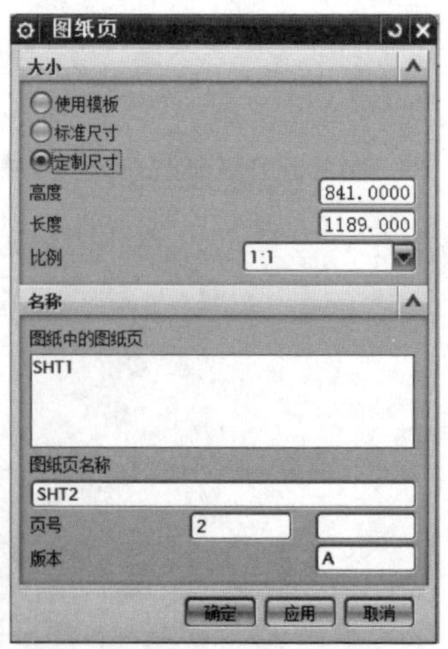

图 7-17 “定制尺寸”设置

7.2.2　删除图纸

在部件导航器中右击所要删除的图纸名称，系统弹出快捷菜单，选择其中的“删除”命令即可，如图 7-18 所示。如果要删除当前绘图区已打开的工程图，可在绘图区中将光标移动到该图纸的边线上右击，系统弹出快捷菜单，选择其中的“删除”命令，如图 7-19 所示。

7.2.2　微课视频

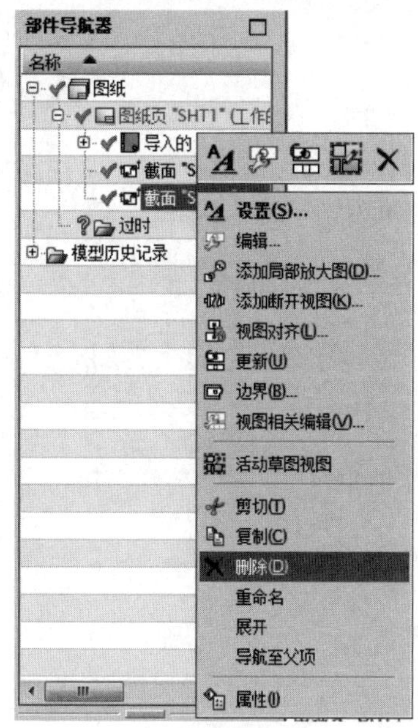

图 7-18　在导航器中删除图纸

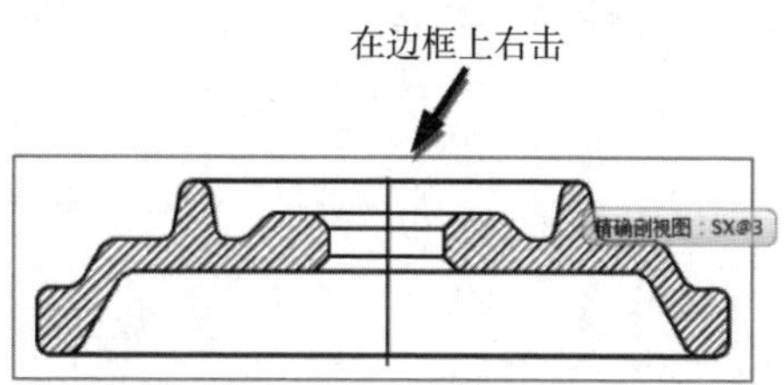

图 7-19　在绘图区删除图纸

7.2.3　编辑图纸

7.2.3　微课视频

在功能区的“主页”选项卡中单击“编辑图纸页”按钮，在系统弹出的“图纸页”对话框中可以对图纸的高度、长度、比例等进行编辑。

7.3　创建视图

7.3.1　基本视图

基本视图是向图纸页添加的第一个视图，原则上可以选择 6 个视图当中的任意一个作为基本视图，但一般都选择主视图或俯视图。下面通过实例介绍基本视图的创建方法，打开“素材文件\ch7\底座 . prt”，创建基本视图的步骤如图 7-20 所示。

(1) 单击“基本视图”按钮，系统弹出“基本视图”对话框，“要使用的模型视图”选择“俯视图”。

(2) 设置“比例”为“1 : 1”。

(3) 单击“定向视图工具”按钮，系统弹出“定向视图”预览框，同时系统弹出“定向视图工具”对话框。

(4)在“定向视图工具”对话框中选择“X 向”选项组中的“指定矢量”。
(5)在“定向视图”预览框选择竖直的矢量，使俯视图旋转 90°。
(6)单击“定向视图工具”对话框中的“确定”按钮。
(7)在图框范围内合适位置左键单击，完成基本视图的添加。
(8)单击“基本视图”对话框中的“关闭”按钮，退出“基本视图”对话框。

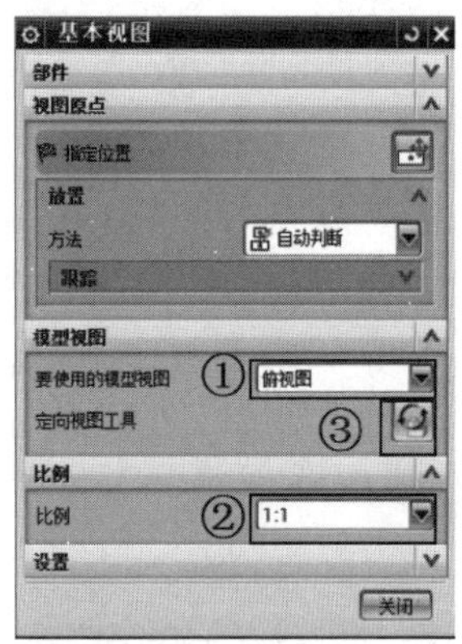

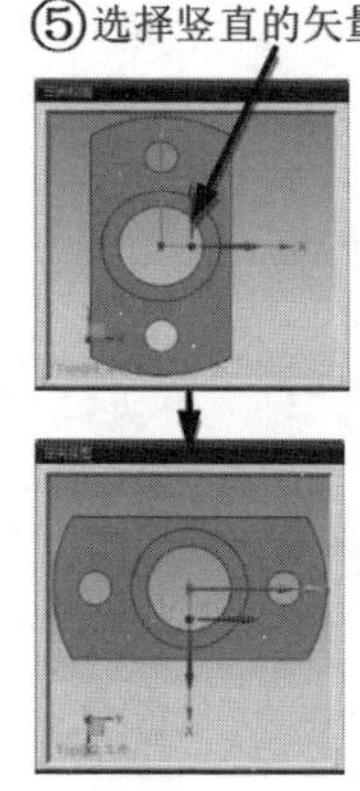

7.3.1 微课视频

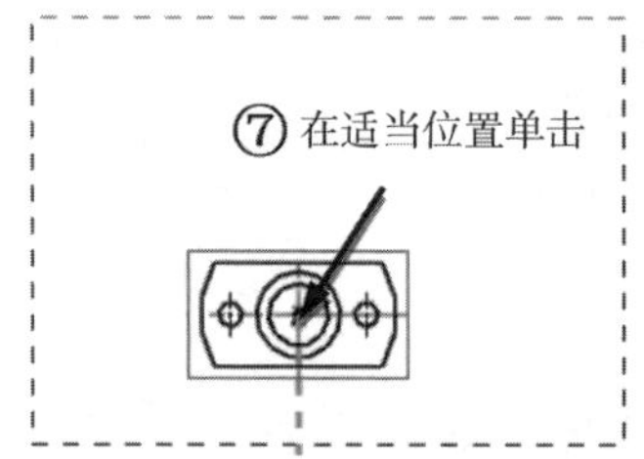

图 7-20　创建基本视图的步骤

7.3.2　投影视图

7.3.2 微课视频

添加基本视图后，系统会自动弹出“投影视图”对话框，如图 7-21 所示。或单击“图纸”工具条中的“投影视图”按钮，也可以打开此对话框。在放置视图的位置单击即可得到投影视图，可在一次生成各个方向的视图的同时预览三维实体，如图 7-22 所示。

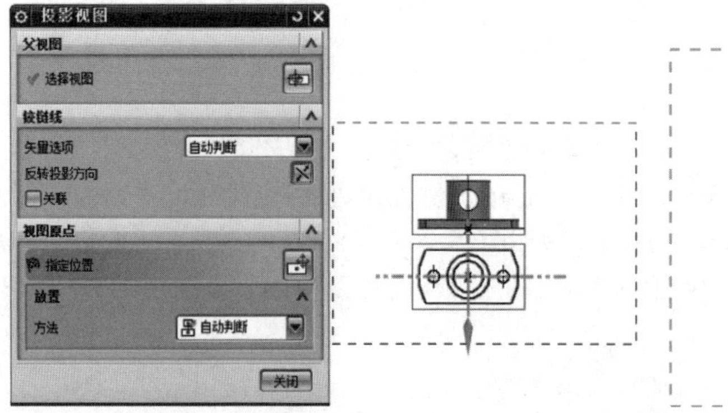

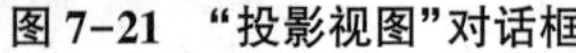
图 7-21　“投影视图”对话框

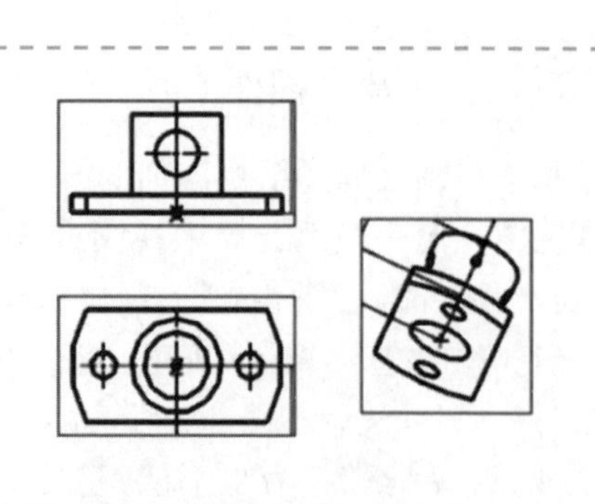
图 7-22　投影视图

“投影视图”对话框中各主要设置项的含义如下。

(1)“父视图”选项组：系统默认自动选择上一步添加的视图为主视图来生成其他视图，但用户也可以单击“选择视图”按钮自行选择相应的主视图。

(2)“铰链线”选项组：系统自动默认在主视图的中心位置出现一条折页线，同时可以拖动鼠标来改变折页线的法线方向，以此来判断并预览生成的视图。

7.3.3　全剖视图

剖视图主要用于表达零件的内部结构形状，利用“剖视图”命令可以创建全剖视图和阶梯剖视图。下面介绍全剖视图的创建方法，打开“素材文件\ch7\凸凹模.prt”，创建全剖视图的步骤如图 7-23 所示。

(1)执行“菜单”/“插入”/“视图”/“剖视图”命令，或单击“图纸”工具条中的“剖视图”按钮，系统弹出“剖视图”对话框。选择“截面线”选项组中“方法”为“简单剖/阶梯剖”。

(2)选择俯视图为父视图，因为本例中只有一个现有视图，系统默认该视图即为父视图，如果有两个或两个以上视图，则需要手动选择父视图。

(3)在父视图上合适位置单击，确定剖切位置。

(4)在合适位置放置剖视图。

(5)在“剖视图”对话框中单击“铰链线”选项组中的“反转剖切方向”按钮，更改剖切方向。

(6)在合适位置单击，放置全剖视图，结果如图 7-24 所示。

7.3.3　微课视频

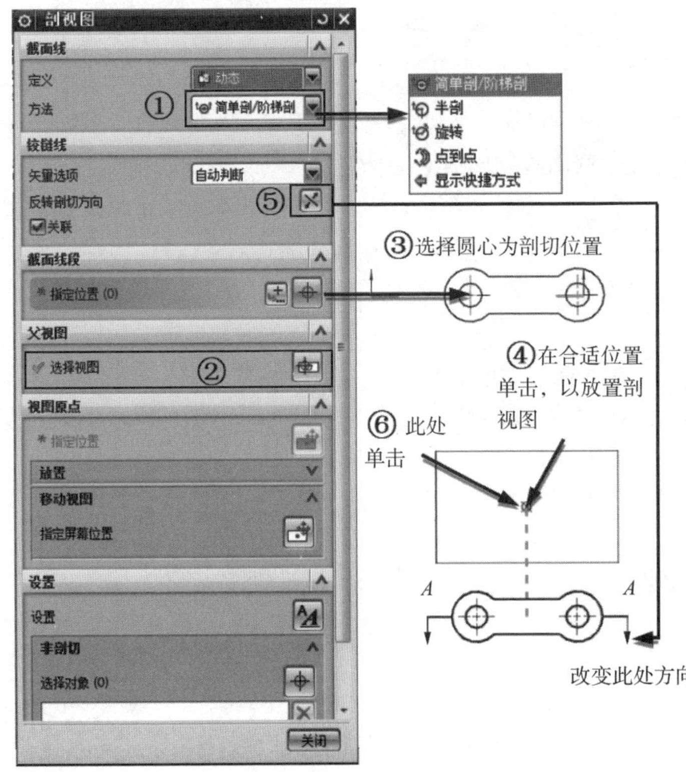

图 7-23　创建全剖视图的步骤

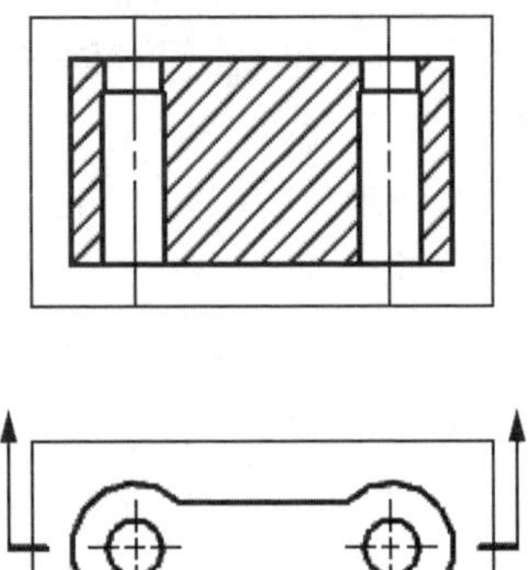

图 7-24　全剖视图

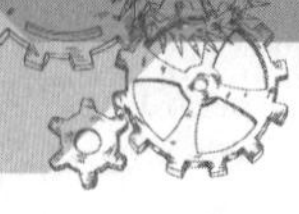

7.3.4 阶梯剖视图

阶梯剖视图也是一种全剖视图，只是阶梯剖的剖切平面一般是一组平行的平面，在工程图中，其剖切线为一条连续垂直的折线。下面视图介绍阶梯剖视图的创建方法，打开“素材文件\ch7\凹模.prt”，创建阶梯剖视图的步骤如图 7-25 所示。

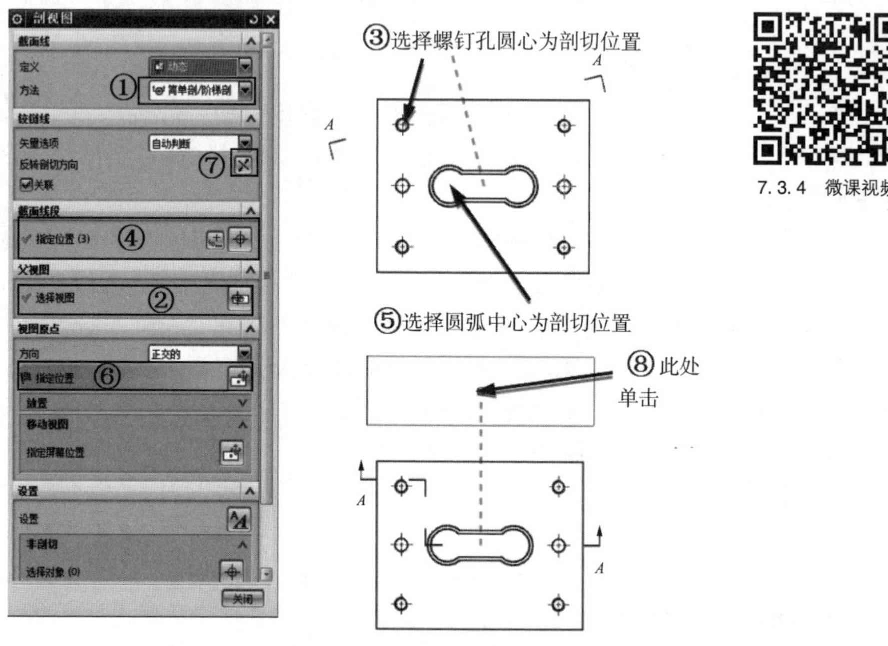

7.3.4 微课视频

图 7-25 创建阶梯剖视图的步骤

(1)执行“菜单”/“插入”/“视图”/“剖视图”命令，或单击“图纸”工具条中的“剖视图”按钮，系统弹出“剖视图”对话框。设置“截面线”选项组中“方法”为“简单剖/阶梯剖”。

(2)选择俯视图为父视图。

(3)在父视图上，选择螺钉孔圆心，单击，确定第一个剖切位置。

(4)单击“截面线段”选择组中“指定位置”按钮。

(5)在父视图上选择圆弧圆心。

(6)单击“视图原点”选择组中“指定位置”按钮。

(7)在“剖视图”对话框中单击“铰链线”选项组中的“反转剖切方向”按钮，更改剖切方向。

(8)在合适位置单击，放置阶梯剖视图，结果如图 7-26 所示。

如果剖切线的位置不当，可双击图 7-26 所示的剖切截面线，系统弹出“剖视图”对话框，剖切截面线出现圆点，其上有调整箭头，如图 7-27 所示，拖动箭头至适当位置即可完成剖切位置调整。

7.3.5 半剖视图

7.3.5 微课视频

半剖视图通常用来表达对称零件，一半视图表达了零件的内部结构，另一半视图则可以表达零件的外形。下面通过实例介绍半剖视图的创建方法，打开

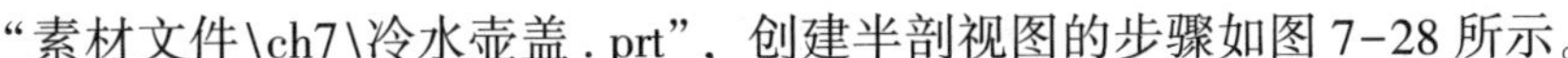

“素材文件\ch7\冷水壶盖.prt”，创建半剖视图的步骤如图7-28所示。

(1)执行“菜单”/“插入”/“视图”/“剖视图”命令，或单击“图纸”工具条中的“剖视图”按钮，系统弹出“剖视图”对话框。设置“截面线”选项组中“方法”为“半剖”。

(2)选择俯视图为父视图。

(3)在父视图上选择圆心单击，确定第一个剖切位置。

(4)选择外圆与X轴正向交点处，单击，确定第二个剖切位置。

(5)“剖视图”对话框中单击“铰链线”选项组中的“反转剖切方向”按钮，更改剖切方向。

(6)在合适位置单击，放置半剖视图，结果如图7-29所示。

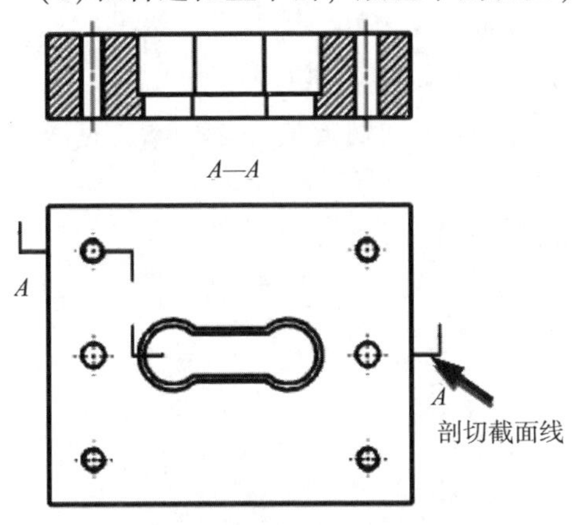

图7-26 阶梯剖视图

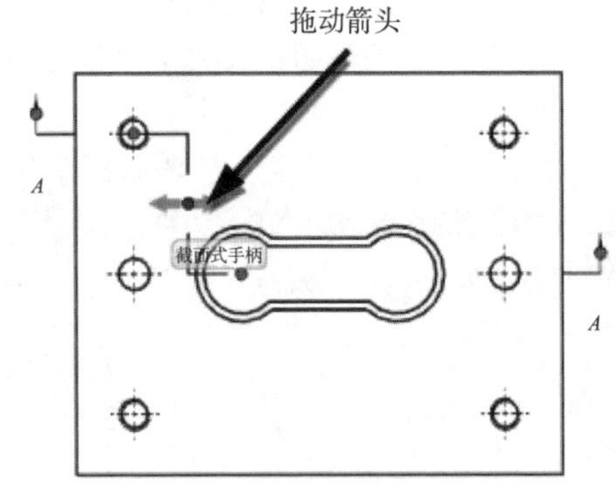

图7-27 调整阶梯剖位置

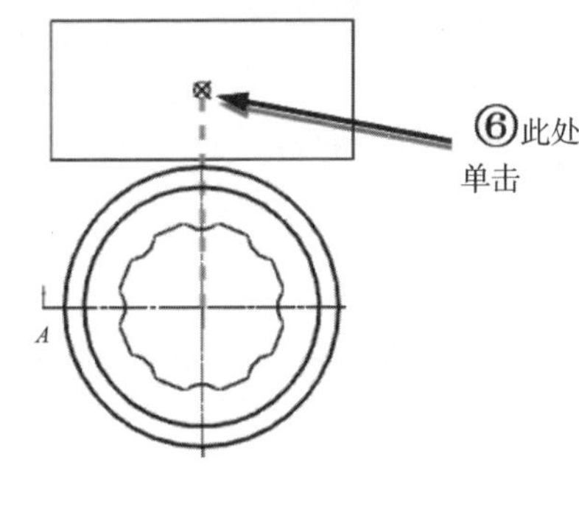

图7-28 创建半剖视图的步骤

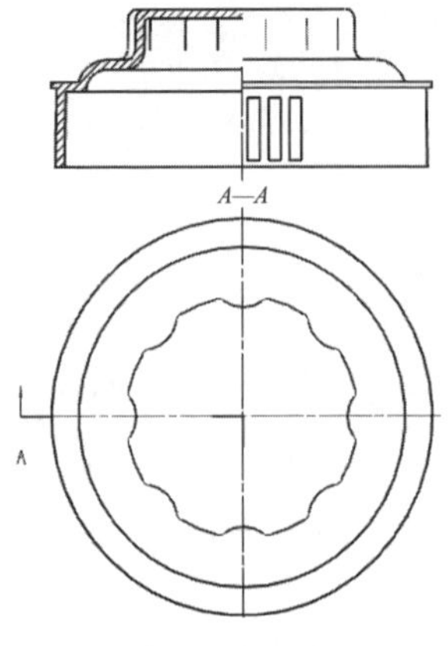

图7-29 半剖视图

7.3.6 旋转剖视图

7.3.6 微课视频

旋转剖视图使用两个相交的剖切平面。下面介绍旋转剖视图的创建方法，打开“素材文件\ch7\带轮 . prt”，创建旋转剖视图的步骤如图 7-30 所示。

(1)执行“菜单”/“插入”/“视图”/“剖视图”命令，或单击“图纸”工具条中的“剖视图”按钮，系统弹出“剖视图”对话框。选择“截面线”选项组中“方法”为“旋转”。

(2)选择俯视图为父视图。

(3)在父视图上选择中心圆圆心，单击，确定旋转点。

(4)选择一个轮辐孔孔心为支线 1，如图 7-30 中④所示，单击。

(5)选择键槽与 X 轴正向的交点为支线，如图 7-30 中⑤所示，单击。

(6)“剖视图”对话框中单击“铰链线”选项组中的“反转剖切方向”按钮，更改剖切方向。

(7)在合适位置单击，放置旋转剖视图，结果如图 7-31 所示。

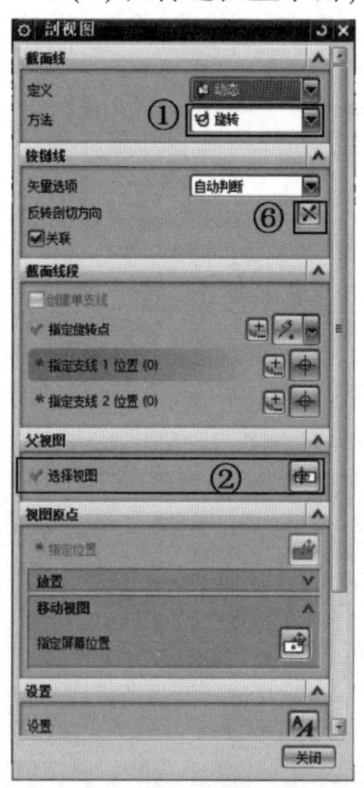

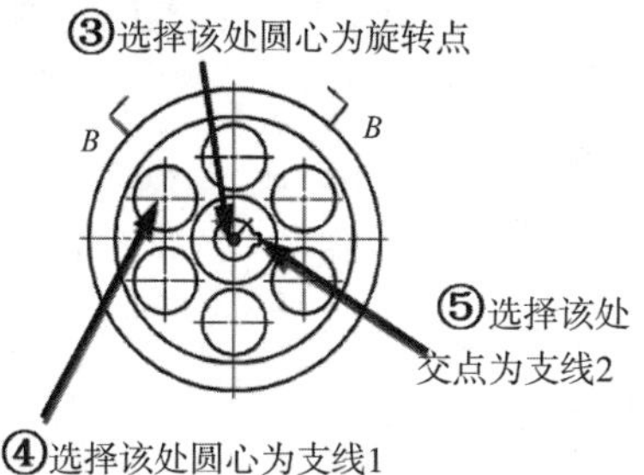

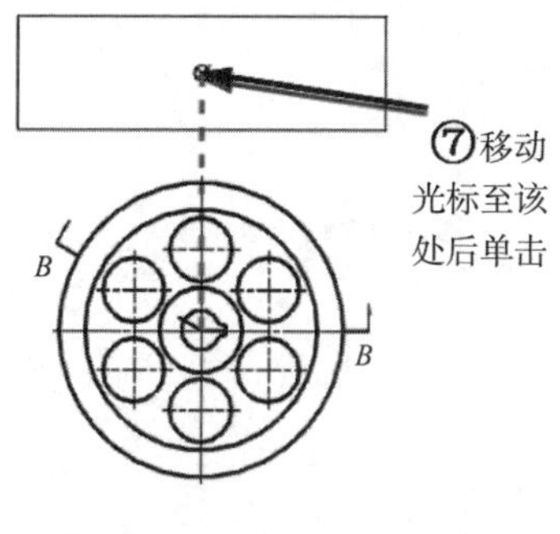

图 7-30 创建旋转剖视图的步骤

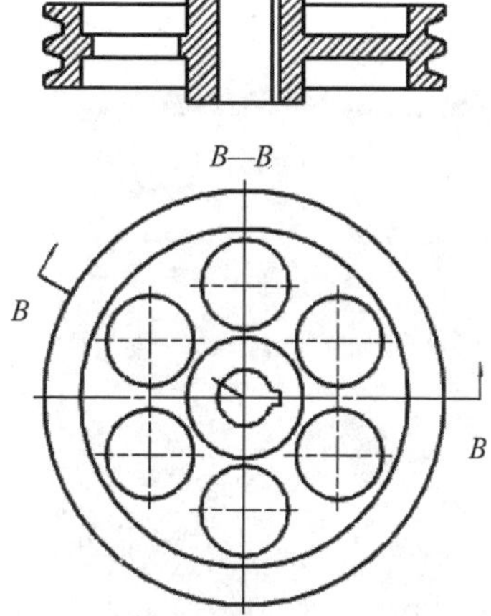

图 7-31 旋转剖视图

7.3.7 局部剖视图

7.3.7 微课视频

局部剖视图用于表达零件某局部的内部结构。在 UG NX 10.0 中，创建局部剖视图之前，需要先定义和视图相关的局部剖视边界。下面通过实例介绍局部剖视图的创建方法，打开“素材文件\ch7\支承座 . prt”，创建局部剖视图的步骤如下。

(1)在图纸页上选择要进行局部剖切的视图(本例为主视图)，右击，在系统弹出的快捷菜单中选择“活动草图视图”命令，激活要进行局部剖切的视图。

(2)单击“草图”工具条中的“艺术样条”按钮，在要建立局部剖切的部位，绘制局部剖切的边界线，如图 7-32 所示。可以在“艺术样条”对话框的“参数化”选项组中勾选“封闭的”复选框，这样便于绘制封闭的样条曲线。单击“完成草图”按钮，完成样条曲线的绘制。

(3)单击“视图”工具条中的“局部剖”按钮，系统弹出“局部剖”对话框。选择主视图，再选择俯视图中孔心位置，此时出现箭头，表示剖开的方向，如图 7-33 所示。按下鼠标中键，选择封闭样条线，单击“局部剖”对话框中的“应用”按钮，完成局部剖视图的创建，结果如图 7-34 所示。

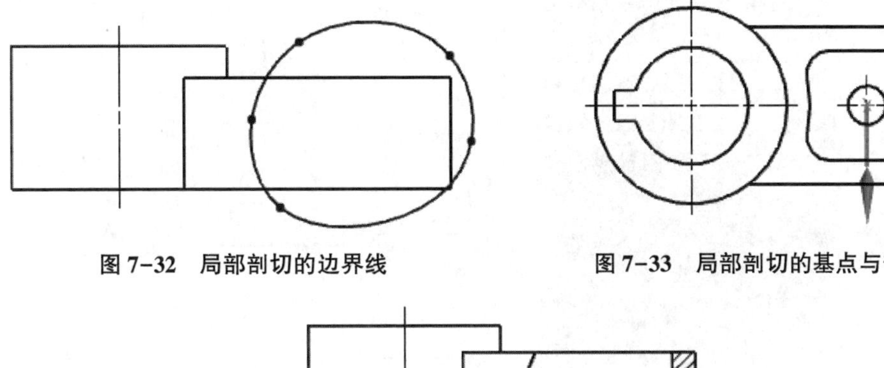

图 7-32　局部剖切的边界线　　**图 7-33　局部剖切的基点与剖开方向**

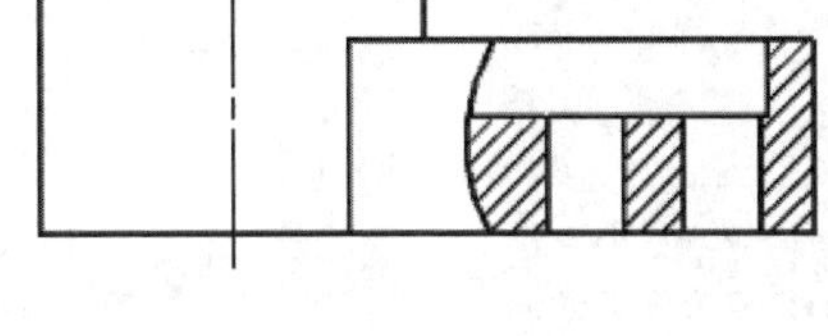

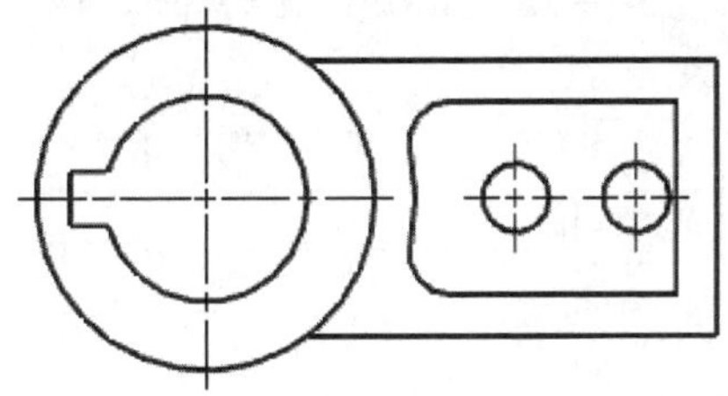

图 7-34　局部剖视图

技巧：如果剖切位置选择不合适，可双击样条曲线，调整控制点的位置。

7.3.8　局部放大图

局部放大图的作用是显示当前视图比例下无法清楚表达的细节部分。下面介绍局部放大图的创建方法，打开“素材文件\ch7\轴 . prt”，创建局部放大图的步骤如图 7-35 所示。

7.3.8　微课视频

(1)单击“视图”工具条中的“局部放大图”按钮，系统弹出“局部放大图”对话框，指定局部放大图边界的类型选项，如“圆形”、按“按拐角绘制矩形”等。

(2)指定父视图，因为本例只有一个视图，系统默认该视图为父视图。

(3)设置放大比例值，如“2∶1”。

(4)定义父项上的标签，如“内嵌”。

(5)定义边界和指定放置视图的位置。在视图区合适位置单击，以放置局部放大图，结果如图 7-36 所示。

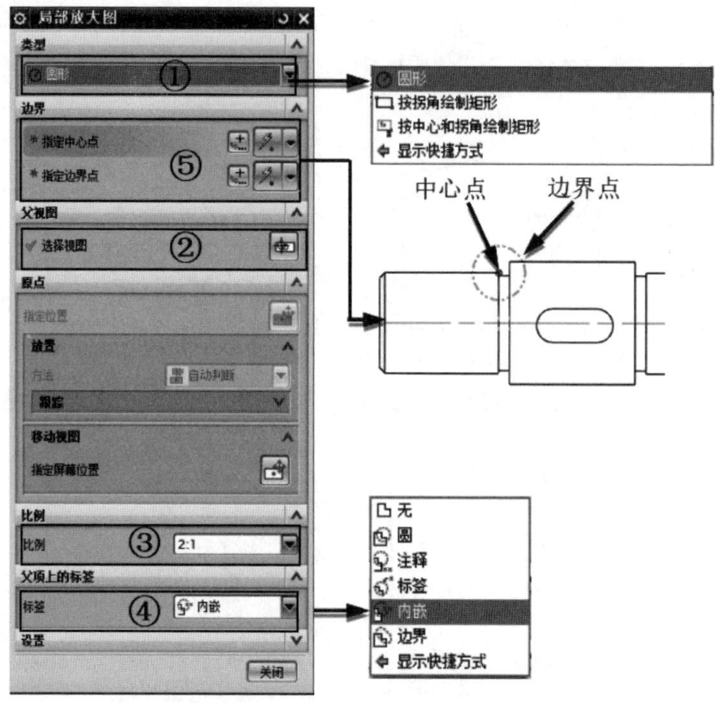

图 7-35　创建局部放大图的步骤

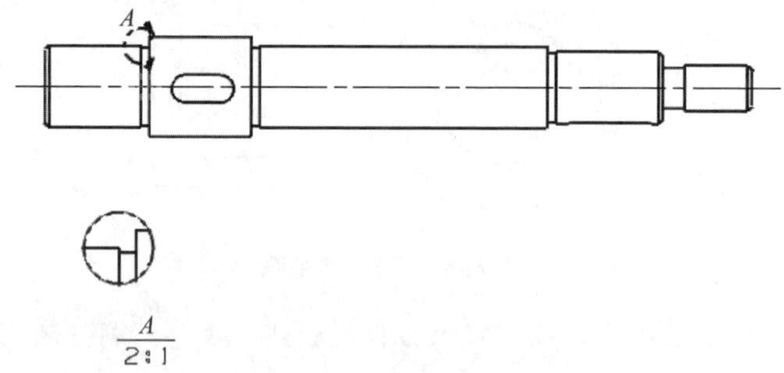

图 7-36　局部放大图

7.4　编辑视图

7.4.1　编辑视图边界

执行“菜单”/“编辑”/“视图”/“视图边界”命令，或单击“图纸”工具条中的“视图边界”

按钮，或直接在要编辑的视图边界上右击，在系统弹出的快捷菜单中选择“视图边界”命令，系统弹出“视图边界”对话框，如图 7-37 所示。该对话框用于重新定义视图边界，可以缩小视图边界，只显示视图的某一部分，也可以放大视图边界，显示所有视图对象。缩小视图边界如图 7-38 所示。

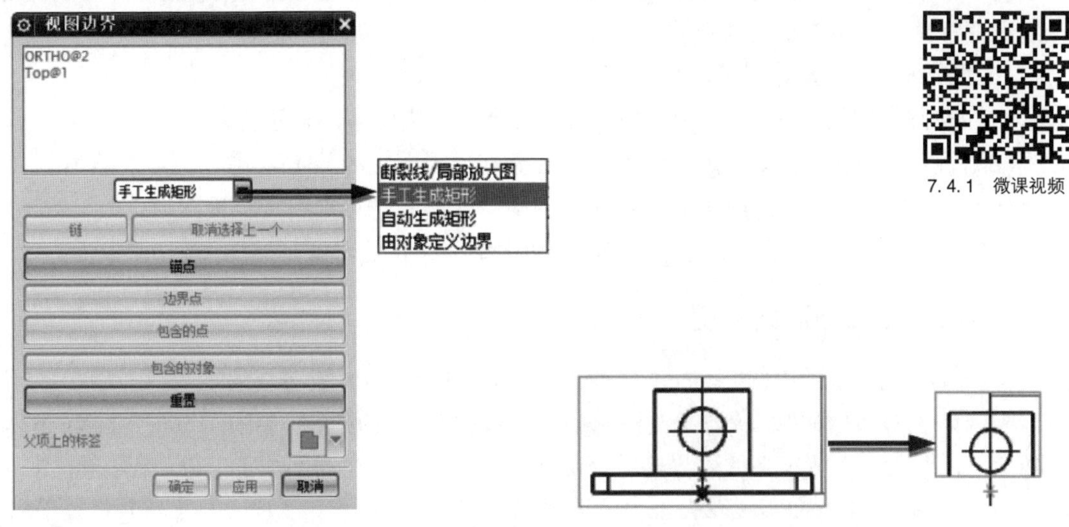

图 7-37 “视图边界”对话框　　图 7-38 缩小视图边界

7.4.2 视图相关编辑

执行“菜单”/“编辑”/“视图”/“视图相关编辑”命令，或单击“视图”工具条中的“视图相关编辑”按钮，系统弹出“视图相关编辑”对话框，如图 7-39 所示。选择需要编辑的视图，对话框中按钮即被激活。

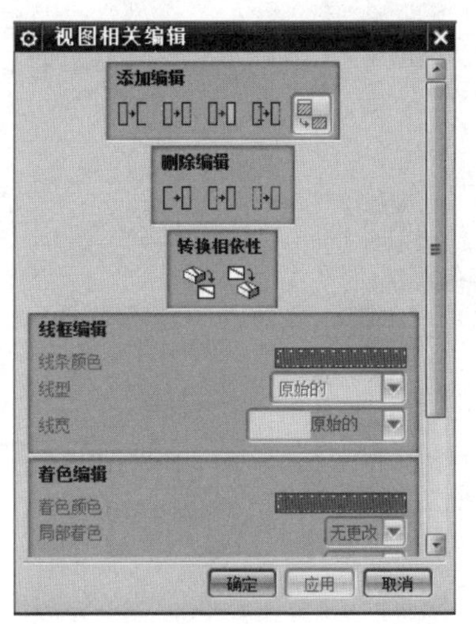

图 7-39 “视图相关编辑”对话框

“视图相关编辑”对话框中各主要设置项的含义如下。

（1）“擦除对象”按钮：擦除选择的对象，如曲线、边等。擦除并不是删除，只是使对象不可见，使用“删除选定的擦除”命令可使对象重新显示。

(2)“编辑完整对象”按钮：编辑整个对象的显示方式，包括颜色、线型和线宽。

(3)“编辑着色对象”按钮：编辑着色对象的显示颜色。

(4)“编辑对象段”按钮：编辑部分对象的显示方式。

(5)“编辑截面视图背景”按钮：编辑截面视图背景线，在建立截面视图时，可以有选择地保留背景线，还可以增加新的背景线。

(6)“删除选定的擦除”按钮：恢复被擦除的对象。

(7)“删除选定的编辑”按钮：恢复部分对象在原视图中的显示方式。

(8)“删除所有编辑”按钮：恢复所有对象在原视图中的显示方式。

(9)“模型转换到视图”按钮：转换模型中单独存在的对象到指定视图中。

(10)“视图转换到模型”按钮：转换视图中单独存在的对象到模型中。

7.4.3 定义剖面线和图案填充

单击“注释”工具条中的“剖面线”按钮，系统弹出“剖面线”对话框，如图 7-40 所示。单击“注释”工具条中的“区域填充”按钮，系统弹出“区域填充”对话框，如图 7-41 所示。这两个对话框用于在所定义的边界内填充剖面线或区域，或在局部添加、修改剖面线。

(1)剖面线：用剖面阴影线类型填充边界包含的区域。

(2)区域填充：用区域类型填充边界包含的区域。

7.4.3 微课视频

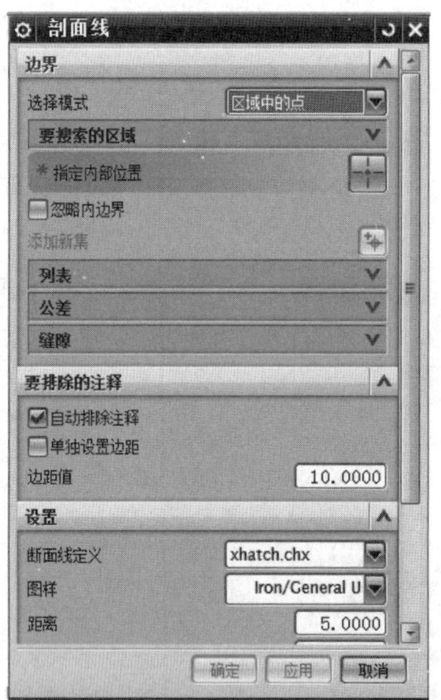

图 7-40 “剖面线”对话框

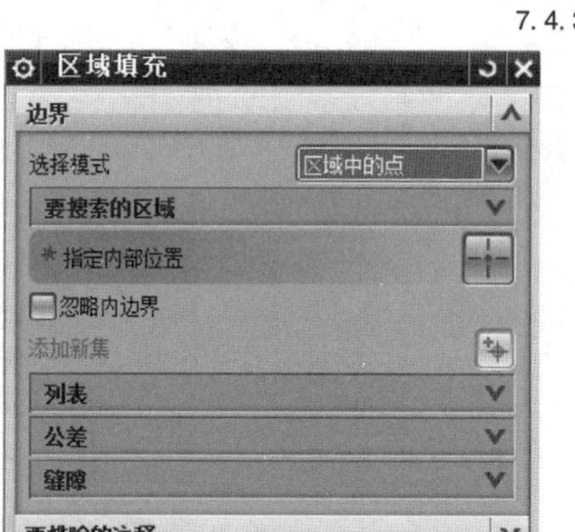

图 7-41 “区域填充”对话框

7.5 工程图标注

工程图的标注是反映零件尺寸、公差和技术要求等信息的重要方式，利用标注功能，可以在工程图上添加尺寸、形位公差、制图符号和文本注释等有关内容。

7.5.1 尺寸标注

7.5.1 微课视频

尺寸标注用于标识对象的尺寸大小。UG NX 10.0 工程图和三维模型是完全关联的，在工程图中进行尺寸标注时直接引用三维模型的尺寸。如果三维模型被修改，工程图中的相应尺寸会自动更新，从而保证工程图和模型的一致性。

在制图模块中用于尺寸标注的命令位于功能区的“主页”选项卡的“尺寸”工具条中，如图 7-42 所示。

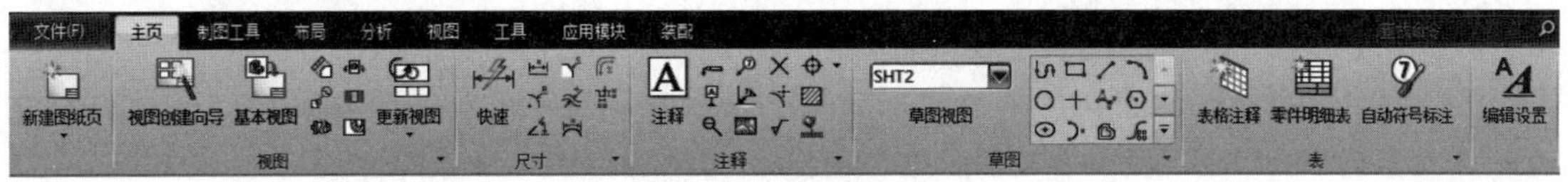

图 7-42 “主页”选项卡

“尺寸”工具条中各种尺寸标注命令的用法如下。

(1)“快速尺寸”命令：系统自动根据情况判断可能标注的尺寸类型。

(2)“线性尺寸”命令：标注所选对象间的水平尺寸，如图 7-43 所示。

(3)“倒斜角”命令：标注所选对象对应于国标的 45°倒角的标注，如图 7-44 所示。

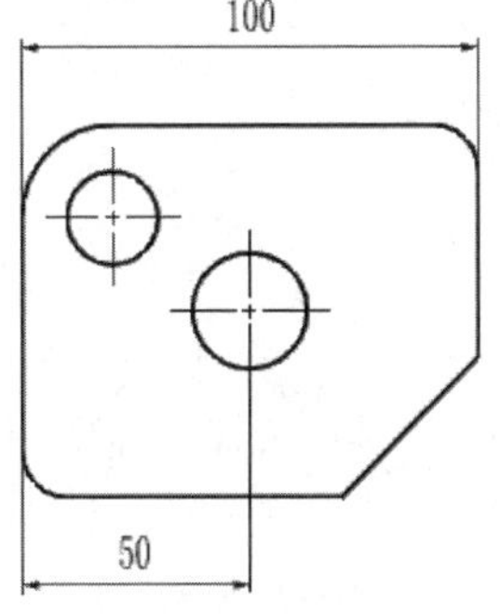

图 7-43 线性尺寸标注

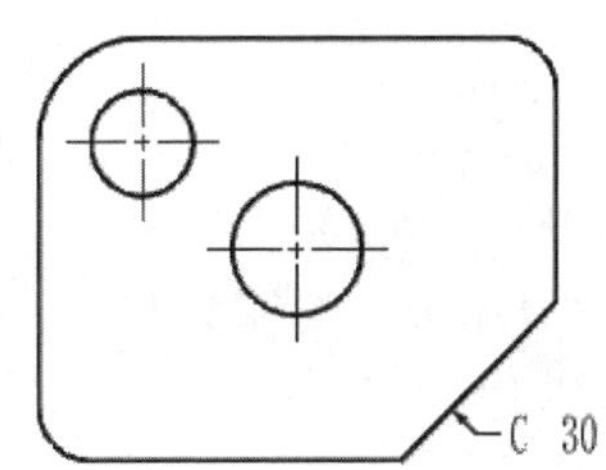

图 7-44 倒斜角尺寸标注

(4)“周长尺寸”命令：创建周长约束以控制选定直线或圆弧的整体长度。

(5)“径向尺寸”命令：标注圆或圆弧的半径或直径尺寸，如图 7-45 所示。

(6)“厚度尺寸”命令：标注等间距两对象之间的距离尺寸，如图 7-46 所示。

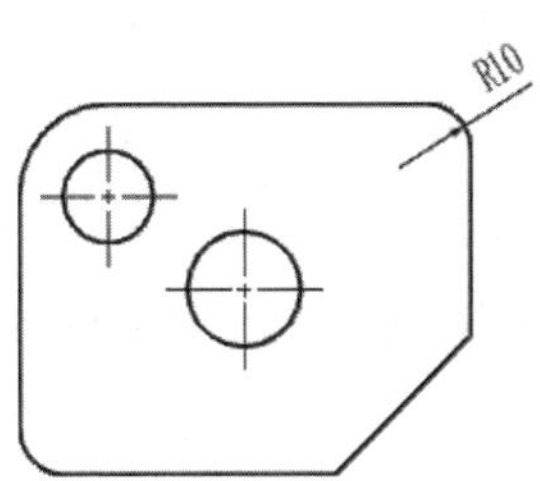

图 7-45 径向尺寸标注

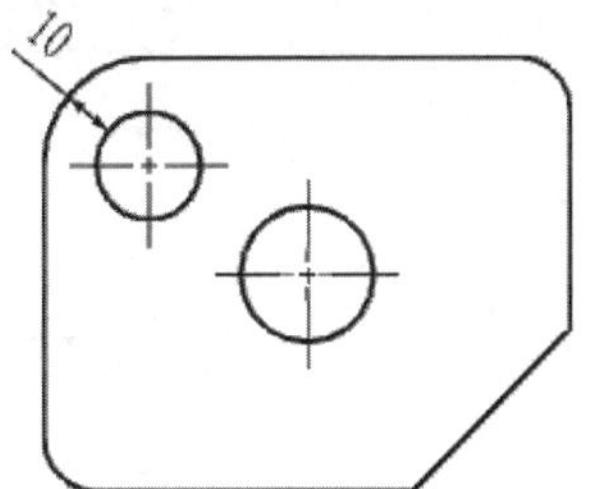

图 7-46 厚度尺寸标注

(7)“坐标尺寸”命令：通过在工程图中定义一个原点作为设置距离的参考点，通过该参考点给出选择对象的水平或竖直方向的坐标，如图 7-47 所示。

(8)“角度尺寸”命令 ：标注两直线间的角度，如图 7-48 所示。

(9)“弧长尺寸”命令 ：标注工程图中所选圆弧的弧长尺寸，如图 7-49 所示。

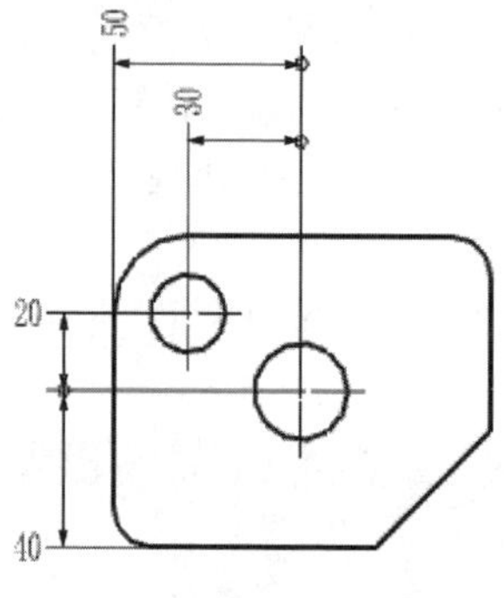

图 7-47 坐标尺寸标注

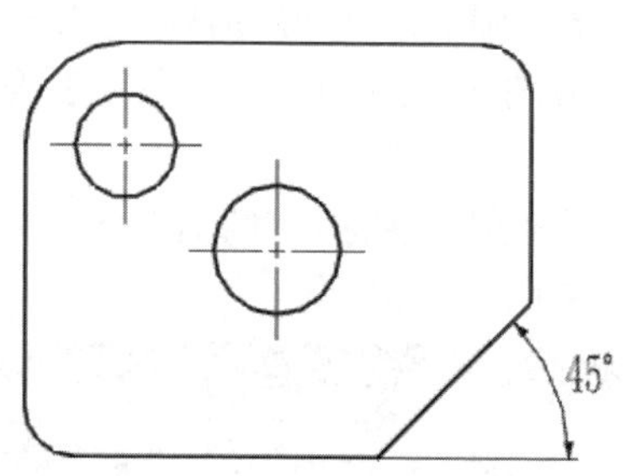

图 7-48 角度尺寸标注

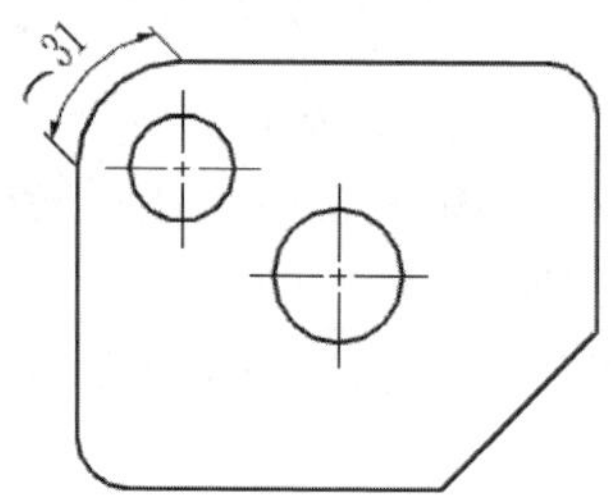

图 7-49 弧长尺寸标注

7.5.2 尺寸编辑

在视图中创建好尺寸后，如果某些尺寸的标注不符合国家标准或不够完善，需要对这些尺寸进行编辑。下面介绍尺寸的编辑方法，打开“素材文件\ch7\凸凹模-尺寸编辑 . prt”。

需要编辑的尺寸如图 7-50 所示。

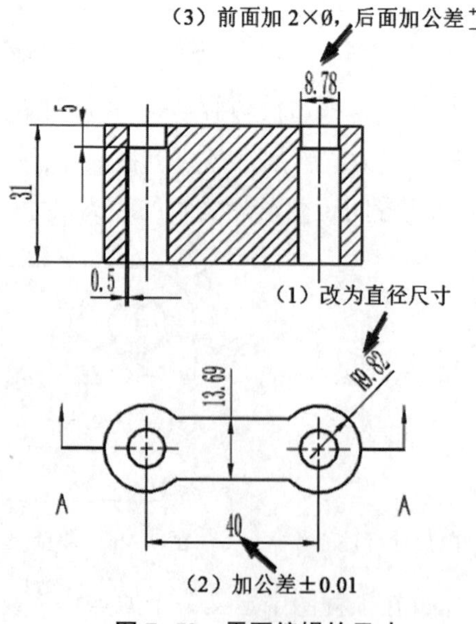

图 7-50 需要编辑的尺寸

7.5.2 微课视频

(1)双击尺寸“*R*9. 82”，在系统弹出的“半径尺寸”对话框中将“测量”选项组中的“方法”由“径向”改为“直径”，单击“半径尺寸”对话框中的“关闭”按钮，完成尺寸编辑，如图7-51所示。

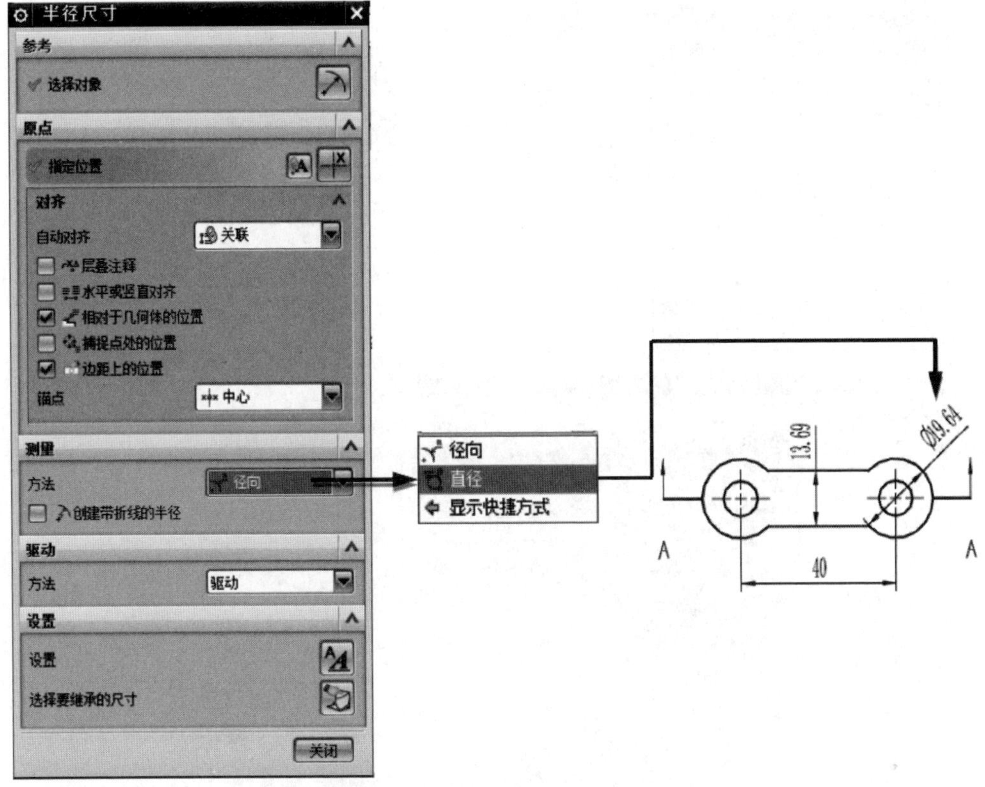

图7-51　编辑尺寸“*R*9. 82”

(2)双击尺寸“40”，系统弹出“线性尺寸”对话框和编辑栏，按如下步骤编辑。

①将编辑栏中“公差”形式改为“等双向公差”。

②在编辑栏中输入公差值“0. 01”。

③单击编辑栏中“文本设置”按钮。

④在系统弹出的“设置”对话框中，设置文本格式为“仿宋”，“高度”为“5”，单击“设置”对话框中的“关闭”按钮。

⑤单击“线性尺寸”对话框中的“关闭”按钮，完成尺寸编辑，如图7-52所示。

(3)双击尺寸“8. 78”，系统弹出“线性尺寸”对话框和编辑栏，按如下步骤编辑。

①单击编辑栏中“文本设置”按钮，在系统弹出的“设置”对话框设置尺寸相关参数，如图7-53所示。单击“设置”对话框中的“关闭”按钮，结果如图7-54所示。

②参照尺寸“40”添加公差步骤为尺寸“ϕ8. 78”添加公差，其相关设置如图7-55所示。尺寸编辑结果如图7-56所示。

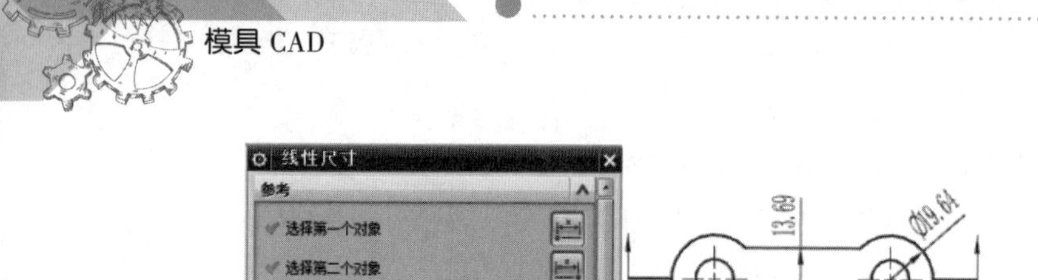

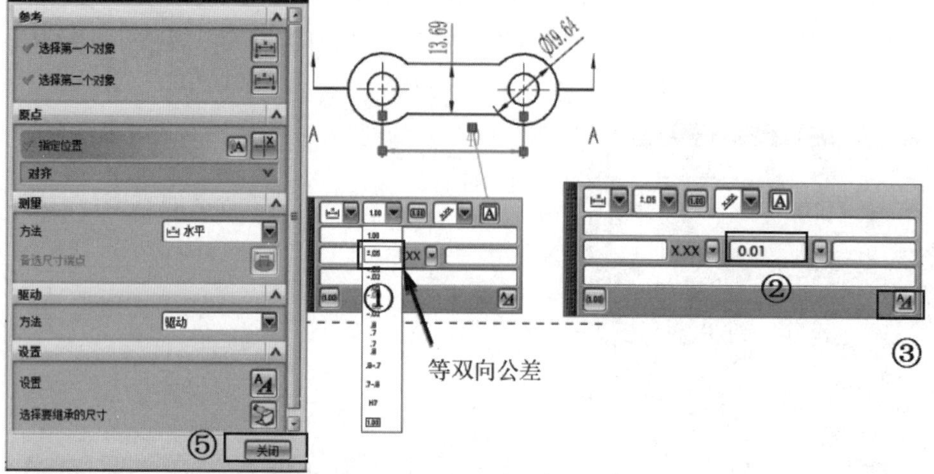

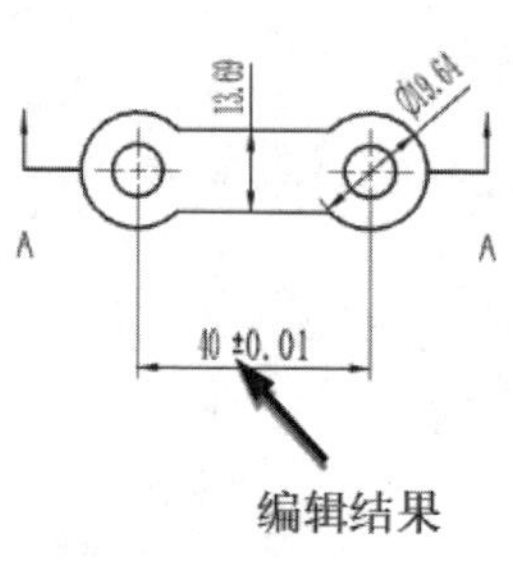

图 7-52 编辑尺寸"40"

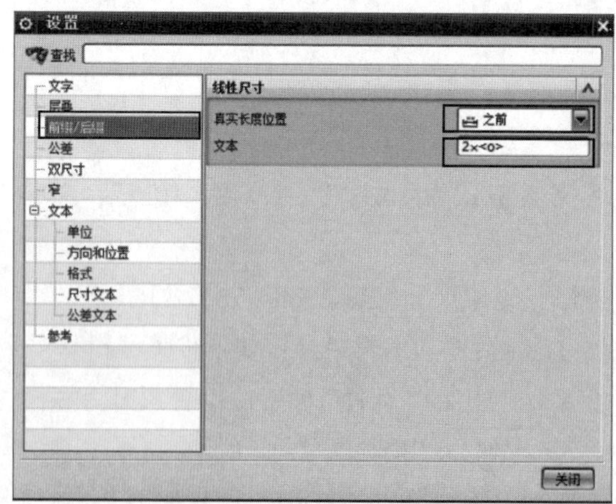

图 7-53 "设置"对话框

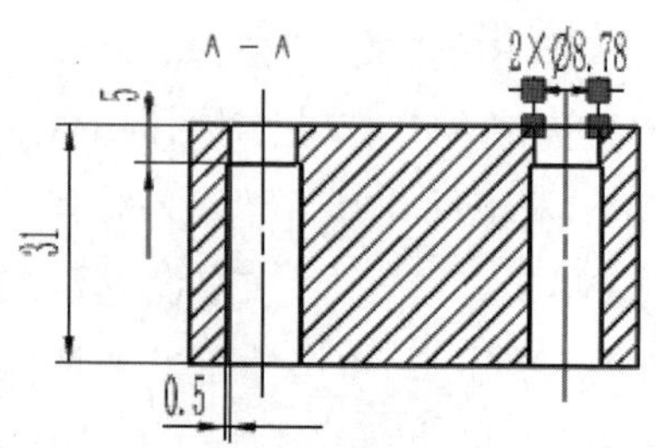

图 7-54 添加前缀结果

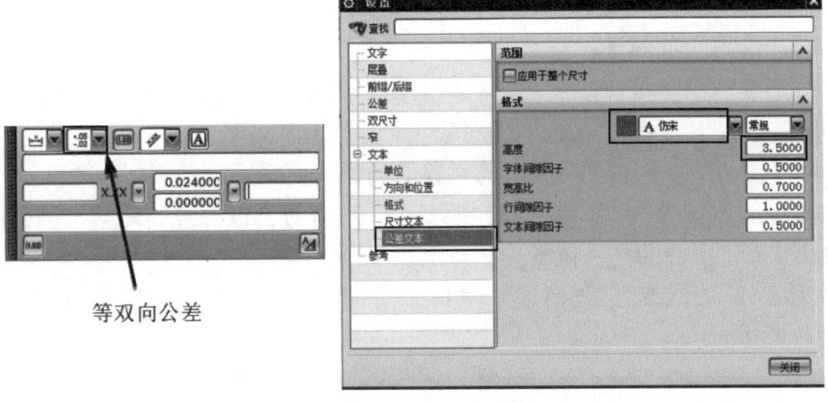

图 7-55　尺寸"8.78"公差设置

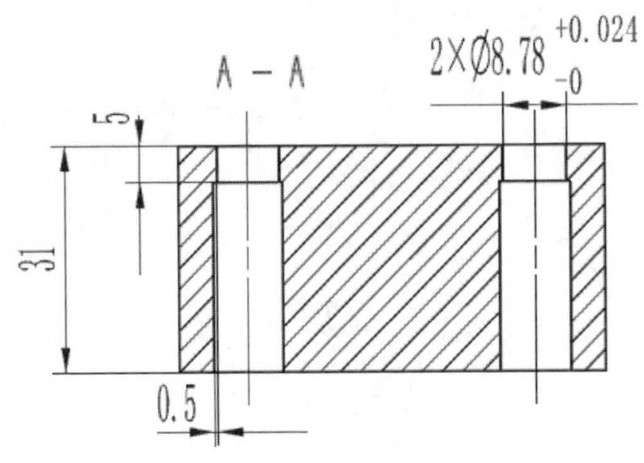

图 7-56　尺寸编辑结果

7.5.3　插入中心线

7.5.3　微课视频

在一些工程图设计中，可能需要为某些图形对象添加中心线。在制图模块中用于插入中心线的命令位于功能区的"主页"选项卡的"注释"工具条中，如图 7-57 所示。

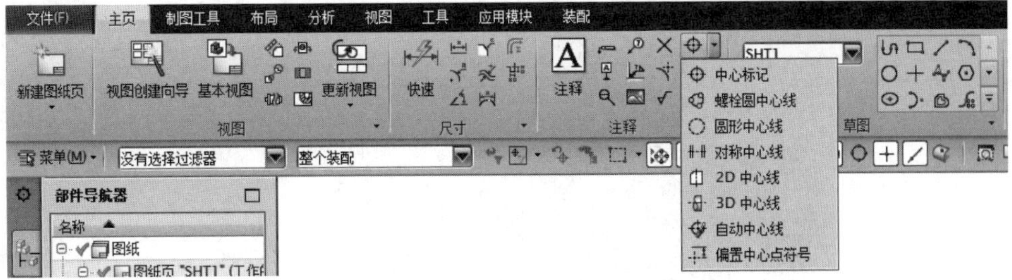

图 7-57　"注释"工具条中的中心线相关命令

"注释"工具条中中心线相关命令的用法如下。

（1）"中心标记"命令：在选取的点或圆弧上插入中心线。

（2）"螺栓圆中心线"命令：为圆周分布的螺纹孔或控制点插入带孔标记的环形中心线。

(3)“圆形中心线”命令：在沿圆周分布的对象上产生环形中心线。

(4)“对称中心线”命令：在选取的对象上产生对称中心线。

(5)“2D 中心线”命令：在长方体对象上创建中心线。

(6)“3D 中心线”命令：在选取的对象上产生圆柱中心线。

(7)“自动中心线”命令：根据所选对象的类型，由系统自动判断中心线类型。

(8)“偏置中心点符号”命令：创建偏置中心点符号，该符号表示某一圆弧的中心，该中心处于偏离其真正中心的某一位置。

下面介绍插入中心线的方法，打开“素材文件\ch7\带轮-插入中心线 . prt”。需要插入的中心线如图 7-58 所示。

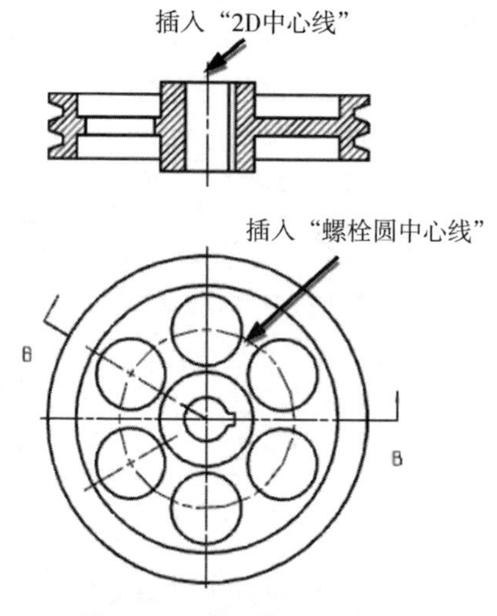

图 7-58　需要插入的中心线

(1) 单击“注释”工具条中“中心标记”按钮右侧的下拉箭头，在下拉菜单中选择“2D 中心线”命令，在系统弹出的“2D 中心线”对话框中设置相关参数，选择需要添加“2D 中心线”的两条边，如图 7-59 所示，调整中心线两边的伸出长度，单击“确定”按钮，完成“2D 中心线”的添加。

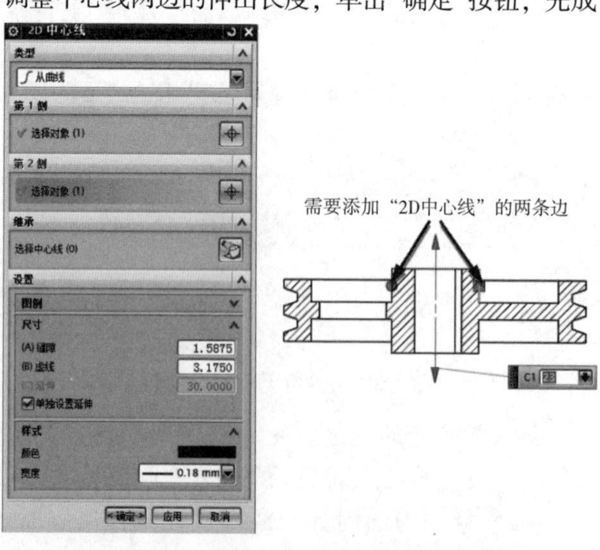

图 7-59　添加“2D 中心线”

(2) 单击“注释”工具条中“中心标记”按钮右侧的下拉箭头▼，在下拉菜单中选择“螺栓圆中心线”命令，在系统弹出的“螺栓圆中心线”对话框中设置相关参数，选择需要添加“螺栓圆中心线”的 3 个圆(6 个圆中任选 3 个即可)，如图 7-60 所示，单击“确定”按钮，完成“螺栓圆中心线”的添加。

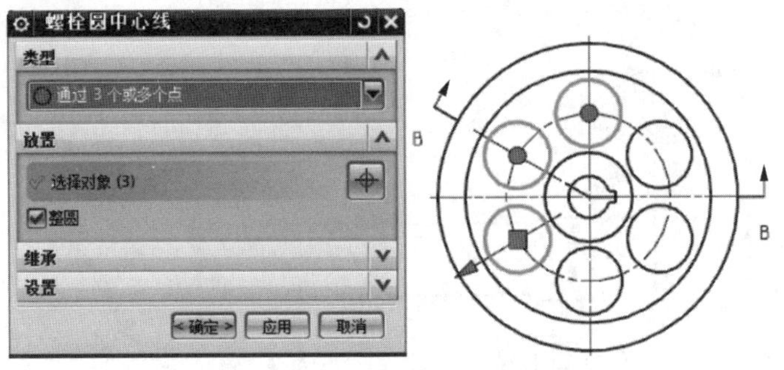

图 7-60　添加“螺栓圆中心线”

7.5.4　文本注释

文本注释是工程图的重要内容。下面介绍插入文本注释的方法，打开“素材文件\ch7\凸模 . prt”。需要插入的文本注释如图 7-61 所示。

7.5.4　微课视频

单击“注释”工具条中的“注释”按钮A，系统弹出“注释”对话框，如图 7-62 所示。在该对话框中，可以直接创建和编辑文本，也可以利用“文本输入”选项组中“符号”子选项组的“类别”下拉列表框中的“制图”“形位公差”等创建制图符号和形位公差符号等。在“注释”对话框的“文本输入”选项组的文本框中输入新注释文本，如果需要编辑文本，可以展开“编辑文本”子选项组来进行相关的编辑。确定要输入的注释文本后，在图纸页上指定原点位置后即可将注释文本插入到该位置。

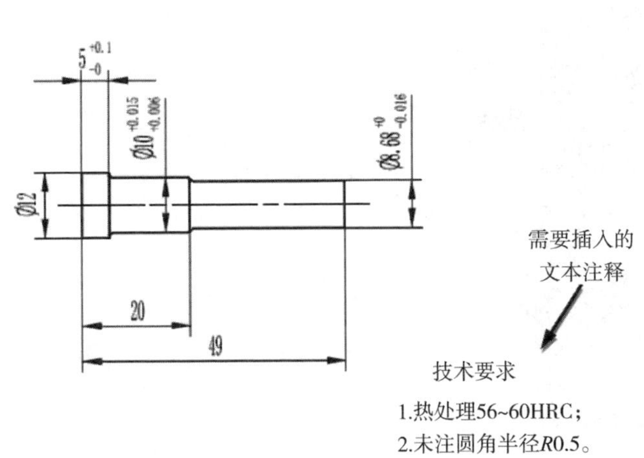

图 7-61　需要插入的文本注释

图 7-62　“注释”对话框

7.5.5 形位公差标注

继续以“素材文件\ch7\凸模.prt”为例，在创建文本注释的基础上，标注如图 7-63 所示的形位公差。

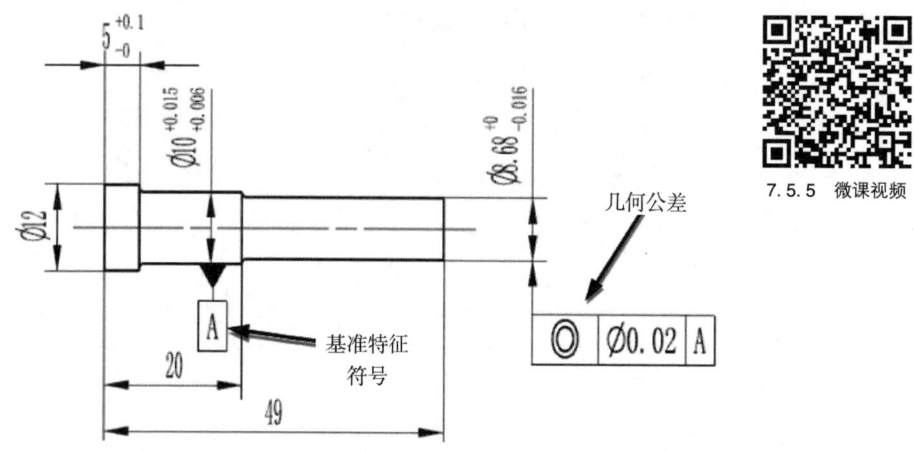

图 7-63 需要标注的形位公差

1. 创建基准特征符号

单击“注释”工具条中的“基准特征符号”按钮，系统弹出“基准特征符号”对话框，如图 7-64 所示。在“指引线”选项组的“类型”下拉列表框中确保选择“基准”选项，在“基准标识符”选项组的“字母”文本框中确保字母为“A”，其他选项设置如图 7-64 所示，在图纸页中单击尺寸“ϕ10”并拖动至合适位置，再次单击，完成基准特征符号的创建。

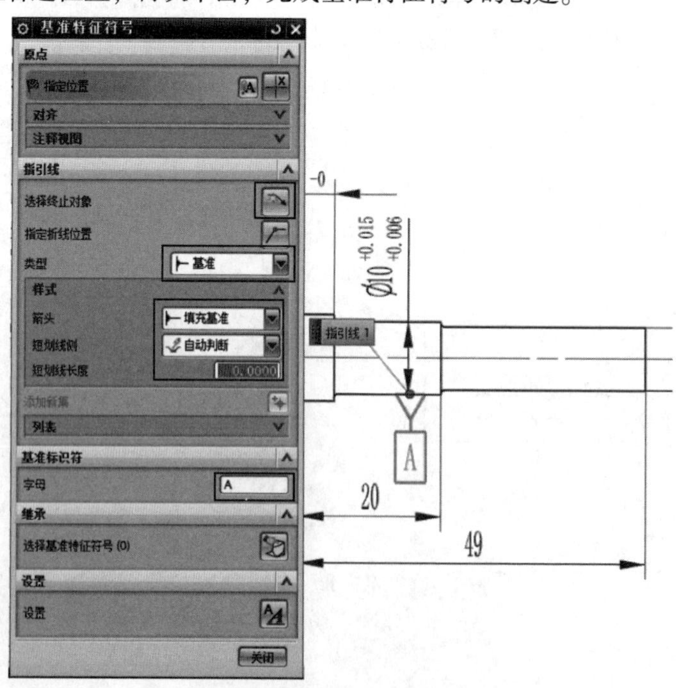

图 7-64 创建基准特征符号

2. 标注几何公差

单击“注释”工具条中的“特征控制框”按钮，系统弹出“特征控制框”对话框，如图7-65所示。在“框”选项组的“特性”下拉列表框中选择“同轴度”；“框样式”下拉列表框中选择“单框”；“公差”子选项组中选择“公差”为“ϕ”，在数值文本框中输入“0.02”；“第一基准参考”子选项组中选择“A”。其他选项设置如图7-65所示，在图纸页中单击尺寸“ϕ8.68”并拖动出引导线至合适位置，再次单击，完成几何公差的标注。

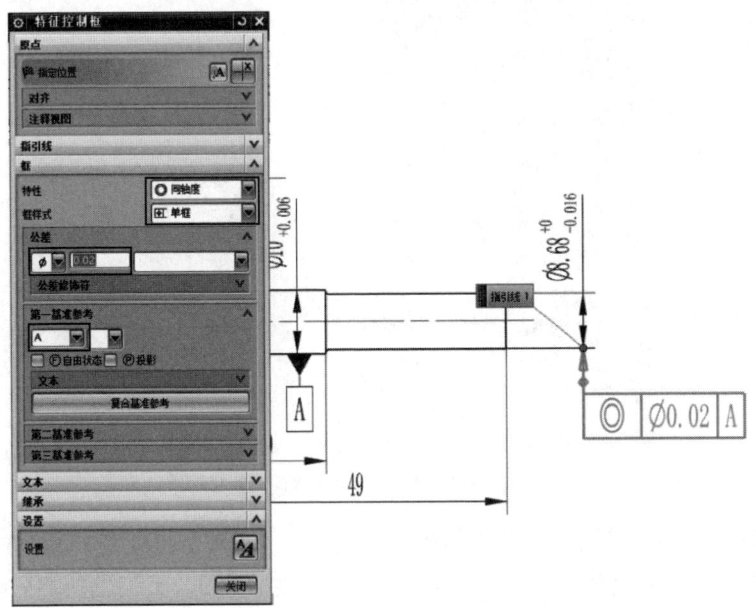

图7-65　标注几何公差

7.5.6　表面粗糙度标注

表面粗糙度为表示工程图中对象的表面粗糙程度的指标。继续以“素材文件\ch7\凸模.prt”为例，在创建文本注释和形位公差的基础上，标注如图7-66所示的表面粗糙度。

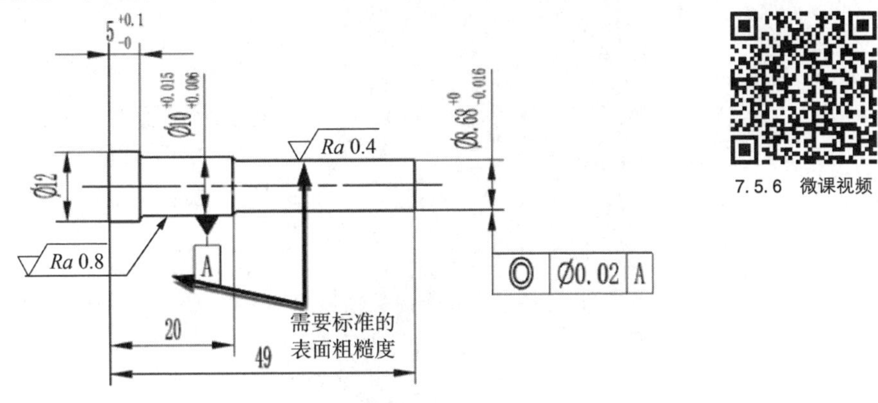

图7-66　需要标注的表面粗糙度

单击“注释”工具条中的“表面粗糙度”按钮，系统弹出“表面粗糙度”对话框。在“属性”选项组的“除料”下拉列表框中选择“需要移除材料”，“下部文本”下拉列表框中选择

"0.4"，其他选项按系统默认值，在"ϕ8.68"圆柱面上合适位置单击，创建表面粗糙度标注，如图 7-67 所示。

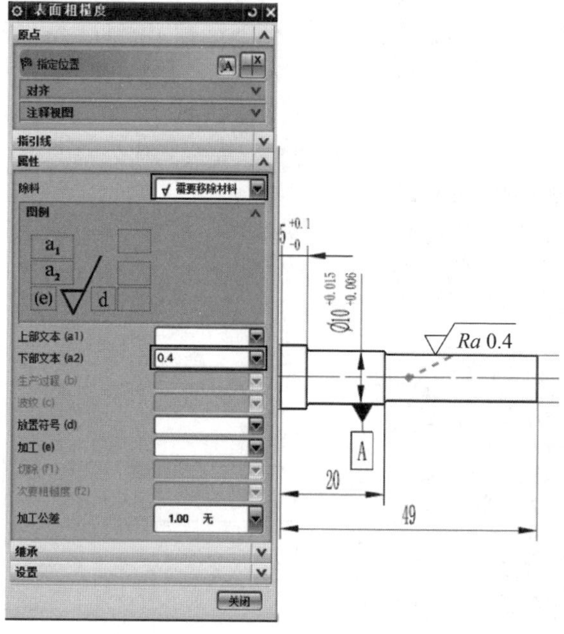

图 7-67　标注表面粗糙度 1

按上述方法创建"ϕ10"圆柱面的表面粗糙度标注，在"表面粗糙度"对话框中设置相关参数，如图 7-68 所示。需要注意的是，此处的角度设置为"180°"，勾选"反转文本"复选框。

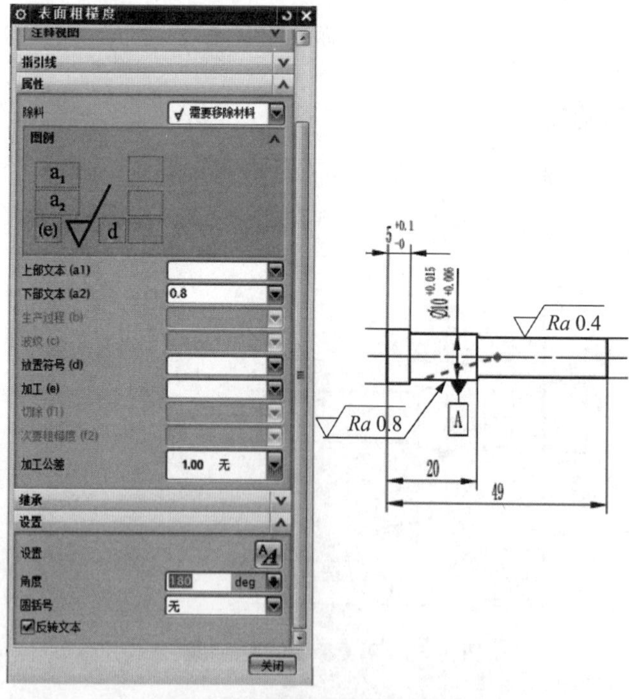

图 7-68　标注表面粗糙度 2

7.5.7 添加图框、标题栏

绘制一张完整的工程图，图框是必不可少的。将图框绘制成图样文件，在需要时可以随时调用，就会方便很多。

添加图框的主要步骤如下。

1. 创建标题栏图样

在制图模块中，利用“直线”“矩形”“注释”等命令创建标题栏，如图7-69所示。执行“菜单”/“文件”/“选项”/“保存选项”命令，系统弹出“保存选项”对话框，再选择“仅图样数据”选项，单击“确定”按钮，关闭对话框。

制图		数量		比例	
校核				材料	
图号					

图7-69 创建标题栏图样

2. 创建图框图样

国家标准规定的图纸规格有5种：A4(210 mm×297 mm)、A3(297 mm×420 mm)、A2(420 mm×594 mm)、A1(594 mm×841 mm)、A0(841 mm×1189 mm)。这里以A4图纸为例，创建图框如图7-70所示。执行“菜单”/“文件”/“选项”/“保存选项”命令，系统弹出“保存选项”对话框，再选择“仅图样数据”选项，单击“确定”按钮，关闭对话框。

3. 调用图样

执行“菜单”/“文件”/“导入”/“部件”命令，系统弹出“导入部件”对话框，单击“确定”按钮，系统弹出新的“导入部件”对话框，选择其中的图样文件，单击“OK”按钮，系统弹出“点”对话框，输入调用点的坐标，单击“确定”按钮，即可调用现有的图样。执行“菜单”/“文件”/“另存为”命令，以文件名“A4. prt”保存文件。

图7-70 A4图纸图框图样

4. 更改UG NX 10.0自带的图框模板

UG NX 10.0自带的图框模板往往不能满足使用要求，用户可以把其自带的图框模板用自己建好的图框模板替代。下面以A4模板为例介绍创建方法。

(1)在工程图模块绘制图框模板。

(2)保存文件名为“A4-noviews-template. prt”的文件。(与UG NX 10.0自带的图框模板文件同名)

(3)用自己创建的名为“A4-noviews-template. prt”的文件，替代UG NX 10.0自带的图框模板。

注意：软件自带的图框模板的存储路径为“D(安装盘符，有可能不同)：\Program\ug10\LOCALIZATION\prc\simpl_chinese\startup”及“D(安装盘符，有可能不同)：\Program\ug10\LOCALIZATION\prc\english\startup”。

任务实施

任务 7.1 创建模柄工程图

1. 任务描述

创建如图 7-71 所示的模柄工程图。

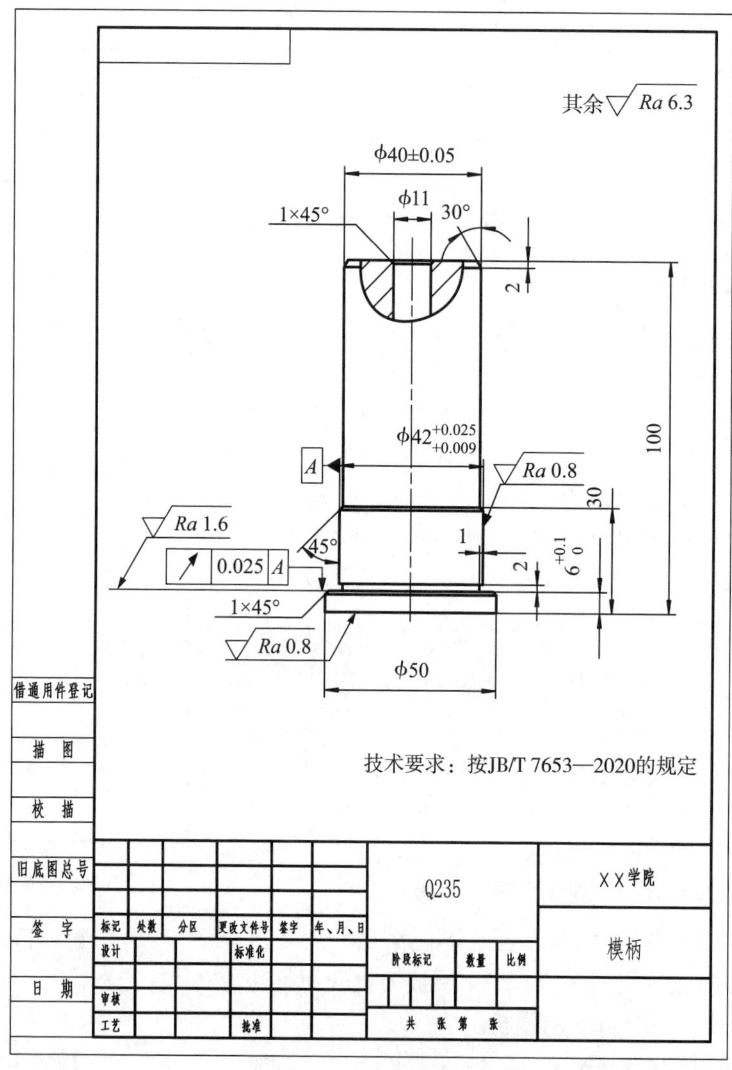

图 7-71 模柄工程图

2. 任务分析

模柄属于模具中典型的轴套类零件，采用主视图就可以将其结构形状表达清楚。

3. 操作步骤

1)进入建模模块

打开模柄原文件“素材文件\ch7\模柄.prt”，进入 UG NX 10.0 建模模块。

2)进入制图模块

在建模模块界面单击功能区的“应用模块”标签，切换到“应用模块”选项卡，在该选项卡的“设计”工具条中单击“制图”按钮，切换到制图模块。

3)新建图纸页

单击“新建图纸页”按钮，系统弹出“图纸页”对话框，设置图纸的大小，如图7-72所示(此时已用自己建好的图框模板替代了软件自带的图框模板)。单击“确定”按钮，创建的图纸页如图7-73所示。

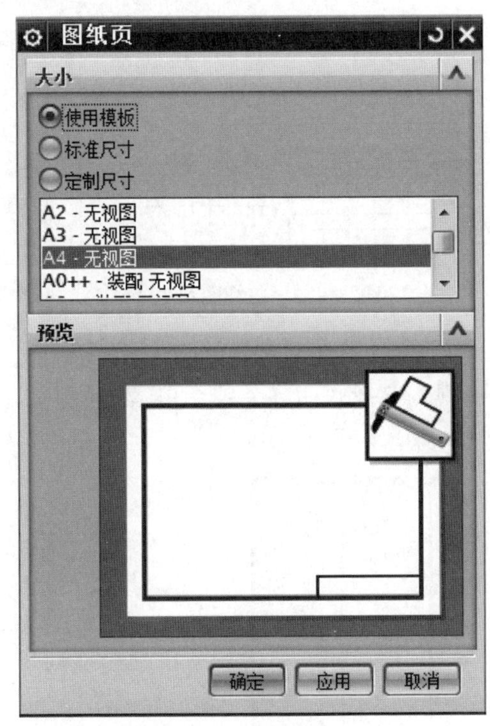

图7-72 “图纸页”对话框

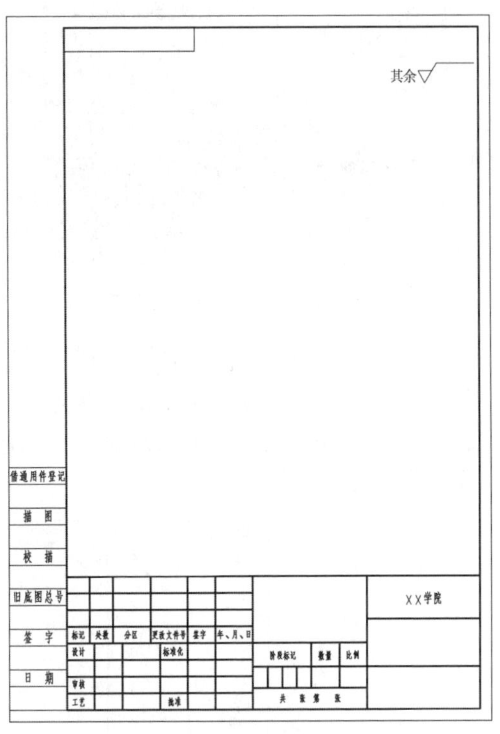

图7-73 创建的图纸页

4)添加主视图

单击“图纸”工具条中的“基本视图”按钮，系统弹出“基本视图”对话框，相关设置如图7-74所示，在图纸页的合适位置放置主视图，如图7-75所示。

5)添加局部剖视图

(1)在图纸页中在主视图的边界上右击，在系统弹出的快捷菜单中选择“活动草图视图”命令，激活主视图。

(2)单击“草图”工具条中的“艺术样条”按钮，在要建立局部剖切的部位，绘制局部剖切的边界线，如图7-76所示。单击“完成草图”按钮，完成样条曲线的绘制。

图 7-74 “基本视图”对话框

图 7-75 主视图

(3)单击“视图”工具条中的“局部剖”按钮，系统弹出“局部剖”对话框。选择主视图，再选择中心线与上边线的交点作为基点，按下鼠标中键，选择封闭样条线，单击“局部剖”对话框中的“应用”按钮，完成局部剖视图的创建，结果如图 7-77 所示。

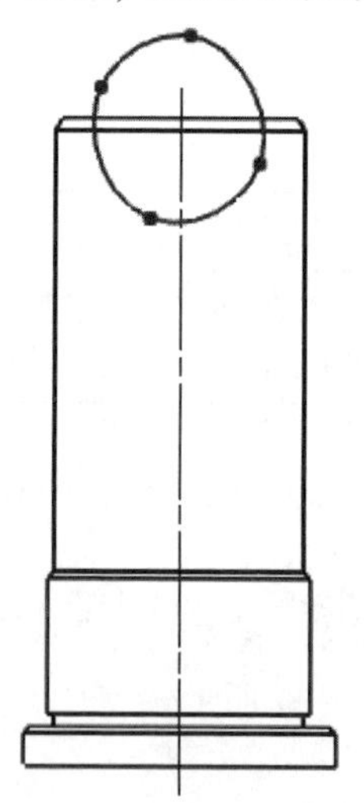

图 7-76 绘制局部剖的边界线

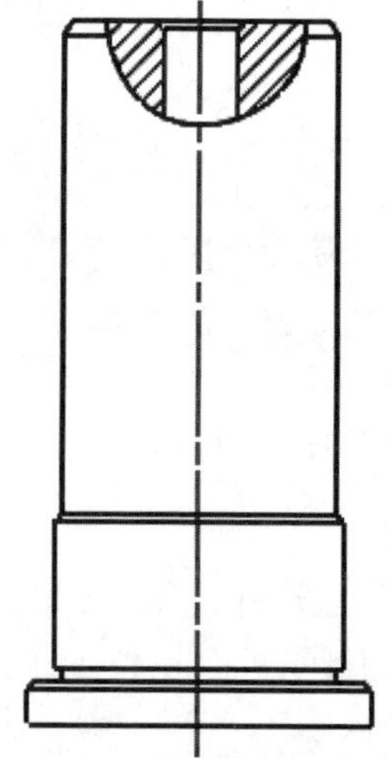

图 7-77 创建局部剖视图

6)标注尺寸

(1)在进行尺寸标注之前，首先要对尺寸样式进行首选项设置，执行“菜单”/“首选项”/“制图”命令，打开“制图首选项”对话框，按图 7-78 所示进行设置。

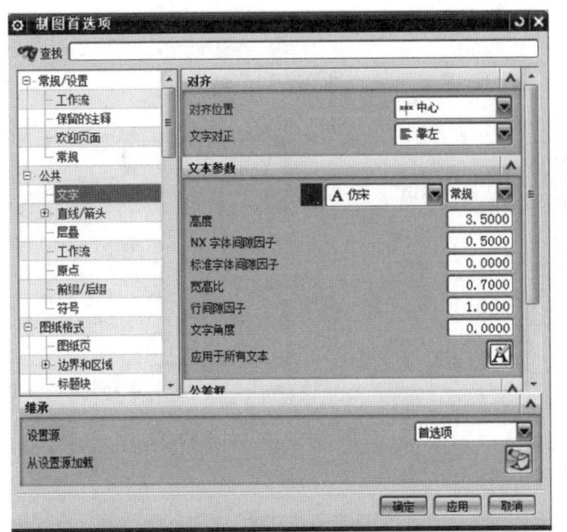
(a)

(b)

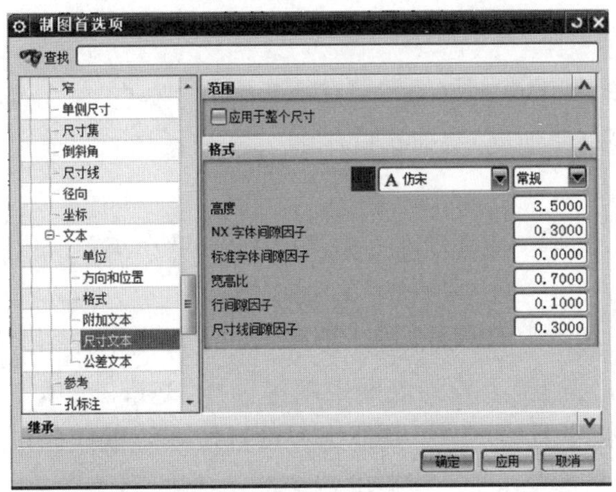
(c)

(d)

图 7-78　"制图首选项"对话框的设置

(a)"公共"选项组中"文字"子选项目设置；(b)"文本"选项组中"附加文本"子选项目设置；(c)"文本"选项组中"尺寸文本"子选项目设置；(d)"文本"选项组中"公差文本"子选项目设置

(2)单击"尺寸"工具条中的"快速尺寸"按钮，在系统弹出的"快速尺寸"对话框中，"测量"选项组选择"圆柱坐标系"，标注圆柱尺寸"ϕ50""ϕ42""ϕ40""ϕ11"，如图 7-79 所示。

(3)在"快速尺寸"对话框中，将"测量"选项组切换到"竖直"，标注尺寸"6""2""30""100""2"，如图 7-80 所示。

(4)在"快速尺寸"对话框中，将"测量"选项组切换到"斜角"，标注尺寸"45°"和"30°"。

(5)在"快速尺寸"对话框中，将"测量"选项组切换到"水平"，标注尺寸"1"，单击"关闭"按钮，退出"快速"尺寸标注。

(6)单击"尺寸"工具条中的"倒斜角"按钮，标注两处倒斜角尺寸"1×45°"。

斜角、水平、倒斜角尺寸标注如图 7-81 所示。

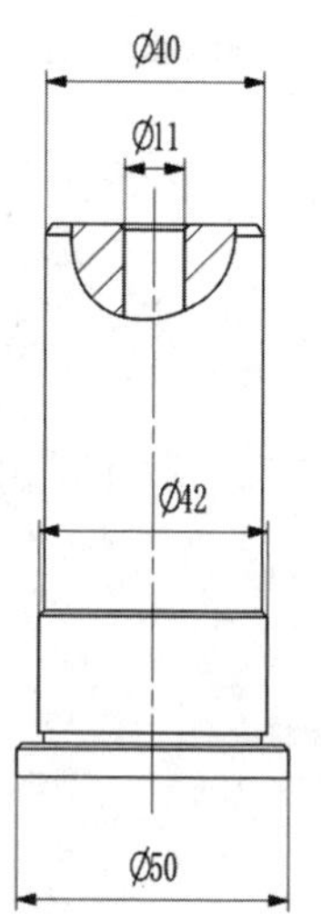

图 7-79　圆柱尺寸标注

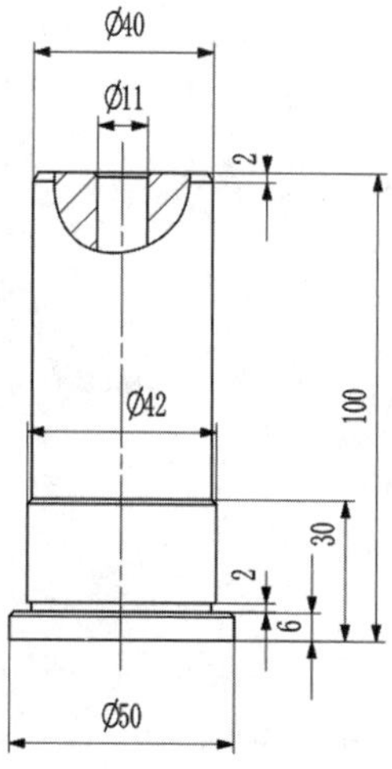

图 7-80　竖直尺寸标注

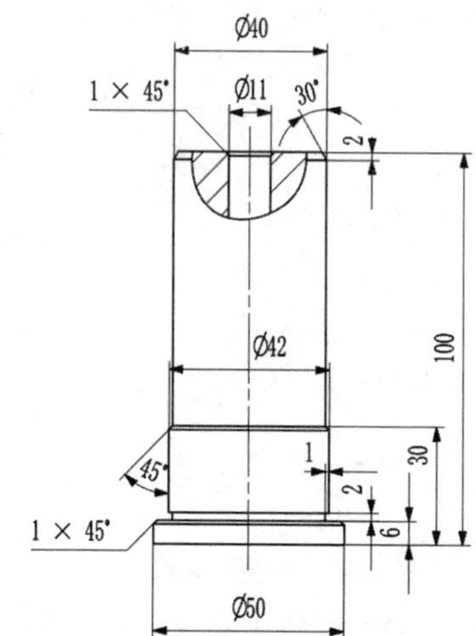

图 7-81　斜角、水平、倒斜角尺寸标注

7)添加尺寸公差

(1)双击尺寸“ϕ42”，在系统弹出的编辑栏中更改“公差”形式改为“双向公差”，在编辑栏中输入公差值为“0. 025”和“0. 009”，单击“线性尺寸”对话框中的“关闭”按钮，完成尺寸“ϕ42”的编辑。

(2)用相同方法对尺寸“ϕ40”及“6”进行编辑，添加公差，结果如图 7-82 所示。

8)添加形位公差

(1)创建基准特征符号。单击“注释”工具条中的“基准特征符号”按钮，系统弹出“基准特征符号”对话框，在“指引线”选项组的“类型”下拉列表框中确保选择“基准”选项，在“基准标识符”选项组的“字母”文本框中确保字母为“A”，其他选项设置按系统默认，在图纸页中单击尺寸“ϕ42”并拖动至合适位置，再次单击，完成基准特征符号标注。

(2)标注几何公差。单击“注释”工具条中的“特征控制框”按钮，系统弹出“特征控制框”对话框，在“框”选项组的“特性”下拉列表框中选择“圆跳动”；“框样式”下拉列表框中选择“单框”；“公差”子选项组中选择“公差”为“无”，在数值文本框中输入“0. 025”；“第一基准参考”子选项组中选择“A”。其他选项设置按系统默认，在图纸页中单击“ϕ50”圆柱上平面并拖动出引导线，至合适位置，再次单击，完成几何公差标注。

添加形位公差结果如图 7-83 所示。

9)标注表面粗糙度

单击“注释”工具条中的“表面粗糙度”按钮，系统弹出“表面粗糙度”对话框。在“属性”选项组的“除料”下拉列表框中选择“需要移除材料”，“下部文本”下拉列表框中选择“0. 8”，“设置”选项组的“角度”文本框中输入“270°”，其他选项按系统默认值，在“ϕ42”圆柱面上合适位置单击，创建第一处表面粗糙度标注。

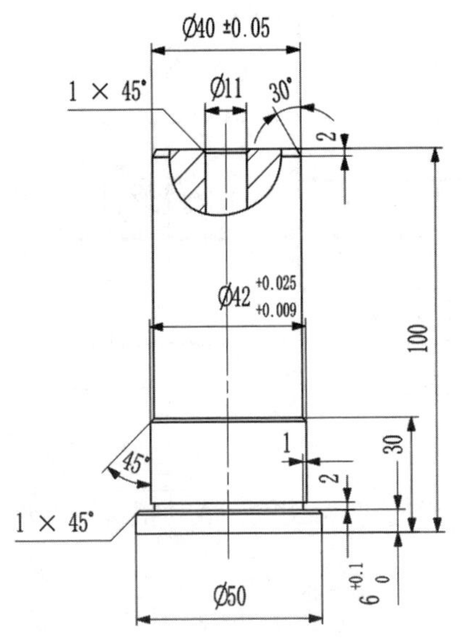

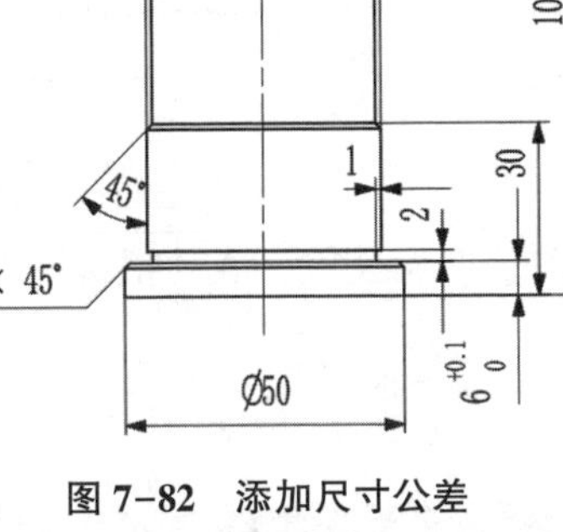

图 7-82 添加尺寸公差

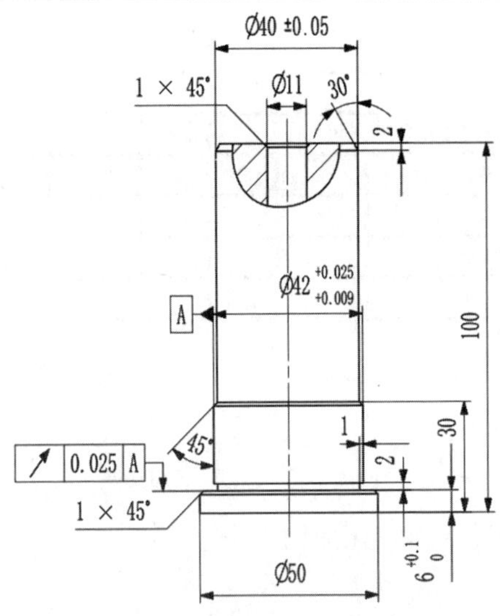

图 7-83 添加形位公差

按相同方法创建另外两处表面粗糙度，结果如图 7-84 所示。另外，将图纸右上角的“其余”表面粗糙度值设置为“6. 3”。

10）填写文本注释

单击“注释”工具条中的“注释”按钮A，系统弹出“注释”对话框，在该对话框中的“文本输入”选项组的文本框中输入“技术条件：按 JB/T 7653—2020 的规定”，在图纸页合适位置单击，确定原点位置后即可完成注释文本的填写，结果如图 7-85 所示。

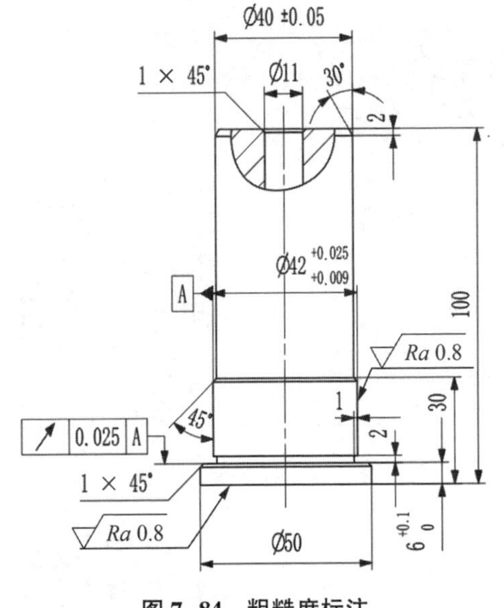

图 7-84 粗糙度标注

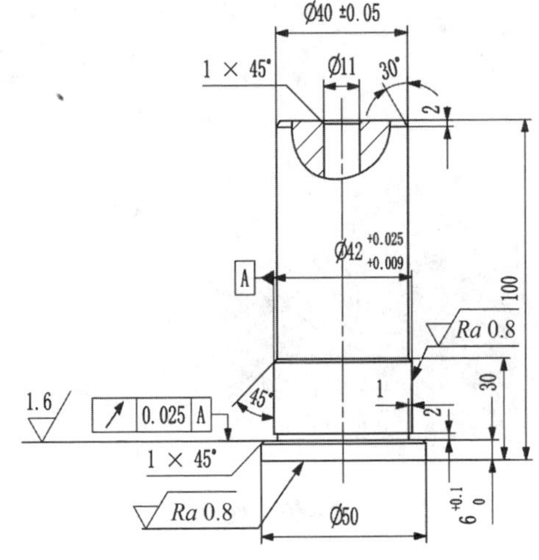

技术条件：按JB/T 7653—2020的规定

图 7-85 填写文本注释

11）填写标题栏

填写标题栏中相关内容，如图 7-86 所示。

						Q235			XX学院
标记	处数	分区	更改文件号	签字	年、月、日				
设计	XXX		标准化			阶段标记	数量	比例	模柄
审核							1	1:1	XXXXX
工艺			批准			共 1 张 第 1 张			

图 7-86 填写标题栏

4. 任务总结

通过添加基本视图、局部剖视图，标注尺寸及公差、形位公差、表面粗糙度，添加文本注释等操作，创建模柄工程图。

任务 7.2 创建垫片复合模上模装配工程图

1. 任务描述

根据如图 7-87 所示的垫片复合模上模装配三维模型，创建如图 7-88 所示的上模装配工程图。

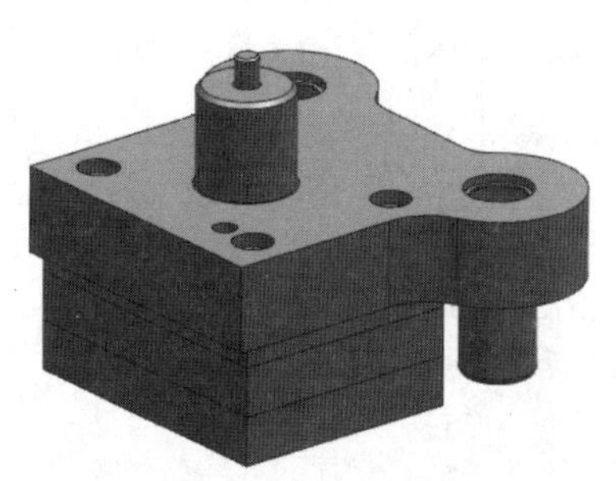

图 7-87 垫片复合模上模装配三维模型

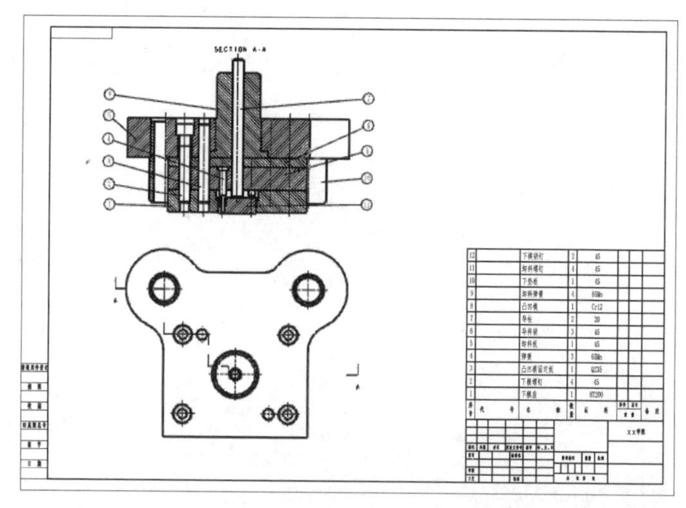

图 7-88 垫片复合模上模装配工程图

2. 任务分析

7.2 微课视频

首先创建视图，垫片复合模上模装配工程图可用两个视图表达：基本视图(俯视图)表达组件的外形及部分零件的位置，阶梯剖视图(主视图)表达各零件的装配位置。然后进行视图的编辑和修改，使之符合制图的国家标准；最后创建明细表，为组件添加零件序号。

3. 操作步骤

1) 创建视图

(1) 打开垫片复合模上模装配原文件(“素材文件\ch7\垫片复合模上模装配\垫片复合模上模装配 . prt”)，进入 UG NX 10.0 建模模块。

(2) 在建模模块界面中单击功能区的“应用模块”标签，切换到“应用模块”选项卡，在选项卡的“设计”工具条中选中“制图”按钮，切换到制图模块。

(3) 单击“新建图纸页”按钮，系统弹出“图纸页”对话框，在“大小”选项组中选择“使用模板”(此时已用自己建好的图框模板替代了软件自带的图框模板)，并在列表中选择“A2-装配无视图”，单击“确定”按钮，创建的图纸页如图 7-89 所示。

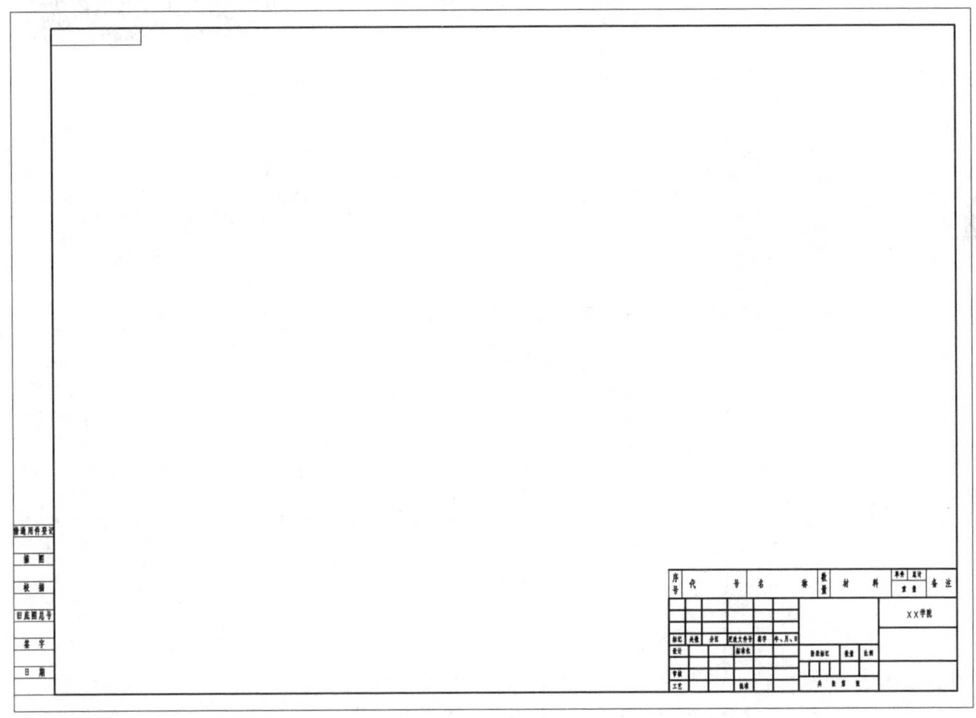

图 7-89 创建的图纸页

(4) 单击“图纸”工具条中的“基本视图”按钮，系统弹出“基本视图”对话框，在图纸页的合适位置放置俯视图，如图 7-90 所示。

(5) 将俯视图的隐藏线设为“虚线”显示，以便捕捉剖切位置时能准确剖到凸模。

(6) 单击“图纸”工具条中的“剖视图”按钮，系统弹出“剖视图”对话框。设置“截面线”选项组中“方法”为“简单剖/阶梯剖”，选择俯视图为父视图，在父视图上选择导柱孔中心，单击，确定第一个剖切位置。单击“截面线段”选择组中“指定位置”按钮，在父视图上依次选择销孔中心、凸模中心、打杆中心。单击“视图原点”选择组中的“指定位置”按钮，拖动至合适位置单击，放置阶梯剖视图。

(7) 调整剖切位置至理想状态，将隐藏线设为“不可见”，更新后的视图如图 7-91 所示。

2) 编辑视图

(1) 将剖视图中的轴类零件设为非剖切零件。执行“菜单”/“编辑”/“视图”/“视图中剖切”命令，打开“视图中剖切”对话框，在“视图列表”中选择“SX@ 4”(剖视图)，在“体或组件”选项组中单击“选择对象”，按住〈Ctrl〉键在装配导航器中选取“打杆”“上模螺钉”“上模销钉”和“凸模”4 个组件，在“操作”选项组中选择“变成非剖切”，单击“确定”按钮，结果如图 7-92 所示。

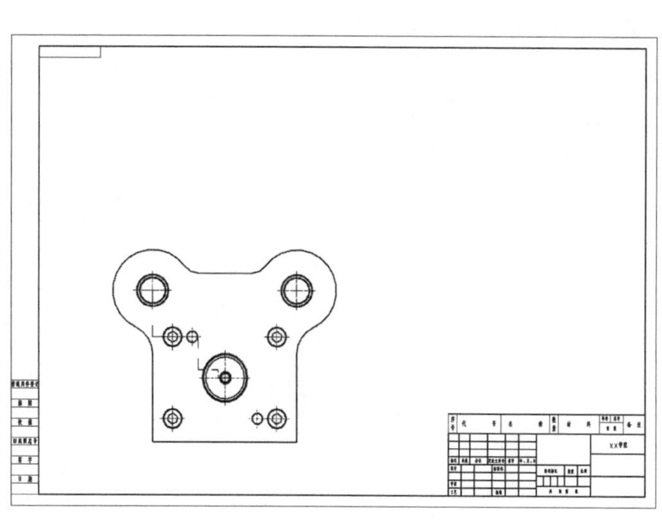

图 7-90　俯视图

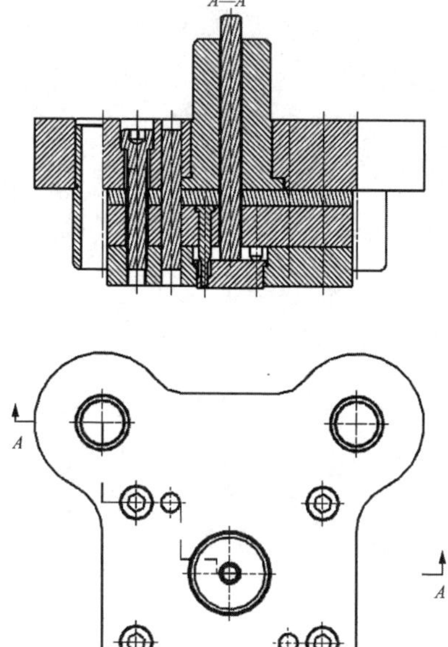

图 7-91　更新后的视图

(2)修改上垫板零件的剖面线。双击上垫板上的剖面线，系统弹出“剖面线”对话框，在“设置”选项组中的“角度”文本框中输入“135”，单击“确定”按钮，结果如图 7-93 所示。

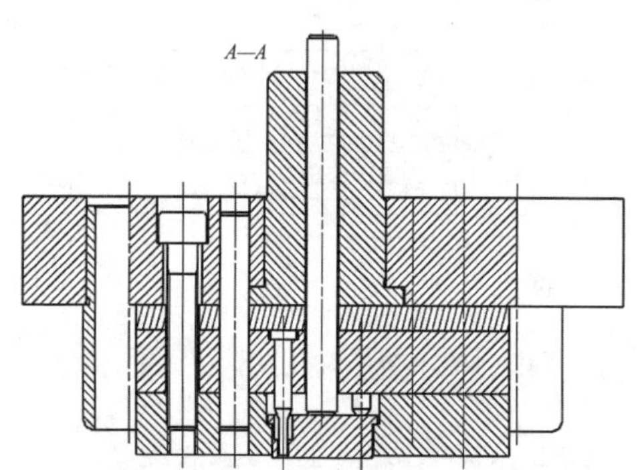

图 7-92　将轴类零件设为非剖切零件

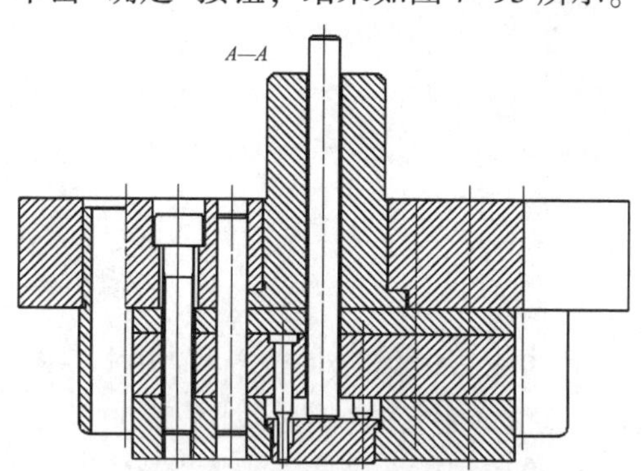

图 7-93　调整上垫板剖面线的角度

3)创建明细表

(1)执行“菜单”/“首选项”/“制图”命令，系统弹出“制图首选项”对话框，选择“公共”/“文字”，设置“文本参考”选项组中字体为“仿宋”，“高度”为“5”，“宽高比”为“0.667”；选择“表”/“公共”/“表区域”，设置“格式”选项组中的“对齐位置”为“左下”；选择“表”/“公共”/“单元格”，设置“边界”选项组中的线宽为“0.35”，单击“确定”按钮。

(2)单击“表”工具条中的“零件明细表”按钮，在图纸页合适位置单击，创建明细表，如图 7-94 所示。

11	模柄	1
10	打杆	1
9	导套	2
8	上模螺钉	4
7	上模销钉	2
6	推件块	1
5	凹模	1
4	凸模	4
3	凸模固定板	1
2	上垫板	1
1	上模座	1
PC NO	PART NAME	QTY

图 7-94 创建明细表

注意： 如果在创建明细表时系统弹出“当打开 UGII_UPDATE_ALL_ID_SYMBOLS_WITH_PLIST 变量时，不能创建多个零件明细表。要创建其他零件明细表，请将该变量设为0。”的错误提示，可右击“我的电脑”，选择“属性”，单击系统弹出的对话框左侧的“高级系统设置”，在系统弹出的“系统属性”对话框中选择“高级”/“环境变量”，单击“新建”按钮，在“新建系统变量”对话框中，输入变量名为“UGII_UPDATE_ALL_ID_SYMBOLS_WITH_PLIST”，变量值为0，然后重新启动软件。

4）编辑明细表

（1）删除明细表下数第一行。选取明细表下数第一行，在边框处右击，在系统弹出的快捷菜单中选择“删除”命令 ✕，将其删除，如图 7-95 所示。

11	模柄	1
10	打杆	1
9	导套	2
8	上模螺钉	4
7	上模销钉	2
6	推件块	1
5	凹模	1
4	凸模	4
3	凸模固定板	1
2	上垫板	1
1	上模座	1
PC NO	PART NAME	QTY

11	模柄	1
10	打杆	1
9	导套	2
8	上模螺钉	4
7	上模销钉	2
6	推件块	1
5	凹模	1
4	凸模	4
3	凸模固定板	1
2	上垫板	1
1	上模座	1

图 7-95 删除明细表第一行

（2）在明细表中插入列。选取明细表的“上模座”单元格，右击，在系统弹出的快捷菜单中选择“选择”/“列”命令，再次选择“上模座”单元格，右击，在系统弹出的快捷菜单中选择“插入”/“在左侧插入列”命令，操作过程如图 7-96 所示，结果如图 7-97 所示。

(3)重复插入列。重复步骤(2)中操作，在明细表的右侧再插入 4 列，结果如图 7-98 所示。

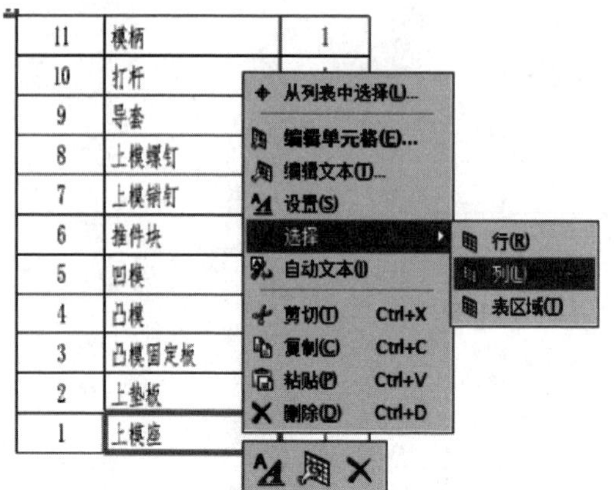

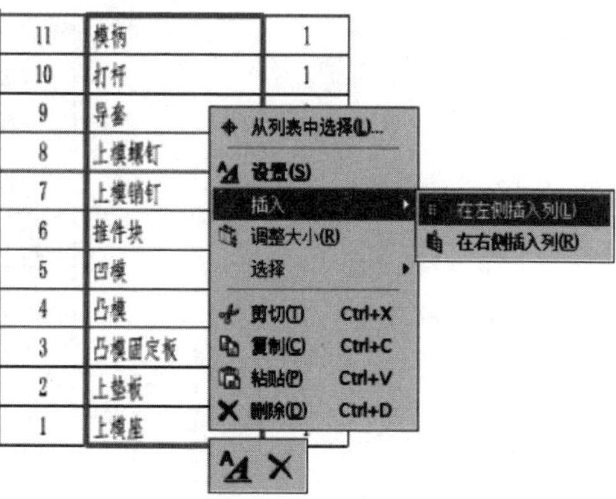

图 7-96　插入列操作

11		模柄	1
10		打杆	1
9		导套	2
8		上模螺钉	4
7		上模销钉	2
6		推件块	1
5		凹模	1
4		凸模	4
3		凸模固定板	1
2		上垫板	1
1		上模座	1

图 7-97　插入列 1

11		模柄	1				
10		打杆	1				
9		导套	2				
8		上模螺钉	4				
7		上模销钉	2				
6		推件块	1				
5		凹模	1				
4		凸模	4				
3		凸模固定板	1				
2		上垫板	1				
1		上模座	1				

图 7-98　插入列 2

(4)调整列的宽度。选中明细表，进行拖动，使其左下角与制图模板中的明细表首行对齐，如图 7-99 所示。依次选择明细表的每一列，将其与制图模板中的明细表列对齐，结果如图 7-100 所示。

11		模柄	1				
10		打杆	1				
9		导套	2				
8		上模螺钉	4				
7		上模销钉	2				
6		推件块	1				
5		凹模	1				
4		凸模	4				
3		凸模固定板	1				
2		上垫板	1				
1		上模座	1				
序号	代号	名称	数量	材料	单件 总计 重量	备注	

图 7-99　明细表左下角对齐

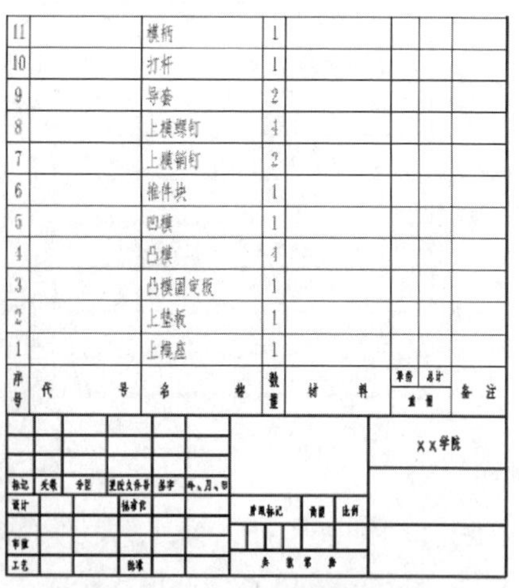

11		模柄	1				
10		打杆	1				
9		导套	2				
8		上模螺钉	4				
7		上模销钉	2				
6		推件块	1				
5		凹模	1				
4		凸模	4				
3		凸模固定板	1				
2		上垫板	1				
1		上模座	1				
序号	代号	名称	数量	材料	单件 总计 重量	备注	

图 7-100　明细表列对齐

(5)添加上模座零件的材料属性。在装配导航器中选择“上模座”，右击，在系统弹出的快捷菜单中选择“属性”命令，在系统弹出的“组件属性”对话框中选择“属性”选项卡，单击“新建属性”按钮，“标题/别名”选择“材料”，“值”输入“Q235”，单击“确定”按钮，如图 7-101 所示。

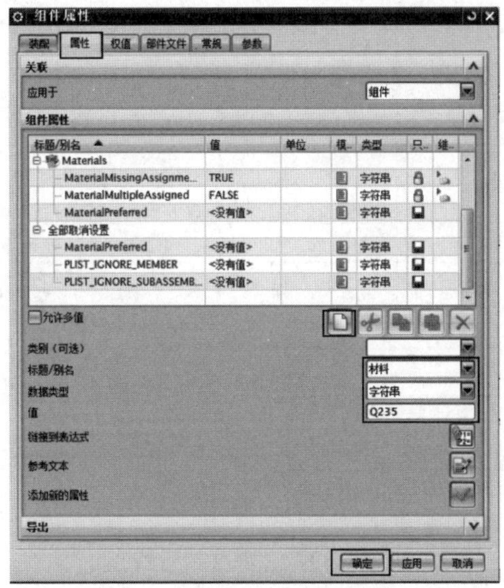

图 7-101　“组件属性”对话框

(6)添加其他零件的材料属性。重复步骤(5)中操作，为其他零件添加材料属性。

(7)填写明细表中材料列。选取明细表的“材料”列中的任意一个单元格，右击，在系统弹出的快捷菜单中选择“选择”/“列”命令，再次选择“材料”列，右击，在系统弹出的快捷菜单中选择“设置”命令，系统弹出“设置”对话框，选择“列”，单击“属性名称”文本框右侧的按钮，如图 7-102 所示。在系统弹出的“属性名称”对话框中选择“材质”，如图 7-103 所示，单击“确定”按钮，结果如图 7-104 所示。

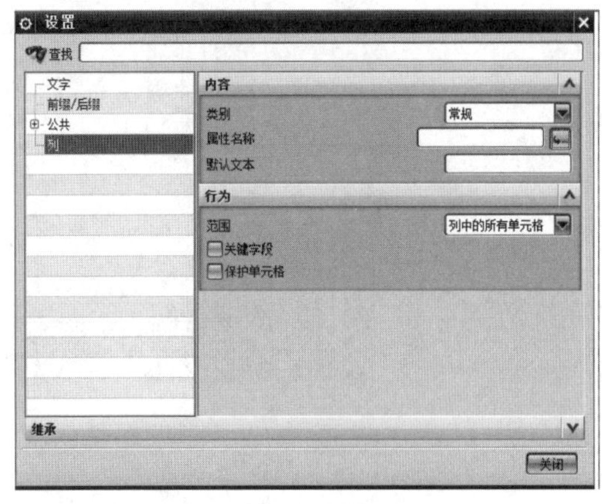

图 7-102　“设置”对话框

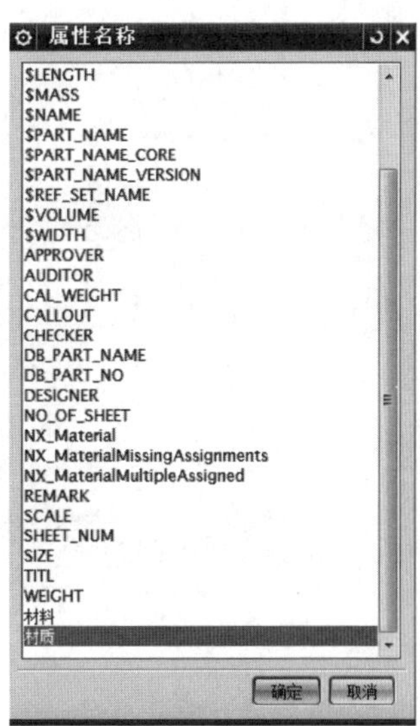

图 7-103　“属性名称”对话框

11		模柄	1	Q235			
10		打杆	1	45			
9		导套	2	20			
8		上模螺钉	4	45			
7		上模销钉	2	45			
6		推件块	1	45			
5		凹模	1	Cr12			
4		凸模	4	Cr12			
3		凸模固定板	1	Q235			
2		上垫板	1	45			
1		上模座	1	Q235			
序号	代号	名称	数量	材料	单件 重量	总计 重量	备注

									XX学院
标记	处数	分区	更改文件号	签字	年、月、日				
设计			标准化			阶段标记	重量	比例	
审核									
工艺			批准			共 张 第 张			

图 7-104　填写材料列

如果需要填写明细表中其他列的内容，可参考填写材料列的步骤。

5）装配图添加序号

把十字光标放在明细表左上角处，明细表全部变成黄色后，右击，在系统弹出的快捷菜单中选择“自动符号标注”命令。在系统弹出的“零件明细表自动符号标注”对话框中选择主视图，单击“确定”按钮，结果如图 7-105 所示。

6）编辑序号

（1）修改序号①的位置。双击“序号①”，系统弹出“符号标注”对话框，重新指定“原点”位置和“指引线”位置，结果如图 7-106 所示。

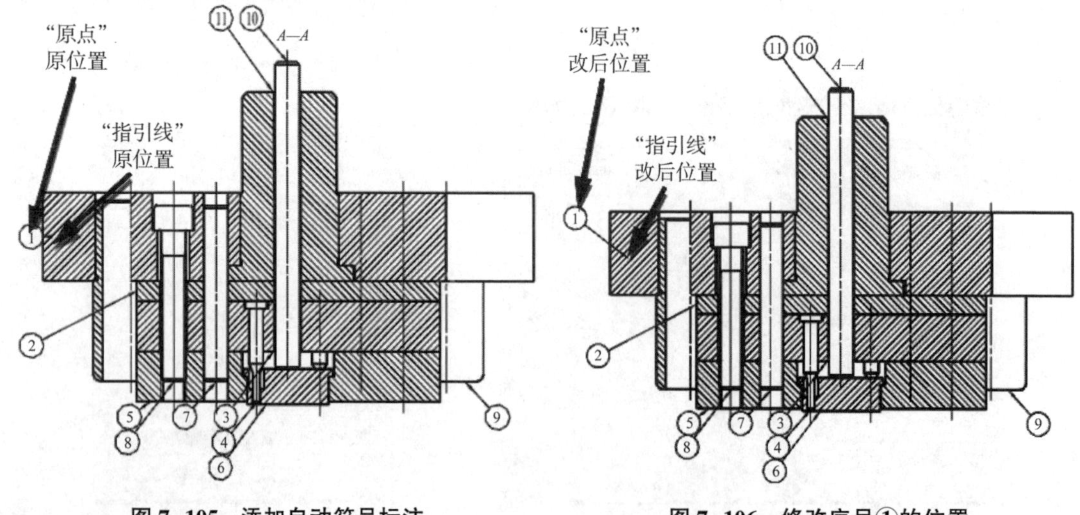

图 7-105　添加自动符号标注　　图 7-106　修改序号①的位置

(2)重复步骤(1)中操作，修改其他序号位置，结果如图 7-107 所示。

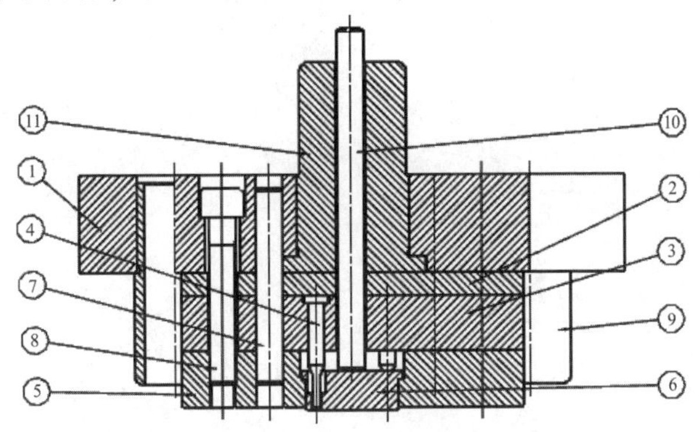

图 7-107　修改其他序号的位置

注意：序号在视图两侧近似排成一列，间距相近，指引线不允许交叉。

(3)序号重新排序。单击“制图工具—GC 工具箱”工具条中的“编辑零件明细表”按钮，然后选中明细表，打开“编辑零件明细表”对话框，如图 7-108 所示，选中“凹模”，单击“向上”按钮，将其排在第一位，选中“更新件号”按钮，单击“应用”按钮，完成“凹模”的重新排序。

(4)重复步骤(3)中操作，将需要的零件重新排序，结果如图 7-109 所示。至此，完成垫片复合模上模装配工程图。

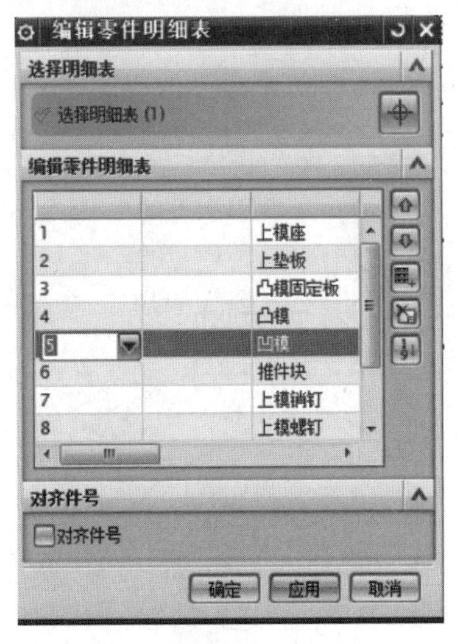

图 7-108　“编辑零件明细表”对话框

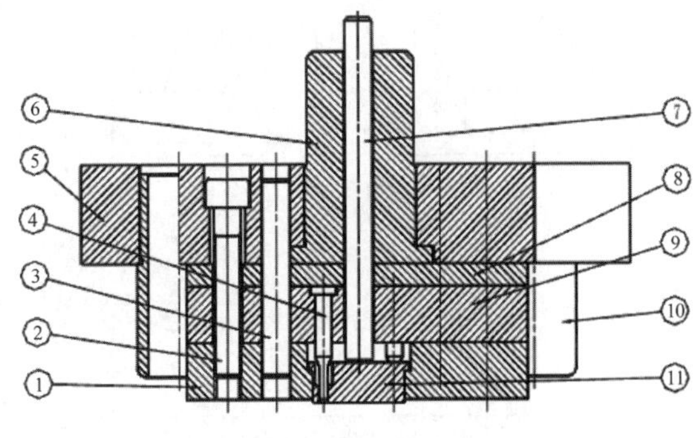

图 7-109　序号重新排序

4. 任务总结

装配工程图的视图设置和编辑操作与零件工程图基本相同，但要增加明细表的添加和编辑。此外，装配工程图中常用到非剖零件的设置。

习题

1. 完成图 7-110~图 7-114 所示的零件工程图。

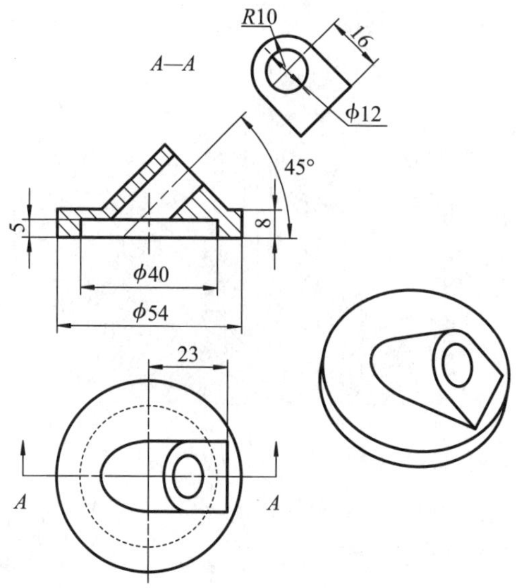

图 7-110　底座工程图

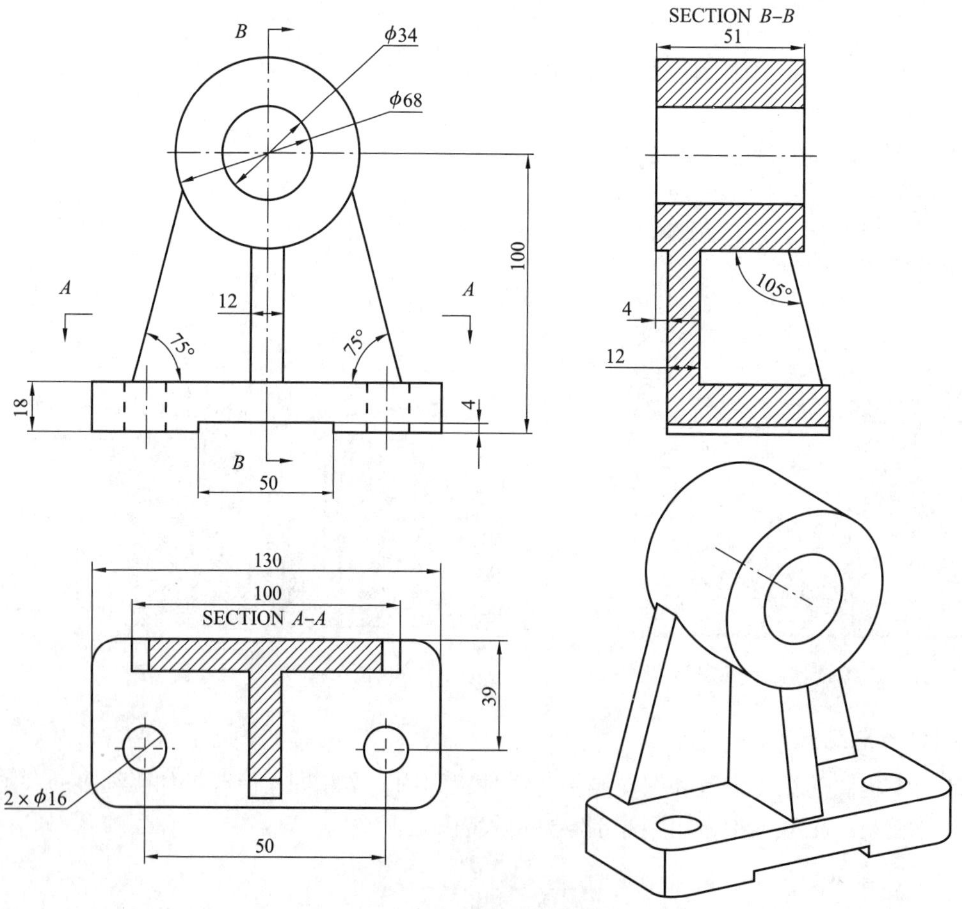

图 7-111　支撑架工程图

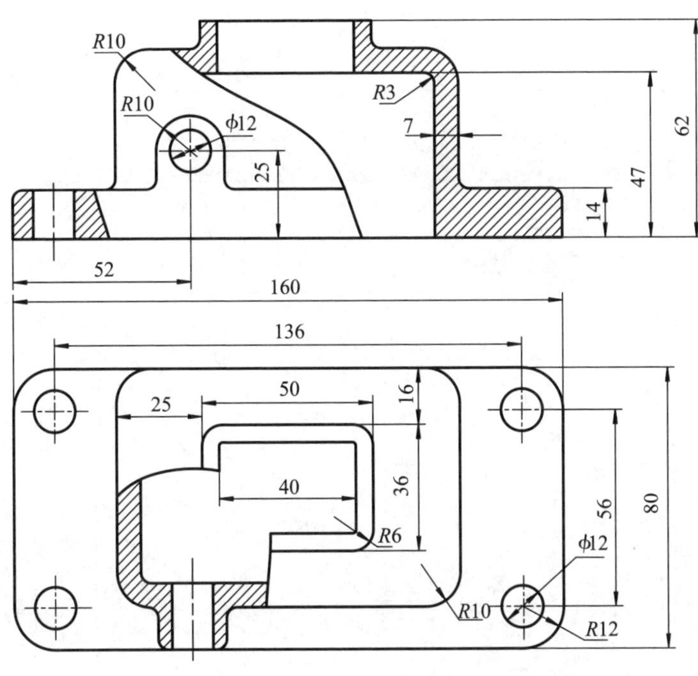

图 7-112　壳体工程图

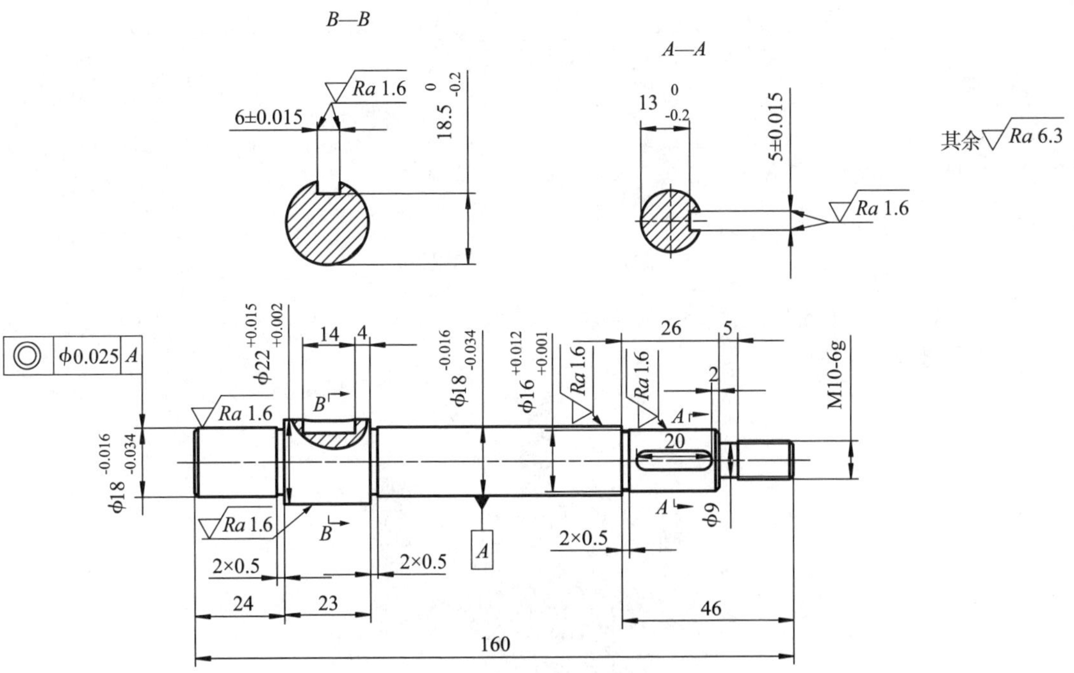

图 7-113　轴工程图

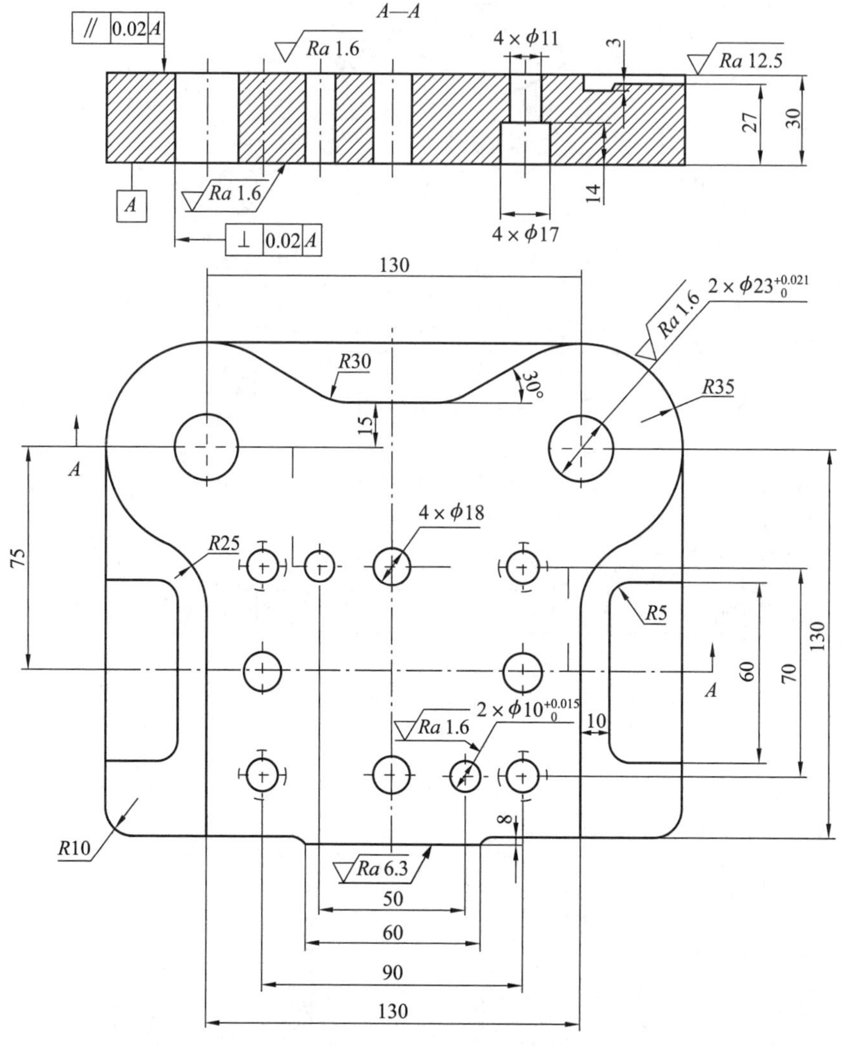

图 7-114　下模座工程图

2. 根据如图 7-115 所示的垫片复合模下模装配三维模型，创建如图 7-116 所示的垫片复合模下模装配工程图。

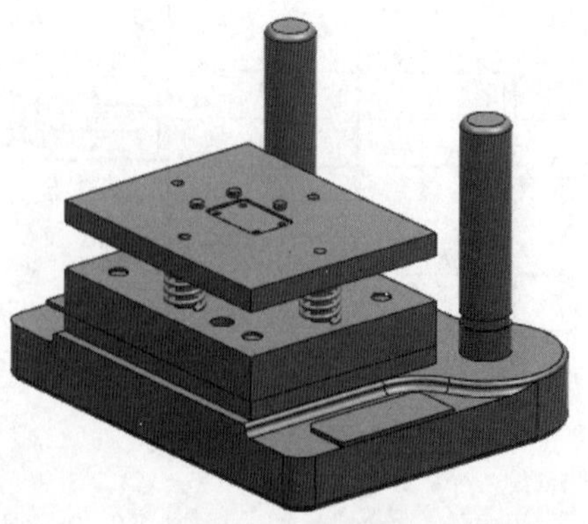

图 7-115　垫片复合模下模装配三维模型

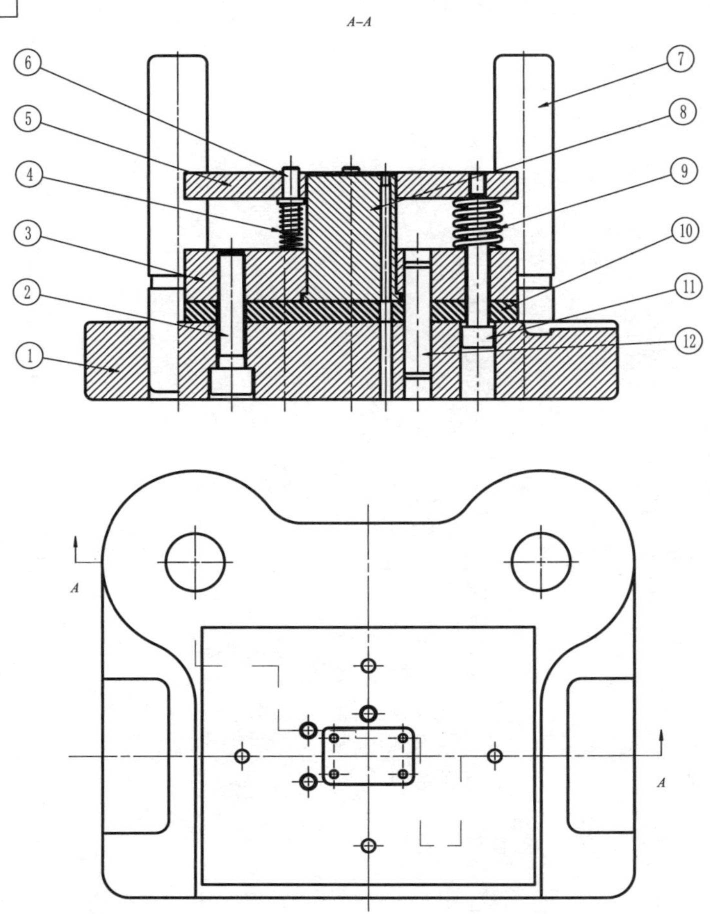

A–A

序号	代号	名称	数量	材料	单件重量	总计重量	备注
12		下模销钉	2	45			
11		卸料螺钉	4	45			
10		下垫板	1	45			
9		卸料弹簧	4	65Mn			
8		凸凹模	1	Cr12			
7		导柱	2	20			
6		导料销	3	45			
5		卸料板	1	45			
4		弹簧	3	65Mn			
3		凸凹模固定板	1	Q235			
2		下模螺钉	4	45			
1		下模座	1	HT200			

XX学院

标记　处数　分区　更改文件号　签字　年、月、日
设计　标准化　阶段标记　数量　比例
审核
工艺　批准　共　张　第　张

借通用件登记
描图
校描
旧底图总号
签字
日期

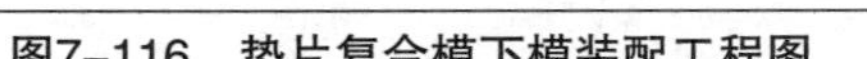
图7–116　垫片复合模下模装配工程图

项目 8 注塑模具设计

知识目标

(1)了解模架类型的适用场合，能够合理选择和添加标准模架。

(2)熟悉注塑模设计的一般流程。

(3)掌握自动分模方法，能够根据产品模型的形状和结构，为其创建合理的分型线、分型面，以及生成型腔和型芯。

(4)掌握顶出系统、浇注系统和冷却系统的创建方法。

能力目标

能够利用 UG NX 10.0 的注塑模模块，熟练设计一般复杂程度的、曲型的塑料产品的模具。

德育目标

(1)具备自觉践行行业道德规范的意识。

(2)发扬一丝不苟、精益求精的工匠精神。

项目描述

本项目先以典型塑料件为载体，介绍利用 UG NX 10.0 的注塑模模块进行自动分型的方法，包括在自动分型中补孔，创建分型线、分型面，生成型腔和型芯的方法与操作技巧；然后以一个典型塑料件模具设计的一般流程(包括分型、添加标准模架和标准件、创建顶出系统、浇注系统和冷却系统等)为载体，介绍注塑模具设计的全过程。

相关知识

8.1　注塑模的基本结构

注塑模的基本结构主要由成型部件、浇注系统、冷却系统、模架及标准件等组成。

1. 成型部件

成型部件是注塑模的关键部分，主要包括型腔和型芯。型芯形成制品的内表面形状，型腔形成制品的外表面形状，如图 8-1 所示；如果塑件较复杂，则模具中还需要有滑块、销等成型零件，如图 8-2 所示。

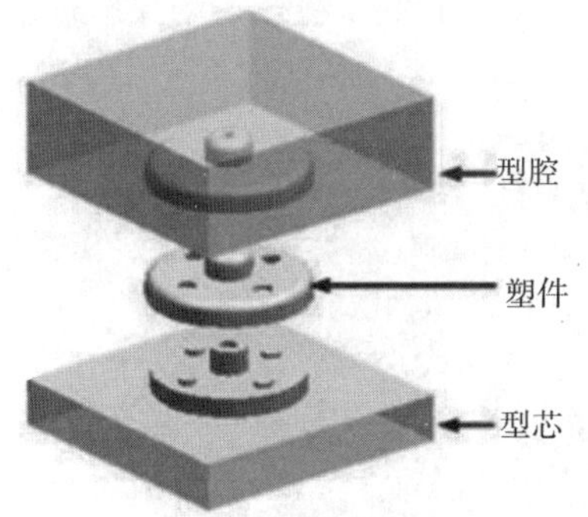

图 8-1　注塑模的成型部件

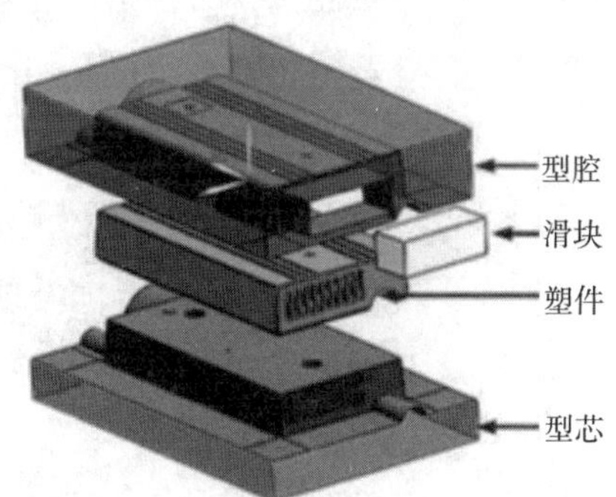

图 8-2　注塑模的成型部件(带滑块)

2. 浇注系统

浇注系统又称为流道系统，它是将塑料熔体由注塑机喷嘴引向型腔的一组进料通道，通常由主流道、分流道、浇口和冷料穴组成，如图 8-3 所示。

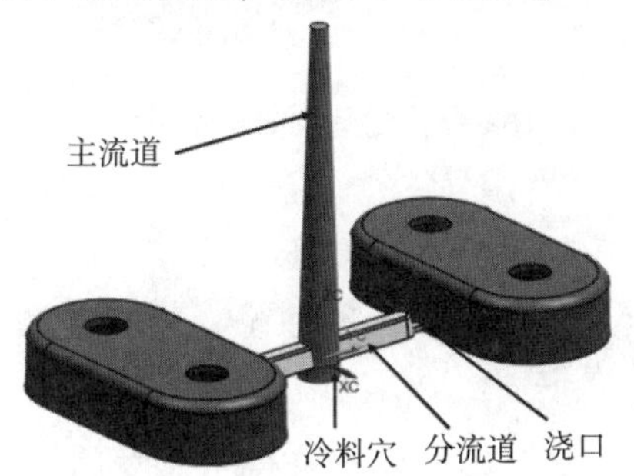

图 8-3　注塑模的浇注系统

3. 冷却系统

在注塑成型周期中，注塑模的冷却时间约占 2/3，因此，常在模具型腔、型芯及模板上开设由冷却水道组成的冷却系统进行冷却，如图 8-4 所示。

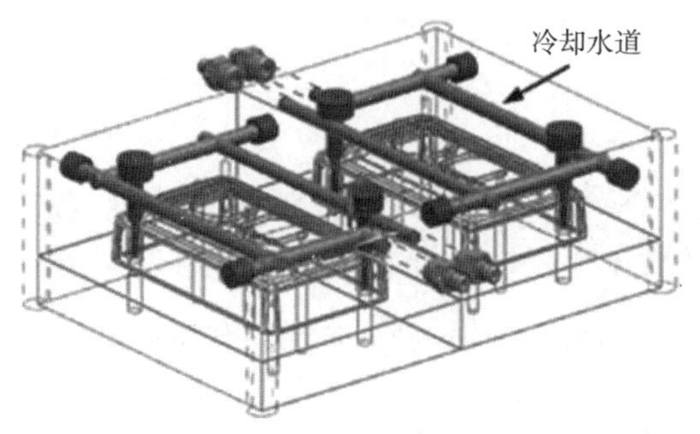

图 8-4　注塑模的冷却系统

4. 模架及标准件

标准模架一般由定模座板、定模板、动模板、动模支承板、垫板、动模座板、推杆固定板、推板、导柱、导套及复位杆等组成，如图 8-5 所示。

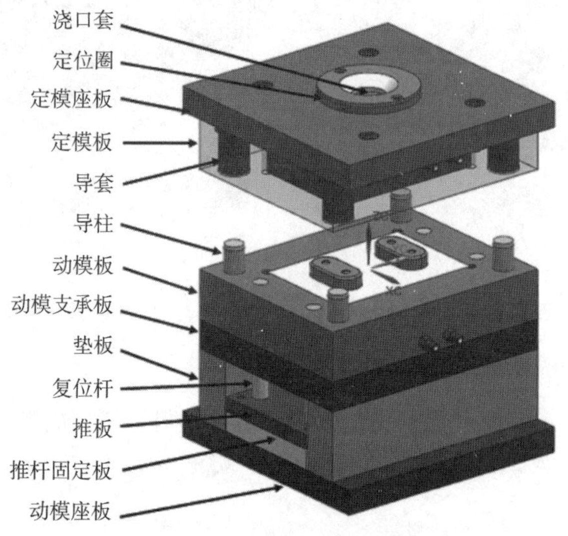

图 8-5　注塑模的模架系统

8.2　注塑模向导模块

注塑模向导模块是 UG NX 10.0 的一个重要模块，专门用于注塑模的设计，功能强大、操作方便。使用注塑模向导模块设计注塑模的流程如下。

(1)项目初始化。

(2)设置模具坐标系。

(3)设定产品收缩率。

(4)创建工件。

(5)布局。

(6)分型（创建型腔和型芯)。

(7)添加标准模架。

(8)选择添加标准件。

(9)镶件、侧向分型抽芯机构的设计。

(10)浇注系统、冷却系统的设计。

注塑模向导是集成于 UG NX 10.0 中的专门用于注塑模设计的应用模块。该模块配有常用的模架和标准件库，用户可方便地在模具设计过程中调用。该模块也具有强大的模具自动分型功能，能显著提高模具设计效率。另外，该模块还具有强大的镶件及电极设计功能，可用来进行快速的镶件及电极设计。

打开要进行模具设计的塑料件，此时处于建模工作环境，单击功能区的“应用模块”标签，切换到“应用模块”选项卡，如图 8-6 所示。接着在选项卡的“特定于工艺”工具条中单击“注塑模”按钮，便快速切换到注塑模向导模块。“注塑模向导”选项卡如图 8-7 所示。

图 8-6 “应用模块”选项卡

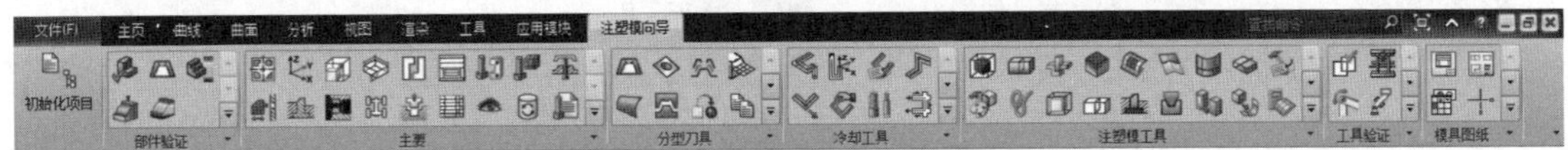

图 8-7 “注塑模向导”选项卡

注意：注塑模向导模块作为一个独立的模块需要专门安装，否则有些功能不可用。

任务实施

任务 8.1 遥控器外壳分模设计

1. 任务描述

图 8-8 所示为遥控器外壳塑件，其材料为 ABS，完成分模设计，生成型腔、型芯。

任务 8.1 微课视频

图 8-8 遥控器外壳模型

2. 任务分析

从产品的结构形状看，分型面在底面，顶出方向垂直向上，产品上的所有孔均可在分型方向上成型，无需侧向抽芯，分型时孔需要修补。

3. 操作步骤

1)打开源文件，进入注塑模向导模块

双击“素材文件\ch8\遥控器外壳 . prt”，进入建模模块。单击功能区的“应用模块”标签，切换到“应用模块”选项卡，在该选项卡的“特定于工艺”工具条中单击“注塑模”按钮，切换到注塑模向导模块。

2)初始化项目

“初始化项目”命令可以设置创建模具装配的目录以及相关文件的名称，并载入需要进行模具设计的产品零件，是使用注塑模向导模块进行模具设计的第一步。

单击“注塑模向导”选项卡中的“初始化项目”按钮，系统弹出如图 8-9 所示的“初始化项目”对话框。在该对话框中会直接显示产品的文件路径和名称。设置产品“材料”为“ABS”，“收缩”为“1. 006”。单击“确定”按钮，完成项目的初始化工作，生成的装配树如图 8-10 所示。

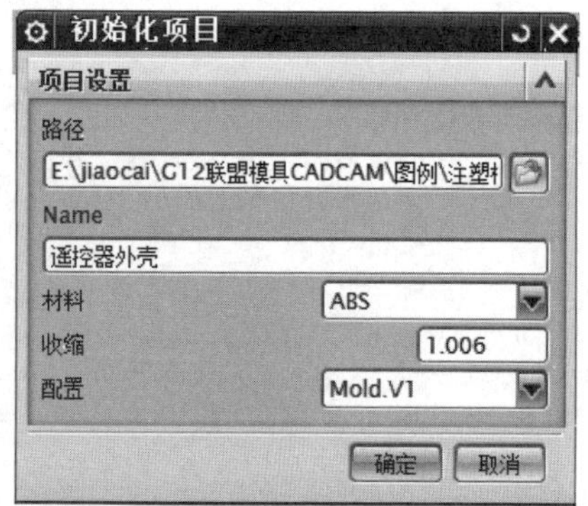

图 8-9 “初始化项目”对话框

图 8-10 装配树

方案初始化的过程复制了两个装配结构：方案装配结构和产品装配结构。方案装配结构后缀为 top、layout、misc、fill、cool、var，产品装配结构包含在 layout 的节点下，后缀为 prod、combined。

下面介绍各后缀的含义。

(1)top：方案的总文件，包含并控制装配组件和模具设计的一些相关数据。

(2)layout：用于排列 prod 节点的位置，多腔和多件模有多个分支来排列各个 prod 节点的位置。

(3)misc：用于排列不是独立的标准件部件，如定位环、锁模块等，放置通用标准件。

(4)fill：用于创建流道和浇口的实体，该实体用来在镶件或模板上挖槽，放置流道和浇口组件。

(5)cool：用于创建冷却的几何实体，该实体用来在镶件或模板上挖槽，放置冷却系统部件。

(6)var：包含模架和标准用到的表达式。

3)设定模具坐标系

注塑模向导模块规定 XC-YC 平面是模具装配的主分型面，模具坐标系的原点位于型腔、型芯接触面的中心，+ZC 轴方向为顶出方向。模具坐标系的功能是把当前产品工作坐标系的原点平移到模具绝对坐标系的原点上，使绝对坐标系原点在分型面上。

(1)分析产品开模方向，因 XC-YC 面为产品最大面，+ZC 轴方向即为顶出方向，故不需要旋转坐标系。

(2)单击“主要”工具条中的“模具 CSYS”按钮，系统弹出“模具 CSYS”对话框，选中“选定面的中心”单选按钮，在绘图区选择遥控器的下平面，单击“确定”按钮，使产品的工作坐标原点和模具绝对坐标原点重合，如图 8-11 所示。

(a)　　(b)

图 8-11　调整坐标系

(a)坐标系调整前；(b)坐标系调整后

在产品设计过程中为了设计的方便，有时不一定考虑开模方向，所以在调入产品后，往往需要重新定义模具坐标系使其保持一致。在定义模具坐标系前，用户可通过执行“菜单”/“格式”/“WCS”/“动态 WCS”命令来重新定位各产品零件的坐标，将工作坐标系的原点移到分型面上，然后再定义模具坐标系。

例如，打开“素材文件\ch8\名片盒\名片盒_top_000. prt”，这是初始化后生成的总装文件，如图 8-12 所示。该塑料件口部向上，需要将其绕 XC 轴旋转 180°，再进行后面的分型操作，执行“菜单”/“格式”/“WCS”/“旋转”命令，系统弹出“旋转 WCS 绕 . . . ”对话框，如图 8-13 所示。选择“+XC 轴：YC→ZC”单选按钮，在“角度”文本框中输入旋转角度“180”，单击“确定”按钮，则产品坐标系重新定位，如图 8-14 所示。

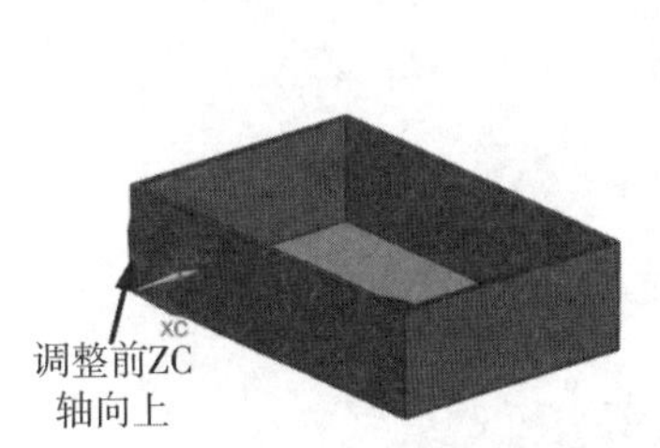

图 8-12　名片盒总装

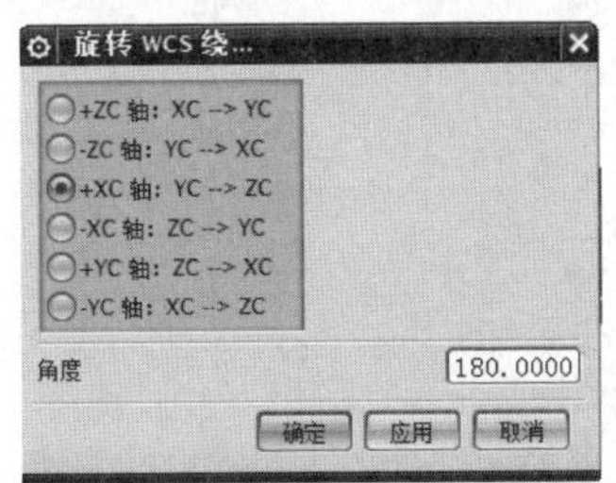

图 8-13　“旋转 WCS 绕…”对话框

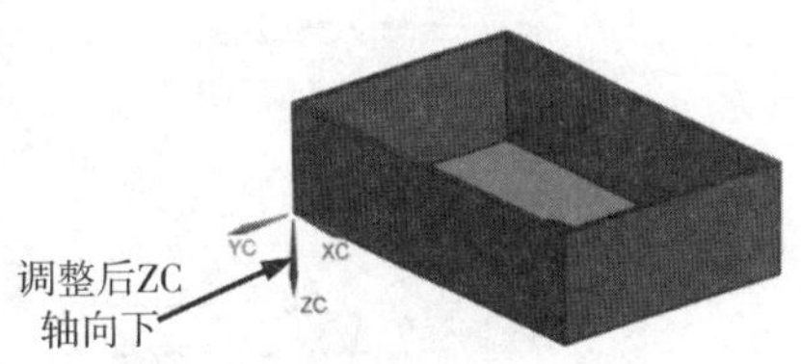

图 8-14　重新定位产品坐标系

4)定义收缩率

如果在步骤 2)初始化项目过程中已经设置了产品模型的收缩率，则此处不再需要设置收缩率；如果没有设置收缩率，或要求产品不按“均匀”方式收缩，则需要重新设置收缩率。本任务在初始化项目过程中已设置了收缩率，因此这步可略去。

5)定义工件

工件是用来生成模具型芯和型腔的实体，工件尺寸的确定以型芯、型腔及标准模架的尺寸为依据。

单击“主要”工具条中的“工件”按钮，系统弹出“工件”对话框，如图 8-15 所示。用户可单击该对话框中的“绘制截面”按钮进入草图界面，以修改或绘制工件图的截面草图，或直接双击工件上的尺寸，在系统弹出的尺寸框中进行修改，也可保持默认设置，然后在“限制”选项中设置“开始”和“结束”距离，单击“确定”按钮，完成工件的定义，如图 8-16 所示。

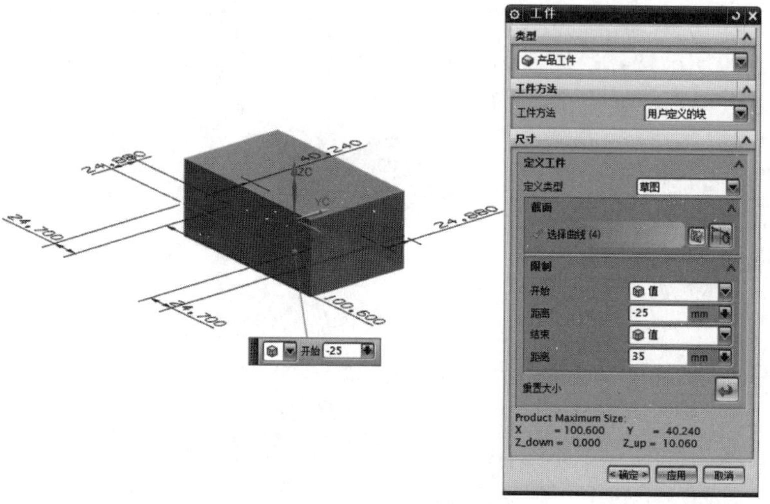

图 8-15 “工件”对话框

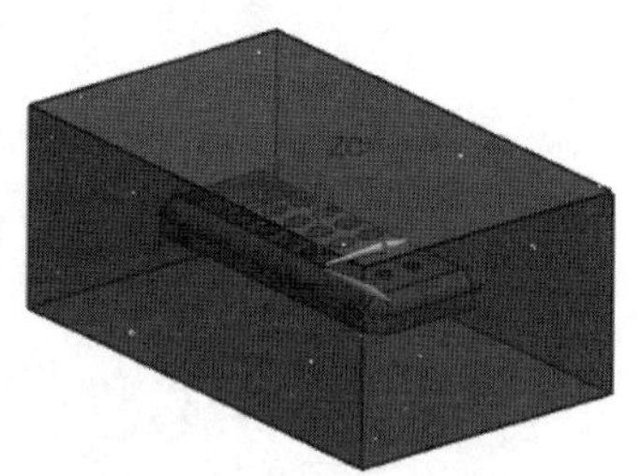

图 8-16 定义完成的工件

6) 型腔布局

单击“主要”工具条中的“型腔布局”按钮，系统弹出如图 8-17 所示的“型腔布局”对话框。在该对话框中选择“矩形”布局，“平衡”方式，选择“指定矢量”为“YC”方向，设置“型腔数”为“2”。单击“开始布局”按钮，再单击“编辑插入腔”按钮，创建两个型腔，如图 8-18 所示。

图 8-17 “型腔布局”对话框

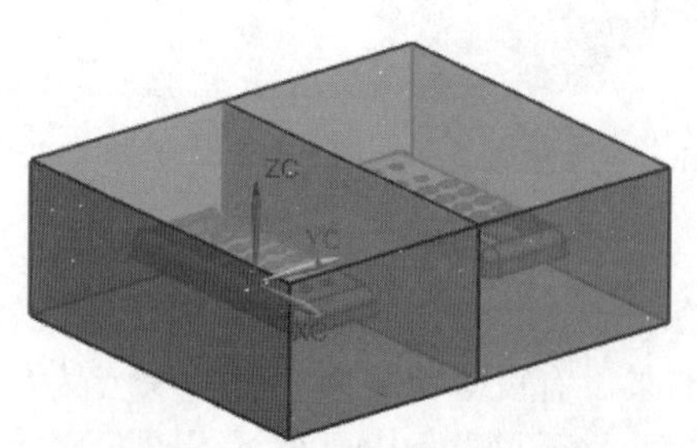

图 8-18 创建的两个型腔

7) 检查区域

检查区域的主要功能是完成产品模型上型腔区域面/型芯区域面的定义和对产品模型进行区域检查分析，包括产品模型的脱模角度和内部孔是否需要修补等。

(1)单击“分型刀具”工具条中的“检查区域”按钮，系统弹出“检查区域”对话框，如图 8-19 所示，并显示开模方向，如图 8-20 所示。

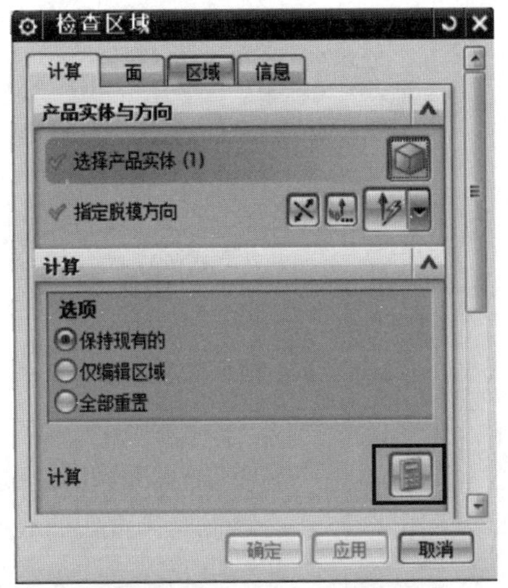

图 8-19　“检查区域”对话框

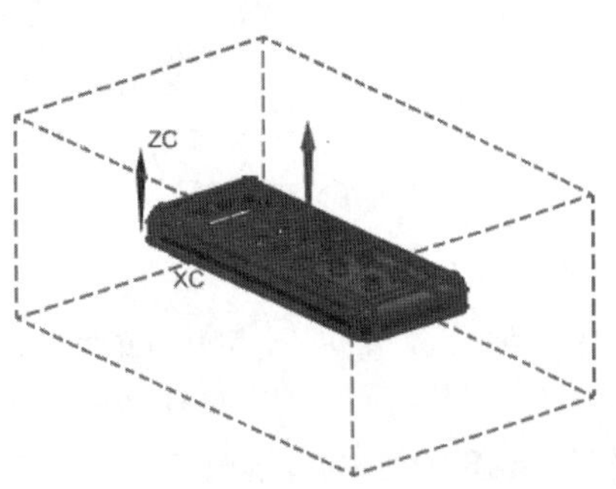

图 8-20　开模方向

(2)在“检查区域”对话框中单击“计算”按钮，系统开始对产品模型进行分析计算。单击“检查区域”对话框中的“面”标签，切换到“面”选项卡，可以查看分析结果，如图 8-21 所示。

(3)在“检查区域”对话框中单击“区域”标签，切换到“区域”选项卡，如图 8-22 所示。单击“设置区域颜色”按钮，设置各区域颜色，同时会在模型中以不同的颜色显示出来。

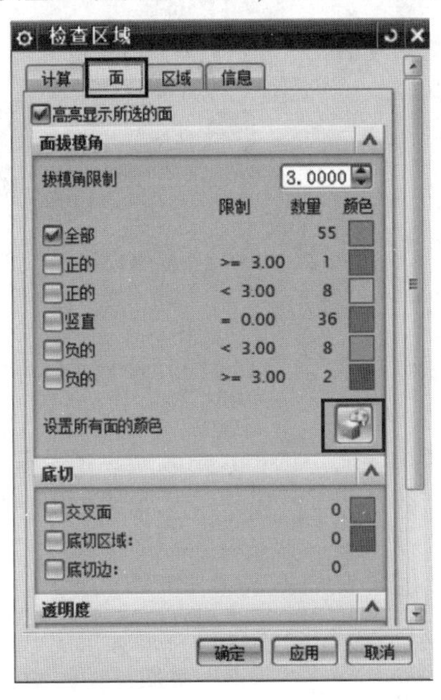

图 8-21　“面”选项卡

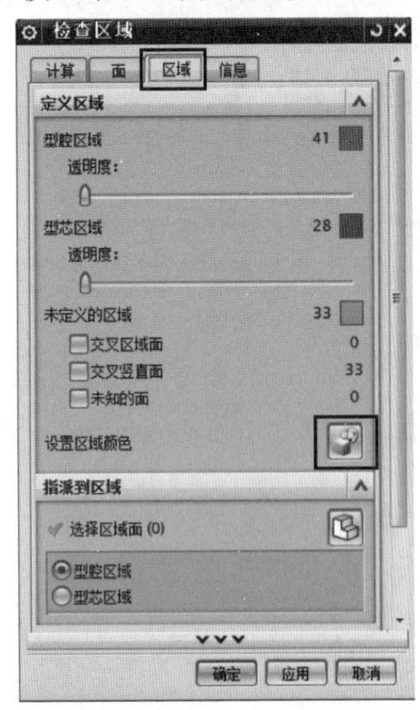

图 8-22　“区域”选项卡

从图 8-22 中可看到“未定义的区域”共有 33 个，均为“交叉竖直面”，如图 8-23 所示。

(4)勾选图 8-22 中“交叉竖直面”复选框，把如图 8-23 所示的 28 个未定义的区域指派给“型腔区域”，此时，“检查区域”对话框中，“未定义的区域”显示为 0，这时已全部定义型芯和型腔区域。其他参数为默认设置，单击“确定”按钮，关闭“检查区域”对话框，结果如图 8-24 所示。

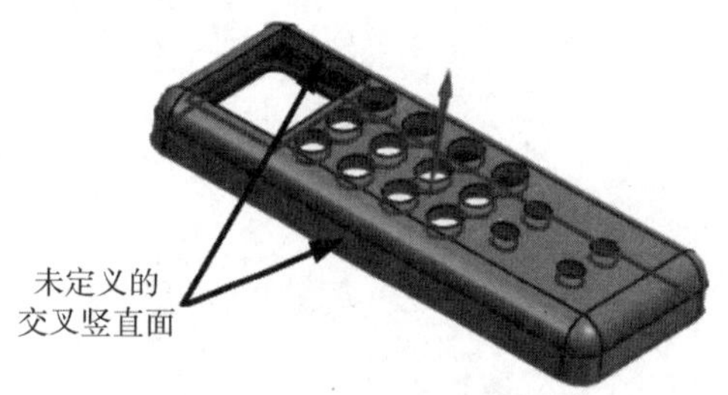

图 8-23　未定义的“交叉竖直面”

图 8-24　完成定义区域结果

8）曲面补片

对于有通孔、槽等结构的产品模型，在分模设计时，需将产品模型内部的开放区域进行修补，从而使型腔面和型芯面分别成为一个或多个封闭的区域。该修补操作可在抽取型芯和型腔区域之前的任意阶段进行。

单击“分型刀具”工具条中的“曲面补片”按钮，系统弹出如图 8-25 所示“边修补”对话框。边修补工具可以通过“面”“体”“移刀”（边线）3 种类型完成曲面修补。本任务中“类型”选择“体”，选择工件作为体，单击“确定”按钮，完成曲面修补，结果如图 8-26 所示。

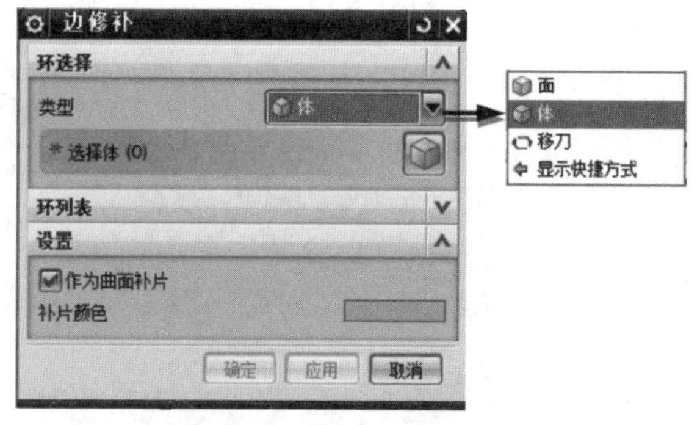

图 8-25　“边修补”对话框

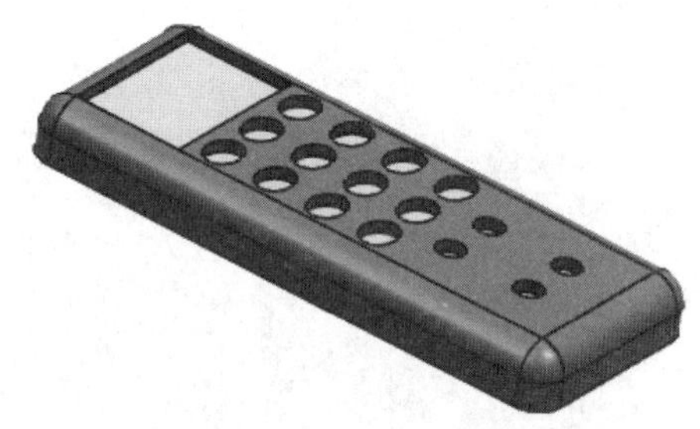

图 8-26　曲面修补结果

9）定义区域

执行“定义区域”命令后，系统先根据前面的设置自动搜索边界面和修补面，再将这些区域分配给型腔和型芯，从而使型腔区域和型芯区域分离。

单击“分型刀具”工具条中的“定义区域”按钮，系统弹出“定义区域”对话框，如图 8-27 所示。在“设置”选项组中选中“创建区域”和“创建分型线”复选框，单击“确定”按钮，完成型腔/型芯区域和分型线的创建。

10）创建分型面

通过分型面可将工件分割成型腔和型芯两部分，分型面的创建是在分型线的基础上完成的，而分型线的形状将直接决定分型面创建的难易程度。

（1）单击“分型刀具”工具条中的“设计分型面”按钮，系统弹出“设计分型面”对话框，如图 8-28 所示，同时绘图区显示系统默认的分型面，如图 8-29 所示。

（2）选中分型线四周的圆点，拖动分型面，调整大小，保证分型面大于工件体。

（3）单击“设计分型面”对话框中的“确定”按钮，完成分型面的创建。

图8-27　“定义区域”对话框

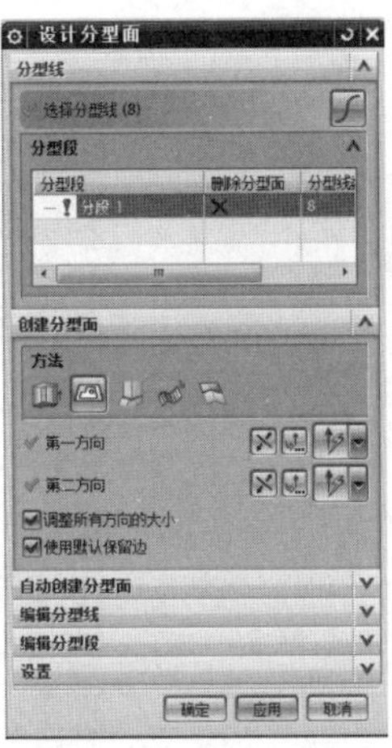

图8-28　“设计分型面”对话框

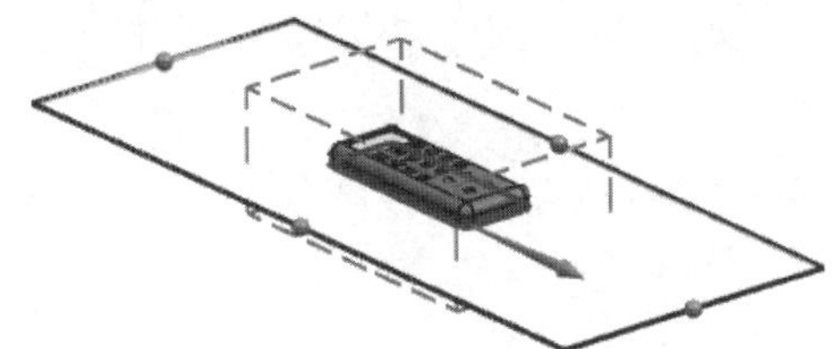

图8-29　系统默认的分型面

11）创建型腔、型芯

在完成上面的操作后，使用“定义型腔和型芯”命令，便可将型腔和型芯区域分别缝合成片体来分割工件，如分割成功，将显示生成的型腔和型芯片体。

（1）单击“分型刀具”工具条中的“定义型腔和型芯”按钮，系统弹出如图8-30所示的“定义型腔和型芯”对话框。

（2）在“区域名称”列表中选择“所有区域”选项，单击“应用”按钮，系统弹出“查看分型结果”对话框，型腔效果如图8-31（a）所示。单击“查看分型结果”对话框中的“确定”按钮，系统弹出“查看分型结果”对话框，型芯效果如图8-31（b）所示。

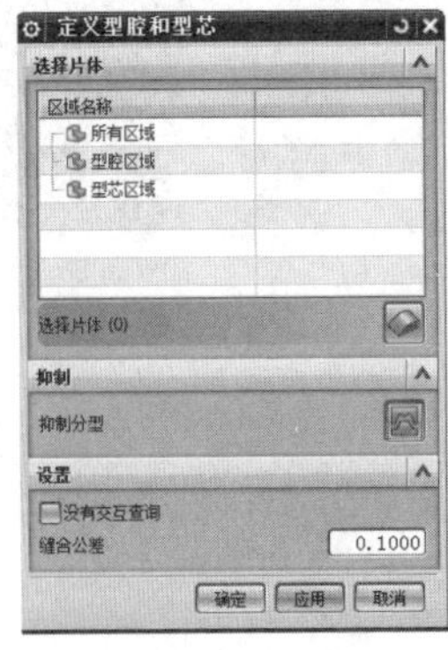

图8-30　“定义型腔和型芯”对话框

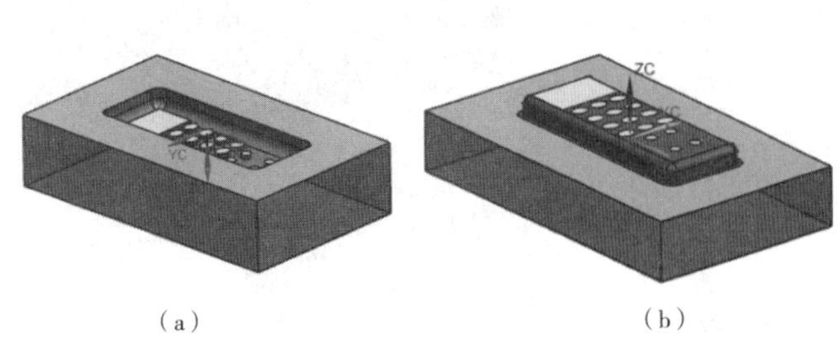

（a）　（b）

图8-31　创建型腔和型芯

（a）型腔效果；（b）型芯效果

(3)退出"定义型腔和型芯"对话框后，可以在"窗口"中切换显示部件，如图 8-32 所示。

图 8-32 "窗口"中切换显示部件

(4)选择"文件"/"全部保存"命令，保存文件。

注意：模具项目由多个部件文件组成，保存时应全部保存。通常选择"文件"/"全部保存"命令。

4. 任务总结

本任务较为简单，通过本任务，可熟悉利用注塑模向导模块实现自动分型操作的全过程，理解分型原理，为后续较复杂塑件的分型做准备。

任务 8.2 上盖分模设计——利用引导线生成分型面

1. 任务描述

图 8-33 所示为上盖模型件，其材料为尼龙，完成分模设计，生成型腔、型芯。

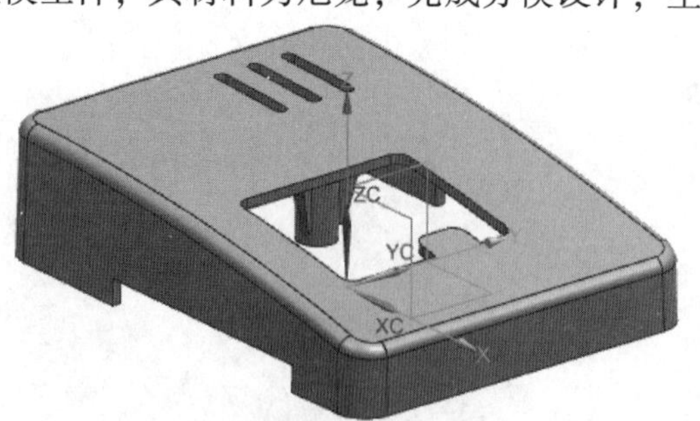

任务 8.2 微课视频

图 8-33 上盖模型

2. 任务分析

从产品的结构形状看，分型面在底面，与任务 8.1 不同的是底面带有阶梯，分型时系统不能直接生成分型面，需要手动生成引导线，再生成分型面。

3. 操作步骤

1)打开源文件，进入注塑模向导模块

双击“素材文件\ch8\上盖.prt”，进入建模模块。单击功能区的“应用模块”标签，切换到“应用模块”选项卡，在该选项卡的“特定于工艺”工具条中单击“注塑模”按钮，切换到注塑模向导模块。

2)初始化项目

单击“注塑模向导”选项卡中的“初始化项目”按钮，设置产品“材料”为“尼龙”，“收缩”为“1.016”。单击“确定”按钮，完成项目的初始化工作。

3)设定模具坐标系

单击“主要”工具条中的“模具 CSYS”按钮，系统弹出“模具 CSYS”对话框，选中“当前 WCS”单选按钮，单击“确定”按钮。

4)定义收缩率

收缩率在步骤2)中已设定，此处略。

5)定义工件

该步骤中参数保持系统默认值即可。

6)型腔布局

采用沿 YC 方向平衡布局，一模两腔的形式。

7)检查区域

参照任务8.1分型操作即可。

8)曲面补片

参照任务8.1分型操作即可。

9)定义区域

参照任务8.1分型操作即可。

10)创建分型面

(1)单击“分型刀具”工具条中的“设计分型面”按钮，系统弹出“设计分型面”对话框，如图8-34所示，同时绘图区显示系统默认的分型面，如图8-35所示。很显然，系统默认的分型面是沿-ZC方向的，不符合要求，需要在外形圆角与直边相交的点手动生成引导线，再利用引导线创建分型面。

(2)在“设计分型面”对话框中单击“编辑分型段”选项组中的“选择分型或引导线按钮”，“设计分型面”对话框发生变化，如图8-36所示。

(3)在图8-37(a)所示的圆角处单击，生成第1条引导线，如图8-37(b)所示。

(4)用相同的方法生成另外7条引导线，结果如图8-38所示。

(5)创建引导线后，“设计分型面”对话框中“分型段”列表中出现8个分型段，如图8-39所示。选择“分段1”，单击“创建分型面”选项组中“拉伸”按钮，在“分型面长度”文本框中输入“100”，单击“应用”按钮，完成第一段分型面的创建，结果如图8-40所示。

(6)选择“分段2”，单击“创建分型面”选项组中“扫掠”按钮，在“分型面长度”文本框中输入“100”，单击“应用”按钮，完成第二段分型面的创建，结果如图8-41所示。

(7)重复上述步骤，继续创建剩余6处分型面，直边部分用“拉伸”，圆角部分用“扫掠”，最终生成的分型面如图8-42所示，单击“确定”按钮，退出“设计分型面”对话框。

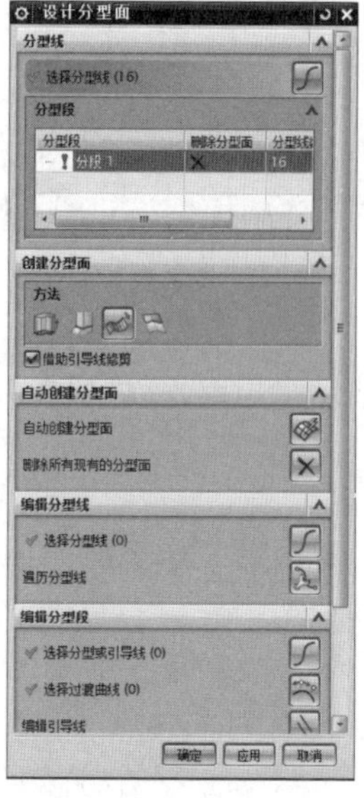

图 8-34 “设计分型面”对话框 1

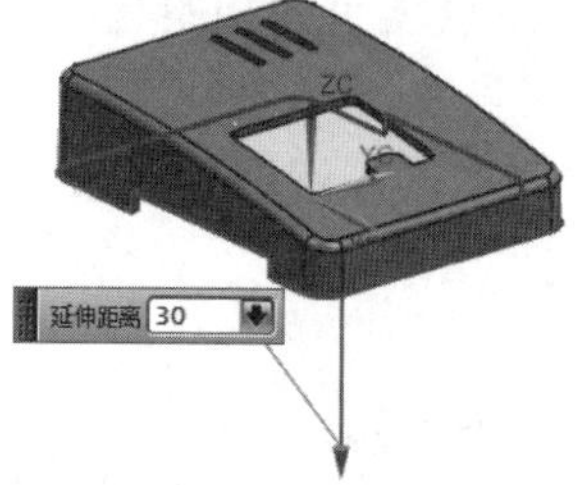

图 8-35 系统默认的分型面

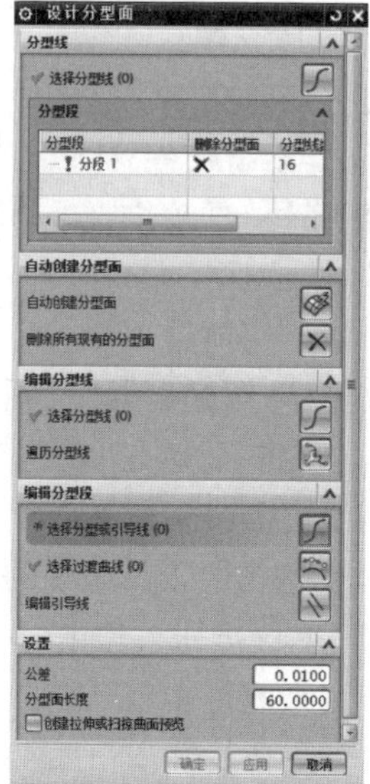

图 8-36 “设计分型面”对话框 2

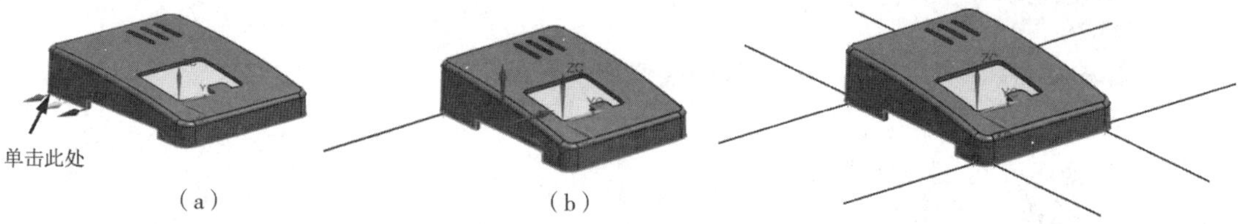

图 8-37 创建引导线

（a）引导线起点；（b）第一条引导线

图 8-38 创建的 8 条引导线

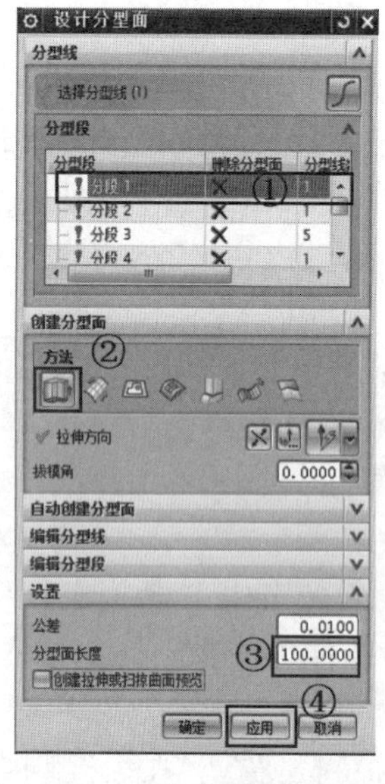

图 8-39 “设计分型面”对话框 3

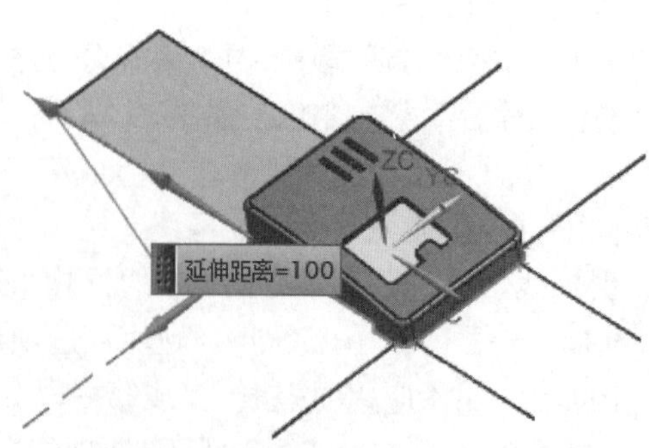

图 8-40 利用“拉伸”方法生成分型面

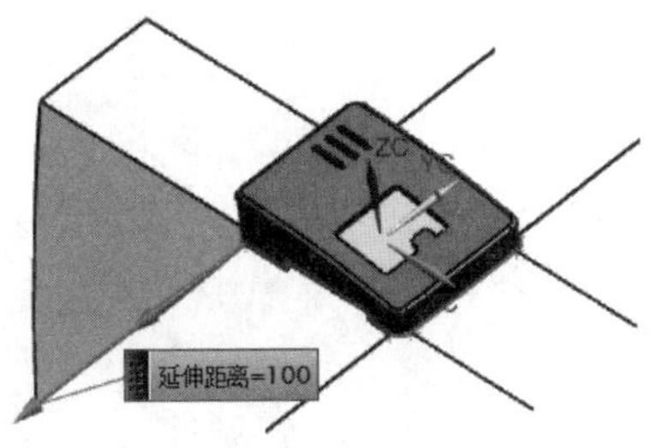
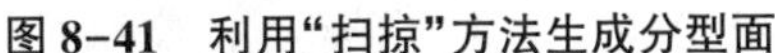

图 8-41　利用“扫掠”方法生成分型面

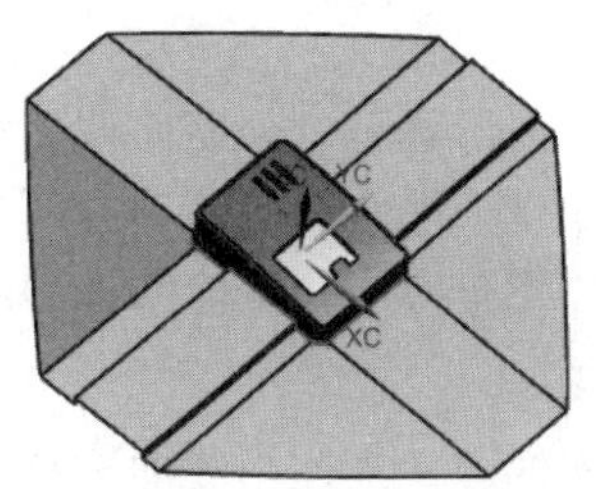

图 8-42　完整分型面

11)创建型腔、型芯

(1)单击“分型刀具”工具条中的“定义型腔和型芯”按钮，在系统弹出的“定义型腔和型芯”对话框中选择“所有区域”选项，单击“应用”按钮，系统弹出“查看分型结果”对话框，型腔效果如图 8-43(a)所示。单击“查看分型结果”对话框中的“确定”按钮，系统弹出“查看分型结果”对话框，型芯效果如图 8-43(b)所示。

(2)退出“定义型腔和型芯”对话框后，可以在“窗口”中切换显示部件。

(3)选择“文件”/“全部保存”命令，保存文件。

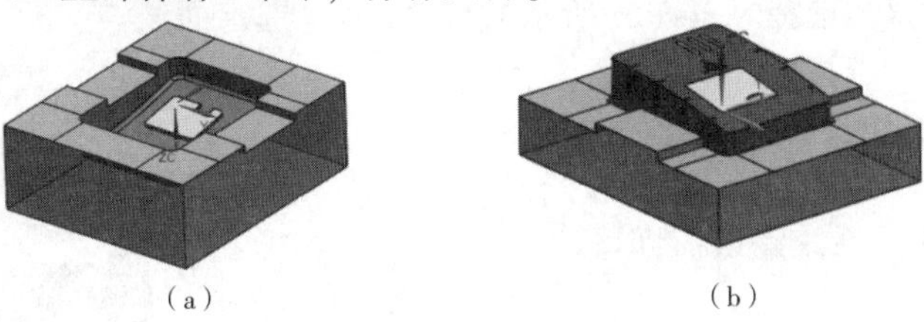

(a)　(b)

图 8-43　创建型腔和型芯

(a)型腔效果；(b)型芯效果

4. 任务总结

本任务介绍了如何利用引导线生成分型面，这是实际分型操作中经常使用的方法。

任务 8.3　支架分模设计——利用面拆分生成分型面

1. 任务描述

图 8-44 所示为支架模型，其材料为 PC，完成分模设计，生成型腔、型芯。

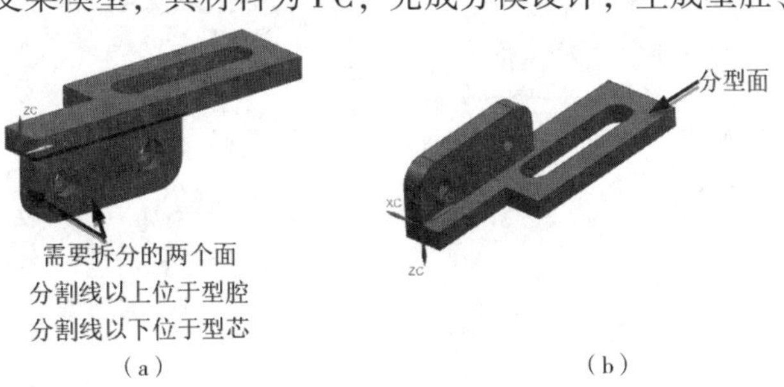

(a)　(b)

图 8-44　支架模型

(a)需要拆分的面；(b)分型面

任务 8.3　微课视频

2. 任务分析

从产品的结构形状看，分型面位置如图 8-44(b)所示，因此图 8-44(a)所示的两个侧面需要进行面拆分，一部分在型腔，一部分在型芯；同时，侧面的两个阶梯孔需要侧向抽芯才能成型，侧向抽芯有内抽和外抽两种形式，本任务采用外抽形式。

3. 操作步骤

1)打开源文件，进入注塑模向导模块

双击“素材文件\ch8\支架.prt”，进入建模模块。单击功能区的“应用模块”标签，切换到“应用模块”选项卡，在该选项卡的“特定于工艺”工具条中单击“注塑模”按钮，切换到注塑模向导模块。

2)初始化项目

单击“注塑模向导”选项卡中的“初始化项目”按钮，设置产品“材料”为“PC”，“收缩”为“1.0045”。单击“确定”按钮，完成项目的初始化工作。

3)设定模具坐标系

单击“主要”工具条中的“模具 CSYS”按钮，系统弹出“模具 CSYS”对话框，选中“选定面的中心”单选按钮，选择 8-44(b)所示的分型面为“选定面”，单击“确定”按钮。

4)定义收缩率

收缩率在步骤 2)中已设定，此处略。

5)定义工件

该步骤中参数保持系统默认值即可。

6)型腔布局

为了使侧抽滑块向外移动，采用沿-XC 方向平衡布局，一模两腔的形式，型腔布局结果如图 8-45 所示。

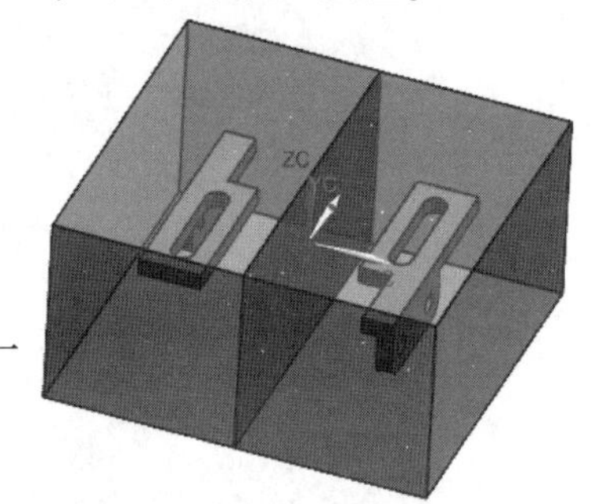

图 8-45 型腔布局

7)拆分面

在检查区域之前需要进行拆分面操作，才能把原来整体的面分别指派给型腔和型芯两个部分。

单击“注塑模工具”工具条中的“拆分面”按钮，系统弹出“拆分面”对话框，如图 8-46(a)所示，“类型”选项组中选择“平面/面”，“要分割的面”选择图 8-46(a)所示的两个侧面，单击“添加基准平面”按钮，系统弹出图 8-46(b)所示“基准平面”对话框，“类型”选项组中选择“自动判断”，选取图 8-46(b)所示的分型面作为参考，在“偏置”文本框中输入“0”，单击“基准平面”对话框中的“确定”按钮，然后在“拆分面”对话框中单击“确定”按钮，完成拆分面。

(a)

(b)

图 8-46 拆分面

(a)“拆分面”对话框；(b)“基准平面”对话框

8)检查区域

参照前面的任务操作定义型腔和型芯区域，结果如图 8-47 所示。

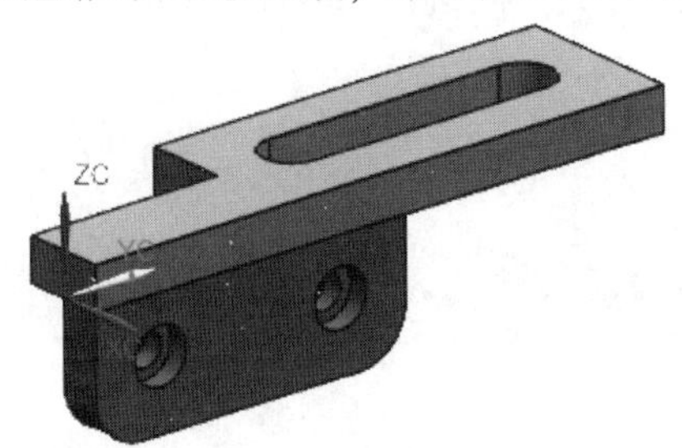

图 8-47　定义型腔和型芯区域

9)曲面补片

参照前面的任务操作即可。

10)定义区域

参照前面的任务操作即可。

11)创建分型面

单击“分型刀具”工具条中的“设计分型面”按钮，系统弹出“设计分型面”对话框，绘图区显示系统默认的分型面为有界平面，如图 8-48 所示。该分型面符合要求，单击“确定”按钮，退出“设计分型面”对话框。

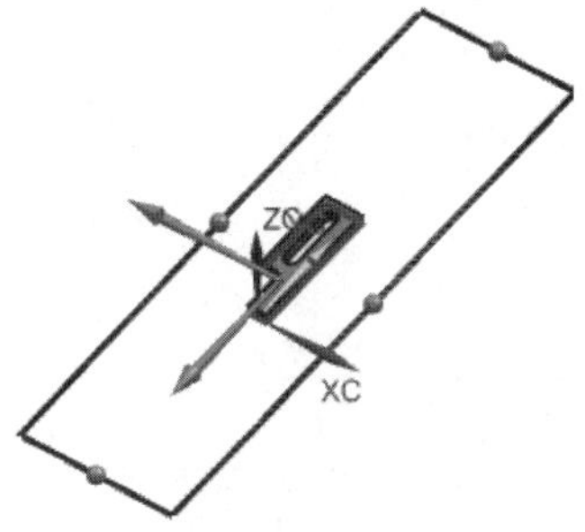

图 8-48　系统默认的分型面

12)创建型腔、型芯

创建型腔、型芯的操作与任务 8.1、任务 8.2 相同，此处不再赘述，结果如图 8-49 所示。

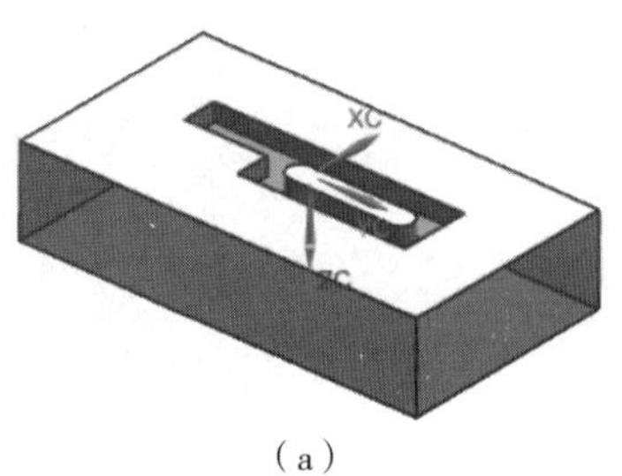

(a)

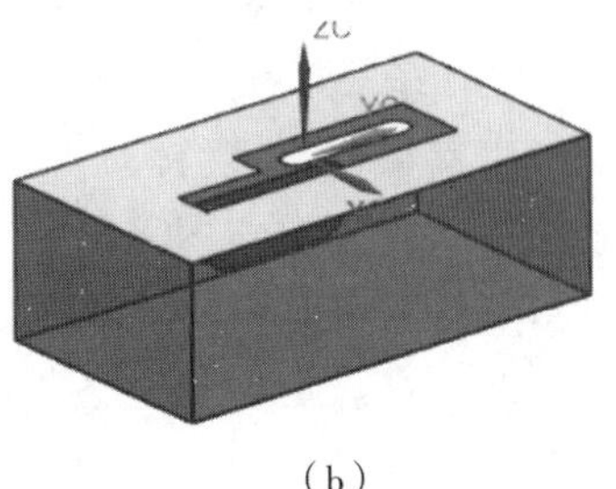

(b)

图 8-49　创建型腔和型芯

(a)型腔效果；(b)型芯效果

4. 任务总结

如果塑料件上的同一个面一部分在型腔，一部分在型芯，在分型之前，一定要进行拆分面处理，否则无法分型。

任务 8.4 外壳分模设计——利用扩大曲面补片生成分型面

1. 任务描述

图 8-50 所示为外壳模型，其材料为 ABS，完成分模设计，生成型腔、型芯。

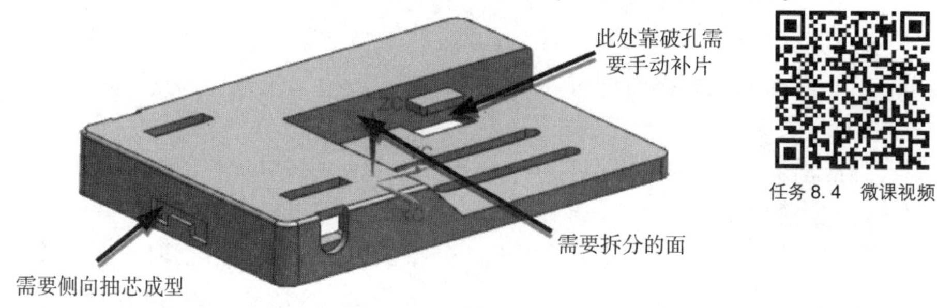

图 8-50 外壳模型

2. 任务分析

从产品的结构形状看，分型面位于下平面，产品侧面有一处凹陷，需要侧向抽芯成型，上方有一处靠破孔，需手动补片，侧面有一处需要拆分的面。

3. 操作步骤

1)打开源文件，进入注塑模向导模块

双击“素材文件\ch8\外壳 . prt”，进入建模模块。单击功能区的“应用模块”标签，切换到“应用模块”选项卡，在该选项卡的“特定于工艺”工具条中单击“注塑模”按钮，切换到注塑模向导模块。

2)初始化项目

单击“注塑模向导”选项卡中的“初始化项目”按钮，设置产品“材料”为“ABS”，“收缩”为“1. 006”。单击“确定”按钮，完成项目的初始化工作。

3)设定模具坐标系

单击“主要”工具条中的“模具 CSYS”按钮，系统弹出“模具 CSYS”对话框，选中“当前 WCS”单选按钮，单击“确定”按钮。

4)定义收缩率

收缩率步骤 2)中已设定，此处略。

5)定义工件

该步骤中参数保持系统默认值即可。

6)型腔布局

为了使侧抽滑块向外移动，采用沿 XC 方向平衡布局，一模两腔的形式，型腔布局结果如图 8-51 所示。

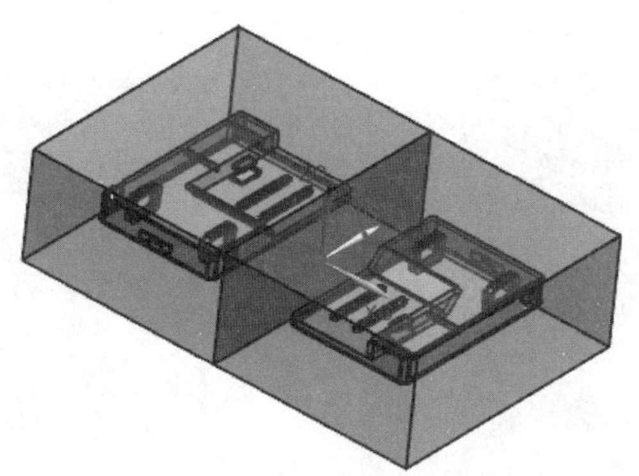

图 8-51　型腔布局

7）修补靠破孔

产品中存在一处靠破孔，系统无法自动补片，需利用“扩大曲面补片”命令手动补孔。操作步骤如下。

（1）单击“注塑模工具”工具条中的“扩大曲面补片”按钮，系统弹出“扩大曲面补片”对话框。选择需要补片的面，如图 8-52 所示，这里所选面上出现 4 个圆点，拖动其中任意一个，将曲面扩至足够大，如图 8-53 所示。

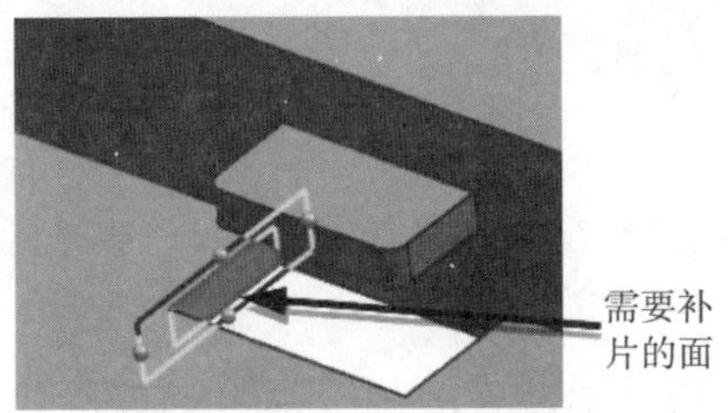

图 8-52　选择需要补片的面

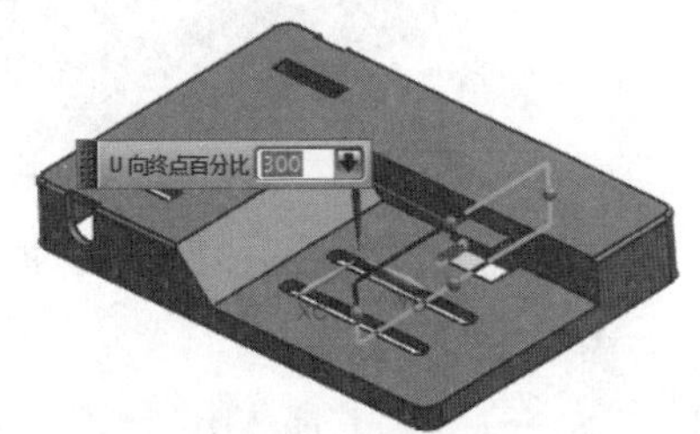

图 8-53　扩大补片

（2）选择“扩大曲面补片”对话框中的“选择对象”选项，选择图 8-54（a）所示的边界面 1 和边界面 2，再调整视图方向，继续选择图 8-54（b）所示的边界面 3 和边界面 4，这时所选面上出现 4 个圆点，拖动其中任意一个，将曲面扩至足够大，如图 8-53 所示。选择边界后，这些边界将扩大的补片分割成多个部分。

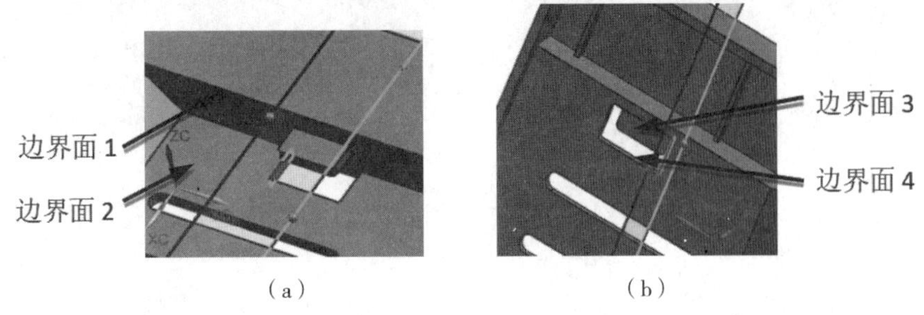

（a）　　（b）

图 8-54　选择边界面

（a）选择边界面 1 和边界面 2；（b）选择边界面 3 和边界面 4

（3）选择“扩大曲面补片”对话框中的“选择区域”选项，选择“保留”选项，在补片中选择图 8-55 所示的需要保留的片体，单击“扩大曲面补片”对话框中的“应用”按钮，完成第一处补片的创建，结果如图 8-56 所示。

图 8-55　选择需要保留的片体

图 8-56　创建的第一处补片

（4）重复上述操作，完成其他两处补片的创建，最后创建上部补片（边界需要用到侧面的 3 处补片），完成靠破孔的修补，结果如图 8-57 所示。

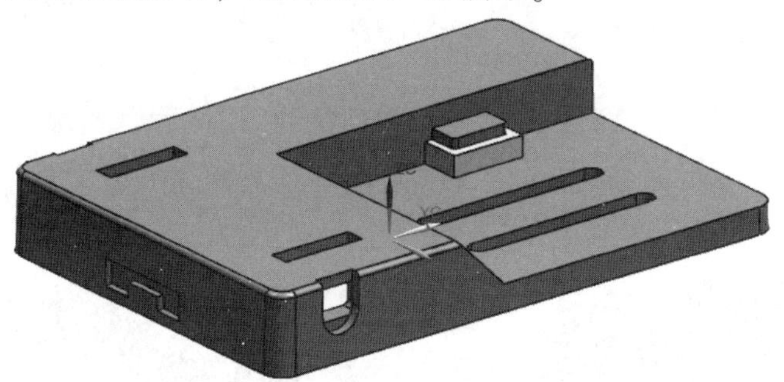

图 8-57　利用“扩大曲面补片”命令修补靠破孔

8）拆分面

单击“注塑模工具”工具条中的“拆分面”按钮，系统弹出“拆分面”对话框，“类型”选项组中选择“曲线/边”，“要分割的面”及“分割对象”如图 8-58 所示，单击“确定”按钮，完成拆分面。

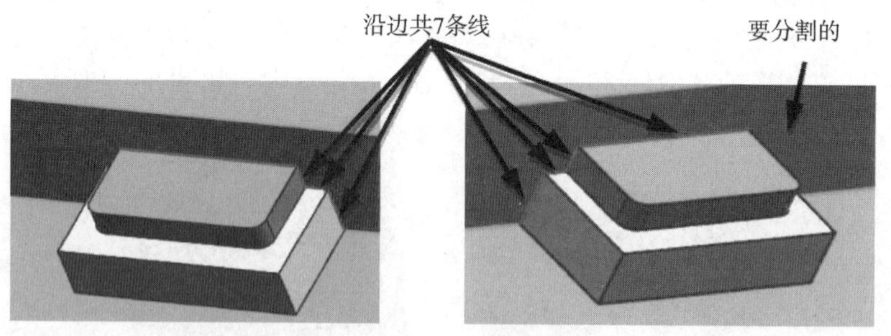

图 8-58　拆分面

9）检查区域

参照前面的任务定义型腔和型芯区域，认真检查是否有定义错误的区域，尤其要确保图 8-59 所示区域的 3 个侧面一定是型芯区域。

10）曲面补片

参照前面的任务操作，系统自动补片后，检查有无多余的补片，如果有，则需要删除。

11) 定义区域

参照前面的任务操作即可。

12) 创建分型面

单击“分型刀具”工具条中的“设计分型面”按钮，系统弹出“设计分型面”对话框，绘图区显示系统默认的分型面为有界平面，如图 8-60 所示。该分型面符合要求，单击“确定”按钮，退出“设计分型面”对话框。

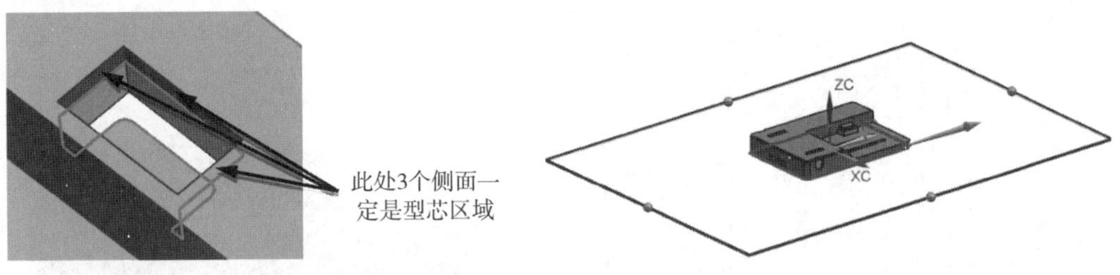

图 8-59　定义型腔和型芯区域　　**图 8-60　系统默认的分型面**

13) 创建型腔、型芯

创建型腔、型芯的操作与前面的任务相同，此处不再赘述，分型结果如图 8-61 所示。

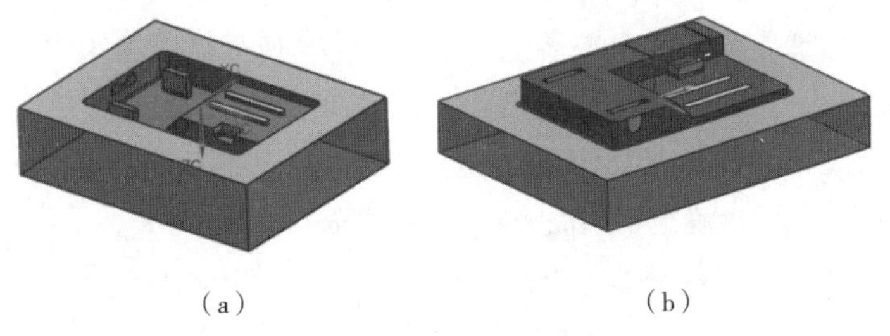

(a)　　(b)

图 8-61　创建型腔和型芯

(a) 型腔效果；(b) 型芯效果

14) 创建滑块头

图 8-50 中的侧凹需采用侧向抽芯成型，方法如下。

(1) 在“快速访问工具条”中选择“窗口”，在其下拉列表中选择“top”文件，显示总装文件。在“装配导航器”中双击“外壳_prod”部件，将其设为工作部件。

(2) 单击功能区的“装配”标签，切换到“装配”选项卡。

(3) 单击“组件”工具条中的“新建”按钮，系统弹出“新组件”对话框，选择“模型”选项卡，“单位”选“毫米”，输入新文件名称为“外壳_slide”，选择其存放的文件夹(必须与总装文件放在同一文件夹中)，单击“确定”按钮，在“装配导航器”中显示新建的“外壳_slide”部件，如图 8-62 所示。

(4) 在“装配导航器”中双击“外壳_slide”部件，将其设为工作部件。隐藏其他部件，只保留一个型腔部件显示，如图 8-63 所示。单击“常规”工具条中的“WAVE 几何链接器”按钮，在系统弹出的“WAVE 几何链接器”对话框中，设置“类型”为“体”，选择显示的型腔部件，单击“确定”按钮。

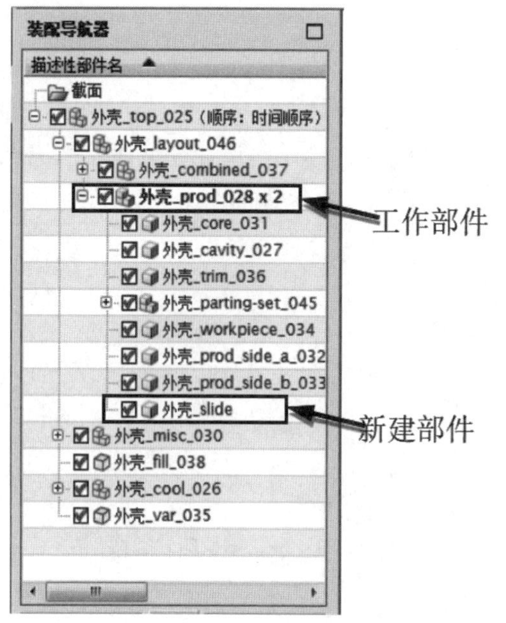

图 8-62 “装配导航器”

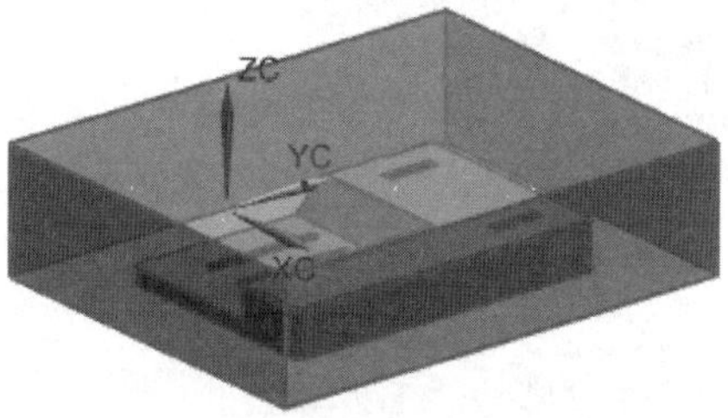

图 8-63 显示的型腔部件

(5)在“装配导航器”中右击“外壳_slide”部件，将其设为显示部件。

(6)单击功能区的“主项”标签，切换到“主页”选项卡。单击“直接草图”工具条中的“草图”按钮，系统弹出“创建草图”对话框，选择靠近侧凹的侧面为草绘平面，并调整草绘方向，如图 8-64 所示，单击“确定”按钮，进入草图界面。

(7)切换到“静态线框”显示模式，利用“投影曲线”“快速延伸”“快速修剪”命令，绘制如图 8-65 所示的截面草图，单击“完成草图”按钮，退出草图界面。

(8)单击“特征”工具条中的“拉伸”按钮，系统弹出“拉伸”对话框，选择步骤(7)中绘制的草图作为拉伸截面，调整拉伸方向使之朝向型腔体的内侧，保证拉伸实体将侧凹部分包住，“布尔”选择“无”，单击“确定”按钮，创建拉伸特征，如图 8-66 所示。

(9)单击“特征”工具条中的“相交”按钮，系统弹出“求交”对话框，“目标”选择引用的型腔体，“工具”选择步骤(8)中创建的拉伸特征，不勾选“保存目标”和“保存工具”复选框，单击“确定”按钮，完成滑块头的创建，如图 8-67 所示。

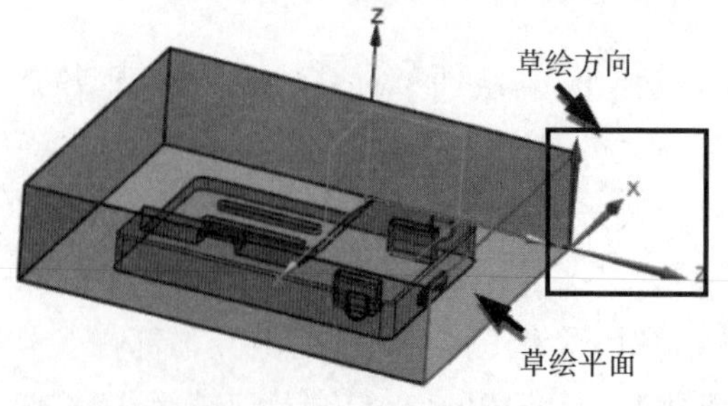

图 8-64 草绘平面及方向

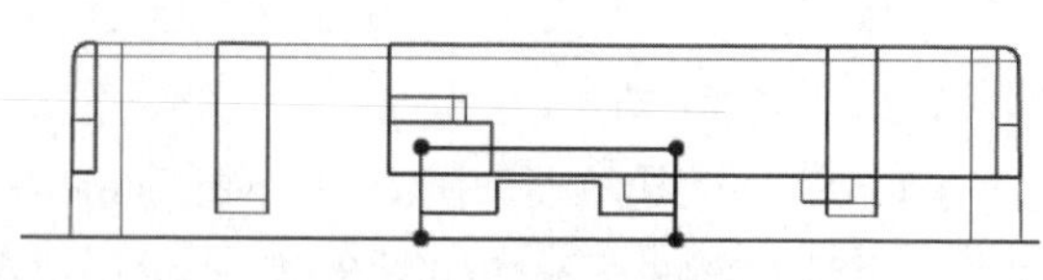

图 8-65 绘制截面草图

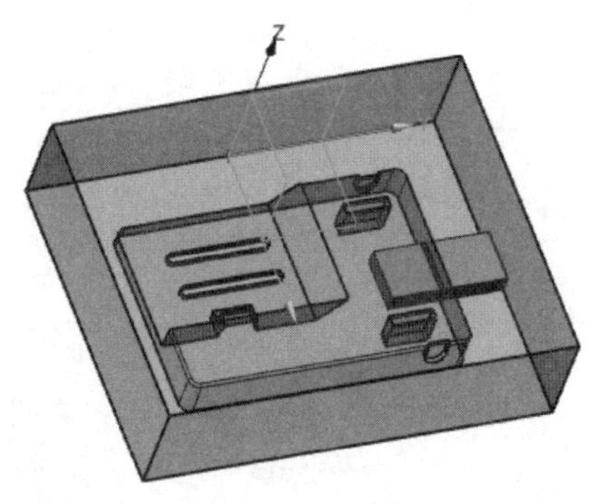
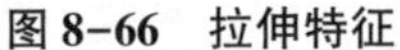

图 8-66　拉伸特征

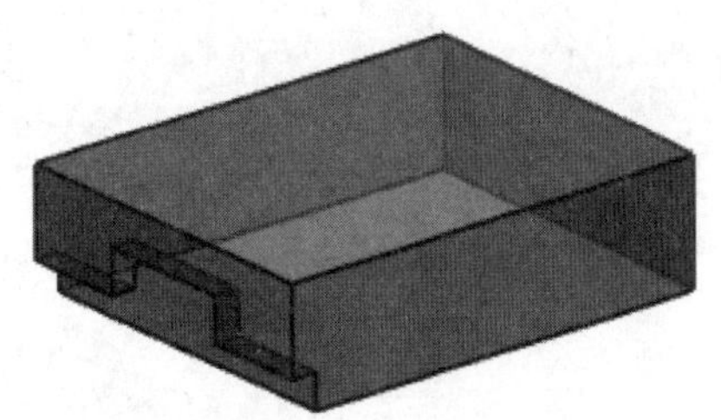

图 8-67　滑块头

(10)在“装配导航器”中右击“外壳_slide”部件，在系统弹出的快捷菜单中选择“显示父项”命令，选择“外壳_prod”，将其设为显示部件。在“装配导航器”中双击“外壳_cavity”部件，把型腔设为“工作部件”，修改滑块头的“替换引用集”为“model”。

(11)单击“装配”工具条中的“WAVE 几何链接器”按钮(如果没有显示，可以在“装配”工具条的空白处右击，在系统弹出的快捷菜单中选择“定制”命令，在系统弹出的“定制”对话框中选中“命令”选项卡，在“所有命令”中选中“WAVE 几何链接器”命令并按住鼠标左键将其拖动添加到“装配”工具条中)。在系统弹出的“WAVE 几何链接器”对话框中，设置“类型”为“体”，选择显示的“滑块头”部件，单击“确定”按钮。

(12)单击“特征”工具条中的“减去”按钮，系统弹出“求差”对话框，“目标”选择型腔体，“工具”选择引用的滑块头，不勾选“保存目标”和“保存工具”复选框，单击“确定”按钮，完成型腔的修改，如图 8-68 所示。

需要指出的是，此时的滑块头只是完成了成型部分的创建，整个滑块还需进一步设计，余下的创建过程在此处不再赘述。

(13)将“top”设为工作部件，结果如图 8-69 所示，执行“文件”/“保存”/“全部保存”命令。

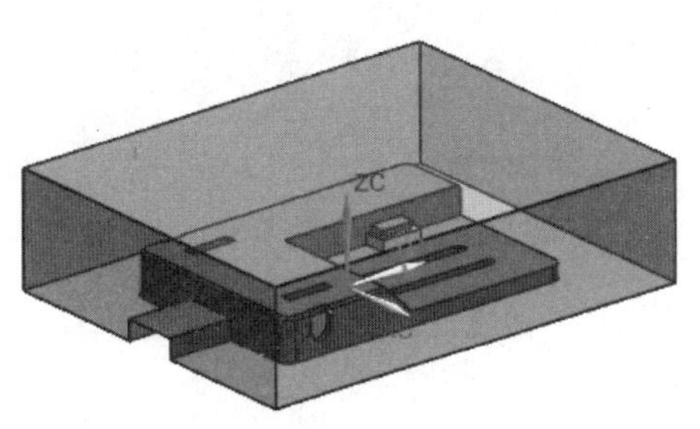

图 8-68　修改的型腔

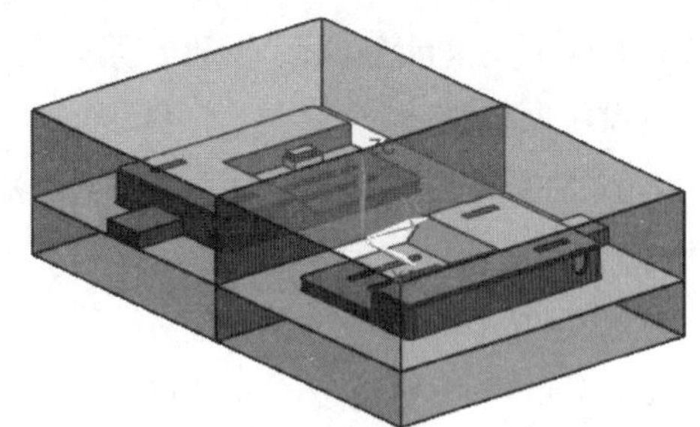

图 8-69　完成的“top”文件

4. 任务总结

手动修补靠破孔的方法有很多，在使用时应灵活选择。滑块头部形状不一定要和侧孔或侧凹的形状完全一致，设计时还应考虑加工的难易程度。

任务 8.5 开关盒盖模具设计

1. 任务描述

图 8-70 所示为开关盒盖模型，其材料为 ABS，完成模具设计，要求一模四腔。

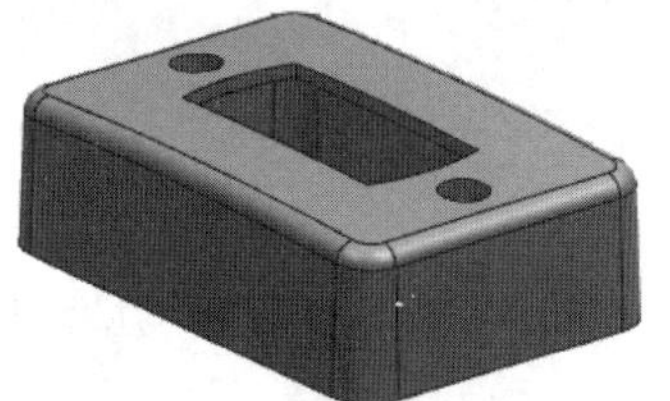

任务 8.5 微课视频

图 8-70 开关盒盖模型

2. 任务分析

该模型结构比较简单，采用两板模结构形式，塑件上有三处孔需要修补，分型面位于底平面，采用侧浇口进料，顶杆顶出。

3. 操作步骤

1）打开源文件，进入注塑模向导模块

双击"素材文件\ch8\开关盒盖 . prt"，进入建模模块。单击功能区的"应用模块"标签，切换到"应用模块"选项卡，在该选项卡的"特定于工艺"工具条中选中"注塑模"按钮，切换到注塑模向导模块。

2）初始化项目

单击"注塑模向导"选项卡中的"初始化项目"按钮，设置产品"材料"为"ABS"，"收缩"为"1.006"。单击"确定"按钮，完成项目的初始化工作。

3）设定模具坐标系

单击"主要"工具条中的"模具 CSYS"按钮，系统弹出"模具 CSYS"对话框，选择"选定面的中心"选项，取消勾选"锁定 Z 位置"，选择模型底平面，单击"确定"按钮。

4）定义收缩率

收缩率步骤 2）已设定，此处略。

5）定义工件

该步骤中参数保持系统默认值即可。

6）型腔布局

单击"主要"工具条中的"型腔布局"按钮，在"型腔布局"对话框中选择"矩形"布局，"平衡"方式，设置"指定矢量"为"YC"方向，"型腔数"为"4"。"第一距离"和"第二距离"文本框中都输入"0"，单击"开始布局"按钮，再单击"自动对准中心"按钮，创建 4 个型腔，如图 8-71 所示。

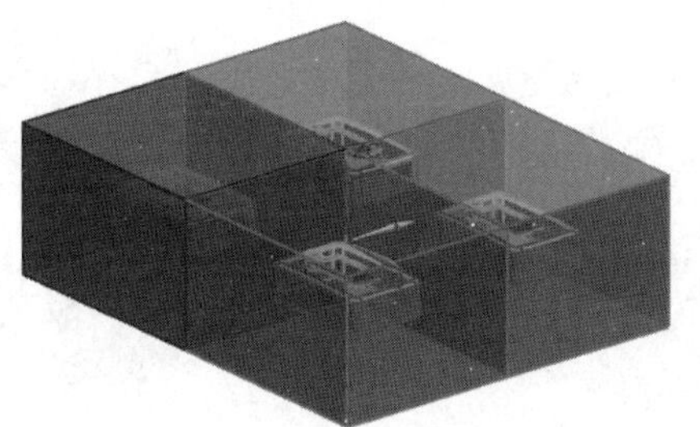

图 8-71　型腔布局

7) 分型，创建型腔、型芯

参照前面任务的操作创建型腔、型芯，如图 8-72、图 8-73 所示。

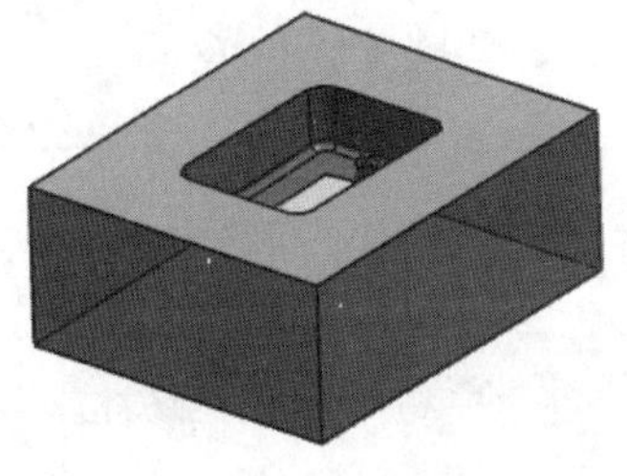

图 8-72　型腔

图 8-73　型芯

8) 添加标准模架

模架是型芯、型腔的装夹和产品的推出、分离机构。UG NX 10.0 注塑模模块收录了国际知名公司 DME（美国）、FUTABA（日本）、HASCO（德国）、LKM（中国香港龙记）等标准模架。

（1）在“主要”工具条中单击“模架库”按钮，系统弹出“模架库”对话框，在“重用库”中“名称”选“LKM_SG”，“成员选择”为“C”，如图 8-74 所示。“模架库”对话框中设置“index”为“2735”，“AP_h”为“70”，“BP_h”为“80”，“Mold_type”为“320:I”，“CP_h”为“80”，如图 8-75 所示，单击“确定”按钮，添加标准模架，如图 8-76 所示。

图 8-74　“重用库”和“成员选择”设置 1

图 8-75　“模架库”对话框 1

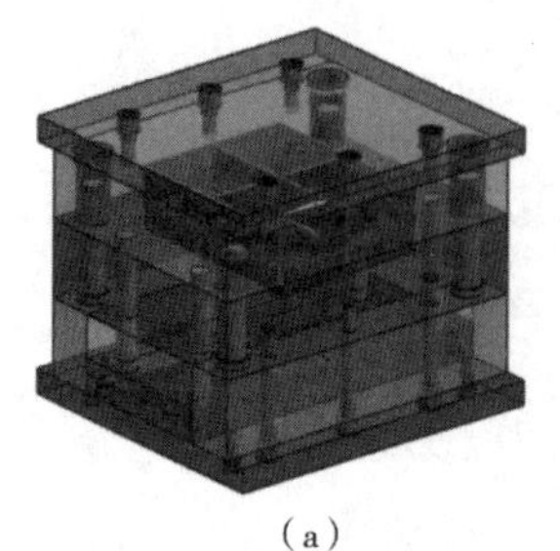

(a)

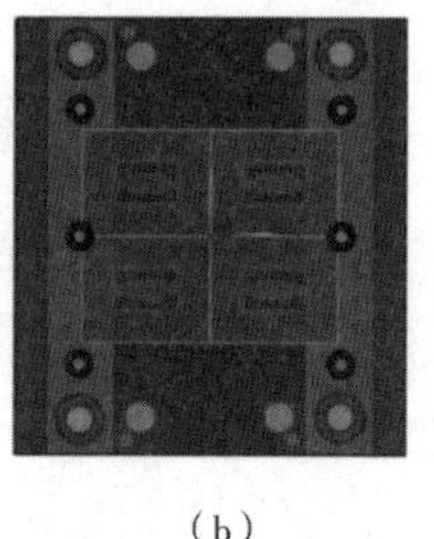

(b)

图 8-76 添加标准模架

(a)轴测图；(b)俯视图

下面以 LKM 标准模架为例，对添加模架时各选项的含义加以说明。

①模架类型：根据模架中各板的组合情况分为 4 种，如图 8-77 所示。

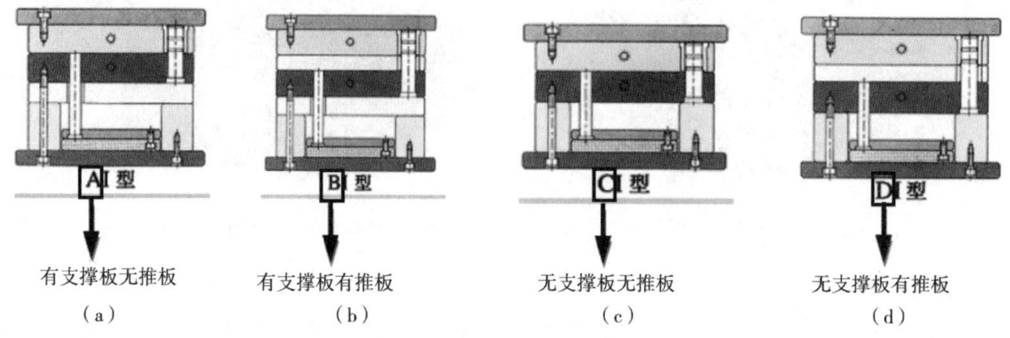

(a) (b) (c) (d)

图 8-77 模架类型

(a)A 型；(b)B 型；(c)C 型；(d)D 型

②详细信息：列出模架中各种变量，用户可以在详细信息列表中修改数值。表 8-1 列出了常用变量表达式及其说明。

表 8-1 常用变量表达式及其说明

变量表达式	说明	变量表达式	说明
index	模架规格，前面两位是宽度，后面两位是长度，单位：cm	TCP_h	定模座板厚度
EG_Guide	推板上是否有导柱，“0”代表无，“1”代表有	BCP_h	动模座板厚度
AP_h	定模板(A 板)厚度	S_h	推板厚度
BP_h	动模板(B 板)厚度	U_h	支承板厚度
CP_h	垫块高度	EF_w	推板、推杆固定板宽度
GTYPE	导柱所在位置，“0”代表在 B 板上，“1”代表在 A 板上	EJB_open	推板离空(限位钉高)
Mold_w	定模板、动模板宽度	PS_d	动模、定模螺钉直径
Mold_I	定模板、动模板长度	EJA_h	面针板厚度
fix_open	定模分型面与定模板的距离	EJB_h	底针板厚度
move_open	动模分型面与动模板的距离	GP_d	导柱直径

(2)观察添加模架结果，应将模架旋转90°。在“主要”工具条中再次单击“模架库”按钮，系统弹出的“模架库”对话框与首次添加模架时的“模架库”对话框不同，如图8-78所示，单击“旋转模架”按钮，然后单击“确定”按钮，完成模架的旋转，结果如图8-79所示。

图8-78　“模架库”对话框2

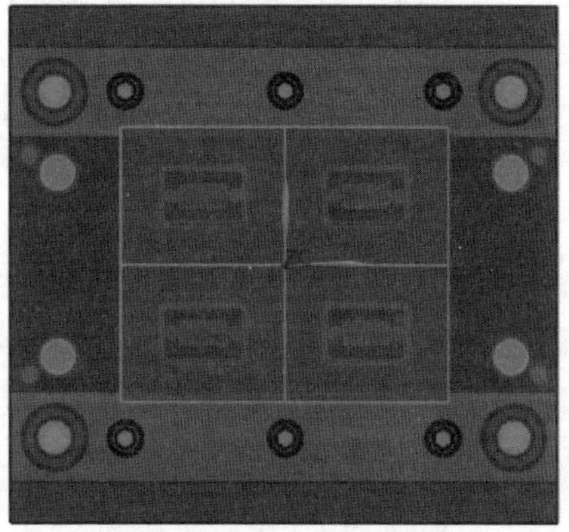

图8-79　旋转模架结果

9)添加标准件

(1)添加定位圈。在“主要”工具条中单击“标准件库”按钮，系统弹出“标准件管理”对话框。在“重用库”中“名称”选“FUTABA_MM / Locating Ring Interchange”，“成员选择”为“Locating Ring[M_LR]”，如图8-80所示。“标准件管理”对话框中设置“DIAMETER”(直径)为“100”，“THICKNESS”(厚度)为“15”，“HOLE_THRU_DIA”(底部直径)为“50”，如图8-81所示。定位圈形状如图8-82所示。单击“确定”按钮，添加定位圈，如图8-83所示。

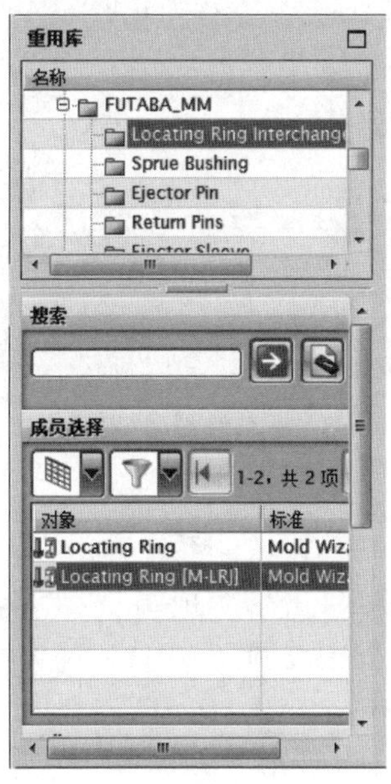

图8-80　“重用库”和“成员选择”设置2

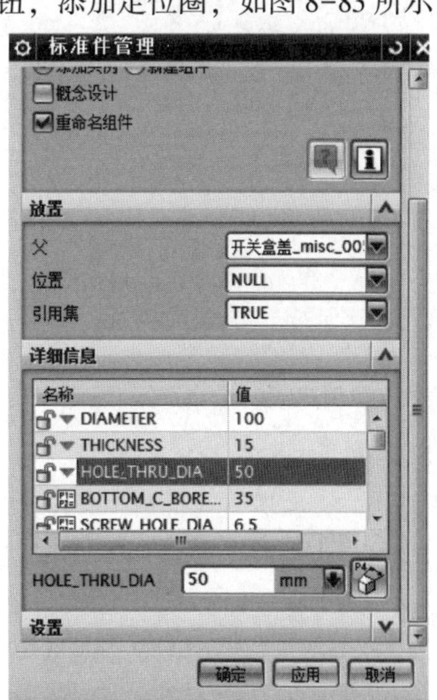

图8-81　“标准件管理”对话框1

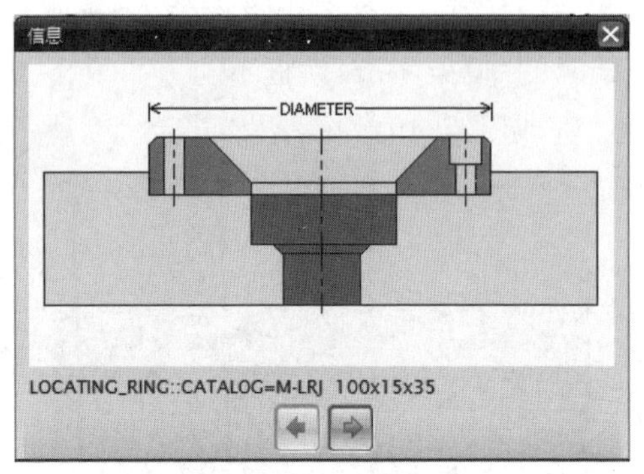

图 8-82　定位圈形状

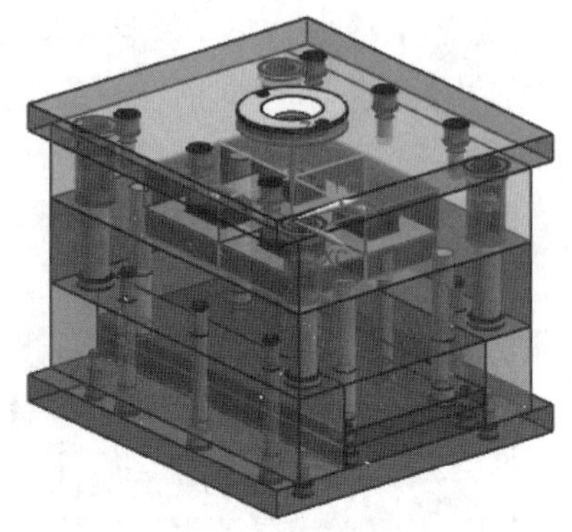

图 8-83　添加定位圈

(2)添加浇口套。在“主要”工具条中单击“标准件库”图标按钮，系统弹出“标准件管理”对话框。在“重用库”中“名称”选“FUTABA_ MM /Sprue Bushing”，“成员选择”为“Sprue Bushing”，如图 8-84 所示。“标准件管理”对话框中设置“CATALOG”为“M-SBA”，“CATALOG_ DIA”为“20”，“CATALOG_ LENGTH”为“95”，其他按默认值，如图 8-85 所示。浇口套形状如图 8-86 所示。单击“确定”按钮，完成浇口套的添加，结果如图 8-87 所示。

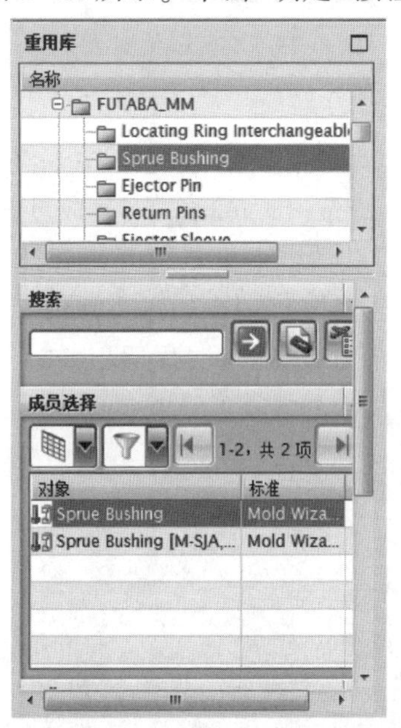

图 8-84　“重用库”和“成员选择”设置 3

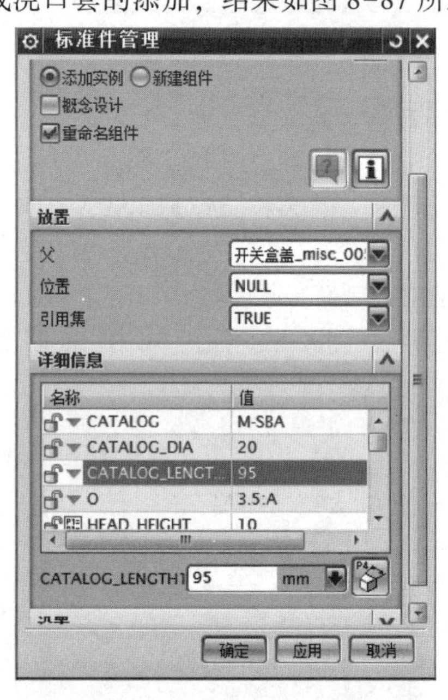

图 8-85　“标准件管理”对话框 2

(3)添加推杆及拉料杆。

①添加推杆。在“主要”工具条中单击“标准件库”图标按钮，系统弹出“标准件管理”对话框，在“重用库”中“名称”选“FUTABA_ MM/ Ejector Pin”，“成员选择”为“Ejector Pin Straight[EJ. . . ”，如图 8-88 所示。“标准件管理”对话框中设置“CATALOG”为“EJ”，“CATALOG_ DIA”为“4. 0”，“CATALOG_ LENGTH”为“300”，“HEAD_ TYPE”为“3”，“FIT_ DISTNACE”为“10”，其他按默认值，如图 8-89 所示。推杆形状如图 8-90 所示。单击“确定”按钮，在系统弹出的“点”对话框中，“输出坐标的参考”选择“WCS”，输入坐标(31，-55，0)，单击“确定”按钮，继续在“点”对话框中输入坐标(31，-30，0)、

(74，-55，0)、(74，-30，0)，关闭"点"对话框，完成推杆的添加，如图 8-91 所示。

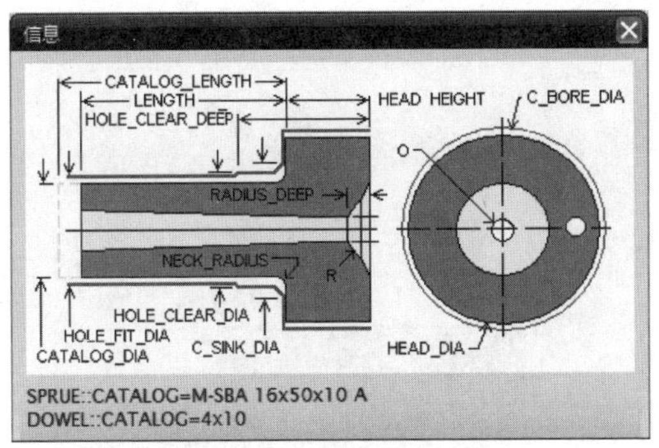

图 8-86　浇口套形状

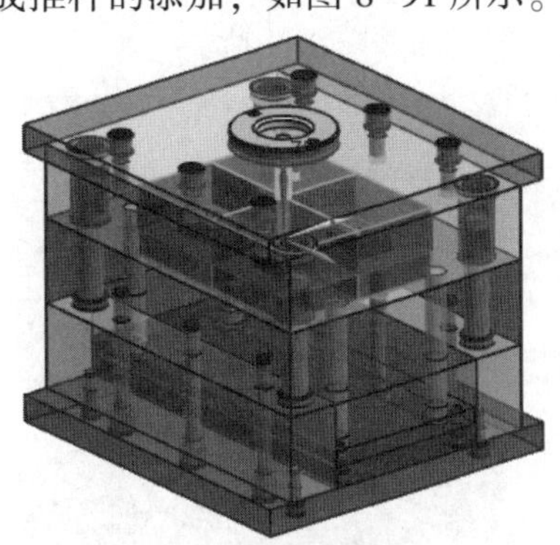

图 8-87　添加浇口套

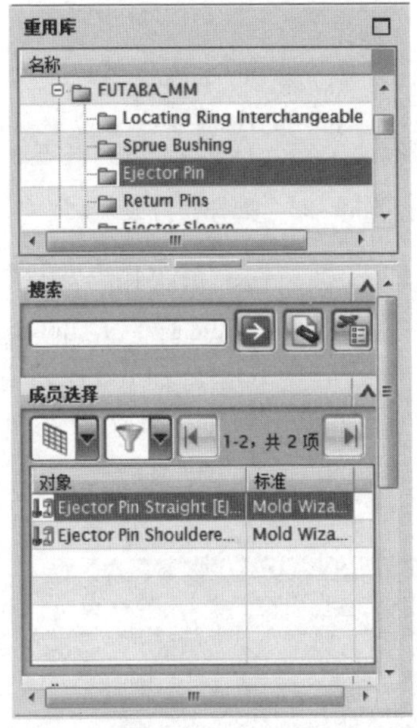

图 8-88　"重用库"和"成员选择"设置 4

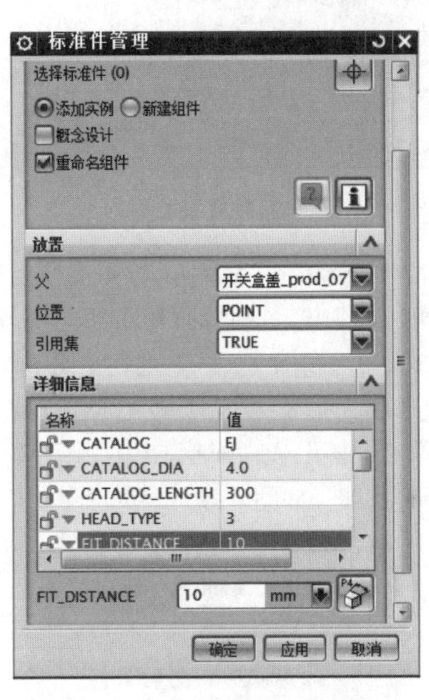

图 8-89　"标准件管理"对话框 3

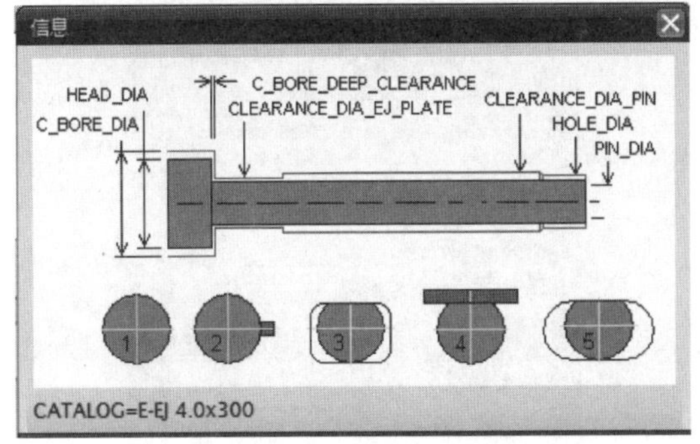

图 8-90　推杆形状

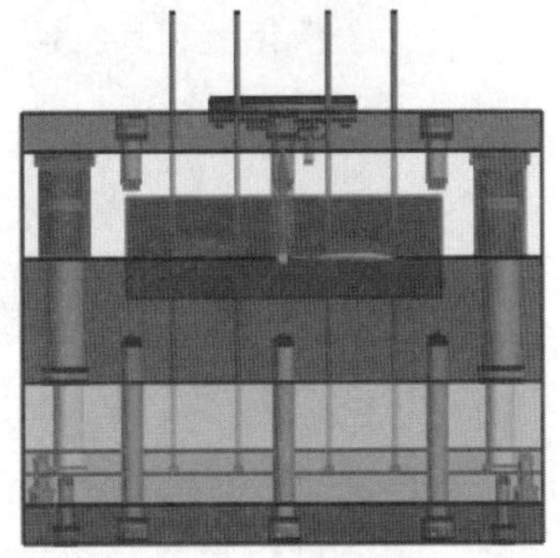

图 8-91　添加推杆

②修剪推杆。在"主要"工具条中单击"顶杆后处理"按钮，系统弹出"顶杆后处理"对话框，如图 8-92 所示。在"类型"选项组中选择"修剪"，在"目标"选项组中选择列出的 4

个推杆，在“设置”选项组的“配合长度”文本框中输入“10”，单击“确定”按钮，完成推杆的修剪，结果如图 8-93 所示。

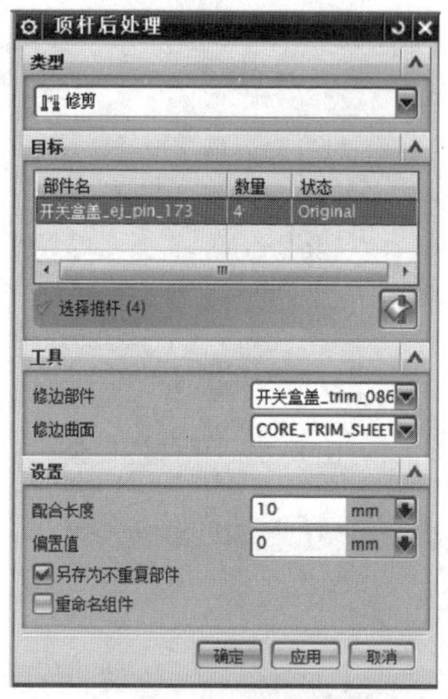

图 8-92 “顶杆后处理”对话框

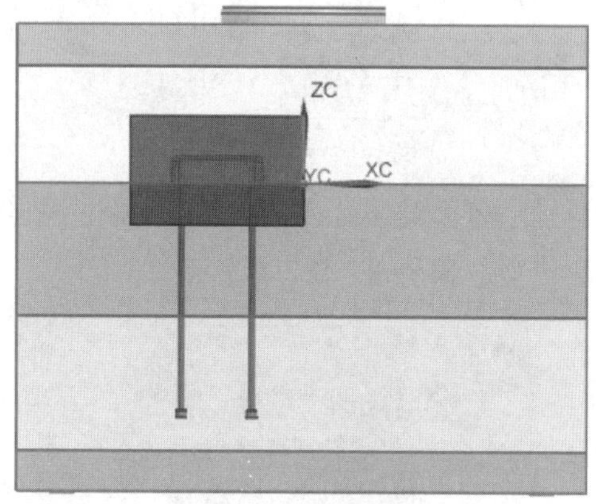

图 8-93 推杆修剪效果

③添加拉料杆。在“主要”工具条中单击“标准件库”图标按钮，系统弹出“标准件管理”对话框，在“重用库”中“名称”选“FUTABA_MM/ Return Pins”，“成员选择”为“Return Pins［EJ, EH, EQ, E...”，如图 8-94 所示。“标准件管理”对话框中设置“CATALOG”为“E-EJ”，“CATALOG_DIA”为“8.0”，“CATALOG_LENGTH”输入“300”，其他按默认值，如图 8-95 所示。单击“确定”按钮，在系统弹出的“点”对话框中，输入坐标(0, 0, 0)，关闭“点”对话框，完成拉料杆的添加，如图 8-96 所示。

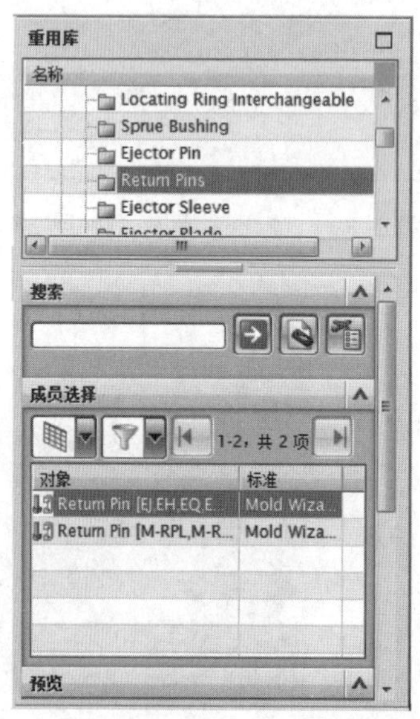

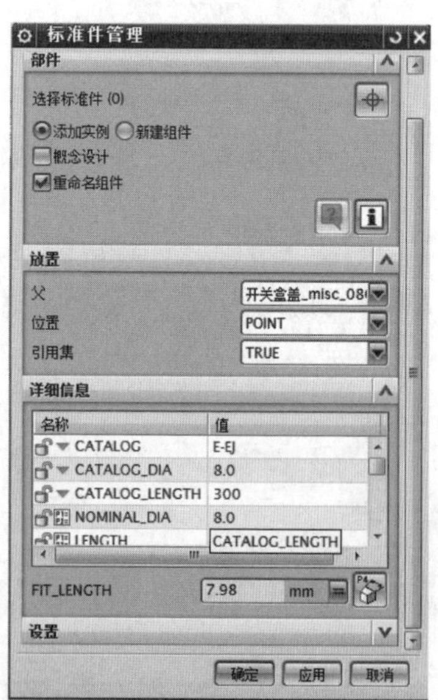

图 8-94 “重用库”和“成员选择”设置 5

图 8-95 “标准件管理”对话框 4

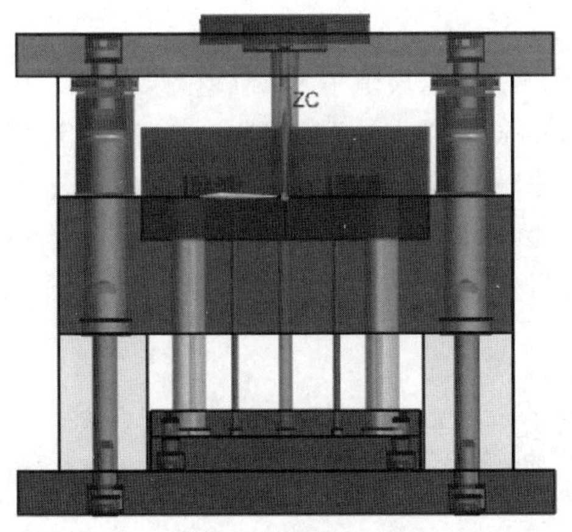

图 8-96　添加拉料杆

④修剪拉料杆。

a. 在“装配导航器”中右击“开关盒盖_ return_ pin”部件，在系统弹出的快捷菜单中选择“设为显示部件”命令。单击“图层设置”按钮，将“60”层打开，文件中原有的基准平面显示出来，在“主页”选项卡中单击“直接草图”工具条中的“草图”按钮，选择 XC-YC 平面为草绘平面，调整草图方向如图 8-97 所示，单击“确定”按钮，进入草图界面。

b. 绘制如图 8-98 所示的截面草图，单击“完成草图”按钮，退出草图界面。

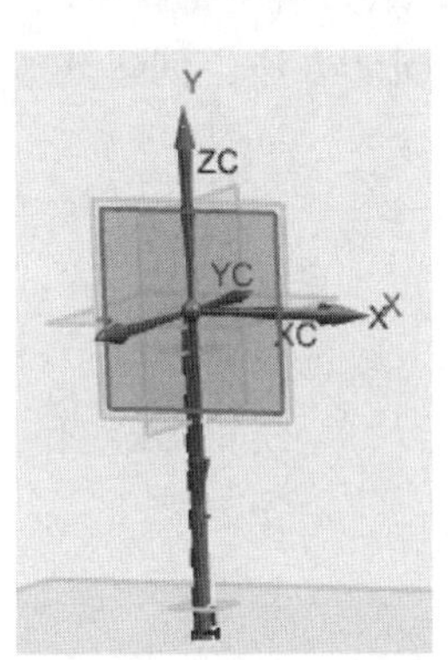

图 8-97　调整草图方向

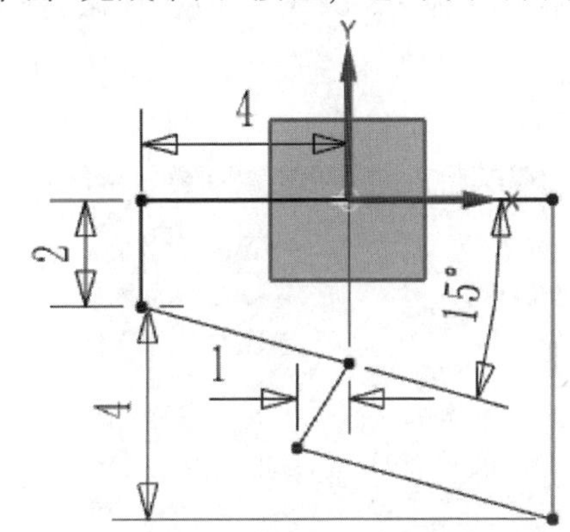

图 8-98　绘制截面草图 1

c. 单击“拉伸”按钮，选择图 8-98 所示的截面草图，“开始”选择“对称”，设置“距离”为“10”，“布尔”选择“求差”，单击“确定”按钮，完成拉料杆的修剪，结果如图 8-99 所示。

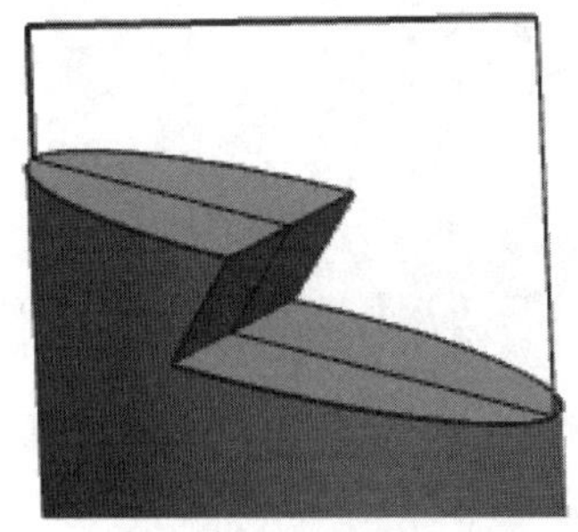

图 8-99　修剪拉料杆

10)添加浇注系统

(1)创建分流道。单击"主要"工具条中的"流道"按钮，在系统弹出的"流道"对话框中，设置"截面类型"为"circular"，"直径"为"8"。单击"绘制截面"按钮，系统弹出"创建草图"对话框，"平面方法"选择"自动判断"，"设置"选项组中勾选"创建中间基准CSYS"，单击"确定"按钮，绘制如图 8-100 所示的截面草图。单击"完成"按钮，回到"流道"对话框，单击"确定"按钮，完成分流道创建，结果如图 8-101 所示。

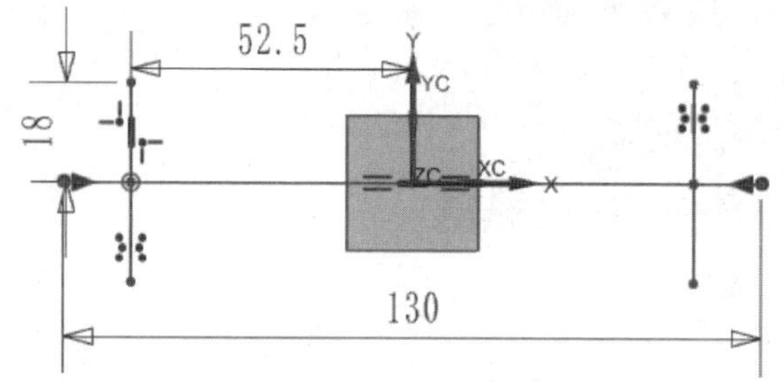

图 8-100　绘制截面草图 2

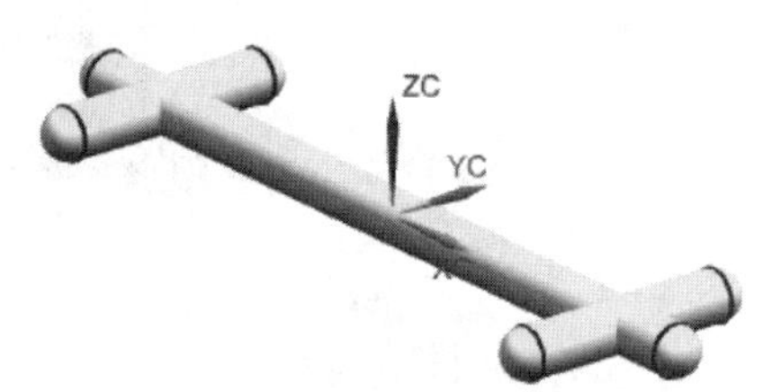

图 8-101　创建的分流道

(2)创建浇口。单击"主要"工具条中的"浇口库"按钮，在系统弹出的"浇口设计"对话框中，"平衡"选择"否"，"位置"选择"型腔"，"类型"选择"rectangle"，尺寸如图 8-102 所示，单击"应用"按钮，系统弹出"点"对话框，选择图 8-103 所示的"圆心"，在系统弹出的"矢量"对话框中选择 YC 轴方向，单击"确定"按钮，结果如图 8-104 所示。

在"浇口设计"对话框中设置"方法"为"添加"，利用同样方法，创建其他 3 个浇口，结果如图 8-105 所示。

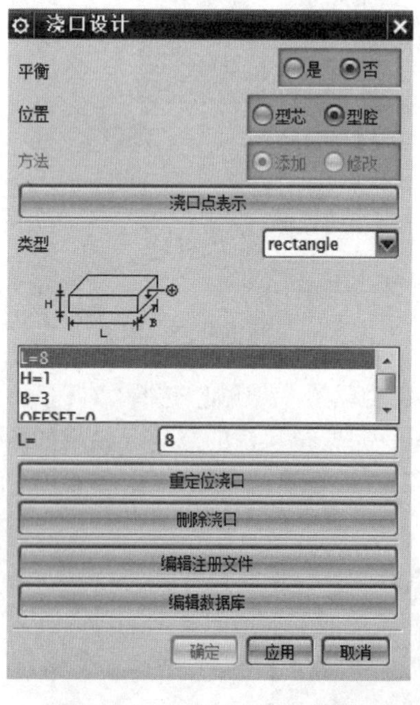

图 8-102　"浇口设计"对话框

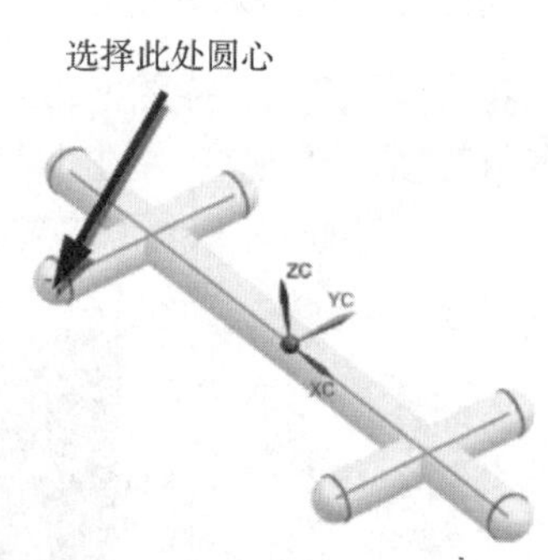

图 8-103　浇口定位

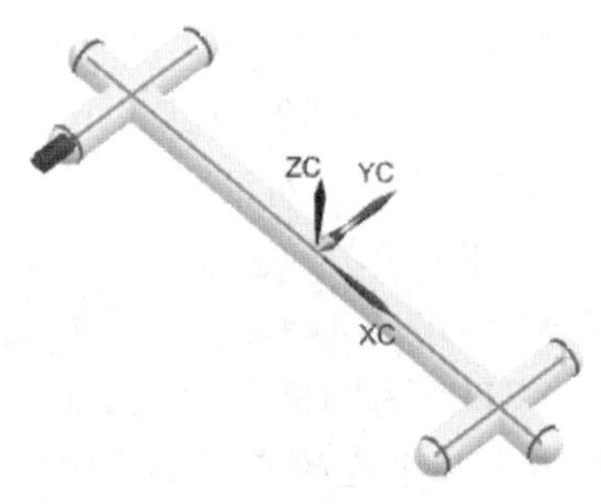

图 8-104　创建第一个浇口

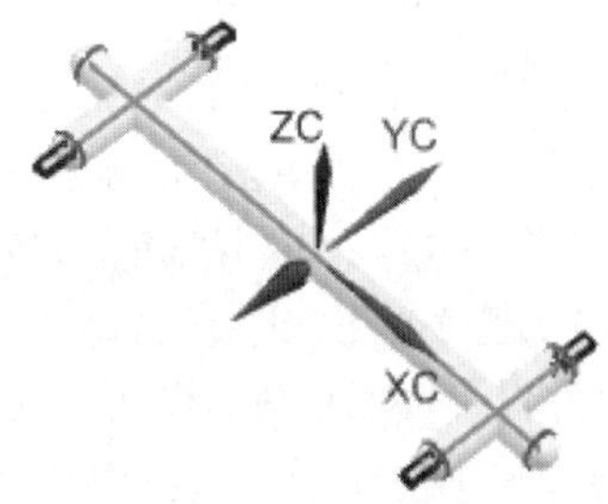

图 8-105　创建其余浇口

11) 合并腔体

在"注塑模工具"工具条中单击"合并腔"按钮，系统弹出"合并腔"对话框，将型芯合并成一体，如图 8-106 所示；将型腔合并成一体，如图 8-107 所示。

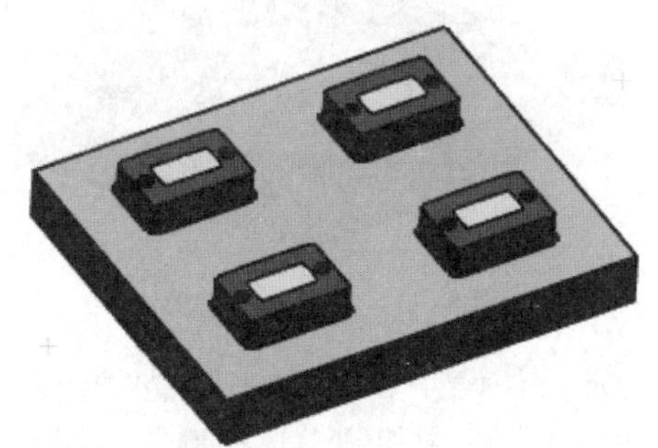

图 8-106　合并型芯

图 8-107　合并型腔

12) 建腔

在"注塑模工具"工具条中单击"腔体"按钮，系统弹出"腔体"对话框，"目标"选择"动模板(b 板)"，"工具"选择"合并后的型芯"，单击"应用"按钮，结果如图 8-108 所示；"目标"选择"定模板(a 板)"，"工具"选择"合并后的型腔""合并后的型芯"及 4 个塑料件，单击"确定"按钮，结果如图 8-109 所示。

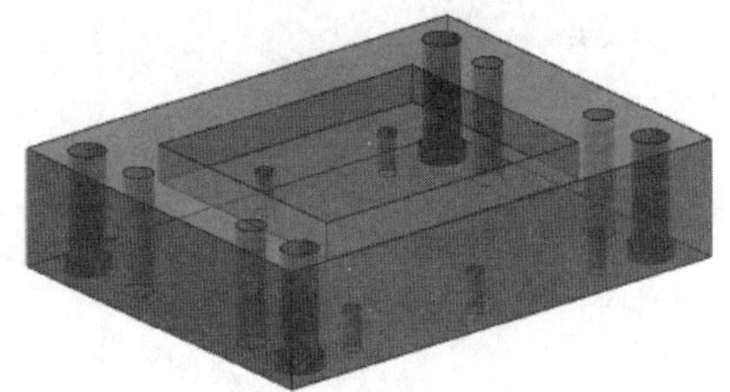

图 8-108　动模板建腔

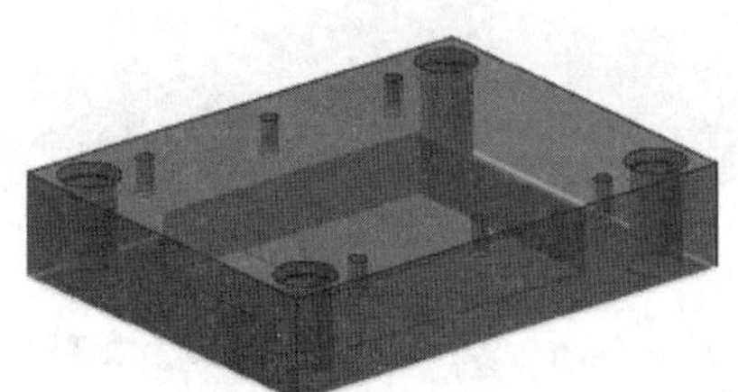

图 8-109　定模板建腔

13) 添加冷却系统

(1) 创建型芯水道。

①创建冷却水道 1。在"装配导航器"中右击"开关盒盖_comb_core"部件，在系统弹出的快捷菜单中选择"设为显示部件"命令。

在"冷却工具"工具条中单击"冷却标准件库"按钮，系统弹出"冷却组件设计"对话框，在"重用库"中"名称"选"COOLING"，"成员选择"为"COOLING HOLE"。"冷却组件设计”对话框中设置“COMPONENT_ TYPE”为“PIPE_ PLUG”，“PIPE_ THREAD”为“M8”，“HOLE_1_ DEPTH”为“195”，“HOLE_2_ DEPTH”为“200”，其他按默认值。选择型芯右侧面作为冷却水道放置平面，单击“确定”按钮，在“标准件位置”对话框中，设置“X 偏置”为“66”，“Y 偏置”为“-12”，单击“确定”按钮，完成冷却水道 1 的创建，如图 8-110 所示。

②创建冷却水道 2。在“成员选择”选项组中双击“COOLING HOLE”。在重复步骤①中操作，在“冷却组件设计”对话框中设置“HOLE_1_ DEPTH”为“155”，“HOLE_2_ DEPTH”为“160”，其他与步骤①中相同。选择型芯后侧面作为冷却水道放置平面，单击“确定”按钮，在“标准件位置”对话框中，设置“X 偏置”为“85”，“Y 偏置”为“-12”，单击“应用”按钮，设置“X 偏置”为“-85”，“Y 偏置”为“-12”，单击“确定”按钮，完成冷却水道 2 的创建，如图 8-111 所示。

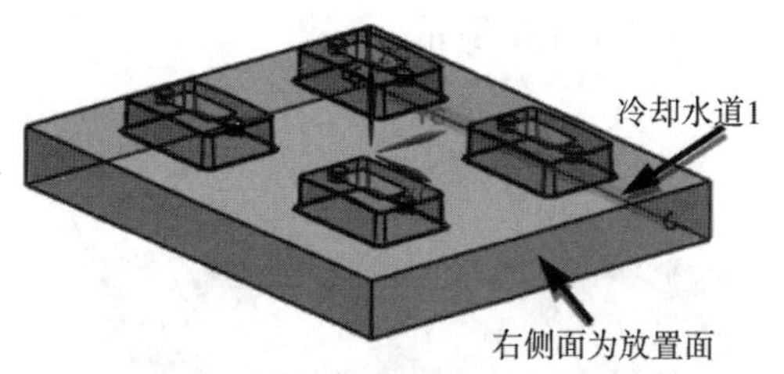

图 8-110 创建的冷却水道 1

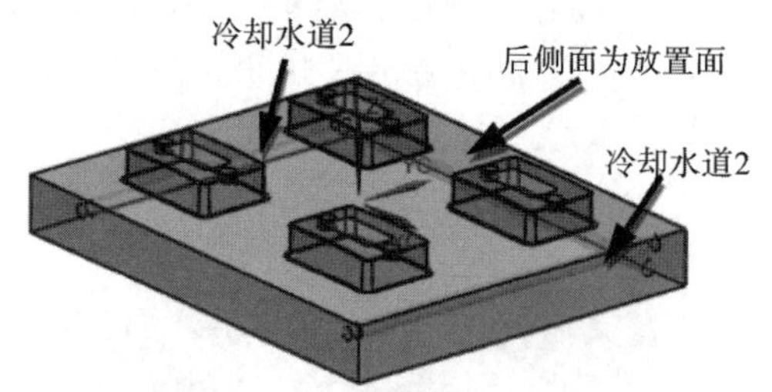

图 8-111 创建的冷却水道 2

③创建冷却水道 3。重复步骤②中操作，在“冷却组件设计”对话框中设置“HOLE_1_ DEPTH”为“85”，“HOLE_2_ DEPTH”为“90”，其他与步骤②中相同。选择型芯右侧面作为冷却水道放置平面，单击“确定”按钮，在“标准件位置”对话框中，设置“X 偏置”为“-66”，“Y 偏置”为“-12”，单击“确定”按钮，完成冷却水道 3 的创建，如图 8-112 所示。

④创建冷却水道 4。重复步骤③中操作，在“冷却组件设计”对话框中设置与步骤③中相同。选择型芯左侧面作为冷却水道放置平面，单击“确定”按钮，在“标准件位置”对话框中，设置“X 偏置”为“66”，“Y 偏置”为“-12”，单击“确定”按钮，完成冷却水道 4 的创建，如图 8-113 所示。

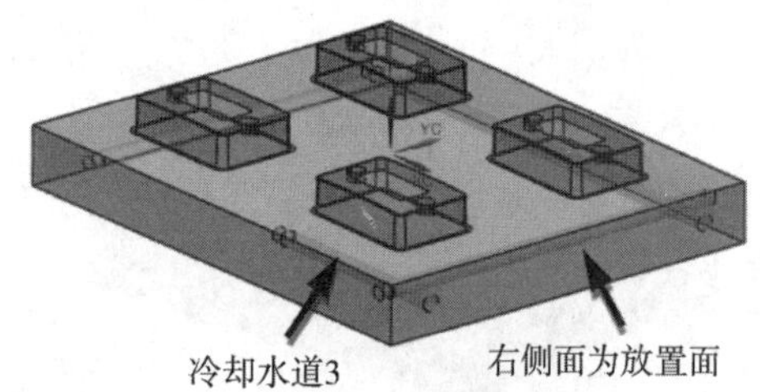

图 8-112 创建的冷却水道 3

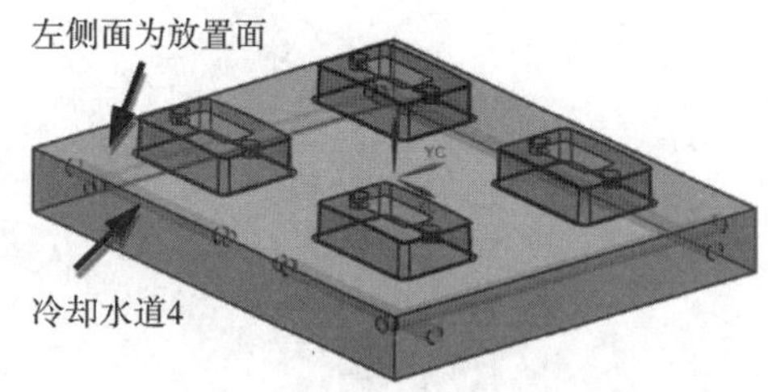

图 8-113 创建的冷却水道 4

⑤创建冷却水道 5。重复步骤④中操作，设置“HOLE_1_ DEPTH”为“15”，“HOLE_2_ DEPTH”为“17”，其他与步骤④中相同。选择型芯下表面作为冷却水道放置平面，单击“确定”按钮，在“标准件位置”对话框中，设置“X 偏置”为“25”，“Y 偏置”为“66”，单击“应用”按钮，设置“X 偏置”为“-25”，“Y 偏置”为“0”，单击“确定”按钮，完成冷却水道 5 的创建，如图 8-114 所示。

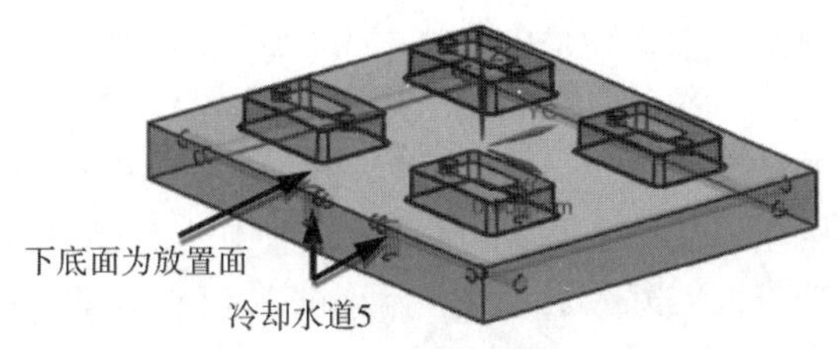

图 8-114　创建的冷却水道 5

（2）添加型芯管塞。

在“成员选择”选项组中双击“PIPE PLUG”，系统弹出“冷却组件设计”对话框。“放置”选项组中设置“父”为“开关盒盖_comb_core”，“位置”为“PLANE”，“引用集”为“TRUE”；“详细信息”选项组中设置“SUPPLIER”为“DMS”，“PIPE_THREAD”为“M8”。选择型芯右侧面作为管塞放置平面，单击“确定”按钮，捕捉图 8-115 中的点 1(冷却水道 1 截面圆的圆心)，作为管塞位置点，单击“确定”按钮，完成冷却水道 1 管塞的添加，结果如图 8-116 所示。

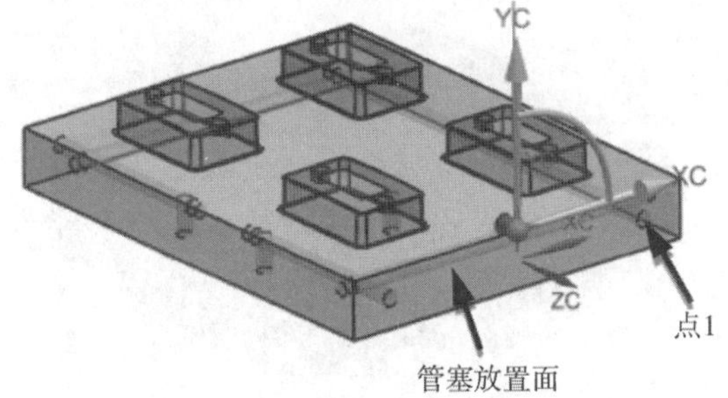

图 8-115　管塞放置面及位置点

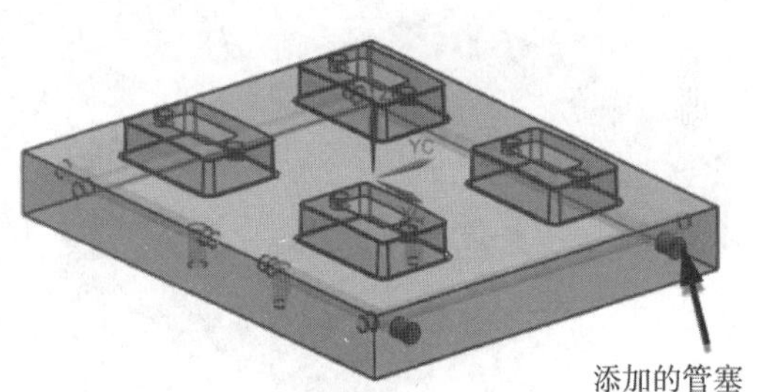

图 8-116　添加冷却水道 1 管塞

利用相同方法添加冷却水道 2~5 的管塞，结果如图 8-117 所示。

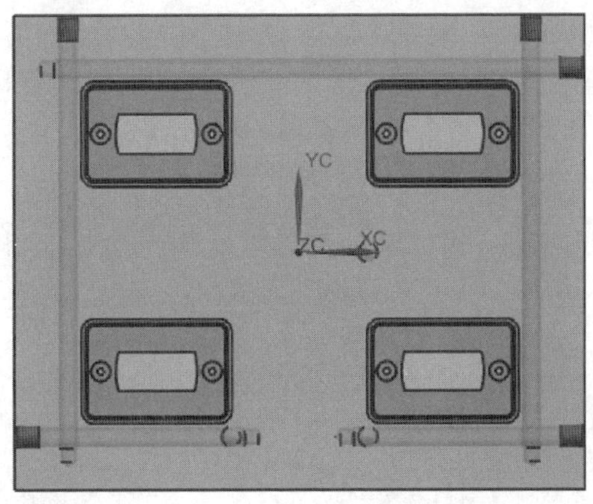

图 8-117　添加冷却水道 2~5 管塞

（3）型芯建腔。

在“注塑模工具”工具条中单击“腔体”按钮，系统弹出“腔体”对话框，“目标”选择“型芯”，“工具”选择所有冷却水道及管塞，单击“确定”按钮，完成型芯建腔。

（4）创建动模板冷却水道。

①在“装配导航器”中把动模板设为显示部件。

②在“成员选择”选项组中双击“COOLING HOLE”，系统弹出“冷却组件设计”对话框，设置“COMPONENT_TYPE”为“PIPE_PLUG”，“PIPE_THREAD”为“M8”，“HOLE_1_DEPTH”为“25”，“HOLE_2_DEPTH”为“30”，其他按默认值。选择动模板腔体底平面作为冷却水道放置平面，单击“确定”按钮，在“标准件位置”对话框中，设置“X 偏置”为“-66”，“Y 偏置”为“25”，单击“应用”按钮，设置“X 偏置”为“-66”，“Y 偏置”为“-25”，单击“确定”按钮，完成动模板冷却水道 1 的创建，如图 8-118 所示。

注意：放置动模板冷却水道时的基准坐标系不同，输入的“偏置”可以不同，注意与型芯冷却水道的位置要对应。

③“冷却组件设计”对话框设置“HOLE_1_DEPTH”为“75”，“HOLE_2_DEPTH”为“80”，其他设置同上步。选择动模板前侧平面作为冷却水道放置平面，单击“确定”按钮，在“标准件位置”对话框中，设置“X 偏置”为“25”，“Y 偏置”为“-45”，单击“应用”按钮，设置“X 偏置”为“-25”，“Y 偏置”为“-45”，单击“确定”按钮，完成动模板冷却水道 2 的创建，如图 8-119 所示。

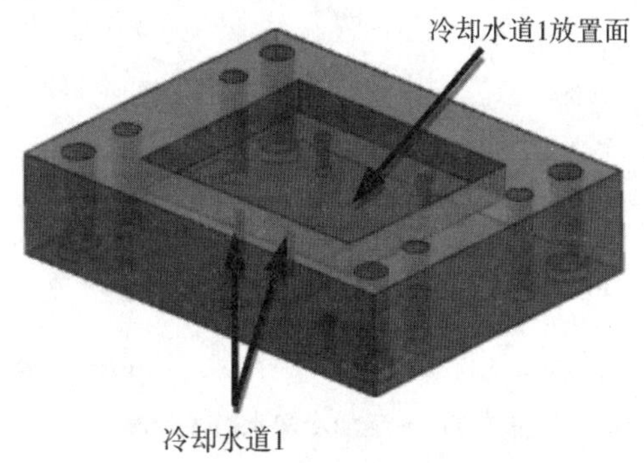

图 8-118 创建的动模板冷却水道 1

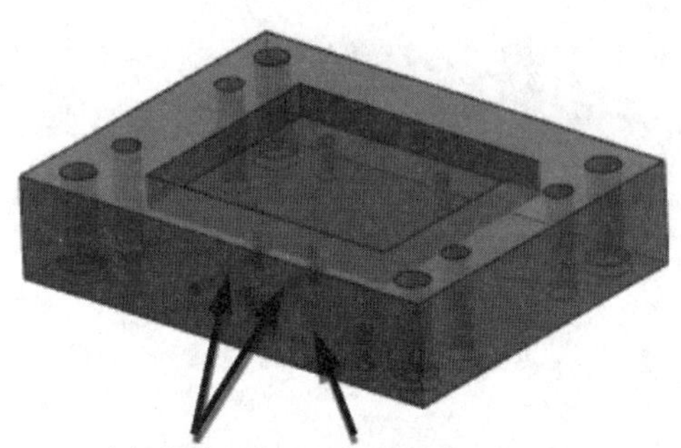

图 8-119 创建的动模板冷却水道 2

(5)添加 O 形圈。

在“成员选择”选项组中双击“O-RING”，系统弹出“冷却组件设计”对话框。“放置”选项组中设置“父”为“开关盒盖_b_plate”，“位置”为“PLANE”；“详细信息”选项组中“SECTION_DIA”为“2.0”，“FITTING_DIA”为“24”，单击“确定”按钮，捕捉点 1(冷却水道 1 截面圆的圆心)，如图 8-120 所示，单击“应用”按钮，再捕捉点 2，单击“确定”按钮，完成 O 形圈的添加，如图 8-121 所示。

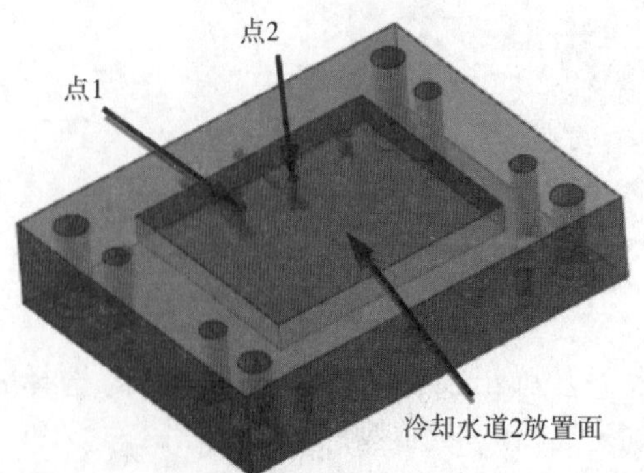

图 8-120 O 形圈放置面及位置点

图 8-121 添加 O 形圈

(6)添加水管接头。

在“成员选择”选项组中双击“CONNECTOR PLUG”，系统弹出“冷却组件设计”对话框。“放置”选项组中设置“父”为“开关盒盖_b_plate”，“位置”为“PLANE”；“详细信息”选项组中设置“SUPPLIER”为“HASCO”，“PIPE_THREAD”为“M8”，选择冷却水道 2 所在外侧面为放置平面，单击“确定”按钮，捕捉点 1(冷却水道 2 截面圆的圆心)，如图 8-122 所示，单击“应用”按钮，再捕捉点 2，单击“确定”按钮，完成水管接头的添加，如图 8-123 所示。

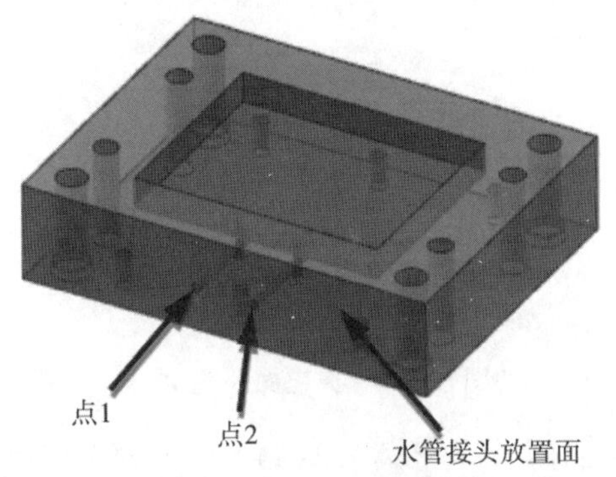

图 8-122　水管接头放置面及位置点

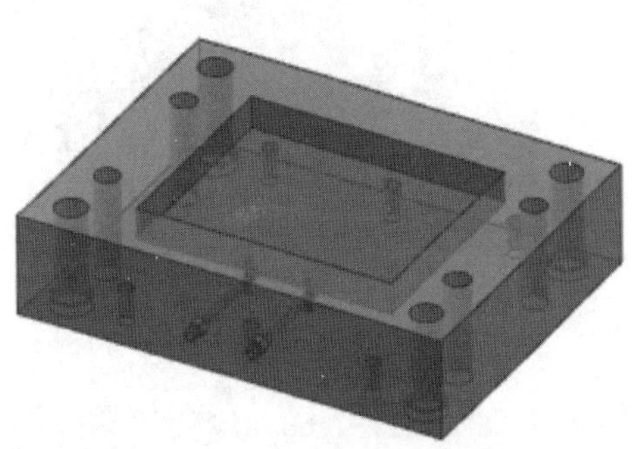

图 8-123　添加水管接头

(7)动模板建腔。

在“注塑模工具”工具条中单击“腔体”按钮，系统弹出“腔体”对话框，“目标”选择“动模板”，“工具”选择动模板上所有冷却水道、O 形圈及水管接头，单击“确定”按钮，完成动模板建腔。

(8)设计定模部分的冷却系统(包括型腔和定模板)。

参照动模部分冷却系统创建的方法，完成定模部分冷却系统，具体过程此处不再赘述。

(9)模具建腔。

将模具其他零部件一一构建腔体，完成整副模具结构设计，结果如图 8-124 所示。

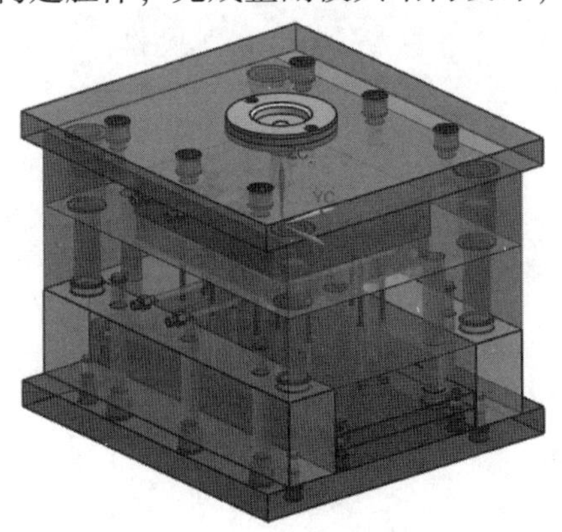

图 8-124　模具总装图

4. 任务总结

在注塑模向导模块中通过初始化项目、设定模具坐标系、定义工件、型腔布局、模具分型工具、模架库、标准件库、顶杆后处理等操作，完成开关盒盖注塑模具设计。

习 题

1. 完成“素材文件\ch8\习题\冷水壶盖 . prt”的分型操作，如图 8-125 所示，材料为 PE-HD。

2. 完成“素材文件\ch8\习题\充电器外壳 . prt”的分型操作，如图 8-126 所示，材料为 ABS。

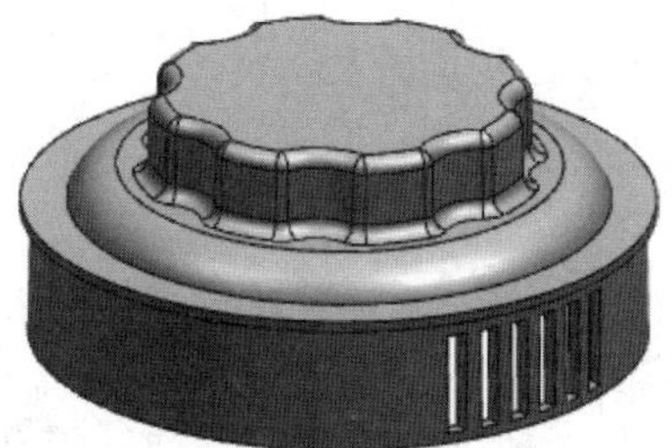

图 8-125 冷水壶盖

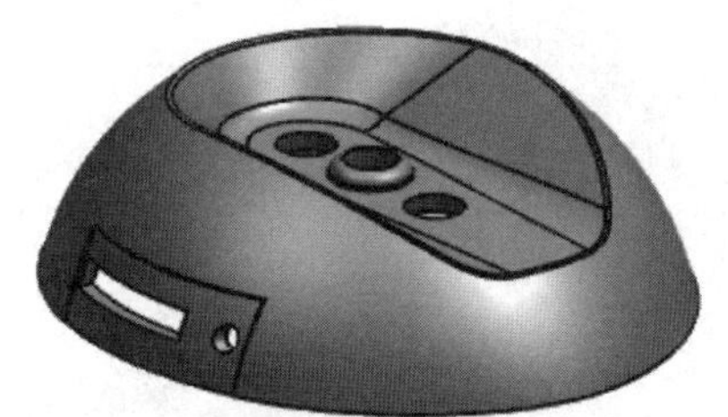

图 8-126 充电器外壳

3. 完成“素材文件\ch8\习题\扣盖 . prt”的分型操作，如图 8-127 所示，材料为尼龙。

4. 完成“素材文件\ch8\习题\电器外壳 . prt”的分型操作，如图 8-128 所示，材料为 POM。

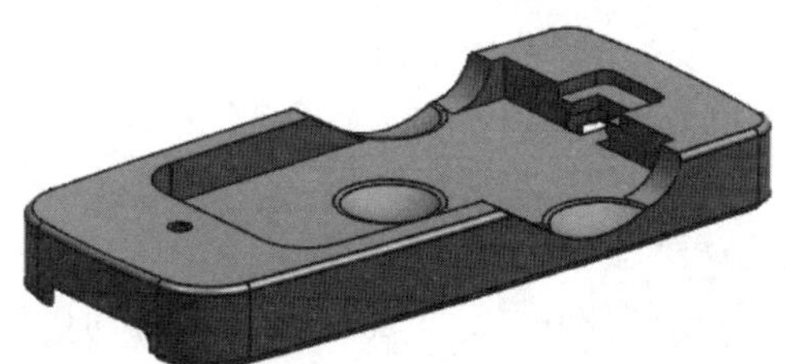

图 8-127 扣盖

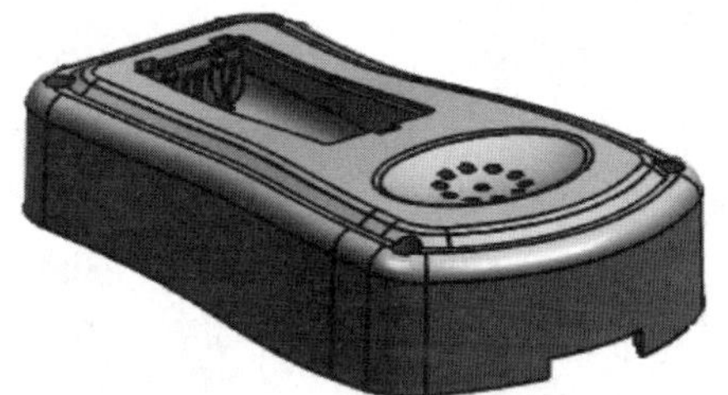

图 8-128 电器外壳

5. 完成“素材文件\ch8\习题\灯罩 . prt”的分型操作，如图 8-129 所示，设计一副注塑模具，材料为 PC。

图 8-129 灯罩

项目 9 数控加工

知识目标

(1)了解数控加工编程流程和加工环境。
(2)掌握 NX CAM 数控平面铣削、型腔铣削加工方法和基本操作步骤。
(3)掌握 NX CAM 数控铣削参数的设置及应用。

能力目标

(1)会设置平面铣、型腔铣的加工环境。
(2)具备 NX CAM 平面铣、型腔铣的基本操作能力。
(3)能够选择合理的铣削参数，并创建合理的刀具切削轨迹。
(4)能够对简单的三维实体零件和成型零件进行数控铣加工。

德育目标

(1)具备自觉践行行业道德规范的意识。
(2)发扬一丝不苟、精益求精的工匠精神。

项目描述

本项目将以两个典型零件的铣削加工编程案例为载体，介绍 NX CAM 平面铣、型腔铣操作的基本方法和操作技巧，铣削参数设置、生成刀轨、仿真加工及使用后处理生成计算机数控程序等。

相关知识

9.1 数控加工基础

NX CAM 是 UG 的计算机辅助制造模块，与 NX CAD 模块紧密地集成在一起，是非常好用的数控编程工具之一。

该数控加工模块提供了多种加工类型，如点位加工、车削加工、铣削加工、线切割加工等，可用于各种复杂零件的粗糙加工。用户可以根据零件结构、加工表面形状和加工精度要求选择合适的加工类型。各种加工类型的特点及使用场合如下。

1. 点位加工

点位加工多用于加工零件上的各种孔，主要包括钻孔、镗孔、铰孔、扩孔和攻螺纹等。

2. 车削加工

车削加工多用于轴类和盘类回转体零件的加工，主要包括粗车加工、精车加工、中心孔加工和螺纹加工。

3. 铣削加工

铣削加工是最为常用的加工方法之一，主要包括平面铣和型腔铣。

1) 平面铣

平面铣是一种 2.5 轴的加工方式，适用于底面为平面且垂直于刀具轴、侧壁为垂直面的工件；通常用于粗加工移除大量材料，也用于精加工外形、清除转角残留余量。其加工对象是以曲线边界来限制切削区域，生成的刀轨上下一致。通过设置不同的切削方法，平面铣可以完成挖槽或者是轮廓外形的加工。

2) 型腔铣

型腔铣属于 3 轴加工，用于大部分的粗加工，以及直壁或者斜度不大的侧壁的精加工。型腔铣用于切除大部分毛坯材料，几乎可以加工任意形状的几何体。型腔铣的特点是刀具在同一高度内完成一层切削，遇到曲面时将其绕过，下降一个高度进行下一层的切削。系统按照零件在不同深度的截面形状，计算各层的刀路轨迹(简称刀轨)。型腔铣在每一个切削层上，根据切削层平面与毛坯和零件几何体的交线来定义切削范围。通过限定高度值，只做一层切削，型腔铣可用于平面的精加工，以及清角加工等。

型腔铣和平面铣一样，用刀具侧面的刀刃对垂直面进行切削，底面的刀刃切削工件底面的材料。不同之处在于二者定义切削加工材料的方法不同。

4. 线切割加工

线切割加工是通过金属丝的放电来进行金属切割加工，主要用于加工各种形状复杂和精密细小的工件，有 2 轴和 4 轴两种方式。

由于篇幅所限，本书只介绍铣削加工方法。

9.2 NX CAM 的加工环境

9.2.1 进入加工模块

9.2.1 微课视频

在对零件进行数控加工之前，需先进入数控加工模块，其操作方法如下。

打开要加工的零件文件，如打开“素材文件\ch9\支承座.prt”，进入建模模块。单击功能区的“应用模块”标签，切换到“应用模块”选项卡，如图 9-1

所示。接着在选项卡的“加工”工具条中单击“加工”按钮，即可进入加工模块。系统弹出“加工环境”对话框，如图9-2所示。该对话框的“CAM会话配置”选项组中列出了系统提供的加工配置文件，其中“cam_general”提供了几乎所有的铣削加工、车削加工、孔加工和线切割加工等功能，是最常用的加工环境。每一种加工环境对应不同的加工方式，“cam_general”加工环境对应的常见加工方式有“mill_planar”(平面铣)、“mill_contour”(型腔铣)、“drill”(钻孔)、“turning”(车削加工)等。

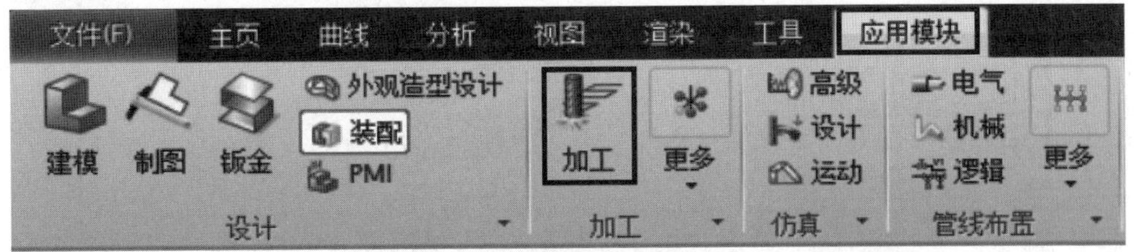

图9-1 “应用模块”选项卡

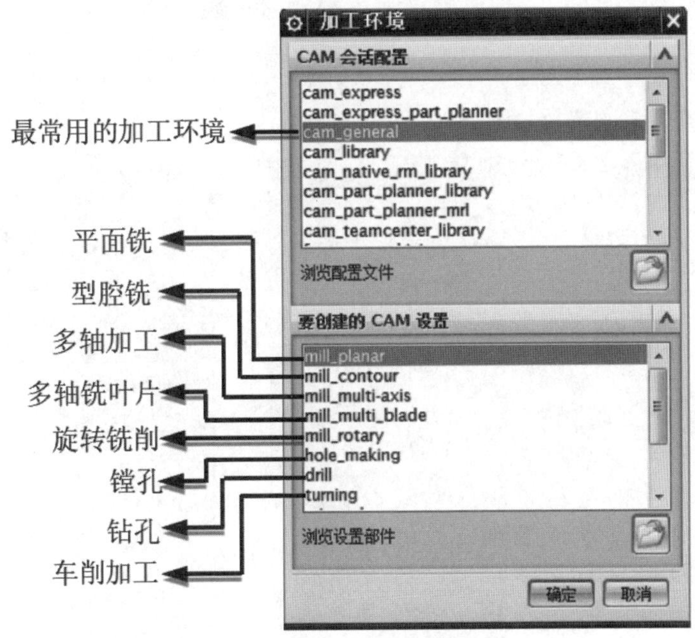

图9-2 “加工环境”对话框

9.2.2 加工模块工作界面

单击“加工环境”对话框中的“确定”按钮即可进入加工模块工作界面，如图9-3所示，其由菜单栏、工具条、操作导航器等组成，与建模模块工作界面不同的是：导航器栏中增加了“工序导航器”、“加工特征导航器”和“机床导航器”；铣加工有一些特定的菜单；上边框条中增加了“加工特征导航器”工具条和“工序导航器”工具条。

9.2.2 微课视频

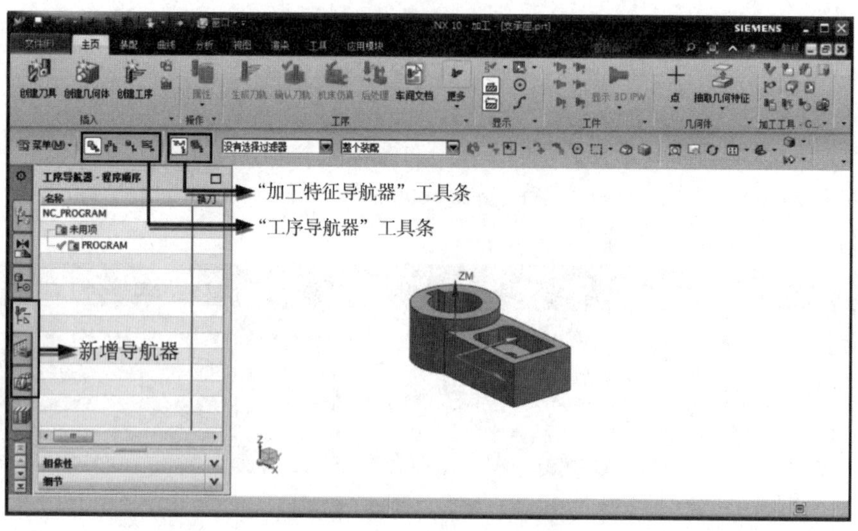

图 9-3　加工模块工作界面

1. 菜单

铣加工中一些特定的菜单如图 9-4～图 9-6 所示。

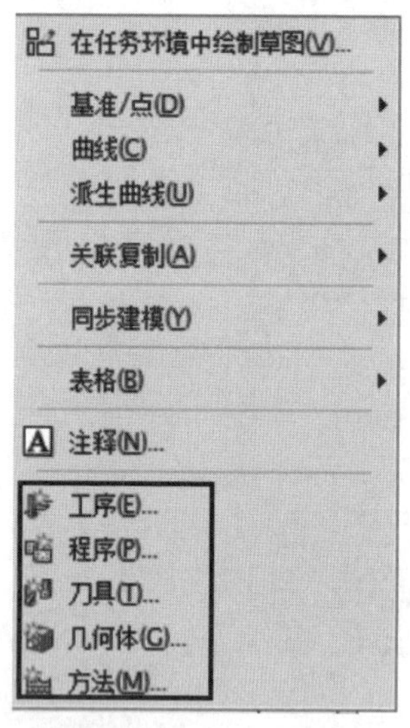

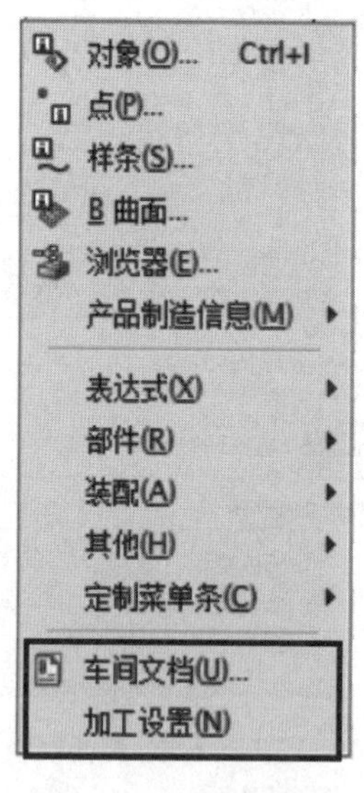

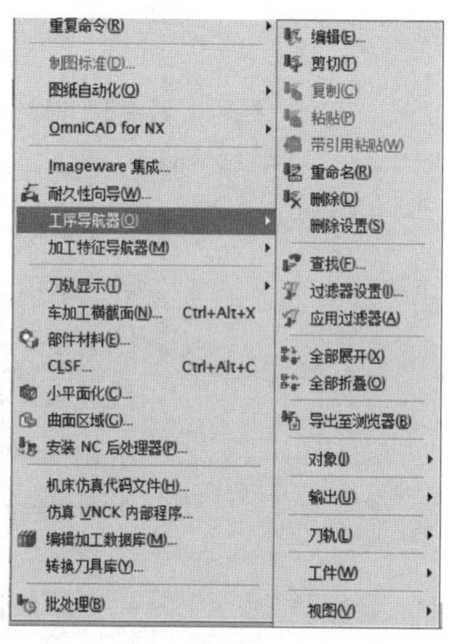

图 9-4　"插入"菜单　　**图 9-5　"信息"菜单**　　**图 9-6　"工具"菜单**

2. 工具条

加工模块中，一些常用的工具条及其作用如下。

（1）"插入"工具条：包含创建刀具、创建几何体、创建工序、创建程序和创建方法等命令。

（2）"操作"工具条：用于对已创建的程序、刀具、几何体和加工方法等进行编辑、剪切、复制、删除和变换等操作。

（3）"工序"工具条：用于生成、编辑、删除、确认刀轨，以及后处理和车间文件的输出等。

（4）"工件"工具条：用于对加工工件的显示进行设置。

 9.2.3　工序导航器

1. 工序

9.2.3　微课视频

工序是加工模块中最重要的概念，是指生成一段刀轨所需的所有信息的集合，这些信息包括被加工零件的几何模型、毛坯模型、夹具、切削方法、切削速度及刀具参数等。

实际上，使用 NX CAM 编写加工程序就是创建一个个工序，从而生成一段段刀轨，最终完成零件的粗加工、半精加工及精加工等工序。

总之，一个工序包含两个部分：一部分是工序参数，另一部分则是由这些参数所生成的刀轨。

打开“素材文件\ch9\上盖型芯 . prt”，进入加工模块，在工序导航器中可以看到已经创建了如图 9-7 所示的加工该零件的 4 个工序。工序在工序导航器中表现出以下 4 种状态。

(1)正常工序：既有参数，又有刀轨的工序，其名称前面有♀标记。

(2)空工序：只有参数，没有刀轨的工序，其名称前面有⊘标记，空工序不允许进行后处理。

(3)过期工序：若一个工序中既包含参数，又包含刀轨，但在更改工序参数后，没有重新生成刀轨并保存，这个工序的刀轨和其工序参数不一致，这样的工序称为过期工序。其名称前面有⊘标记，如果对过期工序进行后处理，系统会给出提示，要求重新生成刀轨。

(4)已输出数控程序的工序：一个工序若已被后处理，即输出了数控代码，其名称前面有✔标记。

2. 工序导航器

工序导航器是一种图形化的用户界面，它用于管理当前部件的加工工序和工序参数。在工序导航器的空白区域右击，系统会弹出如图 9-8 所示的快捷菜单。用户可以在此菜单中选择显示视图的类型，如“程序顺序视图”“机床视图”“几何视图”“加工方法视图”，也可以通过单击上边框条中“工序导航器”工具条中的相应按钮来选择显示视图的类型。用户可以在不同的视图下方便快捷地设置参数，从而提高工作效率。

工序导航器 - 程序顺序

名称	换刀	刀轨	
NC_PROGRAM			
未用项			
BLOCK			
ROUGH_BLK	▮	✔	→ 正常工序
SEMI		✔	→ 已输出数控代码的工序
DATUM			
DATUM_SIDE		✕	→ 空工序
DATUM_FLR		✔	→ 过期工序

图 9-7　工序的状态

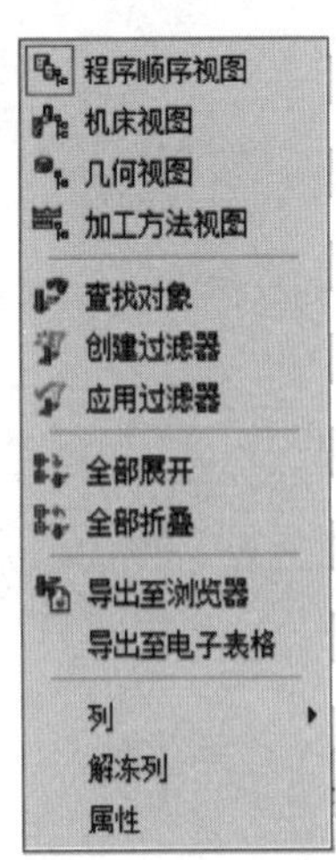

图 9-8　工序导航器的快捷菜单

1）程序顺序视图

程序顺序视图按刀轨的执行顺序列出当前零件的所有工序，显示每个工序所属的程序组和每个工序在机床上的执行顺序。图 9-7 即为程序顺序视图。

2）机床视图

机床视图用切削刀具来组织各个操作，列出了当前零件中存在的各种刀具以及使用这些刀具的操作名称，如图 9-9 所示。

3）几何视图

几何视图是以几何体为主线来显示加工操作的，列出了当前零件中存在的几何体和坐标系，以及使用这些几何体和坐标系的操作名称，如图 9-10 所示。

4）加工方法视图

加工方法视图列出了当前零件中的加工方法，能及使用这些加工方法的操作名称，如图 9-11 所示。

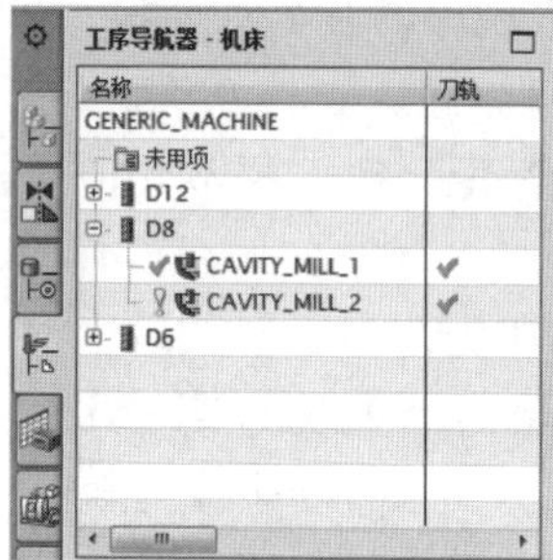

图 9-9　机床视图

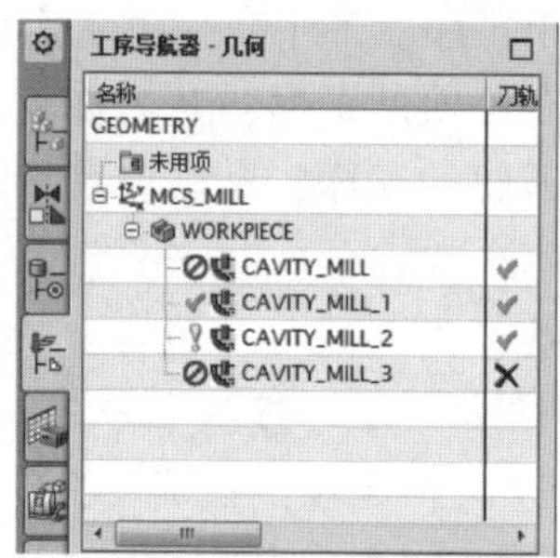

图 9-10　几何视图

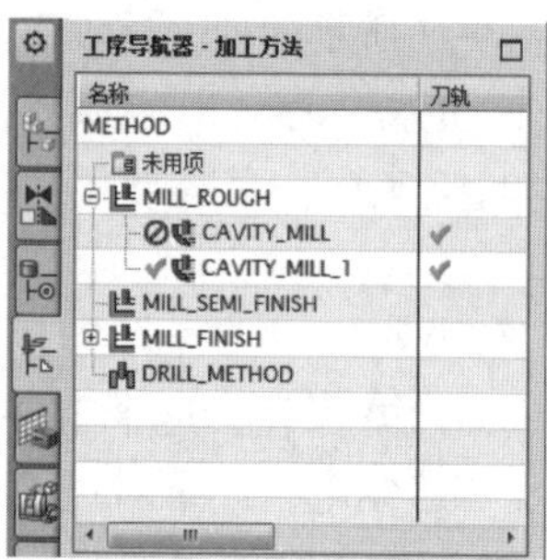

图 9-11　加工方法视图

9.3　数控加工的基本过程

模拟数控加工的一般工作流程如图 9-12 所示。

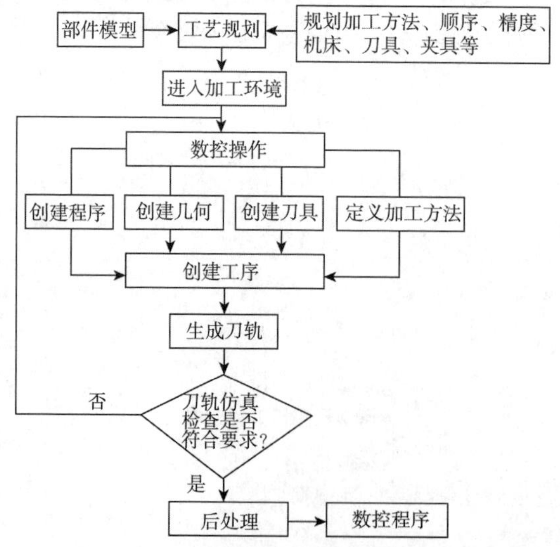

图 9-12　模拟数控加工的一般工作流程

任务实施

任务 9.1　定模板内腔平面数控铣加工

1. 任务描述

根据所给的“素材文件\ch9\定模板平面铣.prt”零件文件，如图 9-13 所示，利用加工模块完成中间内腔的编程加工，不加工孔。

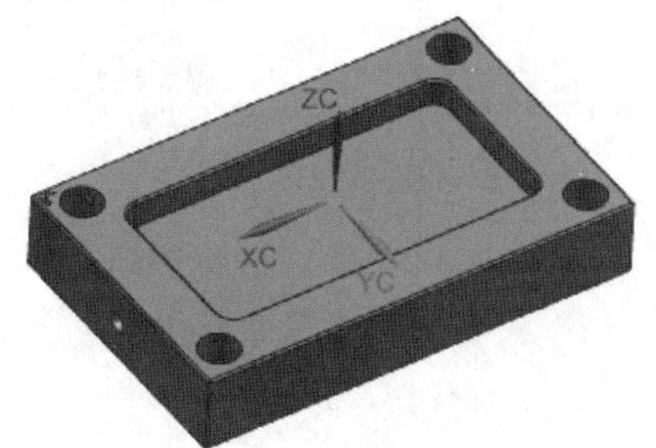

图 9-13　定模板零件

任务 9.1　微课视频

2. 任务分析

定模板的外部尺寸为 400 mm×250 mm×70 mm，内腔尺寸 300 mm×150 mm×25 mm，内腔圆角 *R*15，材料为 45 钢。因内腔为直壁平面，故采用平面铣。首先应对内腔进行粗加工，快速去除大量余量，再对内壁和底面进行精加工。加工方案如表 9-1 所示。

表 9-1　定模板型腔加工方案

序号	工序名称	工序内容	所用刀具	主轴转速/($r \cdot min^{-1}$)	进给速度/($mm \cdot min^{-1}$)
1	内腔粗加工	粗铣内腔，留余量 0.5	D50R6	600	800
2	内腔侧壁精加工	精铣内腔侧壁至尺寸	D20	2 000	1 500
3	内腔底面精加工	精铣内腔底面至尺寸	D30R0.8	1 500	1 500

3. 操作步骤

1) 打开零件文件并进入加工模块

打开“素材文件\ch9\定模板平面铣.prt”零件文件，进入建模模块，单击功能区的“应用模块”标签，切换到“应用模块”选项卡，在该选项卡的“加工”工具条中单击“加工”按钮，即可进入加工模块。

2) 设置加工环境

在系统弹出的“加工环境”对话框中，设置“CAM 会话配置”为“cam_general”，“要创建的 CAM 设置”为“mill_planar”。

3) 创建几何体

(1) 进入几何视图。单击“工序导航器”工具条中“几何视图”按钮，将工序导航器切换至几何视图类型，如图 9-14 所示。

(2)创建机床坐标系。在工序导航器中双击节点“MCS_ MILL”，系统弹出“MCS”对话框，如图 9-15 所示。单击“MCS”对话框“机床坐标系”选项组中的“CSYS”按钮，在系统弹出的“CSYS”对话框的“类型”选项组中选择“自动判断”，选取零件上表面，单击“确定”按钮，返回“MCS”对话框。

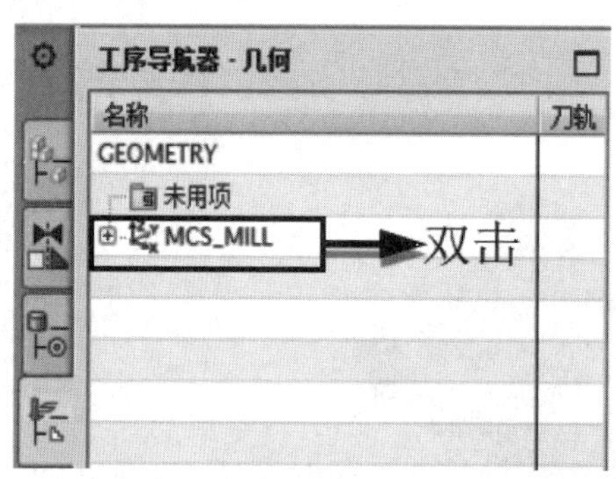

图 9-14 工序导航器-几何视图

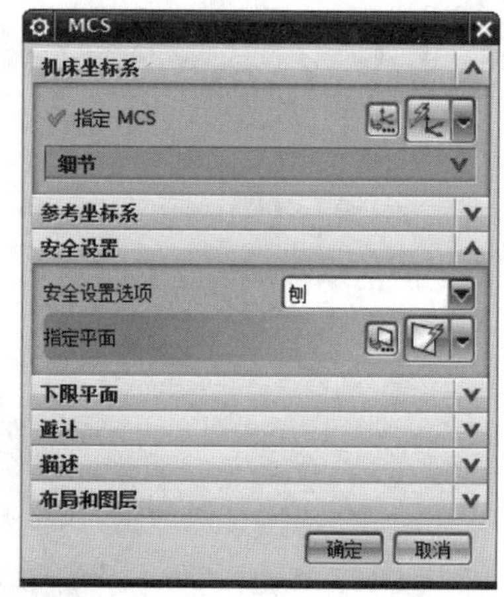

图 9-15 “MCS”对话框

继续单击“MCS”对话框“机床坐标系”选项组中的“CSYS”按钮，在“CSYS”对话框的“类型”选项组中选择“动态”，将动态坐标系绕 ZC 轴旋转 90°，按〈Enter〉键，再单击“确定”按钮，返回“MCS”对话框。

(3)设置安全高度。在“MCS”对话框的“安全设置”选项组中的“安全设置选项”下拉列表框中选择“刨”，选择零件上表面为“参考平面”，在“距离”文本框中输入“20”，如图 9-16 所示，单击“确定”按钮。

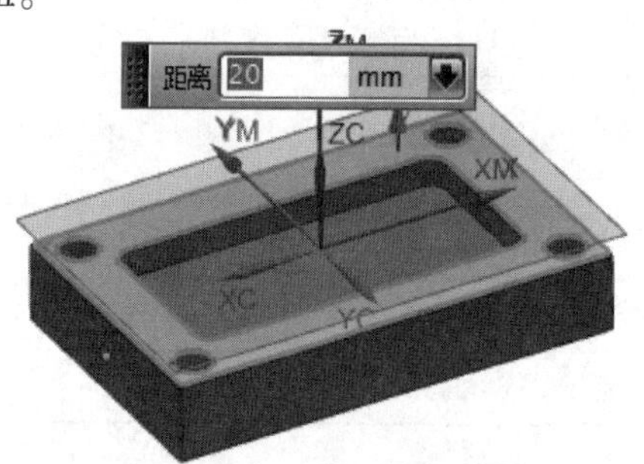

图 9-16 设置参考平面及安全高度

4)指定加工部件和毛坯

(1)打开“工件”对话框。单击工序导航器节点“MCS_ MILL”前面的⊕，将节点展开，双击“WORKPIECE”，打开“工件”对话框，如图 9-17 所示。

(2)指定部件。单击“工件”对话框“几何体”选项组中的“指定部件”按钮，在系统弹出的“部件几何体”对话框中选择零件作为“几何体”，单击“部件几何体”对话框中的“确定”按钮，返回“工件”对话框。

(3)指定毛坯。单击“工件”对话框“几何体”选项组中的“指定毛坯”按钮，在系统弹出的“毛坯几何体”对话框中，“类型”选择“包容块”，“方向”选择“MCS”，如图 9-18 所示，单击“毛坯几何体”对话框中的“确定”按钮，再单击“工件”对话框中的“确定”按钮。

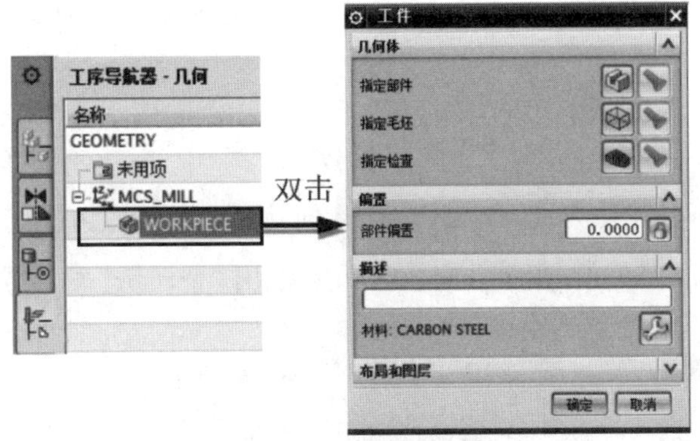

图 9-17　“工件”对话框

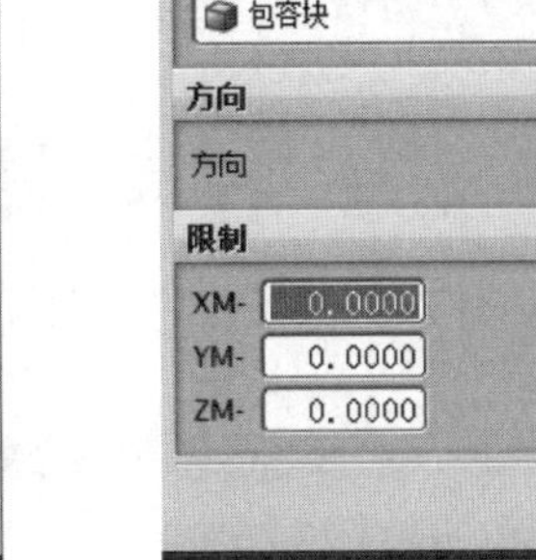

图 9-18　“毛坯几何体”对话框

5）创建刀具

（1）创建 D50R6 刀具。单击“插入”工具条中的“创建刀具”按钮，系统弹出“创建刀具”对话框，如图 9-19 所示。在“类型”选项组中选择“mill_planar”，“刀具子类型”选项组中选择“MILL”，在“名称”文本框中输入“D50R6”，单击“确定”按钮。系统弹出“铣刀-5参数”对话框，如图 9-20 所示。在“尺寸”选项组中设置“（D）直径”为“50”，“（R1）下半径”为“6”；在“编号”选项组中设置“刀具号”为“1”，其他设置如图 9-20 所示，单击“确定”按钮。

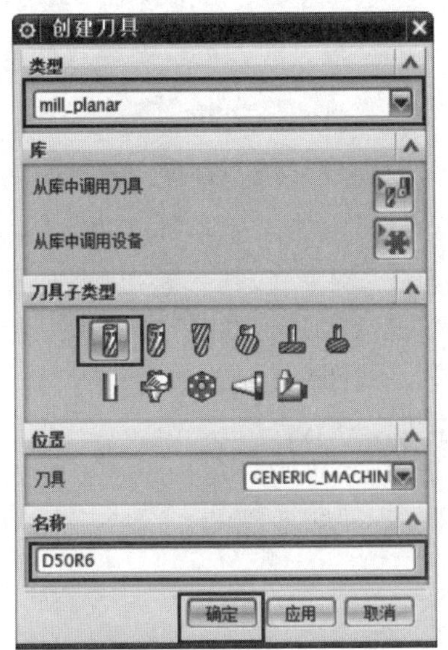

图 9-19　“创建刀具”对话框

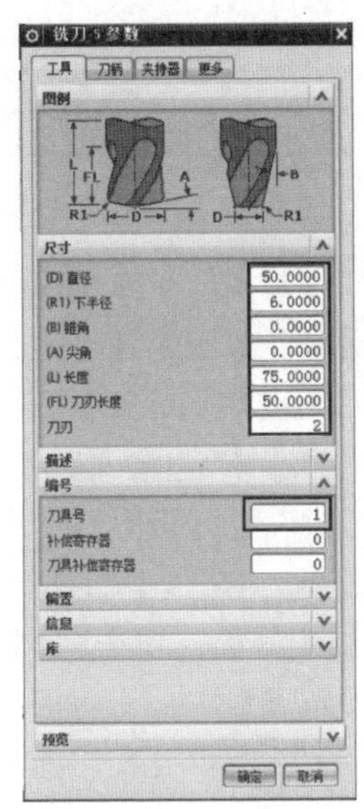

图 9-20　“铣刀-5 参数”对话框

（2）创建 D20 刀具。按步骤（1）中操作继续创建刀具，“类型”选择“mill_planar”，“刀具子类型”选择“MILL”，在“名称”文本框中输入“D20”，单击“确定”按钮。在系统弹出的“铣刀-5 参数”对话框中的“尺寸”选项组中设置“（D）直径”为“20”，“（R1）下半径”为“0”；在“编号”选项组中设置“刀具号”为“2”，其他设置按系统默认，单击“确定”按钮。

（3）创建 D30R0.8 刀具。按相同操作继续创建刀具，“类型”选择“mill_planar”，“刀具子类型”选择“MILL”，在“名称”文本框中输入“D30R0.8”，单击“确定”按钮。在系统弹出的“铣刀-5 参数”对话框中的“尺寸”选项组中设置“（D）直径”为“30”，“（R1）下半径”为

“0.8”；在“编号”选项组中设置“刀具号”为“3”，其他设置按系统默认，单击“确定”按钮。

6)创建平面铣粗加工操作

(1)创建工序。单击“插入”工具条中的“创建工序”按钮，系统弹出“创建工序”对话框，如图9-21所示。“类型”选项组选择“mill_planar”；“工序子类型”选项组中选择“平面铣”；“位置”选项组中设置“刀具”为“D50R6(铣刀-5参数)”，“几何体”为“WORKPIECE”，“方法”为“MILL_ROUGH”，“名称”为“R1”，单击“确定”按钮，系统弹出“平面铣”对话框，如图9-22所示。

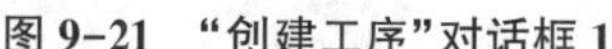
图9-21 “创建工序”对话框1

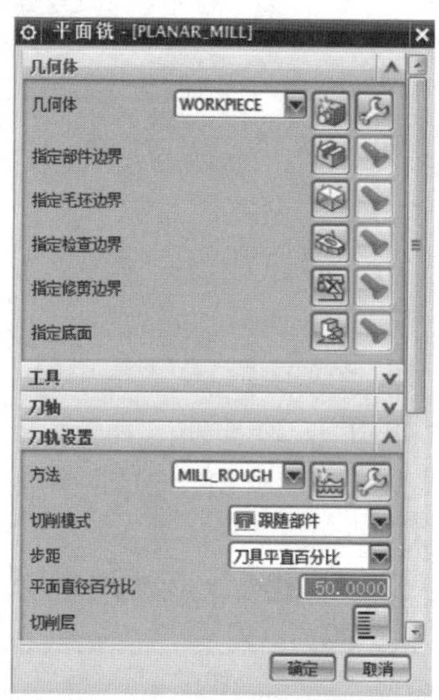

图9-22 “平面铣”对话框

(2)指定部件边界。单击“平面铣”对话框中的“指定部件边界”按钮，系统弹出“指定部件边界”对话框，选择零件上表面为边界面，单击“确定”按钮，返回“平面铣”对话框。

(3)指定毛坯边界。单击“平面铣”对话框中的“指定毛坯边界”按钮，系统弹出“边界几何体”对话框，选择“边模式”为“曲线/边…”，选择图9-23所示的零件内腔上表面边线为边界，两次单击“确定”按钮，返回“平面铣”对话框。

(4)指定底面。单击“平面铣”对话框中的“指定底面”按钮，选择图9-23所示的零件内腔底平面为加工平面，单击“确定”按钮，返回“平面铣”对话框。

(5)设置刀轨参数。

①参照图9-24所示设置切削模式和刀轨的其他参数。

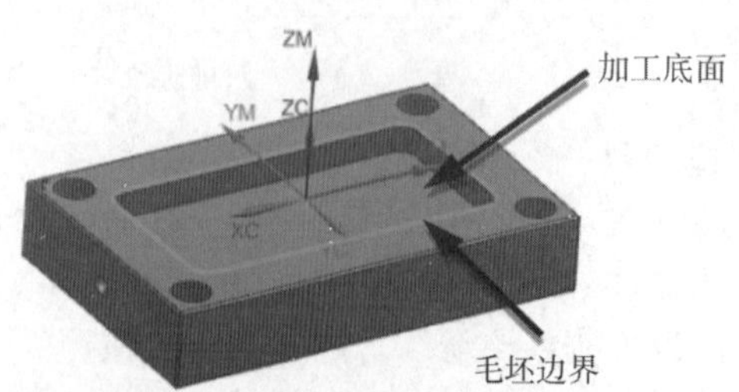

图9-23 指定毛坯边界及加工底面1

图9-24 设置刀轨参数1

②单击“切削层”按钮，系统弹出“切削层”对话框，按图9-25所示设置切削层参数。

③单击“切削参数”按钮，系统弹出“切削参数”对话框，按图 9-26～图 9-28 所示设置切削参数。

④单击“非切削移动”按钮，系统弹出“非切削移动”对话框，按图 9-29 所示设置非切削参数。

⑤单击“进给率和速度”按钮，系统弹出“进给率和速度”对话框，按图 9-30 所示设置主轴速度和进给率。

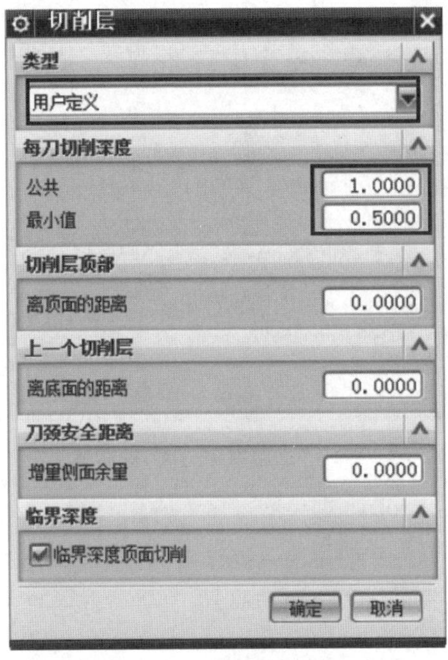

图 9-25　“切削层”对话框 1

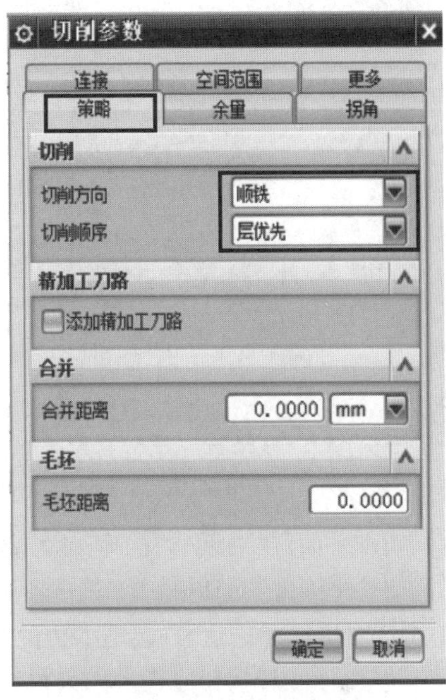

图 9-26　“切削参数”对话框 1

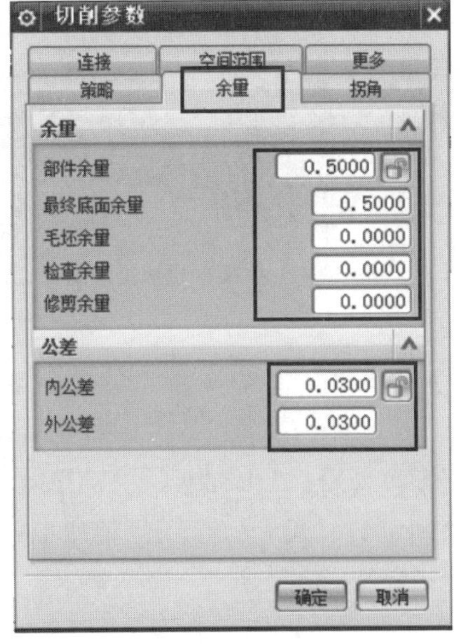

图 9-27　“切削参数”对话框 2

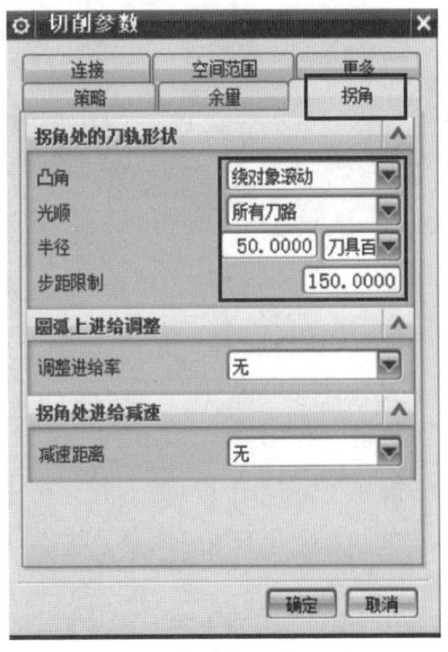

图 9-28　“切削参数”对话框 3

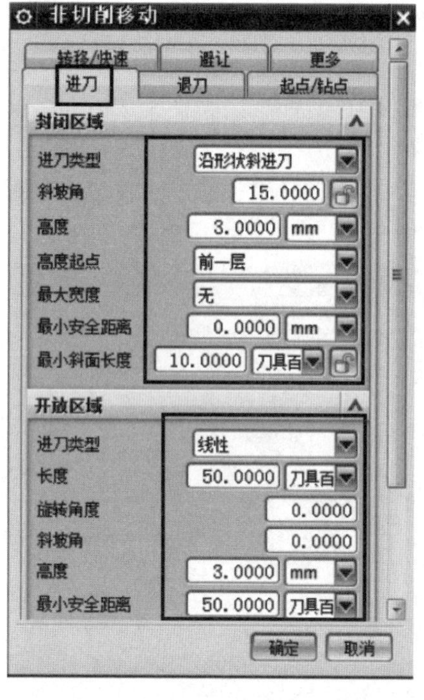

图 9-29 “非切削移动”对话框 1

图 9-30 “进给率和速度”对话框 1

⑥单击“平面铣”对话框“操作”选项组中的“生成”按钮，生成的刀轨如图 9-31 所示。

⑦单击“平面铣”对话框“操作”选项组中的“确定”按钮，系统弹出“刀轨可视化”对话框，单击该对话框“3D 动态”选项卡中的“播放”按钮，可进行仿真加工，如图 9-32 所示。最后依次单击“确定”按钮完成平面铣粗加工操作。

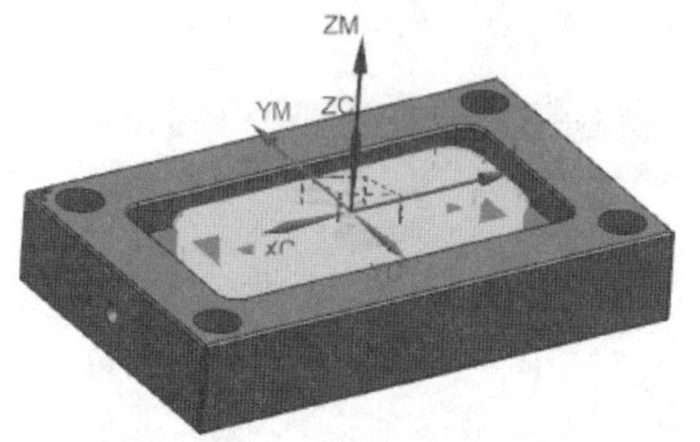

图 9-31 生成的刀轨 1

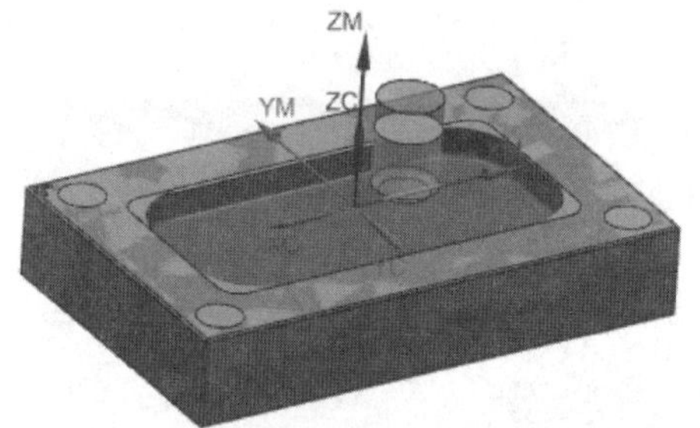

图 9-32 平面铣粗加工仿真

7）创建侧壁铣精加工方法

（1）创建工序。单击“插入”工具条中的“创建工序”按钮，系统弹出“创建工序”对话框，如图 9-33 所示。在“类型”选项组中选择“mill_planar”；“工序子类型”选项组中选择“精加工壁”；“位置”选项组中设置“刀具”为“D20（铣刀-5 参数）”，“几何体”为“WORKPIECE”，“方法”为“MILL_FINISH”，“名称”为“CF1”，单击“确定”按钮，系统弹出“精加工壁”对话框，如图 9-34 所示。

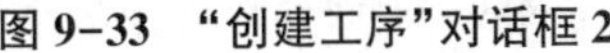

图 9-33　“创建工序”对话框 2

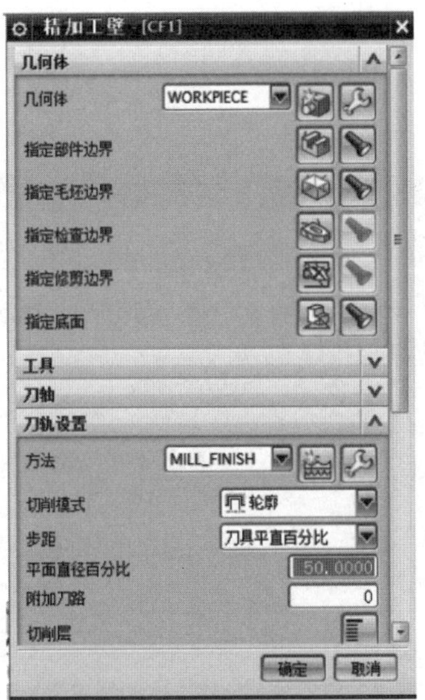

图 9-34　“精加工壁”对话框

(2) 指定部件边界。单击“精加工壁”对话框中的“指定部件边界”按钮，系统弹出“指定部件边界”对话框，选择零件上表面为边界面，单击“确定”按钮，返回“精加工壁”对话框。

(3) 指定毛坯边界。单击“精加工壁”对话框中的“指定毛坯边界”按钮，系统弹出“边界几何体”对话框，选择“边模式”为“曲线/边…”，选择图 9-35 所示的零件内腔上表面边线为边界，两次单击“确定”按钮，返回“精加工壁”对话框。

(4) 指定底面。单击“精加工壁”对话框中的“指定底面”按钮，选择图 9-35 所示的零件内腔底平面为加工平面，单击“确定”按钮，返回“精加工壁”对话框。

(5) 设置刀轨参数。

①参照图 9-36 所示设置切削模式和刀轨的其他参数。

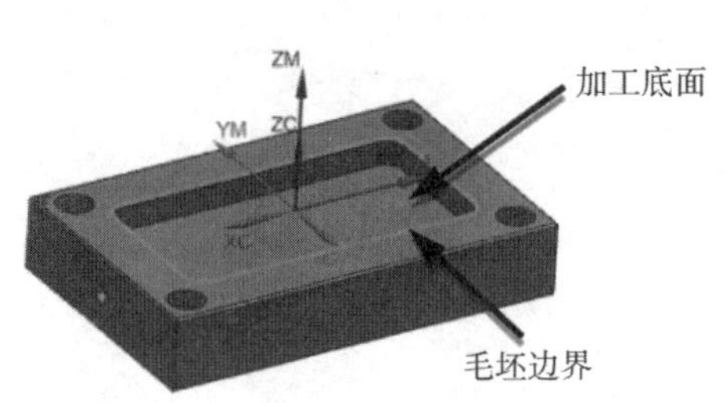

图 9-35　指定毛坯边界及加工底面 2

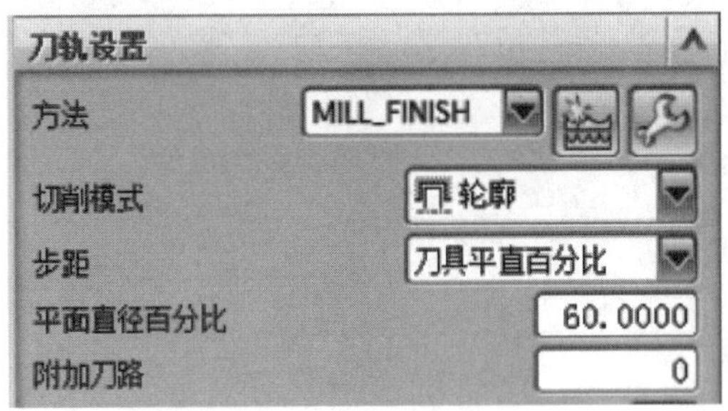

图 9-36　设置刀轨参数 2

②单击“切削层”按钮，系统弹出“切削层”对话框，按图 9-37 所示设置切削层参数。

③单击“切削参数”按钮，系统弹出“切削参数”对话框，按图 9-38～图 9-40 所示设置切削参数。

④单击“非切削移动”按钮，系统弹出“非切削移动”对话框，按图 9-41～图 9-43 所示设置非切削参数。

图 9-37 “切削层”对话框 2

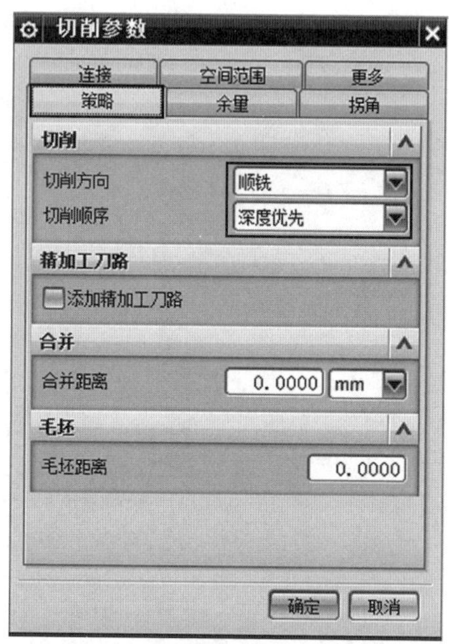

图 9-38 “切削参数”对话框 4

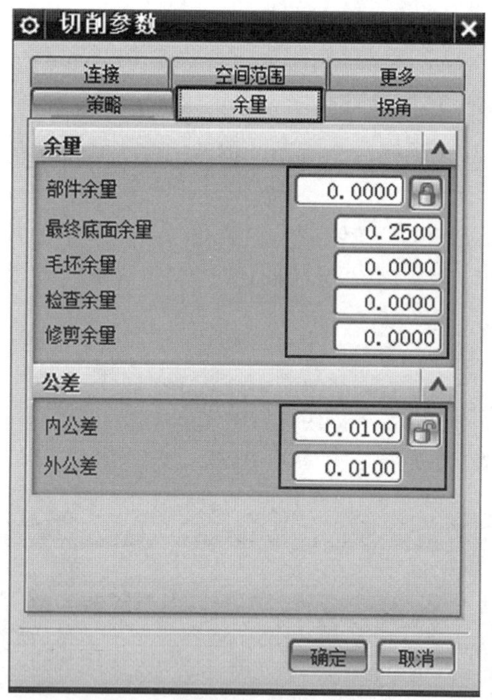

图 9-39 “切削参数”对话框 5

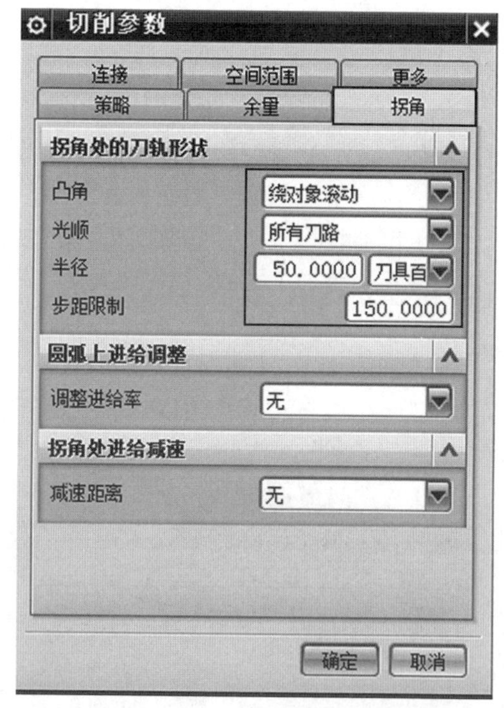

图 9-40 “切削参数”对话框 6

⑤单击“进给率和速度”按钮，系统弹出“进给率和速度”对话框，按图 9-44 所示设置主轴速度和进给率。

⑥单击“精加工壁”对话框“操作”选项组中的“生成”按钮，生成的刀轨如图 9-45 所示。

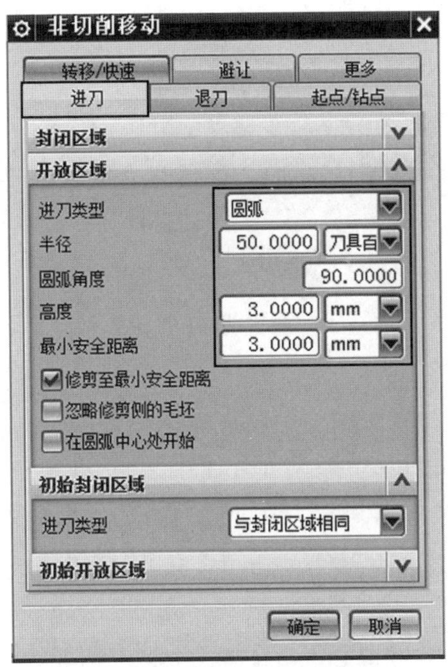

图 9-41　“非切削移动”对话框 2

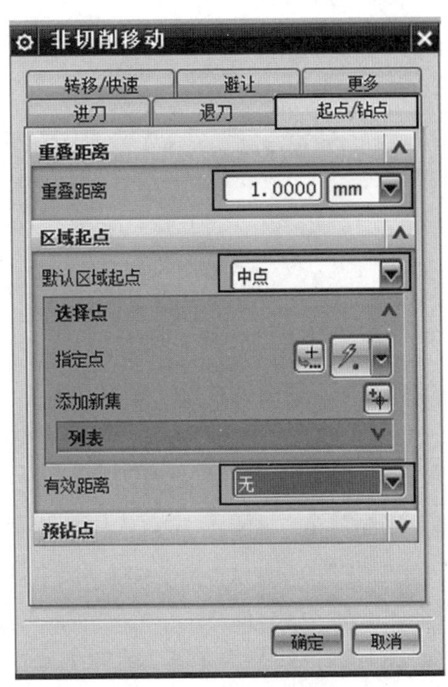

图 9-42　“非切削移动”对话框 3

⑦单击“精加工壁”对话框“操作”选项组中的“确定”按钮，系统弹出“刀轨可视化”对话框，单击该对话框“3D 动态”选项卡中的“播放”按钮，可进行仿真加工，如图 9-46 所示。最后依次单击“确定”按钮，完成侧壁铣精加工操作。

图 9-43　“非切削移动”对话框 4

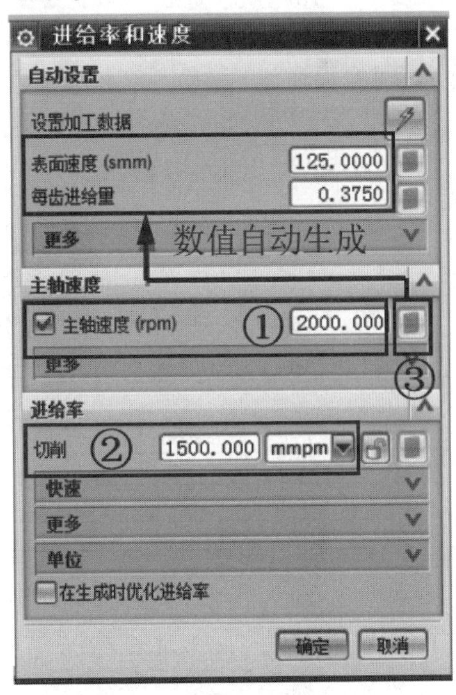

图 9-44　“进给率和速度”对话框 2

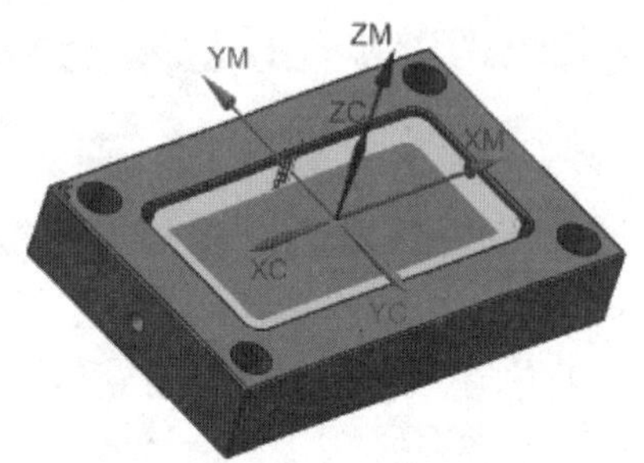

图 9-45 生成的刀轨 2

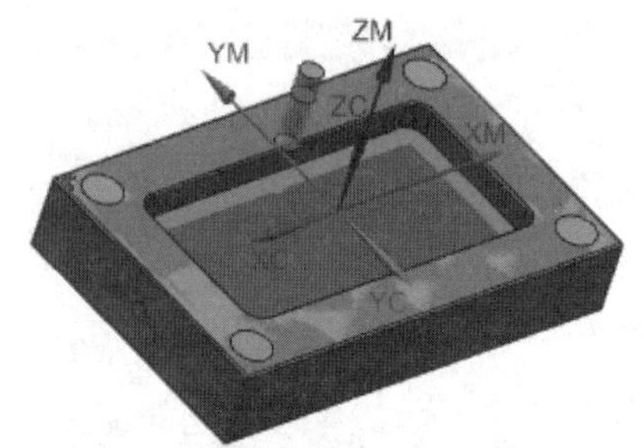

图 9-46 侧壁铣精加工仿真

8)创建内腔底面铣精加工方法

(1)创建工序。单击“插入”工具条中的“创建工序”按钮，系统弹出“创建工序”对话框，如图 9-47 所示。在“类型”选项组中选择“mill_ planar”；“工序子类型”选项组中选择“精加工底面”；“位置”选项组中设置“刀具”为“D30R0. 8(铣刀-5 参数)”，“几何体”为“WORKPIECE”，“方法”为“MILL_ FINISH”，“名称”为“DF1”，单击“确定”按钮，系统弹出“精加工底面”对话框。

(2)指定部件边界。单击“精加工底面”对话框中的“指定部件边界”按钮，系统弹出“指定部件边界”对话框，选择零件上表面为边界面，单击“确定”按钮，返回“精加工底面”对话框。

(3)指定毛坯边界。单击“精加工底面”对话框中的“指定毛坯边界”按钮，系统弹出“边界几何体”对话框，选择“边模式”为“曲线/边…”，选择图 9-48 所示的零件内腔上表面边线为边界，两次单击“确定”按钮，返回“精加工底面”对话框。

(4)指定底面。单击“精加工底面”对话框中的“指定底面”按钮，选择图 9-48 所示的零件内腔底平面为加工平面，单击“确定”按钮，返回“精加工底面”对话框。

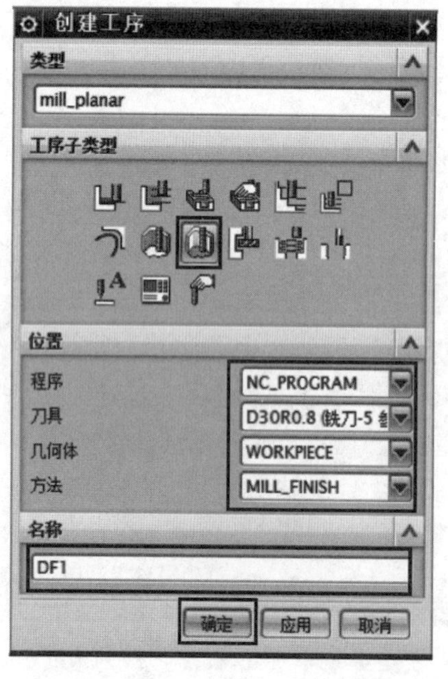

图 9-47 “创建工序”对话框 3

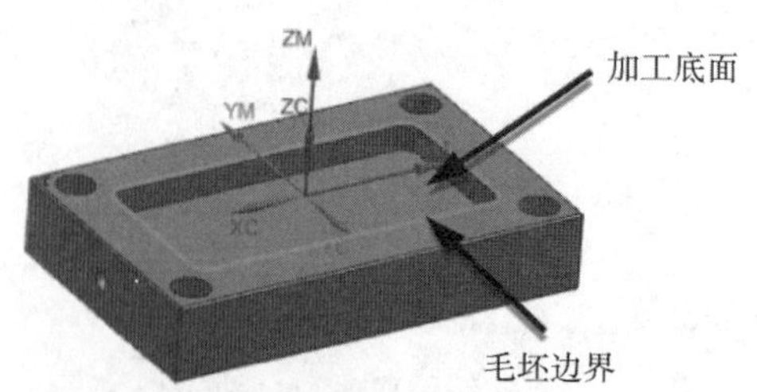

图 9-48 指定毛坯边界及加工底面 3

(5)设置刀轨参数。

①参照图 9-49 所示设置切削模式和刀轨的其他参数。

②单击“切削层”按钮，系统弹出“切削层”对话框，按图 9-50 所示设置切削层参数。

图 9-49 设置刀轨参数 3

图 9-50 “切削层”对话框 3

③单击“切削参数”按钮，系统弹出“切削参数”对话框，按图 9-51～图 9-53 所示设置切削参数。

④单击“非切削移动”按钮，系统弹出“非切削移动”对话框，按图 9-54 和图 9-55 所示设置非切削移动参数。

⑤单击“进给率和速度”按钮，系统弹出“进给率和速度”对话框，按图 9-56 所示设置主轴速度和进给率。

⑥单击“精加工底面”对话框中“操作”选项组中的“生成”按钮，生成的刀轨如图 9-57 所示。

⑦单击“精加工底面”对话框中“操作”选项组中的“确定”按钮，系统弹出“刀轨可视化”对话框，单击该对话框“3D 动态”选项卡中的“播放”按钮，可进行仿真加工，如图 9-58 所示。最后依次单击“确定”按钮，完成内腔底面精加工操作。

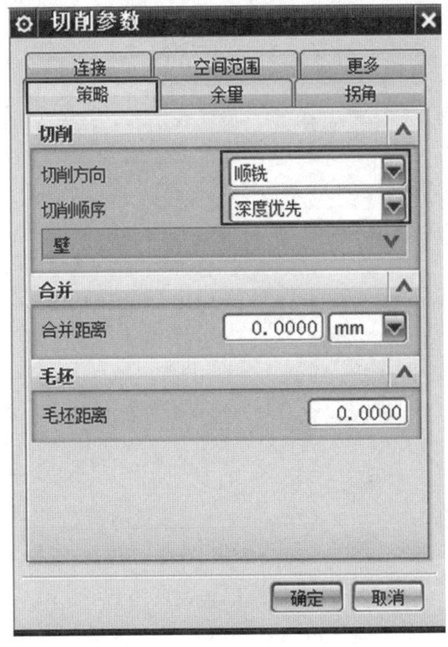

图 9-51 “切削参数”对话框 7

图 9-52 “切削参数”对话框 8

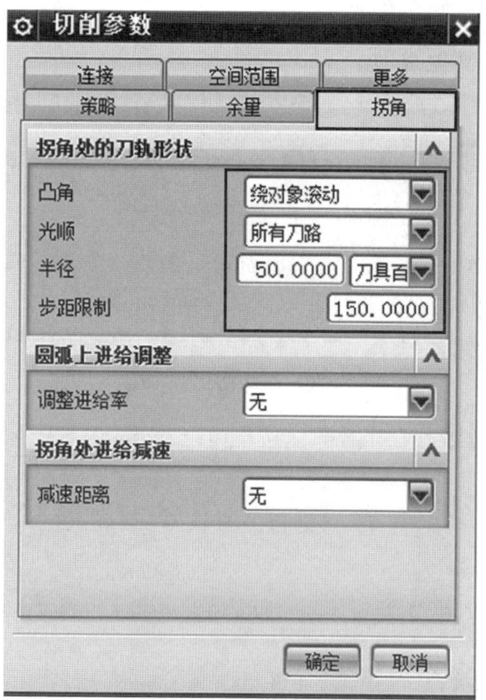

图 9-53 “切削参数”对话框 9

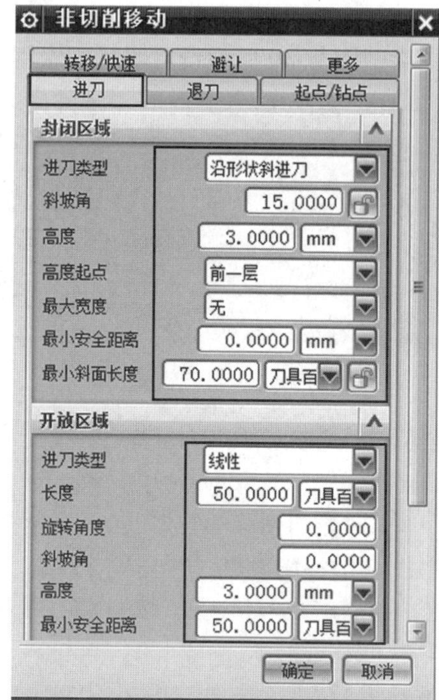

图 9-54 “非切削移动”对话框 4

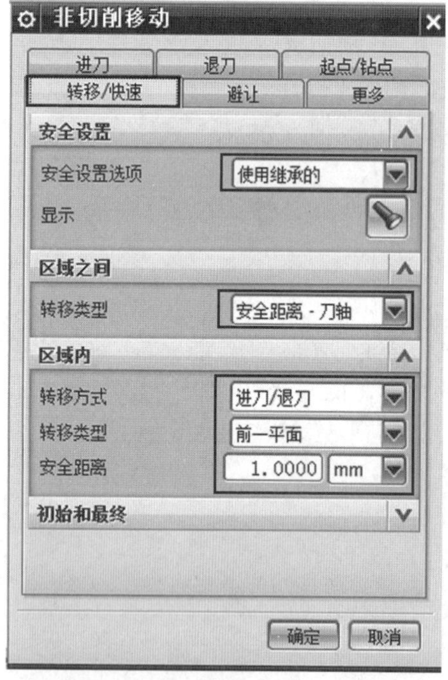

图 9-55 “非切削移动参数”对话框 5

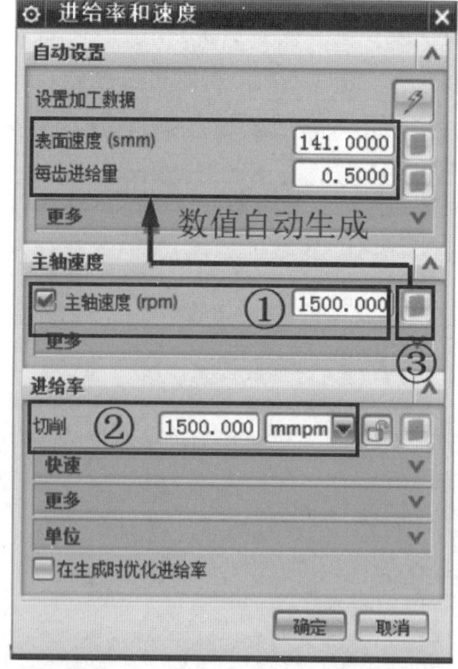

图 9-56 “进给率和速度”对话框 3

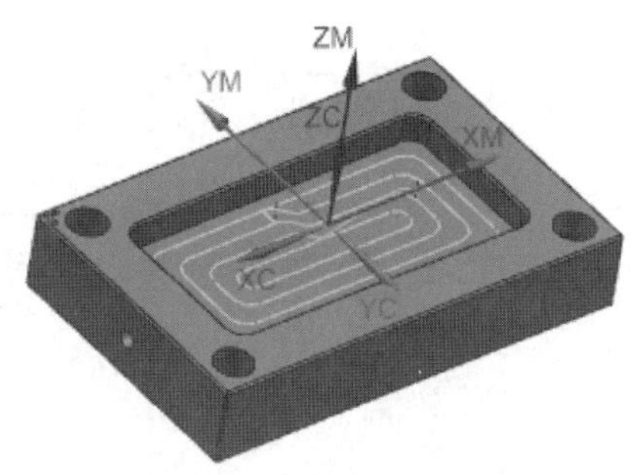

图 9-57　生成的刀轨 3

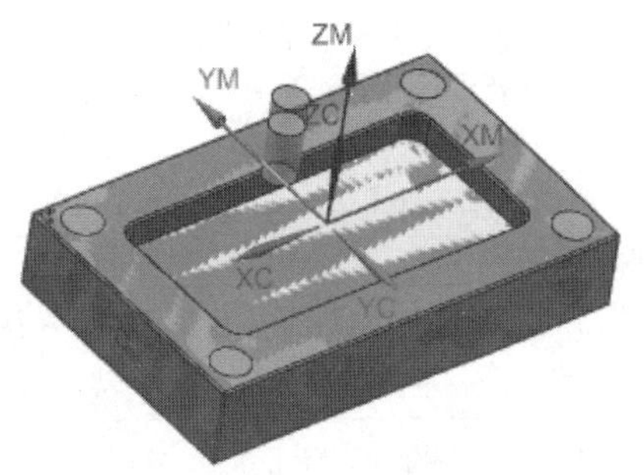

图 9-58　内腔底面精加工仿真

4. 任务总结

本任务主要介绍了利用 NX CAM 进行数控加工的一般流程，加工坐标系、刀具和创建毛坯等相关参数的设置方法，平面铣的粗、精加工的创建方法，以及刀轨生成和加工仿真的操作。

任务 9.2　上盖型腔数控铣加工

1. 任务描述

根据所给的“素材文件\ch9\旋钮盖型腔铣 . prt”零件文件，如图 9-59 所示，利用加工模块完成型腔的编程加工。

任务 9.2　微课视频

图 9-59　旋钮盖零件

2. 任务分析

旋钮盖零件外部尺寸为 125 mm×110 mm×45 mm，型腔最大深度为 21 mm，材料为 P20 钢。型腔底面为曲面，故采用型腔铣。加工方案如表 9-2 所示。

表 9-2　旋钮盖型腔加工方案

序号	工序名称	工序内容	所用刀具	主轴转速/ $(r \cdot min^{-1})$	进给速度/ $(mm \cdot min^{-1})$
1	分型面粗加工	粗铣分型面，留磨削余量 0. 2	D20	1 200	200

续表

序号	工序名称	工序内容	所用刀具	主轴转速/（r·min^{-1}）	进给速度/（mm·min^{-1}）
2	型腔铣粗加工	粗铣内腔，留余量 0.3	D10R2	1 200	200
3	型腔铣二次粗加工	粗铣型腔窄槽处，留余量 0.35	D4R0.5	1 200	200
4	侧壁深度轮廓铣加工(精加工)	精铣型腔侧壁至尺寸	B4	2 000	400
5	底部平缓区域固定铣加工(精加工)	精铣内腔底面至尺寸	D30R0.8	3 000	800

3. 操作步骤

1)打开零件文件并进入加工模块

打开“素材文件\ch9\旋钮盖型腔铣.prt”零件文件，进入建模模块，单击功能区的“应用模块”标签，切换到“应用模块”选项卡，在该选项卡的“加工”工具条中单击“加工”按钮，即可进入加工模块。

2)设置加工环境

在系统弹出的“加工环境”对话框中，设置“CAM 会话配置”为“cam_general”，“要创建的 CAM 设置”为“mill_contour”。

3)创建几何体

(1)进入几何视图。单击“工序导航器”工具条中“几何视图”按钮，将工序导航器切换至几何视图类型。

(2)创建机床坐标系。在工序导航器中双击节点“MCS_MILL”，系统弹出“MCS”对话框。单击“MCS”对话框“机床坐标系”选项组中的“CSYS”按钮，在“CSYS”对话框的“类型”选项组中选择“动态”，将动态坐标系绕 YC 轴旋转 180°，如图 9-60 所示。单击“确定”按钮，返回“MCS”对话框。

(3)设置安全高度。在“MCS”对话框的“安全设置”选项组中的“安全设置选项”下拉列表框中选择“刨”，选择零件上表面为“参考平面”，设置“距离”为“20”，单击“确定”按钮。

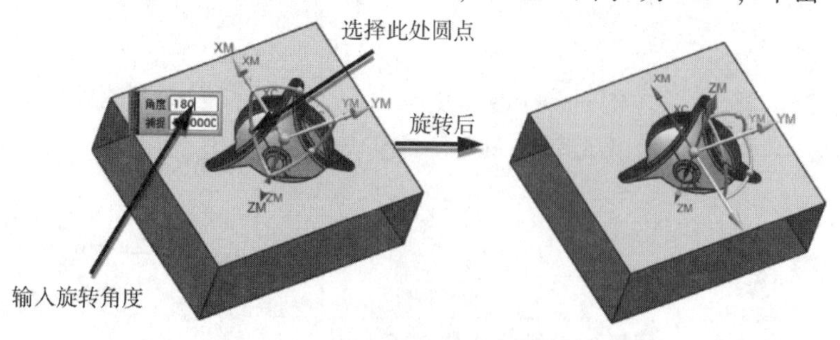

图 9-60　旋转动态坐标系

4）指定加工部件和毛坯

（1）打开“工件”对话框。单击工序导航器节点“MCS_ MILL”前面的，将节点展开，双击“WORKPIECE”，打开“工件”对话框。

（2）指定部件。单击“指定部件”按钮，在系统弹出的“部件几何体”对话框中选择零件作为“几何体”，单击“确定”按钮，返回“工件”对话框。

（3）指定毛坯。单击“指定毛坯”按钮，按图 9-61 设置“毛坯几何体”对话框，单击“确定”按钮，再单击“工件”对话框中的“确定”按钮。

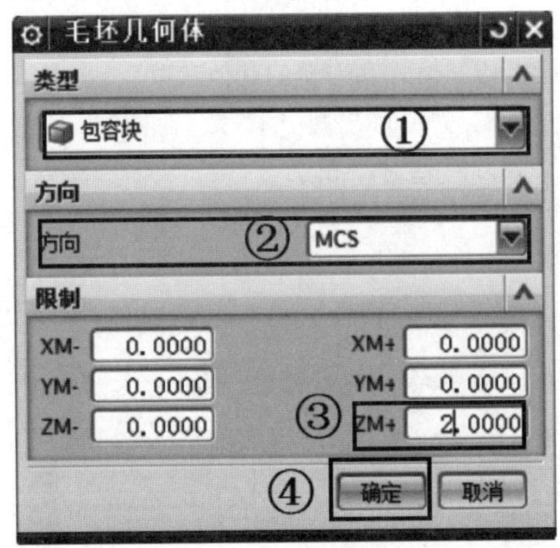

图 9-61　“毛坯几何体”对话框

5）创建刀具

（1）创建 D20 刀具。单击“插入”工具条中的“创建刀具”按钮，设置“创建刀具”对话框：“类型”为“mill_ contour”，“刀具子类型”为“MILL”，“名称”为“D20”，单击“确定”按钮。系统弹出“铣刀-5 参数”对话框，在“尺寸”选项组中设置“(D)直径”为“20”，“(R1)下半径”为“0”；在“编号”选项组中设置“刀具号”为“1”，其他设置采用默认，单击“确定”按钮。

（2）创建 D10R2 刀具。按相同操作继续创建刀具，“类型”为“mill_ contour”，“刀具子类型”为“MILL”，“名称”为“D10R2”，单击“确定”按钮。系统弹出“铣刀-5 参数”对话框，在“尺寸”选项组中设置“(D)直径”为“10”，“(R1)下半径”为“2”；在“编号”选项组中设置“刀具号”为“2”，其他设置采用默认，单击“确定”按钮。

（3）创建 D4R0.5 刀具。按相同操作继续创建刀具，“类型”为“mill_ contour”，“刀具子类型”为“MILL”，“名称”为“D4R0.5”，单击“确定”按钮。系统弹出“铣刀-5 参数”对话框，在“尺寸”选项组中设置“(D)直径”为“4”，“(R1)下半径”为“0.5”；在“编号”选项组中设置“刀具号”为“3”，其他设置采用默认，单击“确定”按钮。

（4）创建 B4 刀具。按相同操作继续创建刀具，“类型”为“mill_ contour”，“刀具子类型”为“BOLL_ MILL”，“名称”为“B4”，单击“确定”按钮。系统弹出“铣刀-球头铣”对话框，在“尺寸”选项组中设置“(D)直径”为“4”；在“编号”选项组中设置“刀具号”为“4”，其他设置采用默认，单击“确定”按钮。

6)创建分型面粗加工方法

(1)创建工序。单击“插入”工具条中的“创建工序”按钮，系统弹出“创建工序”对话框。在“类型”选项组中选择“mill_planar”；“工序子类型”选项组中选择“使用边界面铣削”；“位置”选项组中设置“刀具”为“D20(铣刀-5 参数)”，“几何体”为“WORKPIECE”，“方法”为“MILL_ROUGH”，“名称”为“R1”，单击“确定”按钮，系统弹出“平面铣”对话框。

(2)指定面边界。单击“平面铣”对话框中的“指定面边界”按钮，系统弹出“毛坯边界”对话框，选择零件分型面，单击“确定”按钮，返回“平面铣”对话框。

(3)设置刀具路径参数。

①参照图 9-62 所示设置切削模式和刀轨的其他参数。

②单击“切削参数”按钮，系统弹出“切削参数”对话框，设置切削参数如下。

a.“策略”选项卡：“切削方向”选择“顺铣”。

b.“余量”选项卡：设置“部件余量”为“0.25”，“壁余量”为“0”，“最终底面余量”为“0.2”，“内公差”为“0.03”，“外公差”为“0.03”。

其他设置保持默认，单击“确定”按钮。

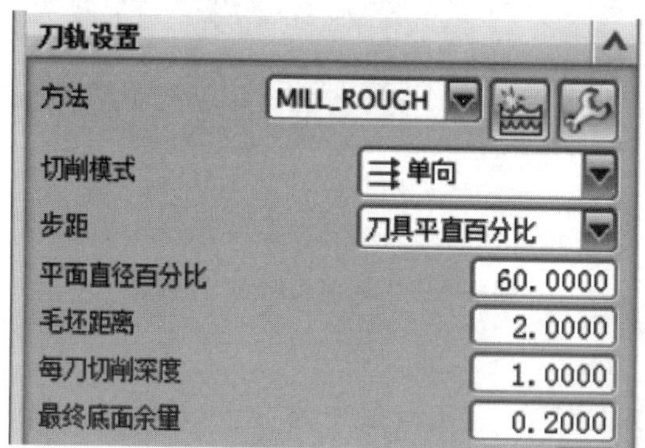

图 9-62　设置刀轨参数 1

③单击“非切削移动”按钮，系统弹出“非切削移动”对话框，设置非切削移动参数如下。

a.“进刀”选项卡：“进刀类型”选择“沿形状斜进刀”。

b.“转移/快速”选项卡：“安全设置选项”选择“使用继承的”；“区域之间”选项组中“转移类型”选择“前一平面”，设置“安全距离”为“3”；“区域内”选项组中“转移类型”选择“前一平面”，设置“安全距离”为“3”。

其他设置保持默认，单击“确定”按钮。

④单击“进给率和速度”按钮，系统弹出“进给率和速度”对话框，设置“主轴速度”为“1 200”，“进给率”为“200”。

⑤单击“平面铣”对话框中“操作”选项组中的“生成”按钮，生成的刀轨如图 9-63 所示。

⑥单击“平面铣”对话框中“操作”选项组中的“确定”按钮，系统弹出“刀轨可视化”对话框，单击该对话框“3D 动态”选项卡中的“播放”按钮，可进行仿真加工，如图 9-64 所示。最后依次单击“确定”按钮，完成分型面的粗加工操作。

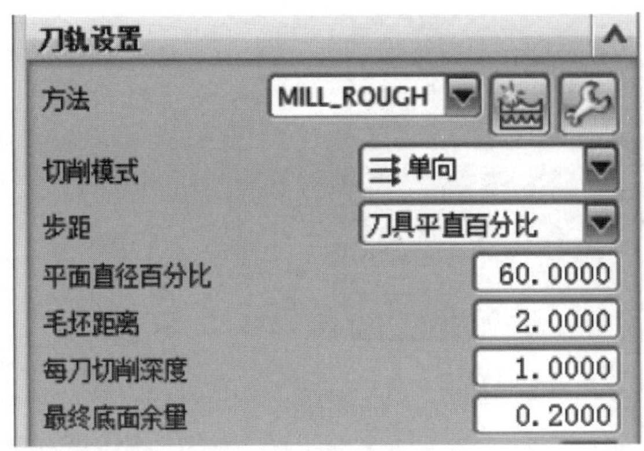

图 9-63　生成的刀轨 1

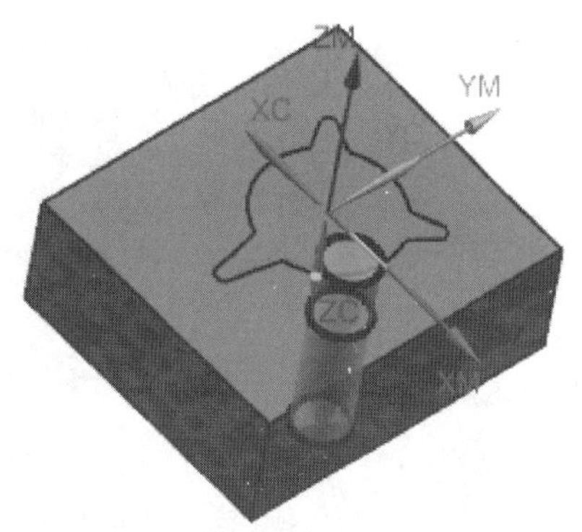

图 9-64　分型面粗加工仿真

7) 创建型腔铣粗加工操作

(1) 创建工序。单击“插入”工具条中的“创建工序”按钮，系统弹出“创建工序”对话框，如图 9-65 所示。在“类型”选项组中选择“mill_ contour”；“工序子类型”选项组中选择“型腔铣”按钮；“位置”选项组中设置“刀具”为“D10R2(铣刀-5 参数)”，“几何体”为“MCS_ MILL”，“方法”为“MILL_ ROUGH”，“名称”为“R2”，单击“确定”按钮，系统弹出“型腔铣”对话框。

(2) 指定切削区域边界。单击“型腔铣”对话框中的“指定切削区域”按钮，系统弹出“切削区域”对话框，选择图 9-66 所示所有型腔面作为切削区域，单击“确定”按钮，返回“型腔铣”对话框。

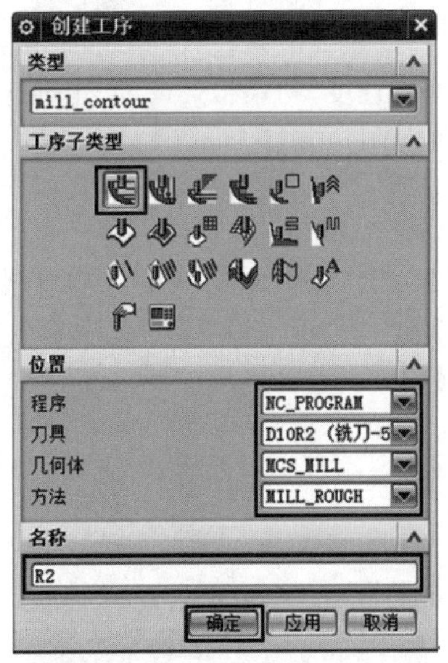

图 9-65　“创建工序”对话框

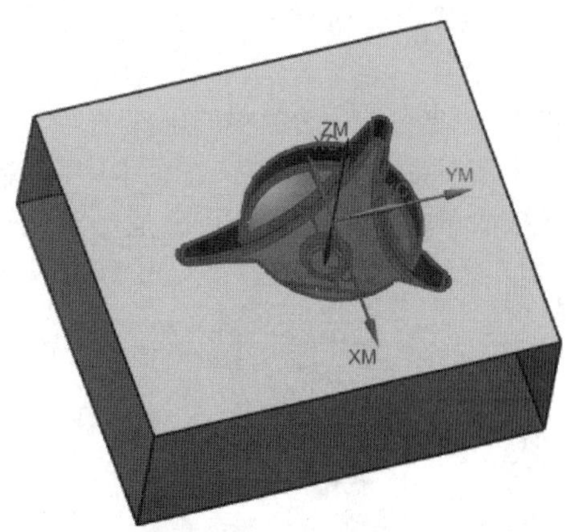

图 9-66　选择切削区域 1

(3) 设置刀轨参数

①参照图 9-67 所示设置切削模式和刀轨的其他参数。

②单击“切削参数”按钮，系统弹出“切削参数”对话框，设置切削参数如下。

a. “策略”选项卡：“切削方向”选择“顺铣”，“切削顺序”选择“深度优先”。

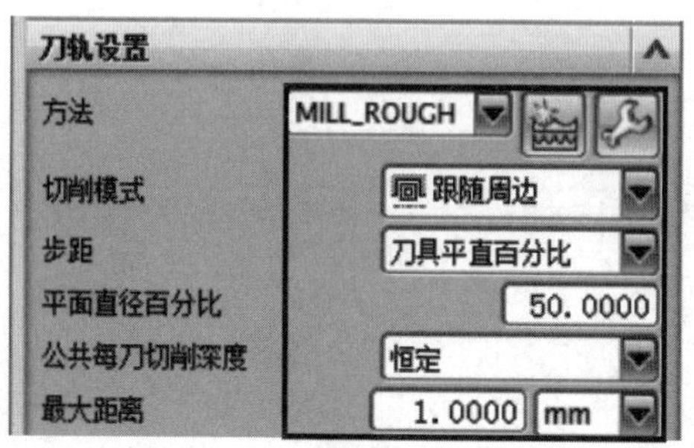

图 9-67　设置刀轨参数 2

b. “余量”选项卡：勾选“使底面余量和侧面余量一致”复选框，设置“部件侧面余量”为“0.3”，“内公差”为“0.05”，“外公差”为“0.05”。

c. “空间范围”选项卡：“处理中的工件”选择“使用基于层的”。

其他设置保持默认，单击“确定”按钮。

③单击“非切削移动”按钮，系统弹出“非切削移动”对话框，设置非切削移动参数如下。

a. “进刀”选项卡：“进刀类型”选择“螺旋”，设置“直径”为“90”(刀具百分比)，“斜坡角”为“15”，“高度”为“3”，“高度起点”选择“前一层”，设置“最小安全距离”为“0”，“最小斜面长度”为“50”(刀具百分比)。

b. “转移/快速”选项卡：“安全设置选项”选择“使用继承的”；“区域之间”选项组中“转移类型”选择“前一平面”，设置“安全距离”为“3”；“区域内”选项组中“转移类型”选择“前一平面”，设置“安全距离”为“3”。

其他设置采用默认，单击“确定”按钮。

④单击“进给率和速度”按钮，系统弹出“进给率和速度”对话框，设置“主轴速度”为“1 200”，“进给率”为“200”。

⑤单击“型腔铣”对话框中“操作”选项组中的“生成”按钮，生成的刀轨如图 9-68 所示。

⑥单击“型腔铣”对话框中“操作”选项组中的“确定”按钮，系统弹出“刀轨可视化”对话框，单击该对话框“3D 动态”选项卡中的“播放”按钮，可进行仿真加工，如图 9-69 所示。最后依次单击“确定”按钮，完成型腔铣粗加工操作。

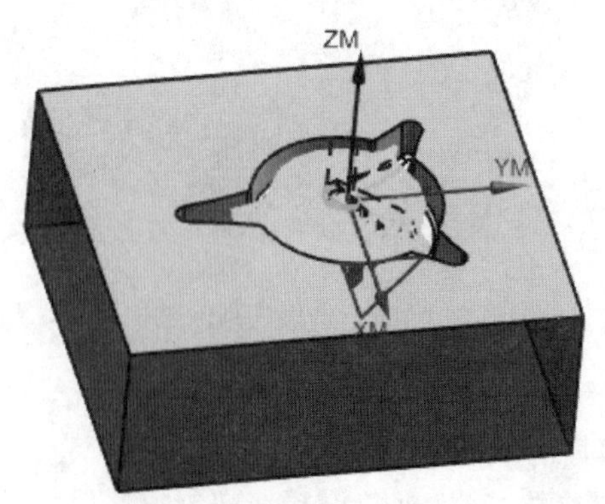

图 9-68　生成的刀轨 2

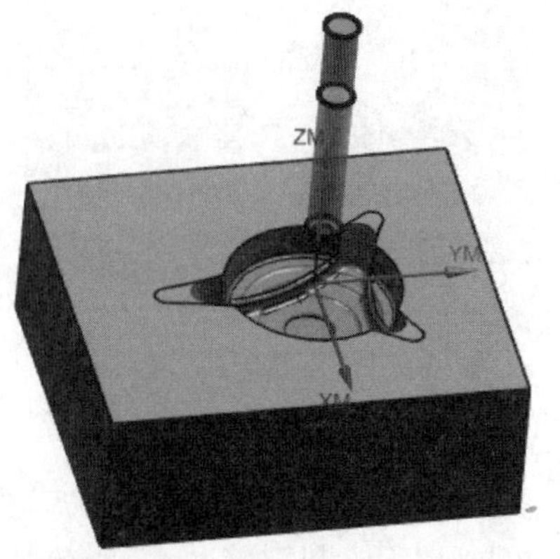

图 9-69　型腔铣粗加工仿真

8) 创建型腔铣二次粗加工方法

(1) 创建工序。单击“插入”工具条中的“创建工序”按钮，系统弹出“创建工序”对话框。在“类型”选项组中选择“mill_contour”；“工序子类型”选项组中选择“型腔铣”；“位置”选项组中设置“刀具”为“D4R0.5(铣刀-5参数)”，“几何体”为“WORKPIECE”，“方法”为“MILL_ROUGH”，“名称”为“R3”，单击“确定”按钮，系统弹出“型腔铣”对话框。

(2) 指定切削区域边界。单击“型腔铣”对话框中的“指定切削区域”按钮，系统弹出“切削区域”对话框，选择图9-70所示的型腔面中3个窄槽侧面、底部凹坑侧面及底面作为切削区域，单击“确定”按钮，返回“型腔铣”对话框。

(3) 设置刀轨参数。

①参照图9-71所示设置切削模式和刀轨的其他参数。

②单击“切削参数”按钮，系统弹出“切削参数”对话框，设置切削参数如下。

a.“策略”选项卡：“切削方向”选择“顺铣”，“切削顺序”选择“深度优先”。

b.“余量”选项卡：勾选“使底面余量和侧面余量一致”复选框，设置“部件侧面余量”为“0.35”，“内公差”为“0.05”，“外公差”为“0.05”。

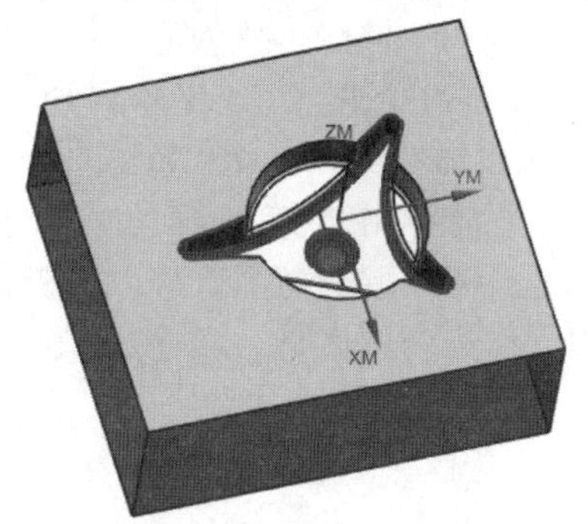

图9-70 选择切削区域2

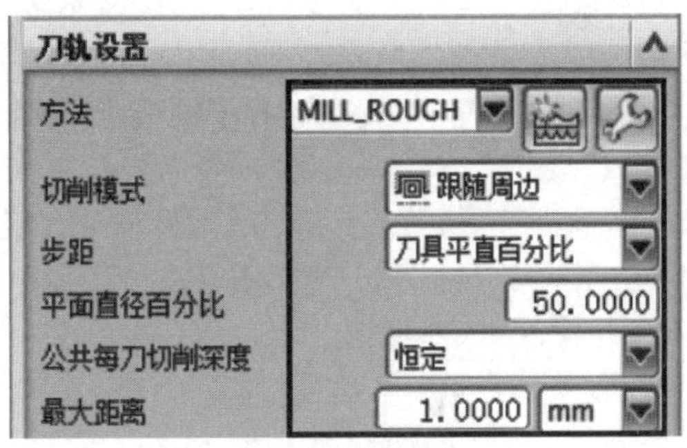

图9-71 设置刀轨参数3

注意：二次开粗时侧面余量应比前一次开粗时稍大一些，否则刀杆容易碰到侧壁，造成撞刀事故。

c.“空间范围”选项卡：“处理中的工件”选择“使用基于层的”。

其他设置采用默认，单击“确定”按钮。

③单击“非切削移动”按钮，系统弹出“非切削移动”对话框，设置非切削移动参数如下。

a.“进刀”选项卡：“进刀类型”选择“螺旋”，设置“直径”为“90”(刀具百分比)，“斜坡角”为“15”，“高度”为“3”，“高度起点”选择“前一层”，设置“最小安全距离”为“0”，“最小斜面长度”为“50”(刀具百分比)。

b.“转移/快速”选项卡：“安全设置选项”选择“使用继承的”；“区域之间”选项组中“转移类型”选择“前一平面”，设置“安全距离”为“3”；“区域内”选项组中“转移类型”选择“前一平面”，设置“安全距离”为“3”。

其他设置保持默认，单击“确定”按钮。

④单击“进给率和速度”按钮，系统弹出“进给率和速度”对话框，设置“主轴速度”为“1 200”，“进给率”为“200”。

⑤单击“型腔铣”对话框中“操作”选项组中的“生成”按钮，生成的刀轨如图 9-72 所示。

⑥单击“型腔铣”对话框中“操作”选项组中的“确定”按钮，系统弹出“刀轨可视化”对话框，单击该对话框“3D 动态”选项卡中的“播放”按钮，可进行仿真加工，如图 9-73 所示。最后依次单击“确定”按钮，完成型腔铣二次粗加工操作。

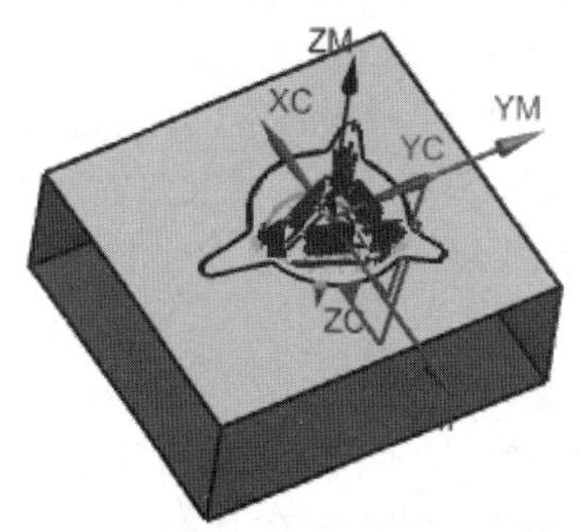

图 9-72　生成的刀轨 3

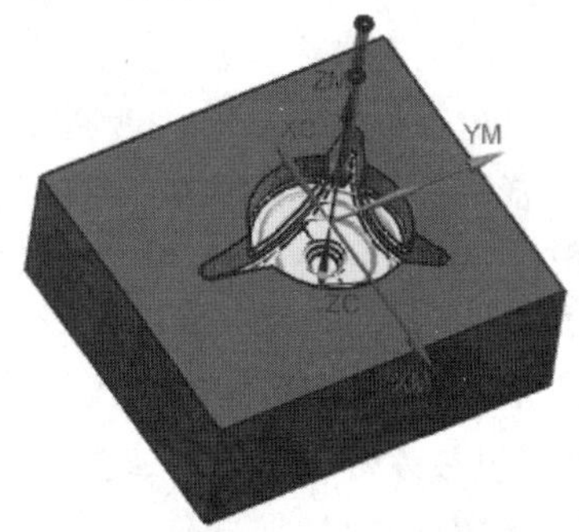

图 9-73　型腔铣二次粗加工仿真

9）创建侧壁深度轮廓铣加工（精加工）方法

（1）创建工序。单击“插入”工具条中的“创建工序”按钮，系统弹出“创建工序”对话框。在“类型”选项组中选择“mill_ contour”；“工序子类型”选项组中选择“深度轮廓加工”；“位置”选项组中设置“刀具”为“B4（铣刀-5 参数）”，“几何体”为“WORKPIECE”，“方法”为“MILL _FINISH”，“名称”为“F1”，单击“确定”按钮，系统弹出“深度轮廓加工”对话框。

（2）指定切削区域边界。单击“深度轮廓加工”对话框中的“指定切削区域”按钮，系统弹出“切削区域”对话框，选择图 9-74 所示的型腔侧壁作为切削区域，单击“确定”按钮，返回“深度轮廓加工”对话框。

（3）设置刀轨参数。

①参照图 9-75 所示设置切削模式和刀轨的其他参数。

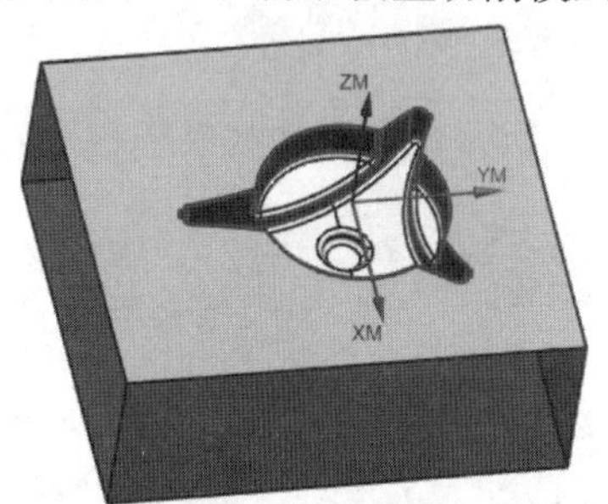

图 9-74　选择切削区域 3

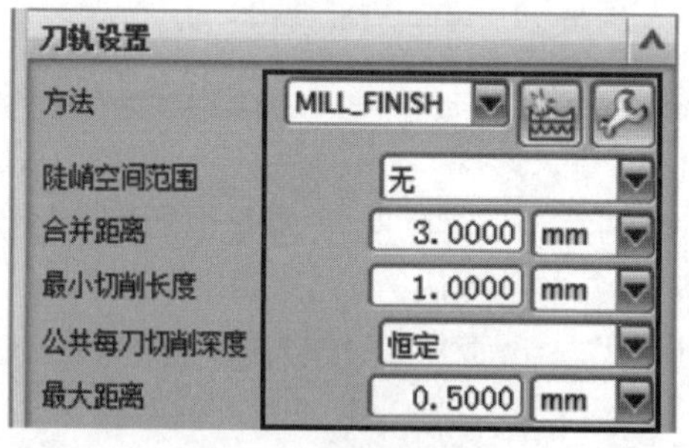

图 9-75　设置刀轨参数 4

②单击“切削参数”按钮，系统弹出“切削参数”对话框，设置切削参数如下。

a.“策略”选项卡：“切削方向”选择“顺铣”，“切削顺序”选择“深度优先”。

b.“余量”选项卡：勾选“使底面余量和侧面余量一致”复选框，设置“部件侧面余量”为“0”，“内公差”为“0.01”，“外公差”为“0.01”。

其他设置保持默认，单击“确定”按钮。

③单击“非切削移动”按钮，系统弹出“非切削移动”对话框，设置非切削移动参数如下。

a.“进刀”选项卡：“进刀类型”选择“螺旋”，设置“直径”为“90”（刀具百分比），“斜坡角”为“15”，“高度”为“3”，“高度起点”选择“前一层”，设置“最小安全距离”为“0”，“最小斜面长度”为“50”(刀具百分比)。

b.“转移/快速”选项卡：“安全设置选项”选择“使用继承的”；“区域之间”选项组中“转移类型”选择“前一平面”，设置“安全距离”为“3”；“区域内”选项组中“转移类型”选择“前一平面”，设置“安全距离”为“3”。

其他设置保持默认，单击“确定”按钮。

④单击“进给率和速度”按钮，系统弹出“进给率和速度”对话框，“主轴速度”为“2 000”，“进给率”为“400”。

⑤单击“深度轮廓加工”对话框中“操作”选项组中的“生成”按钮，生成的刀轨如图9-76所示。

⑥单击“深度轮廓加工”对话框中“操作”选项组中的“确定”按钮，系统弹出“刀轨可视化”对话框，单击该对话框“3D动态”选项卡中的“播放”按钮，可进行仿真加工，如图9-77所示。最后依次单击“确定”按钮，完成侧壁深度轮廓铣加工(精加工)操作。

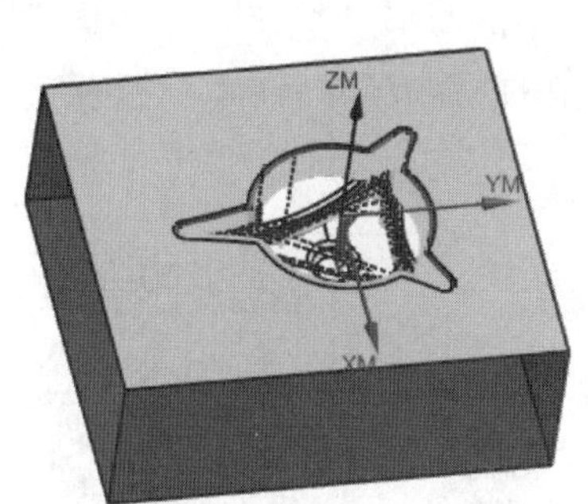

图9-76 生成的刀轨4

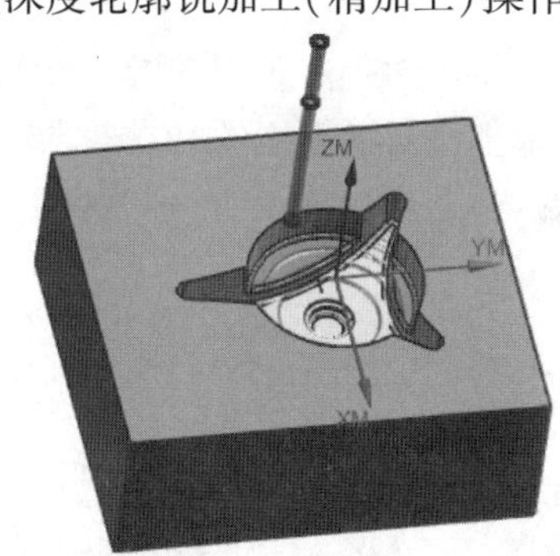

图9-77 侧壁深度轮廓铣加工(精加工)仿真

10)创建底部平缓区域固定铣加工(精加工)方法

(1)创建工序。单击“插入”工具条中的“创建工序”按钮，系统弹出“创建工序”对话框。在“类型”选项组中选择“mill_contour”；“工序子类型”选项组中选择“固定轮廓铣”；“位置”选项组中设置“刀具”为“B4(铣刀-球头铣)”，“几何体”为“WORKPIECE”，“方法”为“MILL_FINISH”，“名称”为“F2”，单击“确定”按钮，系统弹出“固定轮廓铣”对话框。

(2)指定切削区域。单击“固定轮廓铣”对话框中的“指定切削区域”按钮，系统弹出“切削区域”对话框，选择图9-78所示的底部平缓区域作为切削区域，单击“确定”按钮，返回“固定轮廓铣”对话框。

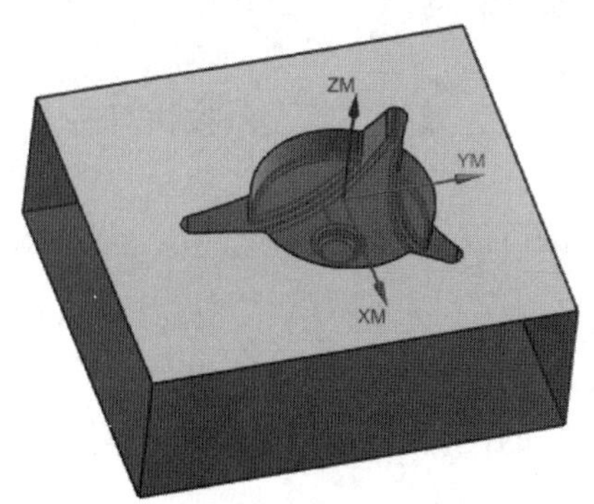

图9-78 选择切削区域4

(3)设置刀轨参数。

①在“固定轮廓铣”对话框中的“驱动方法”选项组中选择“区域铣削”，系统弹出“区域铣削驱动方法”对话框，设置“方法”为“无”，“非陡峭切削模式”为“往复”，“切削方向”为“顺铣”，“步距”为“恒定”，“最大距离”为“0.5mm”，“陡峭切削模式”为“深度加工往复”，“切削深度”为“恒定”，“深度加工每刀切削深度”为“0.1mm”。

②单击“切削参数”按钮，系统弹出“切削参数”对话框。在“余量”选项卡中设置“内公差”为“0.01”，“外公差”为“0.01”，“外界内公差”为“0.01”，“外界外公差”为“0.01”。

其他设置采用默认，单击“确定”按钮。

③单击“进给率和速度”按钮，系统弹出“进给率和速度”对话框，设置“主轴速度”为“2500”，“进给率”为“400”。

④单击“固定轮廓铣”对话框中“操作”选项组中的“生成”按钮，生成的刀轨如图 9-79 所示。

(4)单击“固定轮廓铣”对话框中“操作”选项组中的“确定”按钮，系统弹出“刀轨可视化”对话框，单击该对话框中的“3D 动态”选项卡中的“播放”按钮，可进行仿真加工，如图 9-80 所示。最后依次单击“确定”按钮，完成底部平缓区域固定铣加工(精加工)。

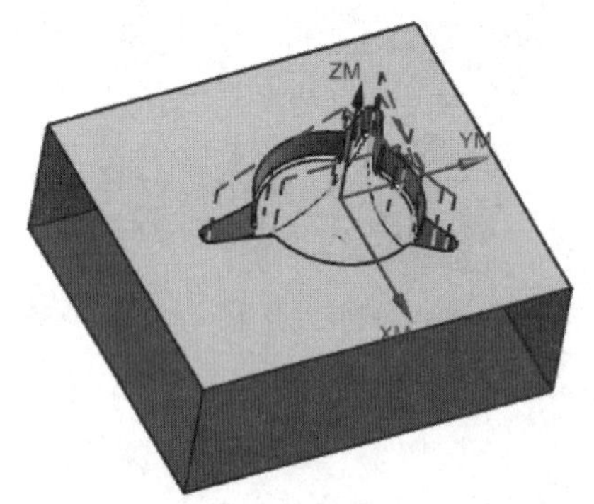

图 9-79 生成的刀轨 5

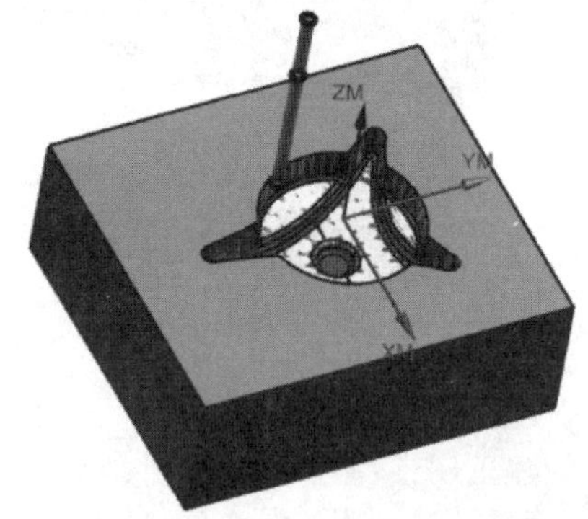

图 9-80 底部平缓区域固定铣加工(精加工)仿真

11)过切检查

选中所有操作(也可以选中所有操作的父节点)，右击，在系统弹出的快捷菜单中选择“刀轨”/“过切检查”命令，在系统弹出的“过切和碰撞检查”对话框中单击“确定”按钮，所有刀轨被依次显示，最后生成报告，均未发现过切运动。

12)后处理

在操作导航器中选择要执行后处理的工序，单独执行一个或几个工序的后处理。如果要对所有的刀轨执行后处理，需要选中所有刀轨的父节点，再执行后处理操作。

执行后处理，生成数控机床可以使用的数控程序。

4. 任务总结

本任务以旋钮盖型腔加工为例，介绍了型腔铣粗加工、区域轮廓铣精加工等的操作步骤和工作方法，三维动态模拟仿真的使用，以及后处理的操作。

习题

1. 利用 UG NX 10.0 加工模块完成如图 9-81 所示的面盖零件的编程加工。(素材文件\ch9\习题\面盖型腔)

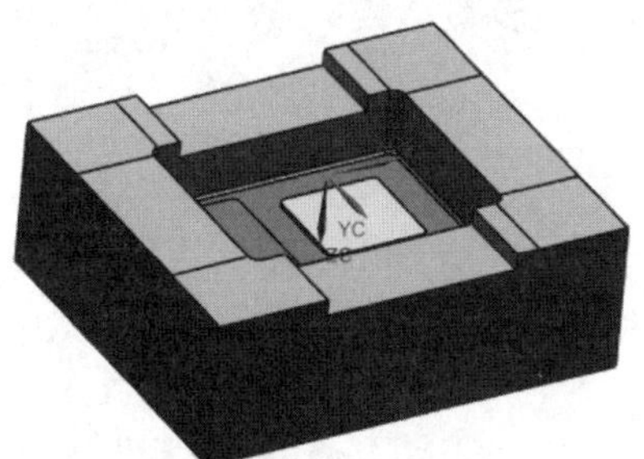

图 9-81　面盖零件

2. 利用 UG NX 10.0 加工模块完成如图 9-82 所示的前盖零件的编程加工。(素材文件\ch9\习题\前盖型腔)

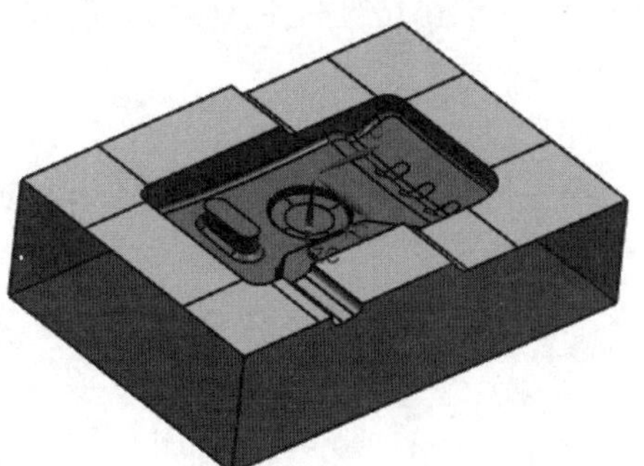

图 9-82　前盖零件

参 考 文 献

[1]米俊杰. UG NX 10.0 技术大全[M]. 北京：电子工业出版社，2016.

[2]李雅. 基于 UG 的模具 CAD[M]. 北京：北京理工大学出版社，2016.

[3]宫丽. 模具 CAD/CAM 应用[M]. 北京：机械工业出版社，2016.

[4]詹建新. UG 10.0 造型设计、模具设计与数控编程实例精讲[M]. 北京：清华大学出版社，2017.

[5]博创设计坊. UG NX 10.0 入门与范例精通[M]. 北京：机械工业出版社，2015.

[6]龙马高新教育. 新编 UG NX 10 从入门到精通[M]. 北京：人民邮电出版社，2016.

[7]彭广威，汪炎珍，邓远华. UG NX 10.0 机械三维设计项目教程[M]. 北京：航空工业出版社，2018.